Flávia Noronha Dutra Ribeiro
Tania Pereira Christopoulos
Paulo Santos de Almeida
André Felipe Simões
Renata Colombo
(org.)

SUSTENTABILIDADE
CRÍTICAS E DESAFIOS DAS AGENDAS AMBIENTAIS

Curitiba, PR
2025

FICHA TÉCNICA

EDITORIAL
Augusto Coelho
Sara C. de Andrade Coelho

COMITÊ EDITORIAL
Ana El Achkar (Universo/RJ)
Andréa Barbosa Gouveia (UFPR)
Antonio Evangelista de Souza Netto (PUC-SP)
Belinda Cunha (UFPB)
Délton Winter de Carvalho (FMP)
Edson da Silva (UFVJM)
Eliete Correia dos Santos (UEPB)
Erineu Foerste (Ufes)
Fabiano Santos (UERJ-IESP)
Francinete Fernandes de Sousa (UEPB)
Francisco Carlos Duarte (PUCPR)
Francisco de Assis (Fiam-Faam-SP-Brasil)
Gláucia Figueiredo (UNIPAMPA/ UDELAR)
Jacques de Lima Ferreira (UNOESC)
Jean Carlos Gonçalves (UFPR)
José Wálter Nunes (UnB)
Junia de Vilhena (PUC-RIO)
Lucas Mesquita (UNILA)
Márcia Gonçalves (Unitau)
Maria Aparecida Barbosa (USP)
Maria Margarida de Andrade (Umack)
Marilda A. Behrens (PUCPR)
Marília Andrade Torales Campos (UFPR)
Marli Caetano
Patrícia L. Torres (PUCPR)
Paula Costa Mosca Macedo (UNIFESP)
Ramon Blanco (UNILA)
Roberta Ecleide Kelly (NEPE)
Roque Ismael da Costa Güllich (UFFS)
Sergio Gomes (UFRJ)
Tiago Gagliano Pinto Alberto (PUCPR)
Toni Reis (UP)
Valdomiro de Oliveira (UFPR)

SUPERVISORA EDITORIAL Renata C. Lopes

REVISÃO Débora Sauaf

DIAGRAMAÇÃO Jhonny Alves dos Reis

CAPA Carlos Pereira

REVISÃO DE PROVA William Rodrigues

COMITÊ CIENTÍFICO DA COLEÇÃO SUSTENTABILIDADE, IMPACTO, DIREITO E GESTÃO AMBIENTAL

DIREÇÃO CIENTÍFICA Belinda Cunha

CONSULTORES
Dr. José Renato Martins (Unimep)
Dr. José Carlos de Oliveira (Unesp)
Fernando Joaquim Ferreira Maia (UFRPE)
Sérgio Augustin (UCS)
Prof. Dr. Jorge Luís Mialhe (Unesp-Unimep)
José Farias de Souza Filho (UFPB)
Zysman Neiman (Unifesp)
Maria Cristina Basílio Crispim da Silva (UFPB)
Iranice Gonçalves (Unipê)
Elisabete Maniglia (Unesp)
Prof. Dr. José Fernando Vidal de Souza (Uninove)
Hertha Urquiza (UFPB)
Talden Farias (UFPB)
Caio César Torres Cavalcanti (FDUC)

INTERNACIONAIS
Edgardo Torres (Universidad Garcilaso de la Veja)
Ana Maria Antão Geraldes (Centro de Investigação de Montanha (CIMO), Instituto Politécnico de Bragança)
Maria Amélia Martins (Centro de Biologia Ambiental Universidade de Lisboa)
Dionisio Fernández de Gatta Sánchez (Facultad de Derecho. Universidad de Salamanca)
Alberto Lucarelli (Università degli Studi di Napoli Federico II)
Luiz Oosterbeek (Instituto Politécnico de Tomar)

AGRADECIMENTOS

Os organizadores agradecem aos revisores:
Prof. Dr. Andrea Cavicchioli
Prof. Dr. Alexandre Toshiro Igari
Prof. Dr. Bruno Puga
Prof. Dr. Claudio Roberto Braghini
Prof.ª Dr.ª Damaris Kirsch Pinheiro
Dr. Fabio Campos
Prof.ª Dr.ª Helene Mariko Ueno
Dr. Jackson Magalhães
Prof. Dr. Jéferson Luiz Ferrari
Dr. Jhonathan Fernandes Torres de Souza
Dr.ª Juliana Telles de Deus
Prof.ª Dr.ª Káthia Maria Honório
Prof.ª Dr.ª Luciana Maria Gasparelo Spigolon
Prof. Dr. Marcelo Aparecido da Silva
Prof. Dr. Marcelo Marini Pereira de Souza
Dr. Marcelo Marucci Pereira Tangerina
Dr.ª Marina de Souza Lima
Dr. Paulo Altoe
Dr. Paulo Eduardo Moruzzi Marques
Dr. Pedro Henrique Campello Torres
Prof. Dr. Raphael Moreira Beirigo
Prof.ª Dr.ª Regina Maura de Miranda
Prof. Dr. Rylanneive Leonardo Pontes Teixeira
Msc. Sigrid de Aquino Neiva
Prof.ª Dr.ª Silvia Helena Zanirato
Prof.ª Dr.ª Silvia Regina Stuchi Cruz
Msc. Silvia Sayuri Mandai

Prof.ª Dr.ª Sonia Seger Mercedes
Prof.ª Dr.ª Suellen Alves
Prof.ª Dr.ª Suely Salgueiro Chacon
Prof.ª Dr.ª Tatiana Sakurai
Prof.ª Dr.ª Valéria Cazetta
Prof.ª Dr.ª Verónica Marcela Guridi
Prof. Dr. Wagner Vilegas
Prof. Dr. Willyam Róger Padilha Barros

Os trabalhos aqui descritos são de autoria de alunos e egressos do Programa de Pós-graduação em Sustentabilidade da EACH-USP, cujas dissertações de mestrado e teses de doutorado contaram com o apoio da Coordenação de Aperfeiçoamento de Pessoal de Nível Superior (CAPES) sob Código de Financiamento 001, da Fundação de Amparo à Pesquisa do Estado de São Paulo (FAPESP) e da Pró-Reitoria de Pós-Graduação da Universidade de São Paulo (PRPG/USP).

PREFÁCIO

As agendas ambientais contemporâneas enfrentam desafios complexos e interconectados, exigindo abordagens inovadoras e multidisciplinares para a construção de soluções sustentáveis. Nesse contexto, o livro *Sustentabilidade: críticas e desafios das agendas ambientais* oferece uma contribuição significativa ao reunir 21 organizados em quatro eixos temáticos que exploram diferentes perspectivas e propõem uma visão multifacetada sobre o tema.

O primeiro eixo, "Ciência e tecnologia", é composto por seis capítulos que investigam questões relacionadas à sustentabilidade em ambientes impactados pelos atuais modos de produção, consumo e mobilidade. Os autores discutem soluções tecnológicas e científicas para problemas como a sazonalidade fitoquímica de plantas medicinais, as propriedades de compostos naturais e a eficácia do tratamento de efluentes industriais, entre outros. Esses estudos evidenciam tanto as possibilidades quanto os desafios do avanço científico em busca de soluções sustentáveis.

O segundo eixo, "Gestão socioambiental", apresenta quatro capítulos que abordam a relação entre sociedade e meio ambiente sob a ótica dos Objetivos de Desenvolvimento Sustentável (ODS). São exploradas questões como o desperdício de alimentos, o aproveitamento de águas residuais e o papel das universidades no desenvolvimento de patentes verdes. Este eixo destaca a importância de uma gestão socioambiental eficiente para a promoção de qualidade de vida e sustentabilidade.

No terceiro eixo, "Políticas ambientais e governança", seis capítulos analisam instrumentos e agendas voltadas à gestão ambiental em um mundo marcado por crises climáticas e desigualdades socioambientais. São discutidos temas como o zoneamento ecológico-econômico, a justiça climática, as políticas energéticas e os impactos da pandemia da covid-19 no setor elétrico. Esse eixo enfatiza a necessidade de governança inclusiva e efetiva para enfrentar os desafios ambientais contemporâneos.

Por fim, o eixo "Sustentabilidade e propostas teórico-metodológicas" inclui cinco capítulos que discutem questões emergentes, como migrações ambientais, desastres naturais e educação para a sustentabilidade. Esse eixo reflete sobre a construção de novas abordagens teóricas e metodológicas que permitam a promoção da equidade, da educação ambiental e da redução de vulnerabilidades.

A organização desta obra, estruturada para permitir a exploração independente de cada capítulo, mas mantendo interconexões que enriquecem a compreensão global do tema, convida o leitor a refletir sobre as múltiplas facetas da sustentabilidade.

Este livro é, portanto, uma fonte indispensável para pesquisadores, estudantes, gestores e formuladores de políticas, além de todos aqueles interessados em contribuir para a construção de um futuro mais justo, equilibrado e sustentável. Que esta leitura inspire ações concretas e transforme reflexões em iniciativas que promovam um impacto positivo no mundo.

Tercio Ambrizzi
Professor Titular do IAG/USP

SUMÁRIO

INTRODUÇÃO 13

EIXO 1: CIÊNCIA E TECNOLOGIA

CAPÍTULO 1
ESTUDO SAZONAL DO EXTRATO DICLOROMETÂNICO DE *EUGENIA UNIFLORA*: INVESTIGANDO A PRODUÇÃO DE METABÓLITOS SECUNDÁRIOS APOLARES 21
Gabriel Sardinho Greggio, Camila Pinto Dourado, Miriam Sannomiya

CAPÍTULO 2
ANÁLISE METABOLÔMICA DE SAPONINAS EM *MACHAERIUM ACUTIFOLIUM* POR UHPLC-ESI-MS/MS 31
Charlyana de Carvalho Bento, Gabriel Sardinho Greggio, Renan Canute Kamikawachi, Ângela Lúcia Bagnatori Sartori, Miriam Sannomiya

CAPÍTULO 3
***UPCYCLING*: DEFINIÇÕES, TENDÊNCIAS E RELAÇÕES COM OUTROS CONCEITOS** 43
Andres Felipe Rodriguez Torres, Sylmara Lopes Francelino Gonçalves-Dias

CAPÍTULO 4
A SUSTENTABILIDADE PARA O SETOR DE TRANSPORTE RODOVIÁRIO DE CARGAS COM FOCO EM VEÍCULOS PESADOS NO BRASIL – PROSPECÇÃO PARA COMPREENDER A VISÃO DO SETOR SOB A ÓTICA DE ESPECIALISTAS. 63
Regiane de Fatima Bigaran Malta, Homero Fonseca Filho

CAPÍTULO 5
EMISSÕES DE GASES DO EFEITO ESTUFA EM ESTAÇÕES DE TRATAMENTO DE ESGOTOS: A CONTRIBUIÇÃO DO POTENTE ÓXIDO NITROSO NO BRASIL 79
Fernanda de Marco de Souza, Marcelo Antunes Nolasco

CAPÍTULO 6
ESTADO DA ARTE DO EFLUENTE DA INDÚSTRIA TÊXTIL DO JEANS.....99
Milla Araújo de Almeida, Renata Colombo

EIXO 2: GESTÃO SOCIOAMBIENTAL

CAPÍTULO 7
MAPEAMENTO DA CONTRIBUIÇÃO TECNOLÓGICA DAS UNIVERSIDADES EM RELAÇÃO AOS OBJETIVOS DE DESENVOLVIMENTO SUSTENTÁVEL......................................115
Emanuel Galdino, Tania Pereira Christopoulos

CAPÍTULO 8
A "HORA DA XEPA": RESSIGNIFICAÇÕES NO COMBATE A PERDAS E DESPERDÍCIO DE ALIMENTOS E À INSEGURANÇA ALIMENTAR.....137
Mônica Yoshizato Bierwagen, Sylmara Lopes Francelino Gonçalves Dias

CAPÍTULO 9
SEGURANÇA HÍDRICA E SUSTENTABILIDADE AGRÍCOLA: POTENCIAL DO REUSO DE ÁGUAS RESIDUÁRIAS NO BRASIL - UMA REVISÃO SISTEMÁTICA...153
Erick Mauricio Corimanya Yucra, Marcelo Antunes Nolasco

CAPÍTULO 10
DESPERDÍCIO DE ALIMENTOS NO VAREJO SUPERMERCADISTA: A VISÃO DE GESTORES E OPERADORES DE LOJAS......................173
Stella Domingos, Sylmara Lopes Francelino Gonçalves Dias

EIXO 3: POLÍTICAS AMBIENTAIS E GOVERNANÇA

CAPÍTULO 11
A EVOLUÇÃO DO ZONEAMENTO ECOLÓGICO-ECONÔMICO COMO INSTRUMENTO DE POLÍTICA AMBIENTAL PARA PROTEÇÃO DA FAUNA SILVESTRE NO ESTADO DE SÃO PAULO......................207
Aurélio Alexandre Teixeira., Vitor Calandrini, Paulo Santos de Almeida

CAPÍTULO 12
A AGENDA 2030 NA ESFERA LOCAL: O FOCO EM MUNICÍPIOS DA REGIÃO METROPOLITANA DA BAIXADA SANTISTA.................... 223
Fernando Souza de Almeida

Sonia Regina Paulino

CAPÍTULO 13
JUSTIÇA CLIMÁTICA: DO QUE ESTAMOS FALANDO?................... 251
Marcela Lanza Tripoli, Sylmara Lopes Francelino Gonçalves Dias

CAPÍTULO 14
O ÊXITO DO REGIME DE PROTEÇÃO DA CAMADA DE OZÔNIO COMO PARÂMETRO PARA GOVERNANÇA DO CLIMA.....................271
Paulo Cezar Rotella Braga, Matheus Freitas Rocha Bastos, Wânia Duleba

CAPÍTULO 15
JUSTIÇA E POBREZA ENERGÉTICA: UM PANORAMA CONCEITUAL....285
Samanta Souza Roberto, Alexandre Toshiro Igari

CAPÍTULO 16
A GERAÇÃO E O CONSUMO DE ENERGIA NO BRASIL NO CONTEXTO DA PANDEMIA DA COVID-19 301
Leide Laje dos Santos, Renata Colombo

EIXO 4: SUSTENTABILIDADE E PROPOSTAS TEÓRICO-METODOLÓGICAS

CAPÍTULO 17
MIGRAÇÕES AMBIENTAIS E MUDANÇAS CLIMÁTICAS: UMA REFLEXÃO TEÓRICO-ANALÍTICA 319
Rodrigo Massao Kurita, André Felipe Simões

CAPÍTULO 18
"DE VOLTA PARA O FUTURO" DA AVALIAÇÃO DE IMPACTO AMBIENTAL APÓS AS ENCHENTES DO ANO DE 2024 NO RIO GRANDE DO SUL: PROPOSTAS PREVENTIVAS PARA RECONSTRUÇÃO DE UM ESTADO MAIS SUSTENTÁVEL E RESILIENTE A DESASTRES CLIMÁTICOS 337
Ana Jane Benites, Evandro Mateus Moretto

CAPÍTULO 19
UMA PROPOSTA DE SELEÇÃO DE FERRAMENTAS PARA A AVALIAÇÃO DA SUSTENTABILIDADE NO MEIO RURAL................................371
Pedro Guedes Ribeiro, Thaylana Pires do Nascimento, Henry Junji Motizuki Hiraide, Rafael Honda, Homero Fonseca Filho

CAPÍTULO 20
A SUSTENTABILIDADE NO ENSINO FORMAL: UM OLHAR SOBRE OS MATERIAIS DIDÁTICOS E PERCEPÇÕES DE PROFESSORES DE ENSINO MÉDIO...389
Giulliana Aparecida Lopes de Melo Rocha, Helene Mariko Ueno

CAPÍTULO 21
DEMARCAÇÃO DE TERRAS INDÍGENAS EM DEFESA DA SAÚDE PÚBLICA E PREVENÇÃO DE DOENÇAS ZOONÓTICAS: UMA ANÁLISE BIBLIOMÉTRICA 407
Luana Beatriz Martins Valero Viana, Helene Mariko Ueno

SOBRE OS AUTORES E OS ORGANIZADORES 423

ÍNDICE REMISSIVO 431

INTRODUÇÃO

O termo *sustentabilidade* possui uma diversidade de significados e nuances, envolvendo tanto aspectos de governança, políticas públicas, justiça, desenvolvimento econômico e social quanto tecnologias de produção, de mitigação e de adaptação às diferentes condições que se apresentam para a vida na Terra. Hoje, é premente a necessidade de transformação da forma como a humanidade se relaciona com o planeta e consigo mesma.

Este livro busca manter a contribuição para melhorar a compreensão de diversos temas e abordagens que compõem as múltiplas vias para sensibilização e participação do debate da sustentabilidade com a expectativa do aprimoramento da cidadania e da ciência ambiental. Seus capítulos refletem os temas que provocam as reflexões das pesquisas desenvolvidas pelos docentes e discentes do Programa de Pós-graduação em Sustentabilidade da Universidade de São Paulo (USP), na busca de uma presença mais sustentável, justa e equânime da humanidade no planeta.

Os manuscritos foram recebidos a partir de uma chamada aberta aos docentes, discentes e egressos do citado programa de pós-graduação. Eles foram avaliados e selecionados por pareceristas convidados. Todos os artigos contaram com a avaliação de pelo menos dois pareceristas, sendo um interno e um externo ao programa. Os pareceristas não tiveram acesso ao(s) nome(s) dos autores, e vice-versa, configurando um processo duplo-cego.

ESTRUTURA DO LIVRO

A organização desta obra está estruturada em quatro eixos temáticos, os quais organizam vinte e um capítulos que exploram os temas centrais de forma independente, mas com interconexões promovendo uma visão multifacetada do conteúdo geral, assim divididos: I) Ciência e tecnologia, II) Gestão socioambiental, III) Política ambiental e Governança, e IV) Sustentabilidade e propostas teórico-metodológicas.

O primeiro eixo, "Ciência e tecnologia", é composto de seis capítulos abordando sustentabilidade de ambientes impactados pela forma de produção, consumo, mobilidade e a poluição em decorrência da utilização dos recursos naturais em meio às suas alterações.

O capítulo 1, elaborado por Gabriel Sardinho Greggio, Camila Pinto Dourado e Miriam Sannomiya, apresenta uma análise da sazonalidade fitoquímica da *Eugenia Uniflora*, planta com alto interesse medicinal e industrial, concluindo que há a necessidade de padronização dos extratos.

No capítulo 2, Charlyana de Carvalho Bento, Gabriel Sardinho Greggio, Renan Canute Kamikawachi, Ângela Lúcia Bagnatori Sartori e Miriam Sannomiya identificam as propriedades e o perfil metabolômico nos extratos de galhos e folhas de *Machaerium acutifolium*, concluindo que a presença de derivados de soyasapogenol e hederagenina nos galhos pode explicar seu uso popular no tratamento de inflamações.

O capítulo 3, de Andres Felipe Rodriguez Torres e Sylmara Lopes Francelino Gonçalves-Dias, aborda o conceito de *upcycling*, e chegaram à conclusão que é uma prática promissora para a transição para um modelo de consumo mais sustentável, mas precisa do desenvolvimento de iniciativas e políticas públicas e iniciativas de incentivo.

No capítulo 4, Regiane de Fatima Bigaran Malta e Homero Fonseca Filho perguntaram sobre sustentabilidade a especialistas do setor e revelaram que, para os profissionais que participaram da pesquisa, a sustentabilidade do setor precisa de apoio governamental, de investimentos em tecnologias embarcadas e de subsídios para tornar-se economicamente viável.

No capítulo 5, Fernanda de Marco de Souza e Marcelo Antunes Nolasco apresentam uma análise dos processos formativos do óxido nitroso e do impacto das estações de tratamento de esgotos na emissão desse gás de efeito estufa. Os autores enfatizam que cada vez mais medidas mitigadoras sejam elaboradas e implementadas.

No capítulo 6, o conhecimento mais atualizado sobre os efluentes da indústria têxtil, particularmente o índigo *blue*, é analisado por Milla Araújo de Almeida e Renata Colombo. As autoras descobriram que nenhum tratamento aplicado isoladamente é eficiente no tratamento do efluente e enfatizam a necessidade de melhoramento e aperfeiçoamento das técnicas de tratamento.

O segundo eixo, denominado como "Gestão socioambiental", traz quatro capítulos que tratam das contribuições vinculadas à sociedade e suas relações com os Objetivos do Desenvolvimento Sustentável (ODS) da Agenda 2030 da ONU, à insegurança alimentar, ao desperdício e o aproveitamento de águas residuais, estes elementos que demonstram a importância do questionamento da qualidade de vida sob o viés da utilização dos recursos ambientais frente à sua sustentabilidade.

No capítulo 7, Emanuel Galdino e Tania Pereira Christopoulos investigam a contribuição das 3 universidades estaduais paulistas na produção de patentes relacionadas aos ODS. Os resultados indicam interesse das universidades no desenvolvimento de tecnologias para a saúde e bem-estar, mas também apresentam patentes verdes relacionadas principalmente às energias limpas e ao tratamento de resíduos.

No capítulo 8, Mônica Yoshizato Bierwagen e Sylmara Lopes Francelino Gonçalves Dias identificam soluções de gestão e concepções sobre o alimento excedente. As autoras revelam que há evolução no tratamento desse material, transformando-o de custo em oportunidade de agregação de valor aos produtos alimentícios que incorporam na sua composição os materiais oriundos do reaproveitamento e do aproveitamento integral (*upcycled food*). No entanto, os limites do aproveitamento do alimento carecem de maiores evidências e investigações.

No capítulo 9, Erick Mauricio Corimanya Yucra e Marcelo Antunes Nolasco realizam uma revisão sistemática sobre os fatores que limitam e impulsionam o reuso de águas residuárias tratadas na agricultura brasileira. Eles identificaram que o apoio regulatório e a disponibilidade de tecnologias inovadoras impulsionam o reuso, enquanto a resistência social devida às percepções de risco e a falta de um marco regulatório unificado o limitam.

No capítulo 10, o desperdício de alimentos no mercado varejista é estudado por Stella Domingos e Sylmara Lopes Francelino Gonçalves Dias. Entrevistas com os funcionários dos supermercados identificaram 3 temas principais: o comportamento do consumidor, o papel do varejo no desperdício de alimentos e o impacto socioambiental.

O terceiro eixo, "Políticas ambientais e governança", apresenta 6 capítulos que tratam das contribuições das relações de governança e política por meio de instrumentos, agendas (incluído o olhar pós pandêmico – covid-19) e territorialidade à luz das crises e demandas mais impactantes de nosso período, como o aproveitamento energético, degradação climática e consumo por meio de suas imbricações sociais e refletidas pelo olhar da justiça climática, desigualdades e vulnerabilidades socioambientais.

No capítulo 11, Aurélio Alexandre Teixeira, Vitor Calandrini e Paulo Santos de Almeida buscaram analisar a evolução do zoneamento ecológico econômico no estado de São Paulo. Concluíram que embora o zoneamento contemple a temática da relação humano-fauna, ainda o faz incipientemente, contemplando a fauna em uma visão utilitária.

O capítulo 12, escrito por Fernando Souza de Almeida e Sonia Regina Paulino, aborda as oportunidades para localização dos Objetivos de Desenvolvimento Sustentável em seis municípios da Região Metropolitana da Baixada Santista. Foram identificadas 18 tarefas do Programa Município VerdeAzul vinculadas a seis diretivas do programa, relacionando-as com 11 ODS e 46 metas da agenda. Os autores concluíram que as ações descentralizadas em andamento nos municípios e a incorporação das principais problemáticas ambientais no contexto local podem fortalecer os esforços para atingir os ODS.

No capítulo 13, Marcela Lanza Tripoli e Sylmara Lopes Francelino Gonçalves Dias exploram os conceitos de interseccionalidade e vulnerabilidade para a criação de políticas justas e equitativas. As autoras refletem sobre a necessidade de uma agenda robusta de pesquisa sobre a justiça climática e enfatizam a necessidade de políticas que tratem as desigualdades climáticas de forma inclusiva e equitativa.

O capítulo 14, de Paulo Cezar Rotella Braga, Matheus Freitas Rocha Bastos e Wânia Duleba, propõe analisar o regime do ozônio para comparação com a governança internacional da mudança do clima. O trabalho evidencia oportunidades para a análise da efetividade de soluções para os regimes ambientais.

No capítulo 15, Samanta Souza Roberto e Alexandre Toshiro Igari enfatizam que a distribuição injusta dos prejuízos e dos benefícios da produção ao consumo de energia pode impactar o desenvolvimento humano. Os autores revelam não haver consenso sobre a metodologia de mensuração da pobreza energética, que é urgente integrar o conceito de justiça energética nas políticas energéticas.

No capítulo 16, Leide Laje dos Santos e Renata Colombo analisam o efeito das mudanças causadas pela pandemia da covid-19 no setor elétrico brasileiro. Considerando tanto a geração quanto a distribuição e as políticas para mitigação do efeito da pandemia, elas encontraram uma mudança significativa no uso de energia em diversos setores e uma sobreoferta que impactou a taxação dos consumidores e o faturamento e a dinâmica de compra de energia pelas concessionárias.

E o quarto e último eixo, "Sustentabilidade e propostas teórico-metodológicas", finaliza a estrutura da obra contextualizando por seus cinco capítulos, a importância e o desafio das migrações ambientais frente à mudança climática, os resultados dos eventos e desastres naturais que afetam os territórios urbanos e rurais e as relações decorrentes da sensibilização possível para cidadania e a educação ambiental permeada pela valorização do trato teórico para a concretização da equidade e redução das vulnerabilidades para um ambiente equilibrado e sustentável.

O capítulo 17 traz um estudo de Rodrigo Massao Kurita e André Felipe Simões, que discute as migrações ambientais. Os resultados mostram que as mudanças climáticas podem favorecer fluxos de migração, reforçando o conceito de migrante ambiental. Nesse contexto, as migrações são respostas imediatas às mudanças climáticas e às mudanças sociais.

No capítulo 18, Ana Benites e Evandro Mateus Moretto discutem a partir de um título criativo e instigante, a metodologia e a aplicação da Avaliação de Impacto Ambiental (AIA) frente ao desastre natural recente da história brasileira — Rio Grande do Sul — de forma a conduzir uma crítica ao desenvolvimento e a sustentabilidade possível para da lógica das cidades inteligentes e resilientes diante dos desafios climáticos com atuais reflexos locais, regionais e globais.

O capítulo 19, de Pedro Guedes Ribeiro, Thaylana Pires do Nascimento, Henry Junji Motizuki Hiraide, Rafael Honda e Homero Fonseca Filho, apresenta uma metodologia para a seleção de ferramentas na avaliação de sustentabilidade dos sistemas de produção de alimentos. As ferramentas *Sustainability Assessment for Food and Agriculture* (SAFA) e *Sustainability Monitoring and Assessment Routine (*SMART) foram as mais frequentemente citadas na bibliografia. A SMART baseia-se na SAFA, sendo que esta, desenvolvida pela FAO-ONU, é *open source*. O estudo aponta que a ferramenta SAFA pode auxiliar na gestão de recursos e riscos, auxiliando as comunidades agrícolas a aumentarem sua produtividade.

O capítulo 20, de Giulliana Aparecida Lopes de Melo Rocha e Helene Mariko Ueno, trata dos conteúdos relacionados aos ODS em dois sistemas de ensino médio. Os resultados mostram que a sustentabilidade ainda é um tema marginalizado na educação formal, recaindo sobre os educadores o desenvolvimento de práticas educacionais nesse tema. Apesar de haver conteúdo relacionado aos ODS no material didático, os educadores não os trabalham e apontam diversos motivos para isso, o que indica que os estudantes é que devem fazer as pontes entre as disciplinas para alcançarem temas relacionados à sustentabilidade.

No capítulo 21, Luana Beatriz Martins Valero Viana e Helene Mariko Ueno relacionam a demarcação de terras indígenas e a prevenção de doenças zoonóticas. O estudo mostra que houve um aumento em publicações durante crises sanitárias e relacionadas ao aumento do desmatamento ilegal na Amazônia. Porém, mesmo com o crescente reconhecimento da importância da manutenção da biodiversidade e do uso sustentável da terra, o estudo aponta para a necessidade de estudos sobre como a preservação de áreas indígenas pode contribuir para a redução da incidência de doenças zoonóticas, seja por meio de políticas de saúde, de conservação biológica ou de direitos territoriais.

Os organizadores.
São Paulo/SP, Primavera, 2024.

Eixo 1: Ciência e tecnologia

Capítulo 1

ESTUDO SAZONAL DO EXTRATO DICLOROMETÂNICO DE *EUGENIA UNIFLORA*: INVESTIGANDO A PRODUÇÃO DE METABÓLITOS SECUNDÁRIOS APOLARES

Gabriel Sardinho Greggio
Camila Pinto Dourado
Miriam Sannomiya

1.1 Introdução

Eugenia uniflora L. *(Myrtaceae)* é uma planta medicinal popularmente conhecida como pitanga, pitangueira ou cereja-brasileira (Franzon *et al.*, 2018). Na medicina popular, o chá das folhas é usado para doenças infecciosas, distúrbios gastrointestinais, cicatrização de feridas e como antidiabético (Souza *et al.*, 2018). Há evidências que seus extratos, como o de éter de petróleo que tem propriedades antibacterianas e antioxidantes, além de alguns compostos isolados, como flavonóides que apresentam propriedades antioxidantes, anticancerígenas, anti-inflamatórias, antifúngicas, antibacterianas e antivirais (Sobeh *et al.*, 2019; Jovito *et al.*, 2016; Oliveira *et al.*, 2018; Santos *et al.*, 2015; Qamar *et al.*, 2017). Desde 2009, esta espécie está listada na Relação Nacional de Plantas Medicinais de Interesse ao SUS (Renisus), e os requisitos de qualidade das suas folhas e os protocolos de análise encontram-se descritos na Farmacopéia Brasileira (De Brito *et al.*, 2022). Seu potencial, entretanto, não se restringe à saúde humana. O conhecimento de seus compostos químicos pode levar ao desenvolvimento de biopesticidas e em embalagens alimentícias, pois sua adição a biofilmes apresenta propriedades fotoprotetoras (Siebert *et al.*, 2020; Tessaro *et al.*, 2021).

E. uniflora é a fonte mais proeminente de óleos essenciais de seu gênero (Souza *et al.*, 2018). Santos e colaboradores (2018) avaliaram o perfil fitoquímico do óleo essencial desta espécie e encontraram como compostos majoritários a selina-1,3,7(11)-trien-8-ona e seu epóxido, enquanto Jesus *et al.* (2023) encontraram curzereno como o composto majoritário. Para Figueiredo *et al.* (2019), os compostos mais comuns foram β-elemeno, (E)-cariofileno e germacreno B. Conforme a literatura, muitos metabólitos secundários produzidos por plantas não estão envolvidos em atividades biológicas primárias e, embora não sejam essenciais para as funções vitais da planta, podem promover benefícios para o seu crescimento, permitindo adaptações às condições ambientais e até proteção contra danos ambientais (Seker; Erdogan, 2023). Há uma grande diversidade estrutural desses compostos em diferentes espécies, bem como entre seus órgãos. Alguns compostos são produzidos em tecidos florais para atrair polinizadores, enquanto outros nas raízes como um mecanismo de defesa contra fungos. Além disso, estudos indicam o efeito abiótico na produção desses metabólitos secundários. Assim, dependendo das condições de crescimento e da disponibilidade de água, salinidade, temperaturas extremas e alta intensidade de luz, são observadas mudanças na produção desses compostos (Ritmejeryte *et al.*, 2020; Jasuja, 2022). Nesse contexto, para analisar a variação sazonal e local da constituição química dos óleos essenciais dessa espécie, Gonçalves e colaboradores (2021) avaliaram quatro indivíduos nas diferentes estações do ano. Em seu trabalho, sesquiterpenos oxigenados e hidrocarbonetos foram os mais comuns, sendo o curzereno e germacra-3,7(11),9-trien-6-ona, os compostos mais presentes nos indivíduos, contudo, chegaram à conclusão de que não existe um marcador químico para os óleos essenciais dessa espécie. Os óleos essenciais de *E. uniflora*, devido ao seu alto potencial biológico e industrial, são amplamente estudados, mas segundo de Brito e colaboradores (2022), os extratos das folhas mais estudados até o momento são os etanólicos. Apesar do extenso estudo desta planta medicinal, até o momento não houve relatos do estudo sazonal dos extratos diclorometânicos das folhas desta espécie.

1.2 Metodologia

Amostragem

Folhas de *E. uniflora* (cerca de 50 g) do espécime foram coletadas dez dias após o início de cada estação do ano de 2018, próximo à rodovia Ayrton Senna, na cidade metropolitana de São Paulo, adjacente à Escola de

Artes, Ciências e Humanidades da Universidade de São Paulo (EACH-USP), conforme as coordenadas geográficas: Lat: 23°29'091" S, Long: 46°30'301" O e Alt: 734 m para Eu1. A identificação foi realizada pela Dr." Fabiana Pioker (EACH, USP) e amostras secas foram depositadas no Herbário SPF da Escola de Artes, Ciências e Humanidades.

Preparação dos extratos

As folhas de cada uma das coletas foram secas em uma estufa de ventilação a 40 °C por 15 dias e então moídas em um moinho de facas. Os metabólitos foram extraídos através da sujeição do pó resultante da moagem a um soxhlet, utilizando diclorometano como solvente. Após a extração, o solvente foi removido em um rotaevaporador sob pressão reduzida e temperatura de 40 °C. Após a secagem, obteve-se um sólido verde-escuro.

Análise cromatográfica

A análise cromatográfica do extrato diclorometânico das folhas foi realizada em um sistema cromatográfico acoplado a um espectrômetro de massas modelo QP 2020 da Shimadzu. As condições operacionais otimizadas para essas análises foram: coluna cromatográfica capilar ZB5HT (30 × 0,25 mm × 0,25), taxa de fluxo da fase móvel (He): 2,5 ml/min; razão de Split do injetor 1/25 e volume de injeção de 3 µl. As temperaturas operacionais do equipamento foram as seguintes: injetor a 260 °C, detector a 280 °C e coluna com temperatura programada começando em 60 °C por 1 min, aumento de 3 °C/min até 220 °C, posteriormente aumento de 10 °C/min até 280 °C, mantendo essa temperatura por 1,67 min. As condições do espectrômetro de massas empregadas foram: detector de varredura 1.000; intervalo de varredura de 0,50 fragmentos e fragmentos detectados na faixa de 40 a 550 Da. Para identificar a composição química do óleo essencial, foram utilizadas duas bibliotecas NIST107 e NIST21 para comparar os dados dos espectros de massa. A identificação de cada pico foi atribuída apenas quando a similaridade era superior a 80%. O índice de retenção foi calculado por referência a uma solução da série homóloga C8-C22 pela equação de Van den Dool e Kratz (1963). Para obter as porcentagens relativas (%) pela normalização da área dos picos dos compostos identificados, todas as amostras foram analisadas em cromatografia gasosa com detector de ionização por chama (GC-FID) usando um sistema Agilent CG 6850. O CG foi equipado com as mesmas condições cromatográficas usadas na análise CG-EM.

Análise estatística por Heatmap

Os dados de área dos picos dos compostos identificados por CG-EM foram submetidos a um tratamento estatístico, com o filtro estabelecido como desvio padrão relativo (5%) e com dimensionamento de dados automático. Para a elaboração do Heatmap, utilizou-se do programa MetaboAnalyst 5.0, com a distância euclidiana como parâmetro

1.3 Resultados e discussões

A análise por CG-EM do extrato em diclorometano das folhas de E. uniflora levou à identificação de 16 compostos (Tabela 1).

Tabela 1 – Compostos identificados e suas abundâncias relativas no extrato em DCM de E. uniflora

ID	Nome	$RI_{(lit)}$	$RI_{(exp)}$	Primavera	Verão	Outono	Inverno
1	acetato de n-butila	904	907	8,8	0	0	0
2	3-hidróxi-2,3-dihidromaltol	1870	1873	1,6	0	0	0
3	Pirogalol	1361	1362	24,0	0	0	0
4	Ácido palmítico	1868	1864	11,0	13,5	16,9	13,9
5	Palmitato de etila	1933	1934	3,6	7,6	11,8	10,9
6	Fitol	2125	2128	2,6	9,1	6,9	3,4
7	Ácido esteárico	2158	2157	2,5	10,2	3,7	0
8	β-sitosterol	3342	3340	1,6	11,7	4,8	21,9
9	Ácido cis-cis-linoleico	2131	2135	0	7,7	0	0
10	β-amirina	3318	3320	0	8,7	0	0
11	6,10,14-trimetil-2-pentadecanona	1865	1868	0	0	5,8	0
12	Estearato de etila	2194	2194	0	0	2,7	4,1

ID	Nome	RI$_{(lit)}$	RI$_{(exp)}$	Estação			
				Primavera	Verão	Outono	Inverno
13	*trans-p*-cumarato de etila	1587	1585	0	0	0	4,1
14	Linolelaidato de etila	2491	2490	0	0	0	7,5
15	Araquidato de etila	2266	2269	0	0	0	2,6
16	α-tocoferol	3112	3114	0	0	0	2,9
	Total de compostos identificados (%)			55,7	67,9	52,6	61,3

RI(lib): Índice de retenção encontrado na literatura.
RI(exp): Índice de retenção calculado a partir dos experimentos.
Fonte: os autores

É possível determinar o ácido palmítico (**4**) e seu derivado, palmitato de etila (**5**) como componentes de maior abundância nos extratos ao longo de todas as estações analisadas (Tabela 1). O ácido palmítico, bem como seu éster metílico, já haviam sido identificados no óleo essencial de *E. uniflora* por Gonçalves *et al.* (2021). Segundo Zhukov (2015), os ácidos graxos desempenham um importante papel nas membranas plasmáticas das células e das organelas membranosas, como mitocôndrias e cloroplastos e, assim, extratos apolares apresentam uma elevada concentração desses compostos, como o próprio ácido palmítico (**4**) e o ácido esteárico (**7**). Ainda segundo o autor, esses compostos estão envolvidos diretamente na resposta da planta a fatores ambientais, como estresse hídrico e temperatura, o que pode explicar sua variação ao longo das estações estudadas.

O fitol (**6**) também foi determinado em todas as estações do ano. Ele é um diterpenóide resultante da degradação da clorofila (Yang *et al.*, 2021). Esse composto obteve atividade gastroprotetora de 96% na concentração de 12,5 mg/kg em ensaios *in vivo* no modelo de úlcera induzida por etanol absoluto (Araújo *et al.*, 2024) e anticâncer com Concentração Inibitória Mínima de 40µM contra células NCCIT, um modelo de células de carcinoma embrionário humano (Soltanian; Sheikhbahaei; Ziasistani, 2020).

Outra molécula que se destaca ao longo de todos os períodos foi o β-sitosterol. Essa molécula esteroide, que é bastante sensível às variações do ambiente (Cabianca *et al.*, 2021), já havia sido identificada no óleo essencial da espécie (Gonçalves *et al.*, 2021) e tem efeito antinociceptivo, isto é, consegue inibir a sensação de dor através da modulação de interleucinas, do óxido nítrico e do estresse oxidativo (Kaur, 2022).

O pirogalol (**3**), entretanto, foi determinado em apenas uma das estações, mas com a maior abundância relativa observada. Na concentração de 95,23 µM, o composto conseguiu eliminar 50% de células cancerígenas do pulmão A529 através da supressão de vias glicolíticas anaeróbicas (Liu; Chang; Jin, 2024).

O *Heatmap* (Fig. 1) destaca a variação dos compostos entre as estações. A literatura afirma que se espera uma maior produção de metabólitos secundários nas estações de não-crescimento das plantas (Srivastava; Mishra; Mishra, 2021). Na amostra, isso ocorre apenas para o inverno, que tem a maior produção de metabólitos, e não para o outono, que tem a menor, enquanto nas estações de crescimento a quantidade é similar. Esse aspecto ressalta que a variação sazonal da produção de metabólitos secundários varia de espécie para espécie, conforme Skovmand *et al.* (2024).

A diversidade química dos componentes apolares de um mesmo indivíduo já foi descrita na literatura e pode explicar a variabilidade em *E. uniflora*. Segundo Liebelt, Jordan e Doherty (2019), a variação sazonal da produção de metabólitos secundários é expressiva e diversos fatores corroboram para esse fenômeno, como alterações na incidência e qualidade de luz e temperatura. A alteração na presença dessas moléculas ao longo do ano pode contribuir para adaptações das plantas ao ambiente, ao passo que pode alterar a atividade biológica, suscitando a necessidade de estudos que contribuam para a elucidação da variação de cada metabólito ao longo do ano.

Figura 1 - *Heatmap* dos compostos identificados no extrato diclorometânico de *E. uniflora*

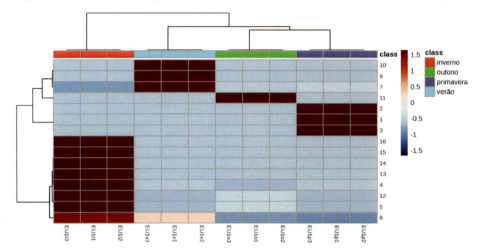

1.4 Conclusão

A análise sazonal do extrato diclorometânico de *E. uniflora* por CG-MS ressaltou a latente diversidade química dos metabólitos apolares do indivíduo ao longo do ano. Apenas quatro de 16 moléculas, o ácido palmítico e seu éster etílico, o fitol e o β-sitosterol aparecendo ao longo de todo o período, sendo um deles um lipídio essencial de membrana. A presença de algumas moléculas no extrato não apenas explica seu uso medicinal, mas, considerando o amplo potencial farmacológico e industrial do arsenal químico da espécie e a fim de padronizar esses efeitos, é necessário desenvolver metodologias que otimizem a produção e controle de metabólitos de interesse e, assim, permitam uma aplicação mais eficiente deles.

Referências

ARAÚJO, R. P. N. *et al*. Investigating the pharmacological potential of phytol on experimental models of gastric ulcer in rats. **Naunyn-Schmiedeberg's Archives Of Pharmacology**, [s. l.], 8 maio 2024. DOI: http://dx.doi.org/10.1007/s00210-024-03085-9

BRITO, W. A. de; FERREIRA, M. R. A.; DANTAS, D. de S.; SOARES, L. A. L. Biological activities of *Eugenia uniflora* L. (pitangueira) extracts in oxidative stress-induced pathologies: a systematic review and meta: analysis of animal studies. **Phar-

manutrition, [s. l.], v. 20, p. 100290, jun. 2022. DOI: http://dx.doi.org/10.1016/j.phanu.2022.100290

CABIANCA, A. *et al*. Changes in the Plant β-Sitosterol/Stigmasterol Ratio Caused by the Plant Parasitic Nematode Meloidogyne incognita. **Plants**, [s. l.], v. 10, n. 2, p. 292, 4 fev. 2021. DOI: http://dx.doi.org/10.3390/plants10020292

DOOL, H.; VAN DEN; KRATZ, P. Dec. A generalization of the retention index system including linear temperature programmed gas — liquid partition chromatography. **Journal Of Chromatography A**, [s. l.], v. 11, p. 463-471, 1963. DOI: http://dx.doi.org/10.1016/s0021-9673(01)80947-x

FIGUEIREDO, P. L. B. *et al*. Composition, antioxidant capacity and cytotoxic activity of *Eugenia uniflora* L. chemotype-oils from the Amazon. **Journal of Ethnopharmacology**, [s. l.], v. 232, p. 30-38, 2019. DOI: https://doi.org/10.1016/j.jep.2018.12.011

FRANZON, R. C. *et al*. Pitanga: *Eugenia uniflora* L. *In:* RODRIGUES, S.; SILVA, E. de O.; BRITO, E. S. de (ed.). **Exotic Fruits**. Amsterdã: Elsevier, 2018. p. 333-338. DOI: https://doi.org/10.1016/b978-0-12-803138-4.00044-7

GONÇALVES, A. J. *et al*. Study of seasonality and location effects on the chemical composition of essential oils from *Eugenia uniflora* leaves. **Journal of Medicinal Plants Research**, [s. l.], v. 15, n. 7, p. 321-329, 2021. DOI: https://doi.org/10.5897/jmpr2021.7135

JASUJA, N. D. The role of salicylic acid in elicitation for production of secondary metabolites in *Cayratia trifolia* cell suspension culture. **Medicinal Plants - International Journal of Phytomedicine and Related Industries**, [s. l.], v. 14, n. 1, p. 113-118, 2022. DOI: https://doi.org/10.5958/0975-6892.2022.00012.0

JESUS, E. N. S. de; TAVARES, M. S.; BARROS, P. A. C., *et al*. Chemical composition, antinociceptive and anti-inflammatory activities of the curzerene type essential oil of *Eugenia uniflora* from Brazil. **Journal of Ethnopharmacology**, [s. l.], v. 317, e116859, 2023. DOI: https://doi.org/10.1016/j.jep.2023.116859

JOVITO, V. de C.; FREIRES, I. A.; FERREIRA, D. A. *et al*. *Eugenia uniflora* dentifrice for treating gingivitis in children: Antibacterial assay and randomized clinical trial. **Brazilian Dental Journal**, Ribeirão Preto, v. 27, p. 387-392, 2016. DOI: https://doi.org/10.1590/0103-6440201600769

KAUR, K. *et al*. Exploring the possible mechanism involved in the anti-nociceptive effect of β-sitosterol: modulation of oxidative stress, nitric oxide and il-6.

Inflammopharmacology, [s. l.], v. 31, n. 1, p. 517-527, 27 dez. 2022. DOI: http://dx.doi.org/10.1007/s10787-022-01122-8

LIEBELT, D. J.; JORDAN, J. T.; DOHERTY, C. J. Only a matter of time: the impact of daily and seasonal rhythms on phytochemicals. **Phytochemistry Reviews**, [s. l.], v. 18, n. 6, p. 1409-1433, 14 ago. 2019. DOI: http://dx.doi.org/10.1007/s11101-019-09617-z

LIU, H.; CHANG, Y.; JIN, L. Pyrogallol Suppresses the Tumor Progression via Modulating Aerobic Glycolysis and STAT2 Signaling Pathway in Non-small Cell Lung Carcinoma. **Pharmacognosy Magazine**, [s. l.], v. 20, n. 3, 17, p. 973-982, abr. 2024. DOI: http://dx.doi.org/10.1177/09731296241242542

OLIVEIRA, P. S.; CHAVES, V. C.; SOARES, M. S. P., et al. Southern Brazilian native fruit shows neurochemical, metabolic and behavioral benefits in an animal model of metabolic syndrome. **Journal of Ethnopharmacology**, [s. l.], v. 33, p. 1551-1562, 2018.

QAMAR, M. T.; ASHFAQ, U. A.; TUSLEEM, K., et al. In–silico identification and evaluation of plant flavonoids as dengue NS2B/ NS3 protease inhibitors using molecular docking and simulation approach. **Journal of Ethnopharmacology**, [s. l.], v. 30, p. 2119-2137, 2017.

RITMEJERYTÉ, E.; BOUGHTON, B. A.; BAYLY, M. J.; MILLER, R. E. Diverse organ--specific localisation of a chemical defence, cyanogenic glycosides, in flowers of eleven species of Proteaceae. **Plos One**, [s. l.], v. 18, n. 4, e0285007, 27 abr. 2023. DOI: http://dx.doi.org/10.1371/journal.pone.0285007

SANTOS, D. N.; SOUZA, L. L. de; OLIVEIRA, C. A. F. de, et al. Arginase inhibition, antibacterial and antioxidant activities of pitanga seed (*Eugenia uniflora* L.) extracts from sustainable technologies of high pressure extraction. **Journal of Ethnopharmacology**, [s. l.], v. 12, p. 93-99, 2015.

SANTOS, J. F. S. dos; ROCHA, J. E.; BEZERRA, C. F., et al. Chemical composition, antifungal activity and potential anti-virulence evaluation of the *Eugenia uniflora* essential oil against *Candida spp*. **Food Chemistry**, [s. l.], v. 261, p. 233-239, 2018. DOI: https://doi.org/10.1016/j.foodchem.2018.04.015

SEKER, M. E.; ERDOGAN, A. Phenolic and carotenoid composition of Rhododendron luteum Sweet and Ferula communis L. subsp. communis flowers. **Frontiers in Life Science Research and Technology**, [s. l.], v. 4, n. 1, p. 37-42, 2023. DOI: https://doi.org/10.51753/flsrt.1214172

SIEBERT, D. A.; MELLO, F. de; ALBERTON, M. D., *et al.* Determination of acetylcholinesterase and alpha-glucosidase inhibition by electrophoretically-mediated microanalysis and phenolic profile by HPLC-ESI-MS/MS of fruit juices from Brazilian Myrtaceae *Plinia cauliflora* (Mart.) Kausel and Eugenia uniflora L. **Natural Product Research**, [s. l.], v. 34, p. 2683-2688, 2020. DOI: https://doi.org/10.1080/14786419.2018.1550760

SKOVMAND, L. *et al.* Effects of leaf herbivory and autumn seasonality on plant secondary metabolites: a meta-analysis. **Ecology And Evolution**, [s. l.], v. 14, n. 2, fev. 2024. DOI: http://dx.doi.org/10.1002/ece3.10912

SOBEH, M.; EL-RAEY, M.; REZQ, S., *et al.* Chemical profiling of secondary metabolites of *Eugenia uniflora* and their antioxidant, anti-inflammatory, pain killing and anti-diabetic activities: A comprehensive approach. **Journal of Ethnopharmacology**, [s. l.], v. 240, e111939, 2019.

SOLTANIAN, S.; SHEIKHBAHAEI, M.; ZIASISTANI, M. Phytol Down-Regulates Expression of Some Cancer Stem Cell Markers and Decreases Side Population Proportion in Human Embryonic Carcinoma NCCIT Cells. **Nutrition And Cancer**, [s. l.], v. 73, n. 8, p. 1520-1533, 23 jul. 2020. DOI: http://dx.doi.org/10.1080/01635581.2020.1795695

SOUZA, A. de. *et al.* Traditional uses, phytochemistry, and antimicrobial activities of *Eugenia* species – A review. **Planta Medica**, [s. l.], v. 84, n. 17, p. 1232-1248, 2018. DOI: https://doi.org/10.1055/a-0656-7262

SRIVASTAVA, A. K.; MISHRA, P.; MISHRA, A. K. Effect of climate change on plant secondary metabolism: an ecological perspective. *In*: SRIVASTAVA, A. K. *et al.* (ed.). **Evolutionary Diversity As A Source For Anticancer Molecules**. Amsterdã: Elsevier, 2021. p. 47-76. DOI: http://dx.doi.org/10.1016/b978-0-12-821710-8.00003-5

TESSARO, L. *et al.* Stable and bioactive W/O/W emulsion loaded with "pitanga" (*Eugenia uniflora* L.) leaf hydroethanolic extract. **Journal of Ethnopharmacology**, [s. l.], v. 1, p. 1-11, 2021.

YANG, W. *et al.* 2-Hydroxy-phytanoyl-CoA lyase (AtHPCL) is involved in phytol metabolism in Arabidopsis. **The Plant Journal**, [s. l.], v. 109, n. 5, p. 1290-1304, 22 dez. 2021. DOI: http://dx.doi.org/10.1111/tpj.15632

ZHUKOV, A. V. Palmitic acid and its role in the structure and functions of plant cell membranes. **Russian Journal Of Plant Physiology**, [s. l.], v. 62, n. 5, p. 706-713, 2015. DOI: http://dx.doi.org/10.1134/s1021443715050192

Capítulo 2

ANÁLISE METABOLÔMICA DE SAPONINAS EM *MACHAERIUM ACUTIFOLIUM* POR UHPLC-ESI-MS/MS

Charlyana de Carvalho Bento
Gabriel Sardinho Greggio
Renan Canute Kamikawachi
Ângela Lúcia Bagnatori Sartori
Miriam Sannomiya

2.1 Introdução

A Metabolômica é a ciência que estuda o metabolismo e os metabólitos, moléculas importantes para a fisiologia celular e respostas ao ambiente onde o organismo está inserido. Esses dados são geralmente obtidos por meio de experimentos de cromatografia associados a espectrometria de massas, como Liquid Chromatography-Mass Spectrometry (LC-MS) ou Gas Chromatography-Mass Spectrometry (GC-MS). A identificação dos metabólitos secundários presentes nessas espécies é realizada através de comparações com banco de dados, como o caso do *Global Natural Product Social Molecular Networking* (GNPS) (Pilon *et al.*, 2020). Os metabólitos secundários são moléculas orgânicas produzidas por microrganismos ou plantas, que não são essenciais para suas atividades primárias, como obtenção de energia e mantimento de funções vitais, mas podem trazer vantagens para o crescimento, proteção e adaptação deles (Seker; Erdogan, 2023).

A exploração do potencial dessas moléculas oriundas de plantas permite sua aplicação em diversas áreas e com efeitos promissores, desde a agricultura até a saúde humana. O aproveitamento desse potencial biológico pode gerar desde agroquímicos com menor potencial destrutivo, o que poderia colaborar ao Objetivo de Desenvolvimento Sustentável (ODS) 14 (Vida na água) e a ODS 3 (Saúde e bem-estar), através do desenvolvimento de fármacos sustentáveis e importantes para a saúde humana

(Menezes *et al.*, 2019). Assim, pesquisas que vislumbram contribuir para o conhecimento da metabolômica da biodiversidade brasileira, valorizam os conhecimentos tradicionais e podem agregar valor econômico ao material vegetal de nosso país. O estudo de espécies do gênero *Machaerium*, integrante da família da Fabaceae, conhecido popularmente como jacarandá, pode ser de grande relevância (Flora do Brasil, 2024).

Na medicina tradicional, o chá de cascas de espécies pertencentes a esse gênero é utilizado para fins antidiarreicos, antiúlcera e tratamento de cólicas (Amen *et al.*, 2015). Até o presente momento, cerca de 130 espécies foram descritas no gênero (WFO Plant List, 2024). Cerca de 17% dessas espécies foram estudadas sob o ponto de vista químico ou biológico. Dentre as espécies estudadas estão *Machaerium acutifolium, M. amplum, M. aristulatum, M. eriocarpum, M. floribundum, M. hirtum, M. incorruptibile, M. kuhlmannii, M. multiflorum, M. nictitans, M. pedicellatum, M. vestitum* e *M. villosum* (Alves *et al.*, 1966; Bento *et al.*, 2018; Carvalho *et al.*, 2022; Dourado *et al.*, 2024; ElSohly; Joshi; Nimrod, 1999; Imamura *et al.*, 1982; Kurosawa *et al.*, 1978; Lopes *et al.*, 2020; Muhammad *et al.*, 2001; Tahira *et al.*, 2022; Waage; Hedin; Grimley, 1984). De acordo com as análises químicas dessas espécies foram isolados ou identificados sesquiterpenos, triterpenos, esteróides, cinamilfenóis, ubiquinonas, hexahidrocanabinois, alcalóides, proantocianidinas, flavonóides e saponinas. Os extratos apresentam uma variada atividade biológica, tais como antimalárica contra *Plasmodium falciparum* W-2 com IC_{50} de 120 ng/mL (Muhammad *et al.*, 2001). O extrato de *M. multiflorum* apresentou atividade antibacteriana contra *Staphylococcus aureus* (IC_{50} 0,65 µg/mL). Enquanto o extrato das folhas de *M. hirtum* apresenta ação anti-inflamatória e efeito anti-inoceptivo (Lopes *et al.*, 2020). O extrato das folhas de *M. villosum* apresentou ação antifúngica frente a *Cryptococcus neoformans* com CIM de 16 µg/ml. As isoflavonas isoladas do extrato de *M. aristulatum* apresentaram atividade antigiardial com IC_{50} de 0,28 a 1,9 µg/mL (ElSohly; Joshi; Nimrod, 1999). A proatocianidina isolada de *M. floribundum* apresentou atividade contra a bactéria *Pseudomonas maltophilia*.

Esses dados evidenciam a relevância da continuidade dos estudos que envolvem extratos de espécies de *Machaerium*. Conforme a literatura, o extrato das folhas da espécie *M. acutifolium* já foi previamente estudada por injeção direta em um espectrômetro de massa com um analisador de armadilha de íons equipado com uma fonte de ionização por eletrospray (DI-ESI-MS/MS). Os autores descreveram a identificação de flavonóis, isoflavonóides e um biflavonóide. De acordo com a medicina tradicional, as cascas do caule de *M. acutifolium* são adstringentes, enquanto suas folhas são empregadas como cataplasma para feridas e contusões (Filardi; Garcia; Carvalho-Okano, 2007). No entanto, até o momento não se tem estudos que envolvam o extrato dos galhos dessa espécie. Assim, esse trabalho tem como objetivo realizar o estudo metabolômico dos extratos dos galhos e folhas de *M. acutifolium* por HPLC-ESI-ITMS/MS.

2.1 Metodologia

Material vegetal

A coleta de galhos e folhas de *Machaerium acutifolium* foi realizada pela taxonomista Prof.ª Dr.ª Ângela Lúcia Bagnatori Sartori nas coordenadas geográficas: 20°30'18" S e 54°37'2" W, região do Campo Grande, Mato Grosso do Sul, Brasil. A exsicata desse material vegetal encontra-se depositada no Herbário CGMS da Universidade Federal do Mato Grosso do Sul sob a identificação CGMS 78108 e seu registro no SisGen tem o protocolo AAC0301.

Obtenção dos extratos

O material vegetal foi seco em uma estufa de ventilação a 40 °C por 15 dias. Em seguida, galhos e folhas foram separados, cortados em pedaços menores e moídos separadamente em um moinho de facas. O pó de cada órgão foi submetido ao processo de extração por percolação exaustiva utilizando etanol 70% (Migliato *et al.*, 2011). O processo envolveu 510 g do pó das folhas e 300 g do pó dos galhos com etanol 70% (v/v), separadamente. A taxa de fluxo do percolador foi ajustada para aproximadamente 30 gotas/min. Após a extração, o solvente foi removido em um evaporador rotativo sob pressão reduzida a uma temperatura de 40 °C. Após a secagem, obteve-se um sólido marrom escuro de 106,0 g para o extrato das folhas de *M. acutifolium* (Macf, 20,8%) e 48,0 g do extrato dos galhos de *M. acutifolium* (Macg, 16,0%).

Análise por UHPLC-ESI-IT-MS/MS

As análises de espectrometria de massas foram realizadas em um espectrômetro de massas LCQ FLEET (UHPLC-PDA-ESI-IT-MS^n, Thermo

Scientific®). Para a separação cromatográfica, foi utilizado o sistema UHPLC-ESI-IT-MS^n, com uma coluna de fase reversa Acquity UPLC® BEH C18 (2,1 x 50 mm 1,7 μm), no modo gradiente: 0-1,5 min (12-15% ACN); 1,5-4 min (15-25% ACN); 4-5,5 min (25-29% ACN); 5,5-7 min (29-32% ACN); 7-8,5 min (32-50% ACN); 8,5-10 min (50-65% ACN); 10-12,5 min (65-70% ACN); 12,5-14 min (70% ACN); 14-17 min (70-100% ACN) e 17-20 min (100% ACN) com uma taxa de fluxo de 0,350 mL/min, temperatura do capilar de 350 °C, nitrogênio como gás de nebulização e vácuo de 1,14 Torr. As fases móveis utilizadas foram água (A) e acetonitrila (B), ambas acidificadas com 0,1% de ácido fórmico. As matrizes estudadas foram analisadas no modo de ionização por electrospray (ESI) e as fragmentações em múltiplos estágios (MS^2, MS^3 e MS^n) foram realizadas em uma interface do tipo armadilha de íons (IT). O modo negativo foi escolhido para a geração e análise dos espectros de massas de primeira ordem (MS), bem como para os outros experimentos de múltiplos estágios (MS^n) nas seguintes condições: voltagem do capilar -4 V, voltagem de spray -5 kV. A faixa de aquisição foi de *m/z* 50-2000, com dois ou mais eventos de varredura realizados simultaneamente no espectrômetro de massas LCQ.

O primeiro evento foi uma varredura completa do espectro de massas para adquirir os dados dos íons na faixa de *m/z* estabelecida. Os outros eventos de MS^n foram realizados a partir dos dados dessa primeira varredura para íons precursores pré-selecionados com energias de colisão de 25 e 30% da energia total do instrumento. A FIA-ESI-IT-MS^n foi realizada nas seguintes condições: nitrogênio como gás de nebulização; temperatura do capilar ajustada a 350 °C; vácuo de 1,14 Torr e taxa de fluxo de 5 μL/min. Para a aquisição e processamento dos dados espectrométricos, foi utilizado o software Xcalibur (Thermo Scientific®).

3 Resultados e discussões

As técnicas de análise UHPLC-IT-ESI-MS/MS e de redes moleculares do GNPS foram aplicadas para identificar a composição química dos extratos de *M. acutifolium*. Para a identificação putativa dos metabólitos secundários, estabeleceu-se um score de cosseno maior que 0,7 na análise de redes moleculares. Conforme a rede molecular, observa-se que as saponinas com esqueleto de hederagenina são observadas apenas nos galhos, enquanto as soyasaponinas são observadas em ambos os órgãos dessa espécie (Figura 1).

Para se obter mais informações sobre os constituintes químicos presentes nos extratos, foi realizada análise por UHPLC-IT-ESI-MS/MS e, conforme os estudos dos íons precursores e seus íons produtos, com dados da literatura e do banco de dados GNPS, foi possível identificar duas saponinas (**1** e **2**) no extrato das folhas de *M. acutifolium*. Enquanto nos galhos foram identificadas 9, sendo quatro delas de esqueleto do tipo soyasapogenol A (**3, 4, 5**), três do tipo Soyasapogenol B (**1, 2** e **8**), duas de esqueletos do tipo Soyasaponina Be (**9**), e dois esqueletos de hederagenina (**6** e **7**) (Tabela 1).

Identificação das saponinas por UHPLC-ESI-MS/MS

A identificação das *saponinas triterpênicas* foi realizada utilizando cromatografia líquida de ultra alta eficiência com ionização por electrospray e espectrometria de massas em tandem (UHPLC-ESI-MS/MS) em modo negativo. As saponinas estão presentes nas folhas e galhos de *M. acutifolium*.

Figura 1 – Análise por rede molecular dos extratos de folhas e galhos de *M. acutifolium* destacando as saponinas identificadas por espectrometria de massas (modo negativo)

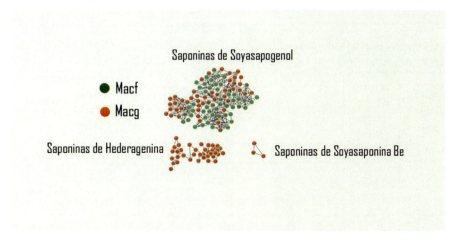

De acordo com Pollier *et al.* (2011), as clivagens glicosídicas das saponinas obtidas no espectro de MS/MS fornecem informações sobre os resíduos de açúcar e a aglicona da saponina. Normalmente, os resíduos de açúcar são hexoses (glicose e galactose), deoxi-hexoses (ramnose), pentoses (xilose e arabinose) e ácido urônico (ácido glucurônico). Os espectros de MS/MS mostram perdas típicas, como água (-18 Da), resíduo de galactosídeo/glicosídeo (-162 Da), resíduo de ramnosídeo (-146 Da), arabinose (-150 Da) e ácido glucurônico (-158 Da), todas essas fragmentações são compatíveis com os grupos laterais mencionados.

Nos espectros de fragmentação de MS/MS das saponinas foram detectados os íons fragmentos de *m/z* 453 e 473 Da, os quais são característicos das agliconas triterpênicas. Doze dessas agliconas (Soyasapogenol A, B; Soyasaponina Be; Hederagenina) são do tipo oleanano. A literatura indica que apenas a saponina **1** foi previamente observada no extrato hidroetanólico das folhas de *M. amplum* (Tahira *et al.*, 2022), enquanto as outras estão sendo descritas pela primeira vez no gênero *Machaerium*.

Os triterpenos abrangem uma variedade de mais de 100 tipos diferentes de esqueletos, dentre eles pentacíclicos do tipo oleanano, os quais são abundantes em diversas plantas (Garg *et al.*, 2020). Eles quando associados a unidades glicosídicas são denominados saponinas. As saponinas são uma classe de substâncias de alto peso molecular que possui como aglicona triterpenóide e/ou de esteroide contendo açúcar(es) (Singh; Chaudhuri, 2018). A cadeia glicosídica pode ser consistida de açúcares como glicose, galactose, rhamnose, xilose etc. (Nguyen *et al.*, 2020).

Tabela 1 – Substâncias identificados por análise por UHPLC-IT-ESI-MS/MS do extrato hidroetanólico das folhas (Macf) e galhos (Macg) de *M. acutifolium* Vogel

Número Composto	Tempo de Retenção (min)	[M-H]⁻	Íon fragmentos (*m/z*)	Compostos Identificados	Parte da Planta	Referências
1	35,95	941	923; 879; 733	dHex-Hex--HexA-Soyasapogenol B (isômero 1)	Macf	Pollier *et al.*, 2011; Tahira, 2021
2	39,62	941	923; 879; 733	dHex-Hex--HexA-Soyasapogenol B (isômero 2)	Macf	Pollier *et al.*, 2011; Tahira, 2021

Número Composto	Tempo de Retenção (min)	[M-H]⁻	Íon fragmentos (m/z)	Compostos Identificados	Parte da Planta	Referências
3	33,7	957	939; 895; 811; 767; 749; 631; 613; 541; 473; 453	dHex-Hex-HexA-Soyasapogenol A (isômero 1)	Macg	Pollier *et al.*, 2011; Llorent-Martínez *et al.*, 2015
1	34,7	941	923; 879; 733	dHex-Hex-HexA Soyasapogenol B (isômero 1)	Macg	Pollier *et al.*, 2011; Tahira, 2021
4	35,1	811	793; 749; 649; 473	Hex-HexA-Soyasapogenol A (isômero 1)	Macg	Nascimento *et al.*, 2019
5	35,6	957	939; 895; 811; 649; 473	dHex-Hex-HexA-Soyasapogenol A (isômero 2)	Macg	Pollier *et al.*, 2011; Llorent-Martínez *et al.*, 2015
6	35,6	955	937; 911; 893; 809; 747; 629; 611; 539; 471	dHex-Hex-HexA-Hederagenina	Macg	Pollier *et al.*, 2011
7	37,3	809	747; 647; 629; 585; 567; 471; 451	Hex-HexA-Hederagenina	Macg	Pollier *et al.*, 2011
2	40,0	941	923; 879; 733	dHex-Hex-HexA-Soyasapogenol B (isômero 2)	Macg	Pollier *et al.*, 2011; Tahira, 2021
8	41,1	941	923; 879; 733	dHex-Hex-HexA-Soyasapogenol B (isômero 3)	Macg	Pollier *et al.*, 2011; Tahira, 2021

Número Composto	Tempo de Retenção (min)	[M-H]⁻	Íon fragmentos (*m/z*)	Compostos Identificados	Parte da Planta	Referências
9	44,2	939	921; 877; 793; 631; 455	Soyasaponina Be (isômero 1)	Macg	Pollier *et al.*, 2011; Negri; Tabach, 2013; Nascimento *et al.*, 2019

As soyasaponinas são basicamente divididas com base ao esqueleto e as formas do glicosídeo, sendo elas dos tipos A, B e 2,3-di-hidro-2,-5-di-hidroxi-6-metil-4H-pirano-4-ona. As soyasaponinas do grupo Be, apresentam na posição C-3 um monossacarídeo e ausência de um grupo hidroxílico em C-21.

A Soyasapogenol B, a parte aglicona do grupo B soyasaponina, pode ser encontrada na soja e pode ser obtida a partir de tratamento térmico e hidrólise ácida, fazendo que assim seja encontrada em produtos comerciais com base de soja. As soyasaponinas do grupo A, por sua vez tem uma hidroxila em C-21 e duas porções de açúcares ligadas separadamente nas posições C-3 e C-22 da soyasapogenol A (Guang *et al.*, 2014).

De acordo com Sasaki *et al.* (2005), a soyasapogenol A reduz o número de células inflamatórias infiltrantes no fígado e o nível elevado de TNF-α plasmático prevenindo os danos ao fígado no modelo de camundongo com hepatite induzida por ConA. A saponina soysapogenol A e seus derivados exibem atividade inibitória na liberação de NO com valores de IC$_{50}$ de 16,70 a 22,09 µM, indicando seu potencial anti-inflamatório (Zhou *et al.*, 2021). Duas saponinas do tipo soysapogenol A diminuem a hipercolesterolemia e inflamação em camundongos APOE (Xie *et al.*, 2020). A saponina de esqueleto de Hederagenina isolado do extrato de *Stauntoni hexaphylla* apresentou atividade anti-inflamatória no ensaio de óxido nítrico (NO) com efeito inibitório de IC$_{50}$ = 0,59 µM (Vinh *et al.*, 2019). A presença de mais derivados de soyasapogenol e hederagenina no extrato dos galhos pode indicar que ele tenha um maior potencial anti-inflamatório e justificar seu uso popular no tratamento de inflamações.

2.4 Considerações finais

O estudo de metabolômica dos extratos de galhos e folhas de *Machaerium acutifolium* indica uma maior diversidade de saponinas nos galhos. As análises revelaram a presença significativa de saponinas triterpênicas, destacando a predominância de *soyasaponinas* e derivados de hederagenina, com importantes propriedades anti-inflamatórias. Esses resultados não apenas justificam o uso tradicional dos galhos no tratamento de inflamações, mas também sugerem novas possibilidades para o desenvolvimento de produtos terapêuticos a partir de compostos naturais. A pesquisa contribui para o entendimento da diversidade química desta espécie, valorizando o conhecimento tradicional e potencializando seu uso em aplicações farmacêuticas futuras.

Referências

ALVES, H. *et al*. Triterpenoids isolated from *Machaerium incorruptibile*. **Phytochemistry**, [s. l.], v. 5, n. 6, p. 1327-1330, 1966. DOI: https://doi.org/10.1016/S0031-9422(00)86130-0

AMEN, Y. M. *et al*. The genus *Machaerium* (Fabaceae): taxonomy, phytochemistry, traditional uses and biological activities. **Natural product research**, [s. l.], v. 29, n. 15, p. 1388-1405, 2015. DOI: https://doi.org/10.1080/14786419.2014.1003062

BENTO, C. C. *et al*. Chemical constituents and allelopathic activity of *Machaerium eriocarpum* Benth. **Natural product research**, [s. l.], v. 34, n. 6, p. 884-888, 2018. DOI: http://dx.doi.org/10.1080/14786419.2018.1508136

CARVALHO, A. A. *et al*. First report of flavonoids from leaves of *Machaerium acutifolium* by DI-ESI-MS/MS. **Arabian Journal of Chemistry**, [s. l.], v. 15, n. 5, p. 103765, 2022. DOI: http://dx.doi.org/10.1016/j.arabjc.2022.103765

DOURADO, C. P. *et al*. Exploring antifungal potential: The flavonoid composition of *Machaerium villosum* extracts against *Cryptococcus neoformans*. **Research, Society and Development**, [s. l.], v. 13, n. 1, p. e1613144604, 2024. Disponível em: https://rsdjournal.org/index.php/rsd/article/view/44604. Acesso em: 11 fev. 2024.

ELSOHLY, H.; JOSHI, A.; NIMROD, A. Antigiardial Isoflavones from *Machaerium aristulatum*. **Planta Medica**, [s. l.], v. 65, n. 5, p. 490-490, jun. 1999. DOI: http://dx.doi.org/10.1055/s-2006-960825

FILARDI, F. L. R.; GARCIA, F. C. P.; CARVALHO-OKANO, R. M. Espécies lenhosas de Papilionoideae (Leguminosae) na Estação Ambiental de Volta Grande, Minas Gerais, Brasil. **Rodriguésia**, [s. l.], v. 58, n. 2, p. 363-378, 2007. DOI: http://dx.doi.org/10.1590/2175-7860200758211

FLORA e Funga do Brasil [Jardim Botânico do Rio de Janeiro]. **Flora do Brasil**, Rio de Janeiro, c2024. Disponível em: https://floradobrasil.jbrj.gov.br/consulta/#CondicaoTaxonCP. Acesso em: 11 fev. 2024.

GARG, A. et al. Analysis of triterpenes and triterpenoids. In: SILVA, A. S. et al. **Recent advances in natural products analysis**. Amsterdã: Elsevier, 2020. p. 393-426.

GUANG, C. et al. Biological functionality of soyasaponins and soyasapogenols. **Journal of Agricultural and Food Chemistry**, [s. l.], v. 62, n. 33, p. 8247-8255, 2014. DOI: http://dx.doi.org/10.1021/jf503047a

IMAMURA, H. et al. A benzoquinone and two isoflavans from the heartwood of *Machaerium* sp. (Leguminosae). **Journal of the Japan Wood Research Society**, Japan, v. 28, n. 3, 1982.

KUROSAWA, K. et al. Vestitol and vesticarpan, isoflavonoids from *Machaerium vestitum*. **Phytochemistry**, [s. l.], v. 17, n. 8, p. 1413-1415, jan. 1978. DOI: http://dx.doi.org/10.1016/s0031-9422(00)94599-0

LLORENT-MARTÍNEZ, E. J. et al. HPLC-ESI-MSn characterization of phenolic compounds, terpenoid saponins, and other minor compounds in *Bituminaria bituminosa*. **Industrial Crops and Products**, [s. l.], v. 69, p. 80-90, 2015. DOI: https://doi.org/10.1016/j.indcrop. 2015.02.014

LOPES, J. A. et al. *Machaerium hirtum* (Vell.) Stellfeld Alleviates Acute Pain and Inflammation: potential mechanisms of action. **Biomolecules**, [s. l.], v. 10, n. 4, p. 590, 11 abr. 2020. DOI: http://dx.doi.org/10.3390/biom10040590

MENEZES, H. R. Apresentando os objetivos de desenvolvimento sustentável. In: MENEZES, H. R. **Os objetivos do desenvolvimento sustentável e as relações internacionais**. João Pessoa: Editora UFPB, 2019. p. 11-19.

MIGLIATO, K. F., et al. Factorial design of the optimization extraction of *Syzygium cumini* (L.) Skeels fruits. **Química Nova**, [s. l.], v. 34, p. 695-699, 2011. DOI: https://doi.org/10.1590/S0100-40422011000400024

MUHAMMAD, I. et al. Antimalarial (+)-trans-Hexahydrodibenzopyran Derivatives from *Machaerium multiflorum*. **Journal Of Natural Products**, [s. l.], v. 64, n. 10, p. 1322-1325, 2001. DOI: http://dx.doi.org/10.1021/np0102861

NASCIMENTO, Y. M. *et al.* Rapid characterization of triterpene saponins from *Zornia brasiliensis* by HPLC-ESI-MS/MS. **Molecules,** [s. l.], v. 24, n. 14, p. 2519, 2019. DOI: https://doi.org/10.3390/molecules24142519

NEGRI, G.; TABACH, R. Saponins, tannins and flavonols found in hydroethanolic extract from *Periandra dulcis* roots. **Revista Brasileira de Farmacognosia,** [s. l.], v. 23, n. 6, p. 851-860, 2013. DOI: https://doi.org/10.1590/S0102-695X2013000600001

NGUYEN, L. T. *et al.* An Overview of Saponins – A Bioactive Group. **Bulletin Of University of Agricultural Sciences and Veterinary Medicine Cluj-Napoca.** Food Science and Technology, [s. l.], v. 77, n. 1, p. 25-36, 24 maio 2020. DOI: http://dx.doi.org/10.15835/buasvmcn-fst:2019.0036

PILON, A. *et al.* Metabolômica de plantas: métodos e desafios. **Química Nova,** [s. l.], v. 43, p. 329-354, 2020. DOI: http://dx.doi.org/10.21577/0100-4042.20170499

POLLIER, J. *et al.* Metabolite profiling of triterpene saponins in *Medicago truncatula* hairy roots by liquid chromatography Fourier transform ion cyclotron resonance mass spectrometry. **Journal of natural products,** [s. l.], v. 74, n. 6, p. 1462-1476, 2011. DOI: https://doi.org/10.1021/np200218r

SASAKI, K. *et al.* Preventive effects of soyasapogenol B derivatives on liver injury in a concanavalin A-induced hepatitis model. **Bioorganic & Medicinal Chemistry,** [s. l.], v. 13, n. 16, p. 4900-4911, ago. 2005. DOI: http://dx.doi.org/10.1016/j.bmc.2005.04.074

SEKER, M. E.; ERDOGAN, A. Phenolic and carotenoid composition of *Rhododendron luteum* Sweet and *Ferula communis* L. subsp. *communis* flowers. **Frontiers In Life Sciences and Related Technologies,** [s. l.], v. 4, n. 1, p. 37-42, 30 abr. 2023. DOI: http://dx.doi.org/10.51753/flsrt.1214172

SINGH, D.; CHAUDHURI, P. K. Structural characteristics, bioavailability and cardioprotective potential of saponins. **Integrative medicine research,** [s. l.], v. 7, n. 1, p. 33-43, 2018. DOI: https://doi.org/10.1016/j.imr.2018.01.003

TAHIRA, L. S. **Estudo químico e fitotóxico do extrato hidroetanólico das folhas de *Machaerium amplum* Benth.** 2021. 88 p. Dissertação (Mestrado em Sustentabilidade) — Universidade de São Paulo, São Paulo, 2021.

TAHIRA, L. S. *et al.* Phytotoxic action of *Machaerium amplum* Benth. leaves extract. **International Journal of Agriculture and Environmental Research,** [s. l.], v. 8, n. 1, p. 46-62, 2022. DOI: http://dx.doi.org/10.22004/AG.ECON.333818

VINH, L. B. *et al*. Isolation, structural elucidation, and insights into the anti-inflammatory effects of triterpene saponins from the leaves of *Stauntonia hexaphylla*. **Bioorganic & Medicinal Chemistry Letters**, [s. l.], v. 29, n. 8, p. 965-969, 2019. DOI: http://dx.doi.org/10.1016/j.bmcl.2019.02.022

WAAGE, S. K.; HEDIN, P A.; GRIMLEY, E. A biologically-active procyanidin from *Machaerium floribundum*. **Phytochemistry**, [s. l.], v. 23, n. 12, p. 2785-2787, jan. 1984. DOI: http://dx.doi.org/10.1016/0031-9422(84)83016-2

WFO PLANT LIST - **World Flora Online**. Geneva: WHO, 2024. Disponível em: https://wfoplantlist.org/. Acesso em: 25 jun. 2024.

XIE, Q. *et al*. Soyasaponins A1 and A2 exert anti-atherosclerotic functionalities by decreasing hypercholesterolemia and inflammation in high fat diet (HFD)-fed ApoE-/- mice. **Food & Function**, [s. l.], v. 11, n. 1, p. 253-269, 2020. DOI: http://dx.doi.org/10.1039/c9fo02654a

ZHOU, X. *et al*. Derivatization of soyasapogenol A through microbial transformation for potential anti-inflammatory food supplements. **Journal Of Agricultural and Food Chemistry**, [s. l.], v. 69, n. 24, p. 6791-6798, 2021. DOI: http://dx.doi.org/10.1021/acs.jafc.1c01569

Capítulo 3

UPCYCLING: DEFINIÇÕES, TENDÊNCIAS E RELAÇÕES COM OUTROS CONCEITOS

Andres Felipe Rodriguez Torres
Sylmara Lopes Francelino Gonçalves-Dias

3.1 Introdução

O termo *upcycling* foi registrado pela primeira vez em uma entrevista no início dos anos 90, quando se contrapôs à ideia de "*downcycling*", presente nos processos convencionais de reciclagem, nos quais os materiais são degradados. O *upcycling* se diferencia do *downcycling* e da reciclagem tradicional, onde materiais frequentemente **perdem qualidade**. Um exemplo clássico é a quebra de garrafas de vidro para produzir novo vidro, em vez de reutilizá-las. Em contraste, o *upcycling* busca aproveitar todo o potencial dos materiais e objetos, **agregando valor** àquilo que é considerado resíduo. Assim, cria produtos de maior desempenho e durabilidade. Essa distinção é representada visualmente pelos símbolos de cada processo: a seta do *downcycling* aponta para baixo, enquanto a do *upcycling* aponta para cima (Figura 1) (Rodriguez Torres, 2022).

Figura 1 – Símbolos do *upcycling*, da reciclagem e do *downcycling*

Este capítulo apresenta uma análise abrangente do conceito de *upcycling*, explorando seu potencial como uma alternativa inovadora e promissora para modelos de produção e consumo mais sustentáveis. O estudo sintetiza as diversas definições do termo, traçando seu contexto histórico e evolução ao longo do tempo. Além disso, oferece uma visão atualizada do estado da arte na literatura acadêmica, identificando lacunas de conhecimento e tendências práticas emergentes na América Latina.

O objetivo principal é proporcionar ao leitor uma compreensão profunda e multifacetada do *upcycling*, abordando não apenas suas definições teóricas, mas também suas aplicações práticas e implicações socioambientais. O capítulo se destaca por trazer uma perspectiva única, que engloba tanto o panorama global quanto as práticas populares e comunitárias ainda presentes na América Latina e nos países do Sul Global (Rodriguez Torres, 2022). Ao explorar o *upcycling* como uma prática inovadora, o texto analisa seu potencial transformador em diferentes contextos socioeconômicos. São discutidos os benefícios ambientais, como a redução de resíduos e o uso mais eficiente de recursos, bem como os impactos sociais positivos, incluindo o fortalecimento de comunidades e a geração de oportunidades econômicas alternativas.

O capítulo também aborda os desafios e limitações enfrentados na implementação e escalonamento das práticas de *upcycling*, oferecendo uma visão crítica e equilibrada. Ao fazer isso, busca-se não apenas informar, mas também inspirar reflexões sobre como integrar o *upcycling* de maneira mais efetiva em políticas públicas, estratégias empresariais e iniciativas comunitárias.

Por fim, este estudo visa contribuir significativamente para o avanço do conhecimento neste campo, fornecendo insights valiosos para pesquisadores, profissionais e formuladores de políticas interessados em promover práticas mais sustentáveis e circulares. Ao considerar tanto aspectos globais quanto locais, o capítulo oferece uma base sólida para futuras pesquisas e aplicações práticas do *upcycling* como uma ferramenta para a transição rumo a um futuro mais sustentável e equitativo.

3.2 Metodologia

Este capítulo é o resultado entre a publicação científica "Uma revisão sobre *upcycling*: estado atual da literatura, lacunas de conhecimento e caminhos futuros", de Kyungeun Sung (2015), o livro *Estado da arte em pesquisa e prática de upcycling* (Sung, 2021) e a minha tese de doutorado *Elementos, dinâmicas e conexões da prática de upcycling: um estudo sobre resgate de resíduos sólidos urbanos* (Rodriguez Torres, 2022). Assim como se mostra na Figura 2.

Nesse contexto, a tese (Rodriguez Torres, 2022) apresentou uma perspectiva latino-americana às tendências identificadas no Norte Global (Sung, 2015, 2021), analisando o *upcycling* como uma prática social Abordagem que permitiu identificar e caracterizar os elementos da prática de *upcycling* no contexto específico da cidade de São Paulo (Rodriguez Torres, 2022), demonstrando que o *upcycling*, também conhecido como reuso criativo, ainda é uma parte integral das comunidades, especialmente aquelas em situação de maior vulnerabilidade socioeconômica. Este achado contrasta com a visão predominante no Norte Global, onde o *upcycling* é frequentemente retratado como uma tendência emergente ou uma prática inovadora.

Figura 2 – Metodologia do capítulo

3.3 Abordagens do *upcycling*: industrial e individual

A literatura identifica duas abordagens predominantes em torno do *upcycling*: a industrial, de grande escala, e a individual, mais artesanal (Sung, 2015).

O conceito de **upcycling industrial** está intimamente relacionado com grandes escalas de produção. Visa projetar materiais e produtos de forma a permitir que eles retornem a um ciclo fechado, mantendo ou até mesmo melhorando suas qualidades (Mcdonough; Braungart, 2013). Nessa perspectiva, o *upcycling* industrial busca dar uma nova vida aos resíduos e materiais descartados pelas indústrias, transformando-os em novos produtos de maior valor agregado. Ao invés de simplesmente descartar esses materiais ou degrada-los, o *upcycling* procura aproveitar e revalorizar seus componentes, reprocessando-os de maneira a obter itens com qualidade superior àqueles originalmente descartados. A chave do *upcycling* industrial é o design dos produtos onde os produtos são concebidos desde o início para retornarem ao sistema produtivo, evitando o descarte precoce e promovendo uma economia sustentável no tempo.

Por outro lado, o **upcycling individual** refere-se à criação ou modificação criativa de produtos a partir de materiais usados, visando gerar itens de maior qualidade ou valor do que os elementos originais (Sung, 2015). Essa prática individual de *upcycling* está enraizada historicamente no comportamento humano, com atividades de reparação, reuso e gambiarra. Essas atividades envolvem a transformação criativa de recursos disponíveis, muitas vezes materiais descartados ou subutilizados, para atender a necessidades específicas do indivíduo ou do seu contexto.

O *upcycling* individual é uma prática profundamente enraizada na cultura e no comportamento brasileiro, manifestando-se em atividades tradicionais como a bricolagem e a gambiarra (Rodriguez Torres, 2022). Esta abordagem criativa para a reutilização de materiais reflete a inventividade e a adaptabilidade características da sociedade latino-americana.

Ao contrário do simples descarte de itens usados, o *upcycling* individual incentiva as pessoas a explorarem seu potencial criativo, desafiando-as a identificar novas formas de utilização para materiais que, de outra forma, seriam descartados. Este processo estimula a transformação de objetos aparentemente sem valor em criações únicas e personalizadas, frequentemente com um valor agregado superior ao dos elementos originais.

A prática do *upcycling* individual no Sul Global vai além da mera reciclagem; ela representa uma expressão cultural de criatividade e resolução de problemas. As pessoas são encorajadas a ver potencial onde outros veem lixo, resultando em objetos que não apenas têm uma nova função, mas também carregam a marca distintiva da inventividade de seu criador.

Esta abordagem não só contribui para a redução de resíduos, mas também promove uma forma de consumo mais consciente e sustentável. Ao transformar itens descartados em objetos de valor, o *upcycling* individual fomenta uma mentalidade de aproveitamento máximo dos recursos disponíveis, alinhando-se com princípios de sustentabilidade e economia circular.

3.4 Da bricolagem ao *upcycling*: analisando conceitos e tendências

O conceito de *upcycling* tem suas raízes em conceitos anteriores como a bricolagem, a gambiarra e o DIY (do it yourself), cada uma contribuindo para sua evolução como prática criativa e sustentável.

A **bricolagem**, descrita por Claude Lévi-Strauss (1966), envolve a criação ou recombinação de materiais diversos para solucionar problemas de forma não convencional. O bricoleur trabalha criativamente com recursos limitados, contrastando com o engenheiro e seu arsenal mais extenso de ferramentas (Johnson, 2012).

No Brasil, a **gambiarra**, estudada por Boufleur (2006, 2013), representa uma manifestação similar, ligada ao "jeitinho brasileiro". Envolve improvisação com recursos cotidianos, funcionando como resistência à lógica industrial de consumo e descarte. O **DIY**, por sua vez, refere-se à prática de realizar tarefas por conta própria, geralmente associadas a serviços profissionais. Watson (2012) destaca que o DIY promove um engajamento físico e mental com o mundo material.

O *upcycling*, embora compartilhe aspectos com essas práticas, distingue-se pelo foco específico no **reaproveitamento criativo de resíduos**. Rodriguez Torres (2022) identifica que bricolagem, gambiarra e DIY podem ser considerados *upcycling* quando envolvem a transformação de materiais descartados. Essa evolução conceitual reflete uma crescente consciência sobre sustentabilidade e criatividade na reutilização de materiais. O *upcycling* emerge como uma síntese dessas práticas, incorporando elementos de improvisação e sustentabilidade, com aplicações variadas em contextos domésticos, profissionais e industriais.

O *upcycling* individual no contexto brasileiro transcende a mera funcionalidade, assumindo características de um ***upcycling* popular ou comunitário** (Rodriguez Torres, 2022). Esta prática se destaca como uma expressão artística e cultural profundamente enraizada na identidade latino-americana. Nesse cenário, os objetos criados através do *upcycling* não são apenas itens reutilizados, mas narrativas tangíveis que refletem a rica tapeçaria cultural do Brasil. Cada peça conta uma história, incorporando tradições locais, experiências pessoais e a criatividade inerente ao povo. Esta camada adicional de significado cultural eleva o *upcycling* de uma simples prática sustentável a um meio de preservação e celebração da herança cultural.

O *upcycling* no Sul Global representa, portanto, uma singular convergência entre sustentabilidade ambiental, inovação criativa, expressão cultural e resiliência. Vai além da redução do impacto ambiental, tornando-se um veículo para reforçar e transmitir valores culturais fundamentais, como a inventividade e a adaptabilidade, que são marcas registradas da sociedade brasileira.

Esta abordagem única não apenas resolve problemas práticos de gestão de resíduos, mas também fortalece o tecido social, promovendo um senso de comunidade e identidade compartilhada. O *upcycling* popular e comunitário se torna, assim, um poderoso exemplo de como práticas sustentáveis podem ser harmoniosamente integradas nas práticas sociais, resgatando às tradições culturais, resultando em benefícios que vão muito além do aspecto ambiental.

A seguir, apresenta-se um quadro que descreve a tipologia das tendências de aplicação do *upcycling* que foram identificadas na literatura (Sung 2015, 2022; Rodriguez Torres, 2022).

Quadro 1 – Tipologia das tendências de aplicação do *upcycling* individual

Aplicação	Descrição	Exemplos
Cultura *vintage* ou retrô	Fenômenos inspirados em estilos antigos. A diferença radica em que o *vintage* faz referência a algo antigo de excelente qualidade, e o retro é uma releitura de objetos novos inspirados em épocas passadas.	Estilos de música, vestuário, carros e diversos objetos antigos.
Roupas modificadas	Fashion *upcycling*: processo de reusar retalhos de roupas e tecidos para criar novos produtos. Alternativa às práticas comerciais convencionais da indústria da moda (Sung *et al.*, 2020).	Vestuários personalizados, acessórios, bolsas, mochilas, carteiras.
Joias e acessórios	Joias feitas com peças usadas de metais, plásticos e tecidos. Em alguns lugares já recebe o nome de "trashion" (Bramston; Maycroft, 2013; Sung; Cooper; Kettley, 2018)	Pendentes, pulseiras, brincos
Orgânicos	Tratamentos de ciclo fechado para reaproveitamento e valorização de resíduos orgânicos, incluindo também o aproveitamento integral de alimentos (Borrello *et al.*, 2020; Chaher *et al.*, 2022; Song *et al.*, 2021; Zucchella; Previtali, 2019)	Compostagem, digestão anaeróbica, alimento animais

Aplicação	Descrição	Exemplos
Móveis	Historicamente os móveis eram modificados, restaurados e reformados, aproveitando as propriedades da madeira. Atualmente, existe uma tendência ao reuso de pallets, mas o conceito pode ser aplicado a qualquer estrutura. O estilo rústico tem similaridades, devido a que está associado ao campo, móveis com aparências simples, informais e aconchegantes.	Instalações de pallets e caixotes, madeiras resgatadas
Decoração	No mercado e nas plataformas virtuais de hobbies há uma grande variedade de elementos decorativos e artísticos feitos com técnicas de *upcycling* artesanal.	Relógios, luminárias, vasos para plantas
Instrumentos musicais	Os instrumentos musicais podem ser produtos finais ou objetos passiveis de reuso criativo. Existem orquestras de instrumentos reciclados.	Violinos de sucatas, tambores de plástico
Instalações artísticas	Ao redor do mundo há artistas que fazem alusão à crise ambiental da poluição por plásticos nos oceanos, gerando conscientização e reflexão em torno ao consumo consciente e a produção intensiva de descartáveis.	Esculturas com tampinhas ou canudos plásticos
Brinquedos	Escolas de ensino fundamental e pessoas criativas utilizam projetos pedagógicos para trabalhar conceitos ambientais e reforçar habilidades cognitivas nas crianças e adultos.	Brinquedos de papelão, reuso de garrafas
Upcycling aparente	Fenômeno que imitia a estética do *upcycling*, mas que em realidade não aplica o reuso e utiliza matéria-prima nova, transformando assim, o *upcycling* numa moda que aparenta ter apelos ambientais, mas que continua com a lógica linear para gerar lucros, melhorar a imagem de um estabelecimento e atrair mais clientes.	Roupas novas que parecem usadas, moveis de "caixotes" feitos com madeira nova.
Upcycling popular e comunitário	Prática sociocultural de resgate e reuso criativo de materiais descartados, valorizando ofícios tradicionais como marcenaria e costura. Em comunidades vulneráveis, essa atividade transforma resíduos em soluções para necessidades urgentes, utilizando habilidades manuais e conhecimentos técnicos locais.	Inclui todos os tipos de upcyucling, menos o *upcycling* aparente.

Aplicação	Descrição	Exemplos
	Esta prática melhora as finanças domésticas e fortalece laços comunitários, representando uma forma de resistência e resiliência com microculturas solidárias de produção e consumo circular, e demonstrando a capacidade de inovação frente à escassez de recursos.	

Fonte: Rodriguez Torres (2022)

O *upcycling*, longe de ser uma inovação recente, é, na verdade, um resgate de práticas tradicionais profundamente enraizadas em ofícios populares aplicadas aos materiais e objetos descartados. Esta prática sociocultural revitaliza habilidades e técnicas que têm sido gradualmente esquecidas devido à industrialização da produção. Historicamente, ofícios como marcenaria e costura sempre incorporaram princípios de *upcycling*, caracterizados pelo reaproveitamento integral de materiais. Estas práticas incluíam o uso criativo de retalhos e sobras para produção, reparação e reforma de objetos.

O *upcycling* contemporâneo, portanto, não é apenas uma tendência moderna de sustentabilidade, mas uma redescoberta e valorização de saberes tradicionais. Ele representa uma continuidade de práticas ancestrais de aproveitamento máximo de recursos, adaptadas ao contexto atual de consciência ambiental e busca por alternativas ao consumo excessivo. Esta abordagem não só promove a sustentabilidade, mas também preserva conhecimentos artesanais valiosos, conectando gerações e culturas mediante práticas que combinam utilidade, criatividade e respeito aos recursos naturais.

3.5 Benefícios e limitações da atividade de *upcyling* individual

Sung (2017) entende o *upcycling* individual como um comportamento ambientalmente significativo que melhora a eficiência no uso dos materiais, reduzindo o uso de matéria-prima nova e evitando o descarte de materiais usados, cria oportunidades de empregos, e encoraja o comportamento do consumidor em direção à sustentabilidade (Harris; Roby; Dibb, 2016; Khan; Tandon, 2018; Singh *et al.*, 2019; Sung, 2017; Wilson, 2016). Dessa maneira, o *upcycling* pode ser aplicado várias vezes, evitando a obsolescência prematura e planejada. De fato, as pessoas podem contribuir com o *upcycling* desempenhando vários papéis: produtor, comprador, contribuinte (doando materiais para reuso), ou distribuidor de artefatos. Dentre os principais benefícios percebidos pelos praticantes de atividades de *upcycling* individual, Sung (2017) destacou: diversão, personalização de produtos, experiências de aprendizagem, estímulo da imaginação, poupança de dinheiro, redução dos impactos ambientais, confecção de produtos de alto valor, melhoras domésticas, bem-estar emocional.

Adicionalmente, Wilson (2016) especificou os quatro tipos de benefícios para os consumidores de produtos de *upcycling* que estão apresentados na Figura 3.

Além disso, os processos de *upcycling* agregam valor aos produtos pós-consumo, gerando fluxos materiais mais fechados, com taxas de produção menores e mais lentas, e com ciclos de consumo otimizados (Singh *et al.*, 2019).

Em contraste, nos processos de reciclagem e de "aproveitamento" energético como a incineração, pirólise ou combustível derivado de resíduo, os objetos e seus componentes são destruídos, com seu valor intrínseco e histórico. Sendo que essa degradação (*downcycling*), por sua vez também requer mais recursos novos, gera mais emissões e mais resíduos mais perigosos (Szaky, 2014; Wilson, 2016).

Figura 3 – Benefícios do *upcycling* para os consumidores

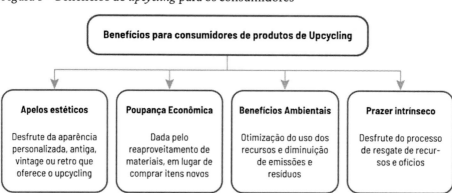

Fonte: traduzido de Wilson (2016) por Rodriguez Torres (2022)

A extensão do tempo de uso dos materiais é uma das opções efetivas para melhorar sua eficiência (Allwood *et al.*, 2012-), implica a otimização no uso dos recursos disponíveis e a redução da demanda de energia para a produção de bens e serviços, diminuindo, portanto, a emissão de gases de efeito estufa (GEE). É uma opção que requer **mudanças sistêmicas** na forma como os materiais, componentes e produtos são usados ao longo do ciclo de vida (Cooper *et al.*, 2016).

Importante ressaltar a criação de **significados alternativos**, onde os produtos de *upcycling* tendem a ganhar valor não somente no âmbito econômico do processo de transformar coisas velhas, mas também valor ético criado através da responsabilidade ambiental e a resistência ao consumismo em massa. O estudo da semiótica revela que a prática de *upcycling* é uma atividade local e global altamente diversificada que requer criatividade e conhecimento de técnicas complexas para a criação de significado (Sung *et al.*, 2021, cap. 6).

A crescente atenção sobre as **mudanças climáticas** incrementa o interesse dos consumidores e a disposição a pagar por produtos amigáveis com o meio ambiente (Slotegraaf, 2012). Mas os apelos **estéticos** de produtos recuperados também têm sido vítimas da produção em massa. Sendo que muitas companhias lucram através do *upcycling* aparente, imitando o visual de produtos reusados, como no caso da indústria têxtil e a moda (Mccoll *et al.*, 2013).

A **poupança econômica** é outro dos benefícios do *upcycling* (Wilson, 2016), recuperando valor de algo que iria ser descartado. Nesse sentido, o contexto socioeconômico joga um papel fundamental e a criatividade apresenta-se no cotidiano das comunidades na Base da Pirâmide, onde o reuso criativo surge em função da necessidade e os recursos disponíveis (Beninger; Robson, 2014) dando origem a uma bricolagem social (Di Domenico; Haugh; Tracey, 2010).

Nas comunidades em situação de vulnerabilidade, o reaproveitamento criativo faz parte do cotidiano dos indivíduos devido a enfrentarem mais desafios na hora de adquirir um produto, sendo que muitos consumidores consideram futuras alternativas de reuso no momento da compra. Assim sendo, o produto inicialmente pode ser utilizado na forma para a qual foi concebido. Enquanto se conservam características para seu posterior reuso, seja por partes ou inteiro, numa função inovadora que satisfaz outra necessidade e que também pode dar origem a componentes que serão reutilizados no futuro.

O **prazer intrínseco** das atividades de *upcycling* é importante para alguns praticantes e consumidores. Algumas pessoas desfrutam da realização de tarefas manuais e o uso de ferramentas. Desse modo, os praticantes são motivados intrinsecamente pela experiência e não somente pelo resultado. Estas atividades trazem efeitos que afetam as emoções das pessoas e podem ajudar a melhorar seu bem-estar emocional e psicológico (Sung *et al.*, 2021, cap. 26).

Bridgens (2018) diz que as atividades de *upcycling* podem reconectar pessoas com os materiais e estabelecer culturas e comunidades ao redor das práticas. Na revisão da literatura realizada por Sung (2015), mostraram-se os potenciais benefícios sociopsicológicos do *upcycling* como a expressão de si mesmo, ser criativo, ter uma jornada significativa, aprender novas habilidades, tornar-se mais capaz e confidente, sentir um senso de comunidade, desestressar e relaxar. Adicionalmente, as práticas de *upcycling* podem ser exemplos de produção autônoma emancipada (Coppola; Vollero; Siano, 2021) onde os indivíduos têm um duplo papel de produtor e consumidor ou *prosumers* (Ritzer; Jurgenson, 2010).

O interesse na personalização dos produtos pode reforçar a relação emocional com os objetos e pode ter efeitos na extensão da vida útil dos produtos evitando o descarte (Khan; Tandon, 2018). A criatividade cotidiana pode ser expressa mediante ofícios caseiros, onde os produtos ganham novas funções e significados (Sung, 2017). Nem sempre o intuito de uma atividade de *upcycling* vai ser a personalização de um objeto. No entanto, a personalização faz parte da maior parte dos resultados do *upcycling*, entre outros fatores, devido à disponibilidade e condições dos materiais resgatados, das técnicas utilizadas e das ferramentas disponíveis, que fazem com que dificilmente os produtos de *upcycling* sejam repetidos.

As **barreiras** e **limitações** para produzir e comercializar produtos de *upcycling* reportadas na literatura estão descritas no Quadro 2.

A prática de *upcycling*, evita fluxos materiais tanto na aquisição de novos produtos como na disposição de resíduos, e a longo prazo, o *upcycling* elimina o conceito de resíduo (Braungart, 2013). Por outro lado, dado que os praticantes de *upcycling* identificaram dificuldade para o encontro de materiais, há uma necessidade de abordagens sistêmicas para a circulação dos recursos, em escala local e global. Desde as cadeias produtivas e consumidores até os praticantes de *upcycling* (Sung *et al.*, 2020). Essa necessidade de melhorar o fornecimento de materiais aptos para reuso é enfatizada na literatura como uma das intervenções prioritárias para o escalonamento do *upcycling* (Sung; Cooper; Kettley, 2019), ressaltando o uso de plataformas online para a busca e aquisição desses recursos.

As próximas seções trazem similaridades, diferenças e relações entre as atividades de *upcycling*, reparação, reciclagem e design.

Quadro 2 – Barreiras e limitantes para produzir e comercializar produtos de *upcycling*

As pessoas não valorizam suficientemente o tempo, esforço e possíveis investimentos que o resgate de materiais envolve para transformar aquilo que foi descartado em produtos agradáveis e úteis. Isso aplica, em geral, para todos os bem manufaturados e artesanais (Sung *et al.*, 2021);
Os produtos reaproveitados individualmente podem chegar a ter preços elevados por causa do tempo e esforço, o que se torna uma barreira para os negócios de *upcycling*. Larsson (2018) reporta que é mais difícil estabelecer um modelo de negócio para produtos de baixo-custo feitos com *upcycling* que para produtos de alto-custo;
Somente um número pequeno de consumidores parecem interessados em produtos de *upcycling*, entre outros aspectos pelo medo a que os produtos falhem por usar matéria-prima recuperada. A maior parte dos consumidores mostra interesse por bens produzidos em massa (Sung, 2017; Sung; Cooper; Kettley, 2017);
Upcycling é uma solução de baixo-volume para a redução ou prevenção de resíduos, em comparação ao volume total gerado nos centros urbanos (Szaky, 2014);
Os fornecedores de materiais com potencial para reuso negam-se a entregar seus resíduos com facilidade (Khan; Tandon, 2018). Nem todo mundo está disposto a separar e limpar os resíduos com o propósito de reuso e o mercado continua sendo bastante pequeno (Szaky, 2014). Recomendações sugerem (Khan; Tandon, 2018) que poderiam existir sistemas que facilitem a questão do fornecimento gerando uma situação de ganho para ambas partes. Diferente da produção industrializada, a manufatura mediante *upcycling* é altamente dependente da quantidade e qualidade da matéria descartada e dos stakeholders envolvidos;
Nem todo resíduo pode ser objeto de *upcycling*. Há muitos resíduos que não são passíveis deste tipo de reaproveitamento. No entanto, para aquilo que não pode ser reusado de forma convencional ou criativa, é possível descer na hierarquia dos resíduos e avaliar as possibilidades de reciclagem, evitando ao máximo o desperdício (Szaky, 2014);
Além da falta de um fluxo constante de recursos de qualidade consistente, o armazenamento dos materiais resgatados pode ser desafiante. Especialmente para realizar estas atividades em casa ou para os pequenos empreendedores com espaços reduzidos (Sung, 2017; Sung; Cooper; Kettley, 2017-). A questão espacial ainda é mais problemática quando se trata de apartamentos nos quais o barulho e poeira não são apropriados. No caso dos empreendedores que alugam o espaço, os custos elevados representam um desafio para a viabilidade do negócio (Sung, 2017).

Fonte: adaptado de Sung *et al.* (2021), Sung (2017), Sung, Cooper, Kettley (2017), Szaky (2014), Khan, Tandon (2018) e Larsson (2018), por Rodriguez Torres (2022)

3.6 *Upcycling* e reparar: ressaltando similaridades e diferenças entre conceitos e práticas

Reparar e *upcycling* são conceitos relacionados, porém distintos. O reparo visa restaurar a funcionalidade de um item danificado para que retorne a sua função original, enquanto o *upcycling* pode incluir reparos criativos que agregam valor ao objeto original, mas não necessariamente para continuar com a função inicial. Nem todo reparo é considerado *upcycling*, e vice-versa.

O reparo pode ser parte do reuso, mas requer habilidades específicas. Na avaliação do ciclo de vida, nem todos os reparos são eficientes, especialmente em tecnologias obsoletas, como eletrônicos antigos. O reparo é um princípio da economia circular, prolongando a vida útil dos produtos. No entanto, a obsolescência programada e a produção em massa podem dificultar essa prática. Dado que, muitos dos produtos colocados no mercado estão projetados para falhar e não para serem reparados.

O *upcycling* incorpora formas inovadoras de reparo que aumentam o valor dos componentes originais. A relação entre *upcycling* e reparo pode ser avaliada com base no custo e no valor agregado após o processo, embora essa percepção possa ser subjetiva. A intersecção entre reparo e *upcycling* é um campo de estudo emergente, com potencial para novas abordagens na sustentabilidade e no reaproveitamento de materiais.

A Figura 4 sugere a relação entre *upcycling* e reparar, baseando-se no custo e no valor agregado depois do reparo, sendo que ambos os fatores podem ser percebidos de forma diferente e subjetiva pelos indivíduos. Dessa forma, se o resultado da atividade de reparo incrementa o valor do artefato, então poderia ser considerado como uma atividade de *upcycling*. Na parte superior da Figura 4, podem ser vistos dois tipos distintos de *upcycling*. No entanto, esta aproximação na intersecção entre reparo e *upcycling* ainda é bastante incipiente na literatura acadêmica (Sung *et al.*, 2021, cap. 20).

Figura 4 – Relação entre *upcycling* e reparar

Fonte: traduzido de Sung *et al.* (2021, cap. 20) por Rodriguez Torres (2022)

A industrialização e a obsolescência planejada fazem com que muitos produtos sejam projetados para falhar, impedindo o seu conserto, e assim estimulam seu consumo repetitivo (Satyro *et al.*, 2018; Slade, 2008). Por exemplo, muitos produtores de aparelhos eletroeletrônicos reduzem o acesso ao reparo dificultando a desmontagem dos seus produtos, e em algumas ocasiões, até alegam que reparar violenta seus diretos de propriedade.

Em resposta a essa situação, existem movimentos e campanhas que defendem o direito ao reparo (*right to repair*[1]) e que consideram os três princípios descritos no Quadro 3: bom desenho (durabilidade e reparabilidade), acesso justo (reparo acessível, econômico e predominante), e consumidores informados (durabilidade e reparabilidade).

Quadro 3 – Princípios do movimento *right to repair*

1. **Bom desenho:** os produtos não devem ser apenas projetados para cumprir sua função, mas também para durar e serem reparados sempre que necessário. Para tornar os produtos fáceis de reparar, precisamos de práticas de design que suportem a facilidade de desmontagem.

---

[1] Mais informações sobre o movimento do direito ao reparo podem ser encontradas em https://repair.eu. Acesso em: 5 out. 2021.

> **2. Acesso justo:** o reparo deve ser acessível, econômico e predominante. Isso significa que reparar um produto não deve custar mais do que comprar um novo. As barreiras legais não devem impedir que indivíduos, reparadores independentes e grupos comunitários realizem reparos em produtos quebrados. O movimento quer um direito universal de reparar onde todos acessem a peças de reposição e manuais de reparo para toda a vida útil de um produto.
>
> **3. Consumidores informados:** os cidadãos querem saber se seus produtos são construídos para serem reparados ou destinados a serem descartáveis ao quebrar. Informações sobre a reparabilidade do produto devem ser disponibilizadas no momento da compra aos cidadãos, bem como aos reparadores.

Fonte: adaptado de Right to Repair (2021) por Rodriguez Torres (2022)

Através desses princípios, o movimento do direito ao reparo busca criar instrumentos políticos para inserir as práticas de reparo desde o design do produto passando pelo final da sua vida útil e além.

3.7 *Upcycling* e reciclar: delimitando fronteiras

A diferença principal entre *upcycling* individual e reciclar é que a reciclagem olha exclusivamente para o material como um substituto da matéria-prima nova, enquanto o *upcycling* enxerga as qualidades intrínsecas dos objetos e seus componentes, seus valores simbólicos e as formas de reaproveitá-los criativamente. Além disso, a reciclagem demanda mais energia e transporte, gerando mais emissões que o *upcycling* individual (Sung *et al.*, 2021).

A reciclagem é uma abordagem de fim de tubo, mas o problema de geração de RSU requer mudanças estruturais em relação aos sistemas da economia industrial e não somente enquanto à fase do descarte. Assim, a reciclagem cria a impressão de que algo está sendo feito, enquanto as questões estruturais e de fundo ficam à margem. Levando à falsa imagem "do milagre do consumo imaculado" (Jackson, 2013; Santos; Gonçalves-Dias; Walker, 2014-). Dessa forma, o projeto para a reciclagem tem sido utilizado estrategicamente para manter limpo o *status* da indústria, mas na prática, não é sinônimo de longevidade ou consumo sustentável, nem da redução das injustiças socioeconômicas (Santos; Gonçalves-Dias; Walker, 2014-).

A reciclagem pode ser considerada como **upcycling industrial** quando o resultado da transformação a atinge um valor superior ao produto original, caso contrário, é considerada como **downcycling** (Sung et al., 2021). Problema recorrente no caso dos plásticos, que degradam-se e não podem ser reciclados mais de uma vez (Di Maria; Eyckmans; Van Acker, 2018; La Mantia, 2004).

No fenômeno do **upcycling individual**, a transformação criativa requer de menos investimentos de energia, transporte e novos insumos que a reciclagem de plásticos, representando um uso mais eficiente dos recursos (Sung et al., 2021). Além disso, em relação aos significados, a mentalidade do reuso criativo evita a geração de resíduos, criando conhecimento crítico e reflexivo sobre a origem e o destino dos materiais. No upcycling, há mudanças na forma de olhar para o mundo, dado que uma parte do processo criativo consiste em aproveitar as propriedades intrínsecas dos objetos e seus componentes. Também, é uma forma de educação ambiental, que questiona os hábitos predominantes de consumo e descarte da estrutura social moderna (Bridgens et al., 2018).

Por outro lado, nem todos os objetos, peças e materiais são passíveis de upcycling. A escala e volume da geração de resíduos não pode ser abordada mediante esta técnica; nesses casos, as possibilidades de reciclagem devem avaliar a adição de valor aos resíduos evitando ao máximo o desperdício (Szaky, 2014).

3.8 Considerações finais

Este capítulo apresentou uma revisão abrangente das definições, tendências e relações do upcycling com outros conceitos fundamentais, como reparação e reciclagem. A análise revelou um crescente interesse e a emergência significativa desse fenômeno, tanto no âmbito acadêmico quanto na prática cotidiana, destacando-se por suas diversas aplicações criativas na transformação de materiais e objetos previamente descartados.

O upcycling demonstra benefícios substanciais, incluindo a extensão da vida útil dos produtos, a redução significativa do uso de matérias-primas virgens e a diminuição considerável da geração de resíduos. Estes aspectos posicionam o upcycling como uma prática crucial na transição para modelos de produção e consumo mais sustentáveis. No entanto, desafios importantes persistem, como a percepção de valor pelos consumidores, a disponibilidade e qualidade de materiais adequados para upcycling e a viabilidade econômica dos empreendimentos baseados nesta prática.

Ao focar na realidade local do Sul Global, o *upcycling* se manifesta como uma prática profundamente enraizada, frequentemente nascida da necessidade econômica e da criatividade inerente às comunidades locais. Esta perspectiva não apenas enriquece o entendimento global do *upcycling*, destacando a importância do **upcycling popular e comunitário** (Rodriguez Torres, 2022), mas também destaca a importância crucial de considerar contextos culturais e socioeconômicos diversos ao estudar práticas sustentáveis.

A pesquisa contribui significativamente para preencher uma lacuna importante na literatura, oferecendo uma visão mais inclusiva e diversificada do *upcycling*. Ao fazê-lo, desafia narrativas predominantes e abre novos caminhos para uma compreensão mais holística e culturalmente sensível das práticas de sustentabilidade em diferentes contextos globais.

Espera-se que as informações e análises apresentadas neste capítulo possam não apenas contribuir para o avanço do conhecimento teórico sobre o *upcycling*, mas também inspirar novas pesquisas, políticas públicas e práticas empresariais. Estas, por sua vez, podem acelerar a transição para uma economia mais circular e sustentável, adaptada às realidades locais e globais.

Além disso, o estudo ressalta a necessidade de uma abordagem interdisciplinar no estudo e na promoção do *upcycling*, integrando perspectivas da engenharia, *design*, ciências sociais e economia. Esta abordagem holística é essencial para desenvolver soluções que sejam não apenas tecnicamente viáveis, mas também socialmente aceitáveis e economicamente sustentáveis.

Por fim, o capítulo aponta para futuras direções de pesquisa, incluindo a necessidade de **estudos quantitativos sobre o impacto ambiental e econômico do *upcycling* comunitário**, bem como investigações mais aprofundadas sobre como integrar efetivamente práticas de *upcycling* em modelos de negócios circulares e em políticas públicas de gestão e prevenção de resíduos.

Referências

ALLWOOD, Julian *et al.* **Sustainable materials:** with both eyes open. UIT Cambridge: Cambridge, 2012.

BENINGER, Stefanie; ROBSON, Karen. Creative consumers in impoverished situations. **International Journal of Business and Emerging Markets**, [s. l.], v. 6, n. 4, p. 356-370, 2014.

BOUFLEUR, Rodrigo. **A questão da gambiarra**: formas alternativas de desenvolver artefatos e suas relações com o Design de Produtos. Tese (Doutorado em Design) – Universidade de São Paulo, São Paulo, 2006.

BOUFLEUR, Rodrigo. **Fundamentos da gambiarra**: a improvisação utilitária contemporânea e seu contexto socioeconômico. Dissertação (Mestrado em História e Fundamentos da Arquitetura e do Urbanismo) – Universidade de São Paulo, São Paulo, 2013.

BRAUNGART, Michael. Upcycle to eliminate waste. **Nature**, [s. l.], v. 494, n. 7436, p. 174-175, 2013.

COOPER, Simone et al. A multi-method approach for analysing the potential employment impacts of material efficiency. **Resources, Conservation and Recycling**, [s. l.], v. 109, p. 54-66, 2016.

COPPOLA, Carla; VOLLERO, Agostino; SIANO, Alfonso. Consumer upcycling as emancipated self-production: understanding motivations and identifying upcycler types. **Journal of Cleaner Production**, [s. l.], v. 285, e 124812, 2021.

DI DOMENICO, Maria Laura; HAUGH, Helen; TRACEY, Paul. Social bricolage: theorizing social value creation in social enterprises. **Entrepreneurship**: theory and practice, [s. l.], v. 34, n. 4, p. 681-703, 2010.

DI MARIA, Andrea; EYCKMANS, Johan; VAN ACKER, Karel. Downcycling versus recycling of construction and demolition waste: combining LCA and LCC to support sustainable policy making. **Waste Management**, [s. l.], v. 75, p. 3-21, 2018.

DE KLERK, Saskia. The creative industries: An entrepreneurial bricolage perspective. **Management Decision**, Bradford, Reino Unido, v. 53, n. 4, p. 828-842, 2015.

HARRIS, Fiona; ROBY, Helen; DIBB, Sally. Sustainable clothing: Challenges, barriers and interventions for encouraging more sustainable consumer behaviour. **International Journal of Consumer Studies**, [s. l.], v. 40, n. 3, p. 309-318, 2016.

JACKSON, Tim. **Prosperidade sem crescimento**: vida boa em um planeta finito. [s. l.]: Editora Planeta Sustentável, 2013.

JOHNSON, Christopher. Bricoleur and bricolage: from metaphor to Universal Concept. **Paragraph**, [s. l.], v. 35, n. 3, p. 355-372, 2012.

KING, Andrew M. et al. Reducing waste: repair, recondition, remanufacture or recycle?. **Sustainable Development**, [s. l.], v. 14, n. 4, p. 257-267, 2006.

KHAN, A.; TANDON, P. Design from discard: a method to reduce uncertainty in upcycling practice. **Design and Technology Education**, [s. l.], v. 23, p. 1-28, 2018.

LANZARA, Giovan Francesco; PATRIOTTA, Gerardo. Technology and the courtroom: an inquiry into knowledge making in organizations. **Journal of Management Studies**, [s. l.], v. 38, p. 943-971, 2001.

LÉVI-STRAUSS, Claude. **The savage mind**. Hertfordshire: The Garden City Press, 1966.

MCDONOUGH, William; BRAUNGART, Michael. **Cradle to cradle**: remaking the way we make things. 1. ed. New York: North Point Press, 2002.

MCCOLL, Julie *et al*. It's Vintage Darling! An exploration of vintage fashion retailing. **Journal of the Textile Institute**, v. 104, n. 2, p. 140-150, 2013.

RITZER, George; JURGENSON, Nathan. Production, Consumption, Prosumption: The nature of capitalism in the age of the digital "prosumer". **Journal of Consumer Culture**, [s. l.], v. 10, n. 1, p. 13-36, 2010.

RODRIGUEZ TORRES, Andres Felipe. **Elementos, dinâmicas e conexões da prática de *upcycling***: um estudo sobre resgate de resíduos sólidos urbanos. Tese (Doutorado em Sustentabilidade) – Universidade de São Paulo, São Paulo, 2022.

SANTOS, M. C. L. (org.); GONÇALVES-DIAS, Sylmara Lopes Francelino; WALKER, Stuart. **Design, resíduo & dignidade**. São Paulo: Olhares, 2014.

SATYRO, Walter Cardoso *et al*. Planned obsolescence or planned resource depletion? A sustainable approach. **Journal of Cleaner Production**, [s. l.], v. 195, p. 744-752, 2018.

SINGH, Jagdeep *et al*. Challenges and opportunities for scaling up upcycling businesses: the case of textile and wood *upcycling* businesses in the UK. **Resources, Conservation and Recycling**, [s. l.], v. 150, p. 744-752, 2019.

SLADE, Giles. **Made to break**: technology and obsolescence in America. London: Hardvard University Press, 2008.

SLOTEGRAAF, Rebecca J. Keep the door open: innovating toward a more sustainable future. **Journal of Product Innovation Management**, [s. l.], v. 29, p. 349-351, 2012.

SUNG, Kyungeun. A review on upcycling: current body of literature, knowledge gaps and a way forward. *In*: INTERNATIONAL CONFERENCE ON ENVIRON-

MENTAL, CULTURAL, ECONOMIC AND SOCIAL SUSTAINABILITY, 17., Venice Italy, 2015. **Anais** [...], Veneza: [s. n.], 2015.

SUNG, Kyungeun; COOPER, Tim; KETTLEY, Sarah. Emerging social movements for sustainability: Understanding and scaling up upcycling in the UK. *In*: BRINKMANN, R., GARREN, S. J. **The Palgrave handbook of sustainability**: case studies and practical Solutions. Londres: Palgrave Macmillan, 2018. p.299-312.

SUNG, Kyungeun; COOPER, Tim; KETTLEY, Sarah. Factors influencing *upcycling* for UK makers. **Sustainability**, Switzerland, v. 11, n. 3, p. 870, 2019.

SUNG, Kyungeun *et al*. Multi-Stakeholder Perspectives on Scaling up UK Fashion Upcycling Businesses. **Fashion Practice**, v. 12, n. 1, p. 1-20, 2020.

SUNG, Kyungeun *et al*. **State-of-the-Art upcycling research and practice**: proceedings of the international upcycling practice 2020. Berlim, Alemanha: Springer, 2021.

SUNG, Kyungeun. **Sustainable production and consumption by upcycling**: understanding and scaling up niche environmentally significant behaviour. Tese (Doutorado em Filosofia) – Nottingham Trent University, Inglaterra, 2017.

SZAKY, Tom. **Outsmart waste**: the modern idea of garbage and how to think our way out of it. San Francisco: Berrett-Koehler Publishers, 2014.

WATSON, M. **Do-it-yourself**. *In*: SMITH, S. J. (ed.). International Encyclopedia of Housing and Home. Holanda: Elsevier, 2012. p. 371-375.

WILSON, Matthew. When creative consumers go green: understanding consumer *upcycling*. **Journal of Product and Brand Management**, [s. l.], v. 25, n. 4, p. 394-399, 2016.

Capítulo 4

A SUSTENTABILIDADE PARA O SETOR DE TRANSPORTE RODOVIÁRIO DE CARGAS COM FOCO EM VEÍCULOS PESADOS NO BRASIL – PROSPECÇÃO PARA COMPREENDER A VISÃO DO SETOR SOB A ÓTICA DE ESPECIALISTAS

Regiane de Fatima Bigaran Malta
Homero Fonseca Filho

4.1 Introdução

A Logística é um setor estratégico e crucial para o desenvolvimento de um país, pois impacta diretamente no cotidiano social, na economia e no meio ambiente. É uma área de estudo ampla focada na eficiência dos processos, uma das principais áreas é a logística do Transporte Rodoviário de Cargas (TRC). Práticas mais sustentáveis nas operações de TRC apresentam-se sob diversos aspectos de forma desafiadora para os atores da área, logo, é fundamental compreender o que motiva o setor em realizar práticas mais "verdes" e quais as possibilidades atuais e futuras. Bartholomeu *et al.* (2024) destacam que um dos maiores problemas do Brasil é a ineficiência gerada pela dependência do modo rodoviário para o transporte de cargas. Esse desbalanceamento da matriz de transporte brasileira faz com que a atividade de transporte some grande parcela dos custos logísticos. O Boletim de Outubro de 2021, da Confederação Nacional de Transportes (CNT), evidencia que o modal rodoviário, além de ser o meio de transporte mais poluente, é responsável por cerca de 61% das mercadorias transportadas no país (CNT, 2021).

Os obstáculos para o desenvolvimento sustentável no TRC são grandes ao se observar os seguintes os impactos: a) sociais, na dependência da modalidade e seus atores; b) econômicos, em relação aos seus custos operacionais – superiores aos das outras modalidades de transportes e seu alto custo de frete (que impacta diretamente no produto); c) ambientais, principalmente em relação às emissões de CO_2 (dióxido de carbono) e outros poluentes pelo escapamento de veículos pesados. Estas emissões aumentaram em média 2,2% ao ano, desde 2000, e os caminhões respondem por mais de 80% desse crescimento (IEA, 2022). Padrões de eficiência veicular, juntamente com esforços para melhorar a logística e a eficiência operacional, são necessários para desacelerar o crescimento das emissões destes veículos.

É importante destacar que no Brasil, um país com dimensões continentais, existe a necessidade emergencial do uso eficiente da intermodalidade, ou seja, a utilização de mais de uma modalidade de transporte, além da rodoviária, para a redução dos impactos ambientais. Entretanto, o uso das rodovias ainda é predominante nas movimentações de carga no Brasil. As atuais práticas, rumo à sustentabilidade do setor logístico, no processo de TRC, passam por evoluções na infraestrutura de transportes, movimentando os atores públicos e privados, o que demanda tempo e grandes investimentos.

Ações estratégicas que buscam reduzir impactos ambientais nos processos jusantes, mesmo que em pequenas mudanças, tornam-se positivas para uma transformação sistêmica da área logística, que precisa voltar-se para práticas mais "verdes". A ampliação destas estratégias deve ser respaldada em conhecer o setor logístico na perspectiva do que é sustentabilidade para seus atores. Isso pode colaborar com um novo olhar sobre esta questão. Mediante o exposto, o objetivo principal deste capítulo é prospectar o que é sustentabilidade para o setor de Transporte Rodoviário de Cargas através da opinião dos atores estratégicos (especialistas). Este estudo visa colaborar com a construção da visão do setor de transportes sobre o que é sustentabilidade para os profissionais que atuam na área e evidenciar o que é mais importante para estes atores em relação à temática, assim como os desafios e percepções da área no Brasil.

4.2 Fundamentação bibliográfica

A sustentabilidade para o setor de TRC

Nas últimas décadas, o termo gestão ambiental e práticas sustentáveis passou de um tema de relevância secundária para uma temática de atenção em diversos setores da sociedade, incluindo grupos privados e poder público. A taxa atual de consumo de recursos naturais em todo o mundo representará desafios para a sustentabilidade ambiental e econômica, logo, existem inúmeros motivos para que se aumente progressivamente as práticas de proteção ao meio ambiente a fim de estabilizar as mudanças climáticas perceptíveis e inegáveis que ocorrem atualmente.

Ações para o desenvolvimento sustentável se tornam necessárias e de responsabilidade de todas as esferas sociais, pois, de acordo com o relatório do Painel Internacional de Recursos do Programa das Nações Unidas para o Ambiente (PNUMA), nos últimos 50 anos, a extração de recursos naturais aumentou mais de três vezes, criando uma demanda anual de recursos superior ao que a terra pode regenerar (Fleischer, 2011; Farooque *et al.*, 2022).

É importante observar que existem diversas interpretações para o termo sustentabilidade. O conceito, ainda em construção, também pode ser subdividido em sustentabilidade fraca e forte. O conceito de sustentabilidade forte tem como fundamento a constatação científica com base nos limites planetários ou da biosfera, essenciais para a existência da vida na terra. Já o conceito de sustentabilidade fraca observa o denominado Tripé da Sustentabilidade em suas esferas econômica, social e ecológica, observando que o desenvolvimento sustentável deve ser respeitado nestes três níveis (Brunetto, 2019).

As tendências de negócios refletem as exigências dos clientes e o desenvolvimento da tecnologia da era atual. A crescente consciência do impacto que as atividades humanas têm no meio ambiente levou às mudanças nas tendências de mercado, operações comerciais e envolvimento do governo. O setor de transportes também está inserido neste contexto e tem um grande impacto ambiental, onde o fluxo de mercadorias é considerado um grande desafio (Mckinnon, 2018). Observar a boa gestão dos veículos pesados é um fator crucial para o desenvolvimento sustentável do país para atender as metas da Agenda 2030 de reduzir em 50% as suas emissões de gases de efeito estufa (GEE) até 2030 e neutralizá-las até 2050. Nacionalmente, este setor é responsável por cerca de 13% das emissões totais e este percentual demonstra forte tendência de elevação (CNT, 2021). Logo, compreender a gestão operacional do setor e sua visão sobre as práticas sustentáveis se tornam fundamentais para colaborar com o desenvolvimento mais "verde" da área de TRC.

Liu *et al.* (2019) afirmam que desenvolver um equilíbrio entre objetivos econômicos, ambientais e sociais para a sustentabilidade é uma meta urgente para o setor de logística. Portanto, é vital que os três pilares sejam desenvolvidos também pelas empresas privadas e setores públicos na busca por justiça social, gestão ambiental e boa gestão econômica ao desenvolver um método para alcançar um equilíbrio sustentável entre esses objetivos. Para o desenvolvimento de práticas mais sustentáveis, no TRC, é necessário viabilizar o uso de políticas de planejamento para operacionalizar a intermodalidade, como o desenvolvimento de corredores verdes, inovação em novos modelos de negócios e técnicas de transportes que corroborem com a implantação de práticas mais sustentáveis no país.

4.2.2 O impacto ambiental do TRC

O transporte rodoviário tem desempenhado um papel dominante no atendimento ao interior de muitos portos. Milhões de toneladas de carga são transportadas por veículos pesados com mercadorias que, devido à localização dos portos em conurbações, têm de se juntar ao tráfego urbano. O tráfego de mercadorias gera custos externos consideráveis causados por congestionamentos, acidentes, ruídos ou emissões de poluentes. Com efeito, a logística de transporte de cargas, incluindo o uso de veículos pesados, gera emissões de gases de efeito estufa: dióxido de carbono (CO_2), óxido nitroso e metano. O CO_2 é o gás de efeito estufa dominante e os demais gases podem ser expressos como equivalentes de CO_2 da água e do solo e poluição sonora, que contribuem para o aquecimento global (Lera-lopez et al., 2014; Kotowska; Kubowicz, 2019).

O transporte rodoviário, como principal modo para movimentação de carga, é a maior fonte de emissões de CO_2 em nível global para o fluxo de mercadorias. Acordos internacionais, como o Protocolo de Quioto e a Emenda de Doha, estão pressionando os países desenvolvidos a reduzirem as emissões de gases. As políticas nacionais exercem grande influência sobre as empresas de transporte, que passam a promover políticas internas voltadas para o desenvolvimento de cadeias produtivas ecologicamente corretas (Serrano-hernandez, 2017). Veículos pesados usam, em maioria esmagadora, a combustão do diesel que tem efeitos nocivos à saúde e ao meio ambiente. Combustíveis alternativos e manutenção preventiva adequada contribuem para menores emissões dos principais poluentes provenientes da queima do diesel. As emissões são medidas em toneladas métricas de CO_2 por ano, ou através de múltiplos como milhões de toneladas ($MtCO_2e$) ou bilhões de toneladas ($GtCO_2e$). O dióxido de carbono equivalente é o resultado da multiplicação das toneladas emitidas dos GEE (Gases de Efeito Estufa) pelo seu potencial de aquecimento global.

Dentre os diversos poluentes atmosféricos, os principais provenientes de fontes de veículos diesel são também o Material Particulado (MP), óxidos de nitrogênio (NOx) e dióxido de enxofre (SO$_2$) (Cobo, 2021; IEA, 2022).

De acordo com o IEA (2022), depois de caírem durante a pandemia, em 2021, as emissões de gases poluentes de caminhões e ônibus voltaram ao nível anterior, aproximadamente. Como resultado, as emissões neste setor podem atingir o pico nos próximos anos, mas precisam começar a diminuir rapidamente na próxima década para atingir os marcos do Cenário Líquido Zero (NET ZERO), que apresenta o compromisso de reduzir as emissões de gases de efeito estufa na atmosfera. A expressão completa em inglês é *net zero carbon emissions* (zero emissões líquidas de carbono), isso equivale a uma queda de 16% até 2030 em relação ao nível atual.

No entanto, dadas as tendências históricas e a recuperação de 2021, as emissões de caminhões e ônibus devem continuar aumentando, atingindo níveis recordes nos próximos anos. Mais países precisam adotar, fortalecer e harmonizar os padrões de economia de combustível para veículos pesados e os mandatos de Veículos de Emissão Zero (ZEV). Soluções de tecnologia veicular embarcada, como a adoção de veículos elétricos e movidos por célula de combustível de hidrogênio, assim como outras práticas operacionais, são necessárias agora para viabilizar reduções de emissões nas próximas décadas (IEA, 2020; Jokura, 2021).

4.2.3 Agenda 2030 e os ODS para o TRC

Em 2015, foi celebrado o Pacto Mundial das Nações Unidas, no qual participaram 75 países que se reuniram visando debater a forma como as instituições públicas e privadas podem contribuir com o desenvolvimento sustentável. Após as experiências positivas e a melhora dos objetivos para o desenvolvimento do milênio, criados no início do século, o novo pacto foi fixado para os atendimentos dos seus objetivos com a meta para o ano de 2030 - denominada Agenda 2030. Os líderes mundiais reconheceram a importância das empresas em relação às necessidades de práticas para a manutenção da qualidade da vida no planeta; o impacto das ações antrópicas negativas e as preocupações com os limites planetários (Rakhmangulov *et al.*, 2017).

Os objetivos do Desenvolvimento Sustentável (ODS) fazem parte da Agenda 2030. Moreira *et al.* (2020) afirmam que os ODS são uma iniciativa da Organização das Nações Unidas (ONU), que propõe um pacto global em prol do desenvolvimento sustentável e tem como objetivo principal garantir o desenvolvimento humano mediante processos sustentáveis de cunho econômico, político e social. As metas para os ODS foram ratificadas em 2015 por 193 países, distribuídas por 17 objetivos e compostos por 169 metas que devem ser cumpridas até o ano de 2030.

Em relação ao desenvolvimento de práticas mais sustentáveis, no setor de Logística de Transportes, observa-se que o setor está diretamente ligado ao desenvolvimento da Agenda 2030. Isso evidencia a necessidade da área e seus atores na busca por novas fontes de energias limpas e aplicação de novas tecnologias e processos para reduzir os impactos negativos ambiental, social e econômico.

4.3 Metodologia

Este estudo possui uma natureza aplicada, com uma abordagem qualitativa que, segundo Prodanov (2013), requer o uso de recursos e técnicas de coleta de dados a fim de interpretar, com apoio da aplicação de um questionário (modelo *survey*), a opinião dos especialistas. Dentro da abordagem qualitativa, faz-se uma análise exploratória, com base em revisão bibliográfica e documental, por meio de bibliometria, para atender a qualidade dos textos utilizados, bem como uma análise descritiva, pois coleta dados de 54 especialistas de áreas estratégicas relacionadas ao TRC, compreendendo: a) professores de ensino superior, representando a visão estratégica; b) gestores da área de transportes, que atuam como agentes táticos nas operações; e c) motoristas profissionais, que são atores estratégicos hábeis operacionais e influenciam diretamente nas mudanças no setor de transportes ao fomentar práticas que contribuem direta e indiretamente para a sustentabilidade nas operações. Em suma, a pesquisa tem caráter descritivo e exploratório, pois expõe as características de um determinado fenômeno (percepção dos atores), através da elaboração de nuvem de palavras.

Com base nos contatos profissionais da autora que possui experiência profissional de 16 anos na área de Transporte Rodoviário de Cargas, e mediante a pesquisas e sondagens presenciais e remotas entre janeiro de 2022 e novembro de 2023, foi possível entrevistar 54 especialistas na capital, interior e litoral do estado de São Paulo, divididos em três grupos, possibilitando uma visão separada dos atores fundamentais da área e uma visão geral do setor ao considerar a resposta conjunta de todos os especialistas.

- **Professores**

Por cerca de 12 meses, os acadêmicos foram prospectados e contactados e, após a aprovação do comitê de Ética, as entrevistas foram realizadas entre os meses de outubro e dezembro de 2023. Foram abordados 20 professores especialistas, mestres e doutores, que responderam positivamente à pesquisa. O principal critério para participarem foi ministrem disciplinas na área de Transporte Rodoviário de Cargas no Ensino Superior em faculdades e universidades públicas do estado de São Paulo.

O contato ocorreu por meio de explicação sobre o objetivo do estudo e envio eletrônico do *Forms*, com acompanhamento direto da pesquisadora mediante contato telefônico e *Whatsapp* e/ou presencial para retirar quaisquer eventuais dúvidas. Os professores, representando o meio acadêmico, se atualizam sobre a função estratégica da área por atuarem em pesquisas e buscarem constantemente novidades sobre os principais fatores relacionados à sustentabilidade no TRC, possuem conhecimentos diversos e são especialistas com grande experiência, cerca de 40% atuam há mais de 20 anos na área acadêmica com atuação em estudos de TRC (Figura 1).

Figura 1 – Tempo de atuação dos professores

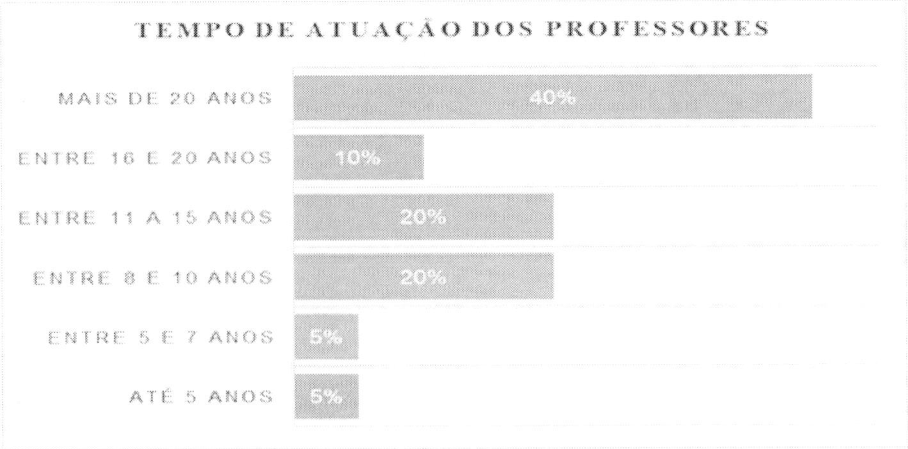

Tempo de atuação	Percentual
MAIS DE 20 ANOS	40%
ENTRE 16 E 20 ANOS	10%
ENTRE 11 A 15 ANOS	20%
ENTRE 8 E 10 ANOS	20%
ENTRE 5 E 7 ANOS	5%
ATÉ 5 ANOS	5%

Fonte: elaborada pelos autores (2023)

- **Gestores**

Foram convidados para responderem a pergunta profissionais especialistas que possuem conhecimentos práticos de gestão e influenciam diretamente as ações estratégicas do setor. Atuam na área de TRC e possuem conhecimentos sobre carretas que realizam viagens de longa distância, carrocerias de diversos tipos, entre outros. Os contatos foram realizados mediante *networking* da pesquisadora durante os anos de 2022 e 2023. Ao todo, 38 gestores de 23 empresas responderam positivamente ao convite, mas somente 20 foram selecionados conforme o perfil, sendo que cerca de 60% possuem mais de 11 anos de atuação na área (Figura 2). Os gestores participaram das entrevistas de forma remota, realizadas pelo *Google Meet* e/ou *Forms*, entre outubro e novembro de 2023.

- **Motoristas**

Em relação aos motoristas, estes foram enquadrados no perfil de especialista operacional no transporte. São profissionais que possuem carteira "categoria E" e dirigem carretas em viagens de longas distâncias. Para realização das entrevistas, vinte motoristas foram abordados, mas somente 14 responderam integralmente a pergunta. Dos participantes, cerca de 64% possuem mais de 11 anos de experiência (Figura 3).

Foi realizada a seguinte pergunta: **"Cite 5 palavras-chave que simbolize a sustentabilidade para o setor de Transportes Rodoviário de Cargas no Brasil com foco no transporte de grãos".** As respostas citadas serviram para a elaboração de nuvens de palavras no *software* online *Mentimeter,* na versão gratuita, a fim de mapear o que é sustentabilidade para o setor de logística no TRC com foco nos veículos pesados.

Figura 2 – Tempo de atuação dos gestores

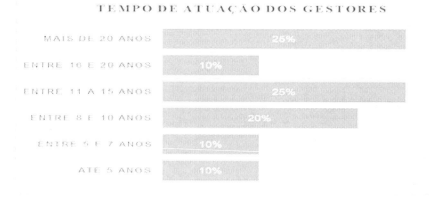

Fonte: elaborada pelos autores (2023)

4.4 Resultados e discussões

Nuvem de palavras

Com apoio do *software* online *Mentimeter*, na versão gratuita, foi possível elaborar nuvens de palavras para cada grupo de especialistas (Figuras 4, 5, 6 e 7). A finalidade da pergunta é prospectar a visão atual de sustentabilidade no TRC, sob a ótica de cada grupo, e tentar discernir a perspectiva geral da área a fim de compreender o que é sustentabilidade para o setor.

Figura 3 – Tempo de atuação dos motoristas

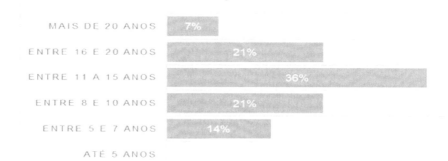

Fonte: elaborada pelos autores (2023)

4.4.1.1 Acadêmicos

Ao todo, vinte professores do ensino superior da área de transportes responderam à pesquisa, totalizando 100 palavras-chave (Figura 4).

Na visão dos docentes, as cinco principais palavras que representam a sustentabilidade para o setor de transporte rodoviário de cargas com foco em veículos pesados são: "Corredores verdes"; "Intermodalidade"; "Combustíveis alternativos"; "Infraestrutura"; "Renovação de frota".

Figura 4 – Nuvens de Palavras Professores de Ensino Superior

Fonte: elaborada pelos autores (2023)

Nota-se que, em nível estratégico, o transporte para o escoamento dos grãos passa, principalmente, pela necessidade de novas estratégias em relação à independência do TRC visando o desenvolvimento dos corredores verdes e o uso da intermodalidade, além da necessidade da manutenção e acesso à infraestrutura de qualidade para um transporte mais eficiente e, consequentemente, mais sustentável. Em suma, a sustentabilidade no setor do TRC para os acadêmicos entrevistados significa criação de estratégias de eficiência operacional, possibilitando o uso da intermodalidade mediante investimentos públicos que colaborem com uma infraestrutura de qualidade, incentivos à renovação da frota e redução do preço dos combustíveis, incluindo a acessibilidade do uso de combustíveis alternativos.

4.4.1.2 Gestores

Ao todo, vinte gestores que atuam na área de transportes rodoviários de cargas responderam à pesquisa, totalizando 100 palavras-chave (Figura 5).

Figura 5 – Nuvens de Palavras Gestores

Fonte: elaborada pelos autores (2023)

É possível observar que, na visão dos gestores, as cinco principais palavras que representam a sustentabilidade para o setor de transportes rodoviário de cargas, com foco no transporte de grãos, são: "Infraestrutura"; "Economia"; "Responsabilidade"; "Atraso"; "Combustível".

No ponto central da temática sustentabilidade, para os gestores, é possível compreender que, na visão deste grupo de especialistas, a sustentabilidade para o TRC é representada pelas questões infraestruturais e econômicas, considerando a gestão de custos das operações e a responsabilidade governamental de melhoria das vias, assim como a responsabilidade das empresas em buscar combustíveis alternativos, preocupando-se com os impactos ambientais, mas não desconsiderando a gestão de custos como base fundamental para a tomada de decisões. Ao refletir sobre a sustentabilidade no setor, os gestores avaliam que, atualmente, as práticas "verdes" ainda se encontram em atraso no Brasil.

4.4.1.3 Motoristas profissionais

Ao todo, quatorze motoristas que atuam nas operações de transportes rodoviário de cargas responderam à pesquisa, totalizando setenta palavras-chave (Figura 6)

Em relação ao ponto de vista dos motoristas, é possível destacar que as cinco palavras-chave que representam a sustentabilidade para o setor de TRC, com foco no transporte de grãos, são: "Combustível"; "Natureza"; "Futuro"; "Custos"; "Arla".

Extrai-se, na visão operacional com a nuvem de palavras, uma preocupação central com o uso do combustível, a percepção que o transporte impacta negativamente na natureza e a que as práticas sustentáveis visam ajudar ao meio ambiente e o futuro. Destacam-se, também, os custos atribuídos às práticas do setor em relação à sustentabilidade. Na maioria, as preocupações estão atreladas aos investimentos e prejuízos contabilizados financeiramente. Além disso, os motoristas compreendem as questões de sustentabilidade como algo que continua no futuro, observando um distanciamento nas práticas atuais.

Figura 6 – Nuvens de Palavras Motoristas

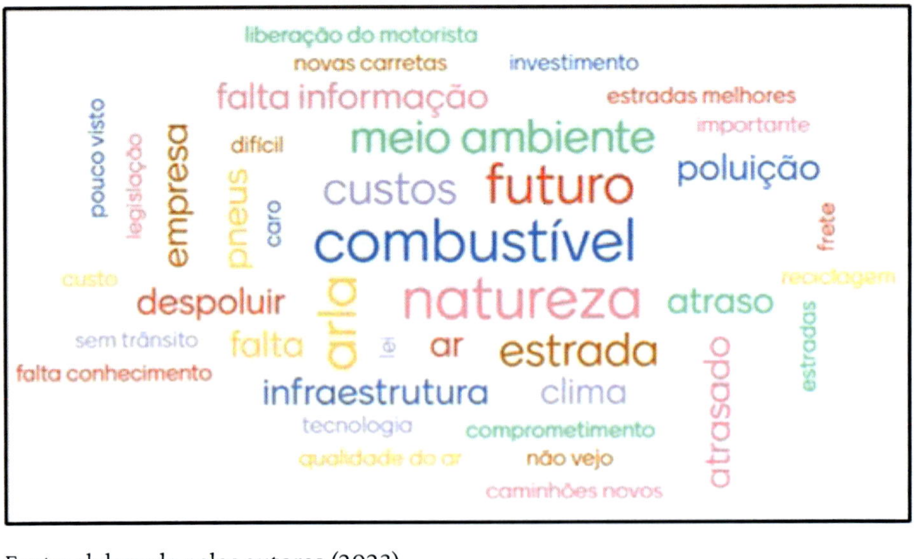

Fonte: elaborada pelos autores (2023)

4.4.1.4 Visão geral – cenário total

Para ponderar um cenário mais amplo do setor, foram consideradas e ordenadas as informações, totalizando 54 especialistas e 270 respostas (Figura 7).

Em síntese, as 5 palavras mais expressadas pelo conjunto de especialistas, a fim de representar a sustentabilidade do setor de transportes rodoviário, foram: "Infraestrutura"; "Economia"; "Combustível"; "Intermodalidade"; "Meio Ambiente".

Na soma de todas as opiniões (palavras) coletadas, com a finalidade de estabelecer um cenário mais amplo do setor, a sustentabilidade para os profissionais entrevistados se traduz como a melhoria em infraestrutura para o uso da intermodalidade com vistas para otimizar as operações e com a finalidade de reduzir os impactos ambientais.

Figura 7 - Nuvens de Palavras, visão geral dos especialistas

Fonte: elaborado pelos autores (2023)

4.5 Considerações finais

Neste estudo, foi possível prospectar a sustentabilidade para o setor de TRC, com foco no transporte de grãos, através da opinião dos atores estratégicos (especialistas: professores, gestores e motoristas), ao perguntar para os profissionais quais as palavras-chave do setor que traduzem a sustentabilidade. A partir do exposto, é possível concluir que a sustentabilidade para o TRC é a utilização de infraestrutura adequada e de qualidade, considerando a intermodalidade; é a sustentabilidade econômica das operações de transporte, através do incentivo ao uso de combustíveis alternativos, economicamente mais viáveis; é ambientalmente positivo, a fim de valorizar o meio ambiente por meio de investimentos estratégicos no setor; é a responsabilidade de todos os atores da área para modernizar as práticas de logística verde.

Esta pesquisa pode colaborar com estudos futuros, pois identificou, preliminarmente, a percepção do significado de sustentabilidade dos atores que atuam no transporte rodoviário de cargas. Assim, este conhecimento pode auxiliar na elaboração de propostas e ações para operações de logística verde mais assertivas, o que corrobora com o impulsionamento de práticas mais sustentáveis.

Referências

BARTHOLOMEU, D. B. *et al*. **Perspectivas e desafios da integração vertical entre as operações logísticas com contêineres no transporte internacional e na cabotagem no Brasil**. SALQ-LOG/USP: Piracicaba, 2024. (Série Logística do Agronegócio: Oportunidades e Desafios, 7 v.).

BRUNETTO, L. G. **A inovação orientada para a sustentabilidade pela ótica da teoria da estruturação**: uma análise de casos. Tese (Doutorado) — Universidade de São Paulo, São Paulo, 2019.

COBO, E. D. **Efeito de política pública de restrição ao tráfego de veículos pesados na qualidade do ar do município de São Paulo**: estudo de caso. 167 p. Dissertação (Mestrado em Ambiente, Saúde e Sustentabilidade) – Universidade de São Paulo, São Paulo, 2021.

CONFEDERAÇÃO NACIONAL DO TRANSPORTE. **Boletins Técnicos CNT**. Relatório Executivo. Brasília, DF: CNT, out. 2021.

FAROOQUE, M. *et al*. Circular supply chain management: Performance outcomes and the role of eco-industrial parks in China. **Transportation Research Part E**: Logistics and Transportation Review, Amsterdã, v. 157, p. 102596, 2022.

FLEISCHER, T. Sustainable mobility at the EU level and the new transport White Paper. *In*: SONORA UNIVERSITY THINK TANK CONFERENCE, 8., 2011, Szczecin, Polônia. **Anais** [...]. Polônia: University of Applied Sciences Erfurt, 2011. p. 17-28. ISSN 1868- 8411.

INTERNATIONAL ENERGY AGENCY - IEA. CO2 emissions from fuel combustion-highlights. International Energy Agency. **IEA**, Paris, 2022. Disponível em: https://www.iea.org/data-and-statistics/data-product/greenhouse-gas-emissions-from-energy-highlights. Acesso em: 1 nov. 2022.

INTERNATIONAL ENERGY AGENCY - IEA. TRUCKS and Buses. **IEA**, Paris, 2020. Disponível em: https://www.iea.org/reports/trucks-and-buses. Acesso em: 4 maio 2023.

JOKURA, T. O que é net zero? **Projeto draft**, [s. l.], 2021. Disponível em: https://netzero.projetodraft.com/glossario-o-que-e-net-zero-compromisso-zerar-e-missoes/. Acesso em: 10 out. 2022.

KOTOWSKA, I.; KUBOWICZ, D. The role of ports in reduction of road transport pollution in port cities. **Transportation Research Procedia**, [s. l.], v. 39, p. 212-220, 2019. ISSN 2352-1465.

LERA-LOPEZ, F.; FAULIN, J.; S'ANCHEZ, M.; SERRANO, A. Evaluating factors of the willingness to pay to mitigate the environmental effects of freight transportation crossing the pyrenees. **Transportation Research Procedia**, [s. l.], v. 3, p. 423-432, 2014.

LIU, S. *et al.* An 'Internet of Things' enabled dynamic optimization method for smart vehicles and logistics tasks. **Journal of Cleaner Production**, [s. l.], v. 215, p. 806-820, 2019. ISSN 0959-6526.

MCKINNON, A. **Decarbonizing logistics**: distributing goods in a low carbon world. Londres: Kogan Page, 2018.

PRODANOV, C. C.; DE FREITAS, E. C. **Metodologia do trabalho científico**: métodos e técnicas da pesquisa e do trabalho acadêmico. 2. ed. Novo Hamburgo: Editora Feevale, 2013.

RAKHMANGULOV, A. *et al.* Green logistics: element of the sustainable development concept. Part 1. **NAŠE MORE**: znanstveni časopis za more i pomorstvo, [s. l.], v. 64, n. 3, p. 120-126, 2017.

SERRANO-HERNANDEZ, A. *et al.* Horizontal collaboration in freight transport: concepts, benefits and environmental challenges. **Sort**, [s. l.], v. 1, p. 393-414, 2017.

Capítulo 5

EMISSÕES DE GASES DO EFEITO ESTUFA EM ESTAÇÕES DE TRATAMENTO DE ESGOTOS: A CONTRIBUIÇÃO DO POTENTE ÓXIDO NITROSO NO BRASIL

Fernanda de Marco de Souza
Marcelo Antunes Nolasco

5.1 Introdução

Nas últimas décadas, a emissão de gases do efeito estufa (GEE) para atmosfera aumentou a temperatura média global e impulsionou as consequentes mudanças climáticas. Dentre os GEE, o óxido nitroso (N_2O) é um gás com crescentes concentrações na atmosfera e que possui potencial de aquecimento 273 vezes maior que o dióxido de carbono (Masson-Delmotte *et al.*, 2021; Lee; Romero, 2023).

Ao considerar as fontes de emissão do N_2O, tanto naturais quanto antrópicas, destaca-se a possível formação e liberação nas Estações de Tratamento de Esgotos (ETE). Esse fenômeno ocorre na forma de produtos intermediários e subprodutos resultantes dos processos de conversão dos compostos nitrogenados durante as fases de nitrificação e desnitrificação (Kampschreur *et al.*, 2009; Chandran, 2011; Law *et al.*, 2012). Devido ao seu potencial de aquecimento global, o óxido nitroso pode contribuir com mais de 70% das emissões diretas da ETE (Abulimiti *et al.*, 2022), sendo o GEE mais importante gerado no processo de tratamento de esgotos (Gruber *et al.*, 2020).

No Brasil, conforme os resultados do 4º Inventário Nacional de GEE (1990-2016), o tratamento de águas residuárias domésticas contribui com um aumento de 132 toneladas sendo emitidas a cada ano (Brasil, 2021)[2].

---

[2] Estimativa calculada pela autora a partir de regressão linear dos dados do 4º Inventário Nacional. Disponível em: https://www.gov.br/mcti/pt-br/acompanhe-o-mcti/sirene/emissoes/emissoes-de-gee-por-setor-1. Acesso em: 11 fev. 2024.

Neste contexto, tem-se que os processos de lodos ativados, apesar de não serem os mais utilizados em quantidade absoluta, são aqueles que atendem a um maior número populacional, sobretudo, nas regiões Sudeste e Centro-Oeste (ANA, 2017).

Devido à sua importância para o aquecimento global (expressivamente mais potente que o CO_2), é relevante que se tenha conhecimento das fontes e sua evolução histórica, com o objetivo de propor medidas de mitigação das emissões (Dorich *et al.*, 2020) e simular cenários de concentrações para as próximas décadas.

Por isso, esse capítulo tem como objetivo apresentar um panorama das emissões de óxido nitroso nas últimas décadas no Brasil e fundamentos sobre os processos formativos desse GEE no tratamento de esgotos por lodos ativados convencionais.

5.2 Metodologia

Para alcançar tal objetivo, adotou-se como métodos:

1. Sumarização de dados sobre o panorama do tratamento de esgotos no Brasil e a remoção do nitrogênio, a partir de fontes governamentais, como o Atlas Esgoto (ANA, 2017);

2. Consolidação da tendência de emissões do mais recente Inventário Nacional de Emissões de GEE disponível (Brasil, 2021); e

3. Revisão bibliográfica sobre os processos formativos e de emissão do óxido nitroso, feita nas bases *Scopus*, *Web of Science (WoS)* e *ScienceDirect*, a partir das palavras-chave: "nitrous oxide" AND "wastewater treatment"; "nitrous oxide" AND "wastewater treatment plant"; "nitrous oxide" AND "wastewater treatment" AND "activated sludge"; e "nitrous oxide" AND "wastewater treatment plant" AND "activated sludge".

5.3 Resultados

O ciclo do nitrogênio e o óxido nitroso

O nitrogênio é um elemento essencial para a vida terrestre. O seu ciclo interconecta hidrosfera-litosfera-atmosfera-biosfera, de modo a ser visto como um superciclo nos compartimentos ambientais. As transformações do nitrogênio envolvem tanto o ganho quanto a perda de elétrons, nas quais se tem mudanças no estado de oxidação da forma mais oxidada (NO_3^- nitrato) para a mais reduzida (íon amônio, NH_4^+) (Karl; Michaels, 2019).

Uma das propriedades mais significativas do nitrogênio é a sua estrutura atômica e configuração eletrônica, que permitem que ele transite entre o estado de oxidação de +5 para -3 (Figura 1). Em suas formas oxidadas, ele pode ser um aceptor de elétrons e nas formas reduzidas, uma fonte de energia para alguns microrganismos (Van Haandel; Marais, 1999; Poffenbarger; Coyne; Frye, 2018).

Figura 1 – Variação do número de oxidação do átomo de nitrogênio nos processos de nitrificação e desnitrificação

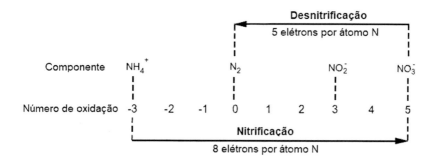

Fonte: adaptada de Van Haandel; Van Der Lubbe (2012); e Van Haandel e Marais (1999)

Dentre os processos de conversão biológica do nitrogênio, tem-se, principalmente: nitrificação, anammox, desnitrificação e fixação do nitrogênio por mineralização ou amonificação. A nitrificação é o termo que descreve a trajetória do nitrogênio amoniacal para formar nitrito e nitrato, por meio de um processo aeróbio realizado sobretudo por bactérias autotróficas. Já a desnitrificação, é a redução do nitrato em nitrito, nitrito em óxido nítrico, óxido nítrico em óxido nitroso e óxido nitroso em nitrogênio molecular, realizada por bactérias heterotróficas facultativas em ambientes anóxicos (Kampschreur et al., 2009; Metcalf; Eddy, 2016; Karl; Michaels, 2019).

Durante as transformações de nitrificação-desnitrificação, tem-se a formação do óxido nitroso (N_2O) como subproduto e produto intermediário, respectivamente, sendo este último um processo chave no aumento líquido de N_2O na atmosfera, uma vez que a acumulação transitória de seus intermediários é recorrente (Bakken; Dörsch, 2007).

Emissões do óxido nitroso nas últimas décadas (Brasil e mundo)

O N_2O é um potente gás de efeito estufa, que contribui como forçante radiativa positiva para o balanço climático terrestre. A crescente preocupação com o gás é decorrente do aumento constante de suas concentrações na atmosfera. Desde 1750, tem-se que a concentração de óxido nitroso na atmosfera aumentou em cerca de 23%, passando de 270,1 para 332,1 ppb em 2019, com uma taxa de aproximadamente 0,85 ppb/ano entre 1995 e 2019, e um aumento adicional para 0,95 ppb considerando a última década de 2010-2019 (Masson-Delmotte et al., 2021) (Figura 2).

A partir dos valores do Potencial de Aquecimento Global (*Global Warming Potential - GWP*), tem-se que, para um horizonte de 100 anos, o N_2O possui um potencial de aquecimento 273 vezes maior que o dióxido de carbono (Lee; Romero, 2023). Com base nos últimos dados atualizados do IPCC (Masson-Delmotte et al., 2021), tem-se que o N_2O contribui com + 0,21 ± 0,03 W/m² da forçante radiativa no sistema climático (período de 1750-2019), elevando as temperaturas médias globais e contribuindo para acentuar os impactos negativos das mudanças climáticas.

Figura 2 – Série histórica da concentração de N_2O na atmosfera desde 1750

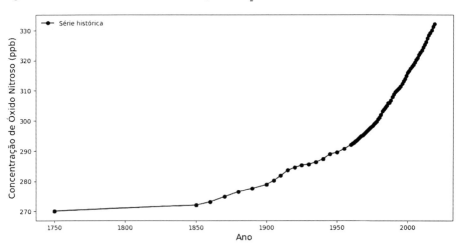

Fonte: elaboração própria com base nos dados de IPCC/AR6

Para além de forçante radiativa positiva das mudanças climáticas, o óxido nitroso é um gás muito estável na troposfera e que pode chegar à estratosfera, liberando radicais de óxido nítrico (NO), que promovem a quebra das moléculas de ozônio (Ravishankara *et al.*, 2009). Portanto, é possível que o óxido nitroso se torne a principal fonte de emissão antropogênica, superando os clorofluorcarbonetos, no que diz respeito ao potencial de depleção da camada de ozônio (Lane; Lant, 2012).

Visto que sua formação se dá a partir da oxidação e redução do nitrogênio, tem-se que o N_2O pode ser produzido tanto de forma natural quanto emitido a partir de ações humanas. A forma de ocorrência do nitrogênio se dá em três isótopos ^{13}N, ^{14}N e ^{15}N, o que permite que ele seja rastreado ao longo de seu ciclo (Poffenbarger; Coyne; Frye, 2018). As razões entre os isótopos de nitrogênio indicam que as emissões antropogênicas são as principais responsáveis pelo aumento visto nos últimos anos (Lee; Romero, 2023). Tal conceituação permite que a presença de N_2O na atmosfera seja identificada e classificada como de origem natural ou antrópica, o que é importante para contabilização das contribuições humanas nas emissões diretas e indiretas (HERGOUALC'H, K. *et al.*, 2019).

Ao considerar as emissões totais diretas, observa-se que estas são, principalmente, resultados da liberação no solo, decorrente do uso de fertilizantes nitrogenados na agricultura e na produção de alimentos (Masson-Delmotte *et al.*, 2021; Tian *et al.*, 2020), mas também podem ocorrer nos sistemas de tratamento de efluentes. O tema de emissões de GEEs em ETEs é algo que vem sendo discutido há décadas. Desde 1992, enfatiza-se a importância de dedicar atenção à operação das estações de tratamento de esgoto, visto que a remoção do nitrogênio pode resultar na emissão de óxido nitroso (Franken; Van Vierssen; Lubberding, 1992).

Globalmente, as águas residuárias contribuem com cerca de 5,5% do total de óxido nitroso emitido, o que caracteriza de 200.000 a 500.000 toneladas de N_2O por ano, considerando a média para o período de 2007-2016 (Tian *et al.*, 2020; Masson-Delmotte *et al.*, 2021).

No Brasil, ao analisar a série histórica de 1990 a 2016 referente ao tratamento de águas residuais domésticas disponível no Quarto Inventário Nacional de Emissões de GEE por Setor (Brasil, 2021), através de regressão linear, estima-se um aumento médio anual de 132 toneladas nas emissões de óxido nitroso para a atmosfera (Figura 3). Assim, é essencial que medidas para mitigação sejam adotadas para reduzir as emissões e as consequências ambientais e climáticas.

As ETEs são fontes de emissão do N_2O, sobretudo na etapa de remoção biológica do nitrogênio que apresenta maior ou menor grau de emissão a depender dos parâmetros e condições operacionais adotados (Kampschreur *et al.*, 2009).

Dessa forma, torna-se imperativo entender sobre os parâmetros, etapas e processos de tratamento, estabelecendo uma conexão subsequente com os processos de formação do óxido nitroso em ETEs.

Tratamento de esgotos e princípios de Lodos Ativados

Em âmbito mundial, tem-se que os sistemas de lodos ativados são bastante utilizados de forma predominante em locais onde se tem pouco espaço territorial para implementação da estação e a necessidade de uma elevada qualidade do esgoto tratado (von Sperling, 2009, 2014).

No Brasil, em termos absolutos, os processos anaeróbios são os mais utilizados no país. No entanto, quando consideramos a população atendida, os processos de lodos ativados convencionais (com 110 unidades) estão em primeiro lugar, atendendo cerca de 24% da população, o que corresponde a aproximadamente 16,5 milhões de pessoas. As regiões Sudeste e Centro-Oeste ganham destaque nesse contexto, uma vez que possuem maior densidade populacional e o processo de lodos ativados convencionais demanda menos área para instalação (ANA, 2017). Neste cenário, é notável e justificável que áreas como a Região Metropolitana de São Paulo optem por Estações de Tratamento de Esgotos (ETEs) que utilizam o processo de lodos ativados.

Figura 3 – Emissões de óxido nitroso e metano em ETEs para 1990-2016 no Brasil

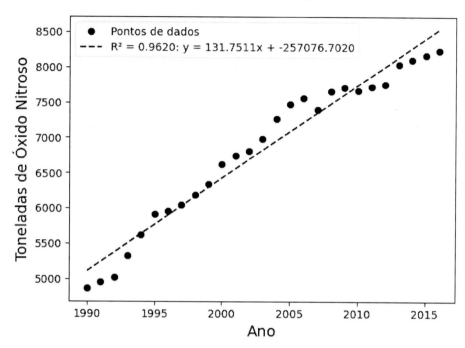

Fonte: elaboração própria (2023) com base nos dados do 4º Inventário Nacional (Brasil, 2021)

Dentre as variantes do processo de lodos ativados, as principais e mais utilizadas, podem ser classificados de acordo com (von Sperling, 2009, 2014):

1. **Idade do lodo**: aeração modificada (inferior a 3 dias); lodos ativados convencional (4 a 10 dias); e aeração prolongada (18 a 30 dias);

2. **Fluxo**: fluxo contínuo (entrada e saída contínua de esgoto no reator) e fluxo intermitente (reatores por batelada, com entrada descontínua da massa líquida em cada reator); e

3. **Divisão quanto ao afluente à etapa biológica**: esgoto bruto, efluente do decantador primário (concepção clássica de lodos ativados convencional), efluente de reator anaeróbio e efluente de outro processo de tratamento.

Aqui a atenção será direcionada para os lodos ativados convencionais de fluxo contínuo, com o afluente para a etapa biológica proveniente do decantador primário. A etapa biológica presente neste sistema compreende o reator biológico (tanque de aeração) e o decantador secundário (Figura 4).

O princípio de lodos ativados se insere na recirculação da biomassa que se sedimentaram no decantador secundário para a unidade de aeração (von Sperling, 2009, 2014). Essa biomassa sedimentada recebe o nome de lodo ativado, uma vez que possui microrganismos ativos (Metcalf; Eddy, 2016). Tal mecanismo de retorno advém da premissa que, quanto mais bactérias houver em suspensão, maior será o consumo do alimento, e assim, maior será a assimilação e remoção da matéria orgânica. Para que a estabilização da matéria orgânica ocorra, as bactérias aeróbias necessitam consumir o oxigênio dissolvido na massa líquida (von Sperling, 2009, 2014).

Figura 4 – Esquema das unidades da etapa biológica do sistema de lodos ativados

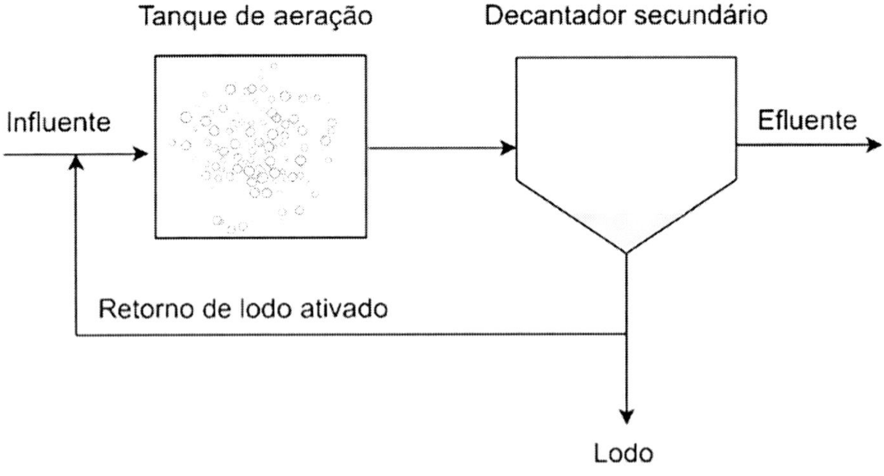

Fonte: elaboração própria com base em Metcalf e Eddy (2016)

Conceitos e relações do nitrogênio presente nos esgotos sanitários

Nos tanques de aeração, ocorrem as reações bioquímicas para a remoção da matéria orgânica e da matéria nitrogenada. O nitrogênio, durante o processo de tratamento de esgoto, subdivide-se principalmente em: nitrogênio orgânico, amônia e nitrato (Metcalf; Eddy, 2016; Jordão; Pessôa, 2005; von Sperling, 2014).

A remoção do nitrogênio ocorre, principalmente, por nitrificação e desnitrificação biológica, assim como por processos físico-químicos. Os processos biológicos incluem bactérias, arqueas, fungos e outros microrganismos. Em processos como o de lodos ativados (de crescimento suspenso), os microrganismos permanecem em suspensão na massa líquida a partir de métodos de mistura (Metcalf; Eddy, 2016).

Assim como ocorre na remoção de matéria orgânica, o sistema de lodos ativados é capaz de converter de forma satisfatória a amônia em nitrato (nitrificação), mas sem a remoção do nitrogênio, propriamente dito, uma vez que acontece apenas a conversão da forma nitrogenada (amônia para nitrato) e não a sua liberação como N_2 (von Sperling, 2009, 2014). Devido à idade do lodo presente nos sistemas convencionais do Brasil (von Sperling, 2014) e à temperatura das águas residuárias nas regiões tropicais, a nitrificação ocorrerá naturalmente se houver fornecimento de oxigênio (Van Haandel; Marais, 1999, p. 124).

De acordo com o Atlas Esgotos (ANA, 2017), no Brasil, foram identificadas 2768 estações de tratamento de esgotos. Quando se analisa a diversidade de processos e remoção de matéria orgânica e poluentes, apenas 131 unidades inicialmente foram projetadas para remoção de nutrientes, como o nitrogênio e fósforo (ANA, 2017), o que corresponde a 4,73% das unidades.

Ainda, quando se observa especificamente a remoção do nitrogênio (Rem. N), são apenas 97 unidades que realizam este tipo de tratamento (e que também podem remover fósforo, Rem. P). Os principais processos utilizados estão listados na Figura 5.

Figura 5 – Principais tipos de tratamento no Brasil para remoção de nitrogênio

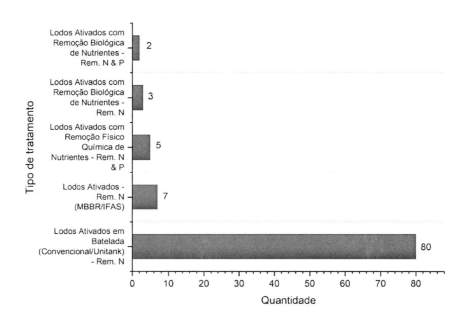

Fonte: elaboração própria com base em Atlas Esgotos (2017)

Dentro deste contexto, a rota para a remoção do nitrogênio ocorre a partir da desnitrificação que, para efetuar-se, necessita de zonas com ausência de oxigênio (zona anóxica) (von Sperling, 2009, 2014).

Quando se trata de lodos ativados convencionais, a nitrificação e desnitrificação podem ocorrer de forma simultânea em um mesmo tanque de aeração, sendo tal processo denominado de nitrificação-desnitrificação simultânea (NDS).

- **Nitrificação e Desnitrificação Simultânea (NDS)**

A NDS ocorre em condições de baixas concentrações de oxigênio dissolvido, no qual o floco de lodo ativado possui uma região aeróbia e uma anóxica (conforme Figura 6). Tem-se a transferência de oxigênio, substrato dissolvido (DQO biodegradável) e amônia para o interior do floco. Assim, o oxigênio pode ser totalmente consumido, gerando uma região anóxica na parte mais central.

Dessa maneira, a nitrificação tem a possibilidade de ocorrer na região aeróbia (a parte mais externa), resultando na formação de nitrito e nitrato. Esses compostos podem ser difundidos para a região anóxica, onde se torna viável a ocorrência da desnitrificação (Metcalf; Eddy, 2016), culminando na geração de N_2, que, por sua vez, é liberado posteriormente para o meio líquido-atmosfera.

Figura 6 – Representação do fluxo de um floco de um lodo ativado em NDS – Representação do fluxo de um floco de um lodo ativado em NDS

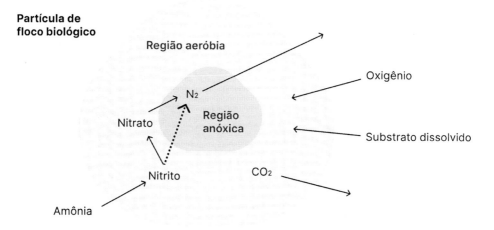

Fonte: elaboração própria, adaptado de Metcalf e Eddy (2016)

Tal fluxo dentro do floco, dependente de fatores, como o seu tamanho (diâmetro), a intensidade de agitação do tanque, da temperatura e da taxa de consumo de oxigênio por parte das bactérias (Van Haandel; Marais, 1999, p. 125). O oxigênio dissolvido diminui conforme se adentra no interior dos flocos, de maneira que a concentração de OD na massa líquida por si só não é um indicador da concentração de OD que os microrganismos em um floco vão experimentar. Em flocos maiores (> que 2 mm), o oxigênio diminui a ponto de atingir valores próximos a zero, de maneira que, em flocos menores (< 1mm), não se tem tal característica. Assim, a consideração da distribuição dos tamanhos de flocos emerge como um fator ao se buscar potencializar a desnitrificação intrafloco (Daigger; Adams; Steller, 2007).

Assim, dentre os fatores que podem afetar o desempenho do NDS, lista-se aqui a disponibilidade de OD e pH. Níveis baixos de OD geram menor taxa de nitrificação, enquanto altas concentrações diminuem a taxa de desnitrificação. Quanto ao pH, as condições neutras são recomendadas (7,0 a 7,5) (Loh *et al.*, 2023).

O problema reside em quando a nitrificação e desnitrificação não ocorrem de forma completa, formando o óxido nitroso como produto intermediário ou subproduto das reações químicas e vias biológicas.

Formação do óxido nitroso em ETEs

O óxido nitroso no tratamento de esgotos sanitários pode ser formado por três vias principais: (i) a partir da **oxidação da hidroxilamina** (NH_2OH), que é produto intermediário da primeira parte da nitrificação, no qual se tem a oxidação da amônia em nitrito. Nesta via, a geração de N_2O pode decorrer de alta atividade metabólica desequilibrada das bactérias oxidantes de amônia; por decomposição química da hidroxilamina ou oxidação química com N_2O^- (processos abióticos); ou ainda oxidação incompleta da NH_2OH. Também pode ser gerado como produto intermediário da (ii) **desnitrificação heterotrófica** (por meio de microrganismos heterotróficos), resultante de uma atividade não equilibrada de enzimas redutoras de nitrogênio, acúmulo de nitrito ou menor disponibilidade de compostos orgânicos biodegradáveis, podendo ser liberado a partir de baixos teores de oxigênio, pH ácido (que inibe a enzima N_2O redutase) e nitrato suficiente e abundante, em conjunto com carbono orgânico passível de ser metabolizado. Por fim, pode ser produzido por meio da (iii) **desnitrificação autotrófica**, através da oxidação da NH_2OH a N_2O^-, seguida da redução de N_2O^- a N_2O e N_2, por bactérias oxidantes de amônia em condições de oxigênio limitado ou elevadas concentrações de nitrito (Wrage *et al.*, 2001; Kampschreur *et al.*, 2009; Chandran, 2011; Wunderlin *et al.*, 2012; Massara *et al.*, 2017; Valkova *et al.*, 2021; Bassin *et al.*, 2021) conforme a Figura 7.

Como visto anteriormente, o lodo ativado abriga uma diversidade de microrganismos capazes de produzir e participar da formação do óxido nitroso. Isso engloba as bactérias oxidadoras de amônia e oxidadoras de nitrito (Wu *et al.*, 1995).

1. **Bactérias oxidadoras de amônia (BOA):** são espécies de proteobactérias pertencentes aos gêneros *Nitrosomonas* e *Nitrosospira* (Ren *et al.*, 2019; Metcalf; Eddy, 2016; Loh *et al.*, 2023). A

comunidade de BOA é afetada pela disponibilidade de amônia, pH (afetando a atividade de enzima citoplasmática), OD, temperatura e outros possíveis inibidores (Guo *et al.*, 2013).
2. **Bactérias oxidadoras de nitrito (BON):** espécies pertencentes aos gêneros *Nitrobacter, Nitrococcus, Nitrospina* e *Nitrospira* (Metcalf; Eddy, 2016; Loh *et al.*, 2023).

Figura 7 – Mecanismos de produção de N_2O

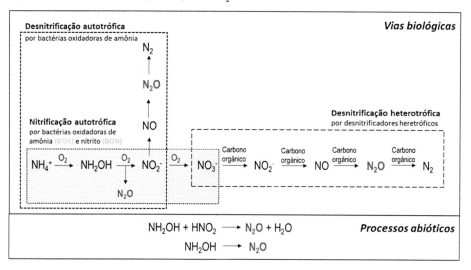

Fonte: elaboração própria a partir de Wunderlin (2012); Campos *et al.* (2016); Domingo-Félez; Smets (2016); Chen *et al.* (2018); Wang *et al.* (2018) ; e Bassin *et al.* (2021)

A BOA possui maior contribuição para a formação de óxido nitroso se comparada a BON, a partir de desnitrificação autotrófica e oxidação da hidroxilamina (Law *et al.*, 2012). A emissão de óxido nitroso está associada de maneira geral à nitrificação-desnitrificação catalisada por BOA autotrófica e heterotrófica, de forma que oxigênio dissolvido, nitrito, pH influenciam a nitrificação de maneira mais acentuada; e a relação carbono/nitrogênio (C/N), nitrito e pH na desnitrificação (Guo *et al.*, 2013). É válido ressaltar, entretanto, que a BOA autotrófica também é capaz de desnitrificar (desnitrificação autotrófica) em condições de limitação de OD, de maneira que a desnitrificação incompleta é comum entre essas espécies (Guo *et al.*, 2013).

Dessa forma, autores como Valkova *et al.* (2021), identificaram a nitrificação como a principal via de geração e emissão do óxido nitroso, no qual se tem um acoplamento entre a produção de N_2O e a concentração de amônia. Dentro deste contexto, Ribera-Guardia e Pijuan (2017) identificaram uma relação exponencial entre a taxa de produção de N_2O e a taxa de oxidação de amônia. O que se soma ao verificado por Wang *et al.* (2018) no qual as vias de produção por bactérias oxidantes de amônia foram predominantes na formação de N_2O durante a nitrificação autotrófica, com destaque para a oxidação da hidroxilamina.

Assim, dentre as diversas etapas de tratamento, os tanques de aeração destacam-se como os principais emissores de N_2O, contribuindo com 91% do total (Czepiel; Crill; Harriss, 1995). Essa observação é respaldada por Brotto *et al.* (2010), que, ao analisar uma ETE de lodo ativado em escala real no Rio de Janeiro, constatou que 90% das emissões originavam-se do tanque de aeração. Além disso, é no tanque de aeração que ocorre a transferência de massa do N_2O, produzido no meio líquido, para a atmosfera (Mello *et al.*, 2013; Valkova *et al.*, 2021).

Nisso, algumas condições operacionais influenciam na produção, como: baixa concentração de oxigênio dissolvido, alta concentração de nitrito, baixa relação DQO/N, baixo pH e alto aporte de amônia (Kampschreur *et al.*, 2009; Guo *et al.*, 2018; Ren *et al.*, 2019; Bassin *et al.*, 2021). O Quadro 1 resume os principais fatores pelas emissões.

Quadro 1 – Principais fatores responsáveis pela emissão de N_2O em ETEs

Processo	Condição	Causa
Nitrificação	Baixo oxigênio dissolvido	Baixa aeração
		Alta carga orgânica
		Alta carga amoniacal
	Alta concentração de nitrito	Baixa aeração
		Alta carga amoniacal
		Compostos tóxicos
		Baixa idade do lodo
		Baixa temperatura

Processo	Condição	Causa
Desnitrificação	Alto oxigênio dissolvido	Alta aeração em etapas anteriores
	Alta concentração de nitrito	Baixo carbono disponível
		Arraste de nitrito da etapa de nitrificação
	Baixa relação carbono/nitrogênio	Características do efluente
		Pré-sedimentação do carbono orgânico

Fonte: Kampschreur *et al.* (2009)

Dentre esses, o nitrito se destaca como um dos fatores mais essenciais (Ahn *et al.*, 2010). Os pesquisadores, ao analisarem 12 estações de tratamento de esgoto, constataram que nas zonas aeróbias de lodos ativados, altas concentrações de nitrito, íon amônio e oxigênio dissolvido apresentavam uma correlação positiva com as emissões.

Com base nesse panorama, é importante que as ETEs calculem e/ou estimem o fator de emissão de seus processos e, posteriormente, decidam as mudanças operacionais que devem ocorrer para reduzir as emissões e sua pegada de carbono.

5.4 Considerações finais

Nos últimos anos, observou-se um aumento contínuo nas emissões de gases de efeito estufa, tanto no Brasil quanto no mundo. Dentre esses gases, o óxido nitroso (N_2O) tem se destacado como o mais significativo no processo de tratamento de esgotos, superando o metano e o dióxido de carbono em importância.

Isso o torna um gás-alvo para medidas de controle e mitigação, incluindo propostas que considerem seu aproveitamento energético. No entanto, para que tal cenário seja possível, são fundamentais a comunicação e a disponibilização de informações básicas sobre sua formação e emissão. Por essa razão, este capítulo teve como objetivo contribuir com fundamentos sobre os aspectos formativos do óxido nitroso, suas emissões nas últimas décadas e suas inter-relações com os sistemas de lodos ativados.

O estudo da formação do N₂O destaca as variáveis operacionais e as características da água residuária que influenciam a geração e emissão do gás. Altas concentrações de amônia e nitrito, somadas a variações bruscas nos níveis de oxigênio dissolvido e baixo pH, por exemplo, são fatores que aumentam as emissões. O conhecimento dessas informações pode ser utilizado por tomadores de decisão e gestores de ETEs na formulação de medidas que otimizem os sistemas e previnam a formação do gás.

Para além das ETEs, do ponto de vista normativo e de planejamento urbano, já existem planos de ação climática que consideram a redução de emissões no setor de saneamento. Um exemplo é o Plano Climático de São Paulo (PlanClima), que propõe medidas para reduzir as emissões até 2030 e monitorar GEE nas ETEs da cidade.

Os efeitos das mudanças climáticas já são sentidos, e esforços precisam ser realizados com urgência nos mais diversos setores. Assim, é necessário que as ETEs incorporem tais considerações em seus processos de gestão, explorando novas práticas e abordagens para reduzir emissões e maximizar os benefícios para o meio ambiente e a população atendida.

Essas ações precisam ser acompanhadas por medidas normativas e regulatórias que controlem e reduzam as emissões em níveis municipal, estadual e federal, contribuindo para uma ação conjunta, articulada e integrada no combate às mudanças climáticas.

Referências

ABULIMITI, A. *et al.* Recent advances in anaerobic treatment of wastewater: Focusing on enhancement strategies. **Bioresource Technology**, [s. l.], v. 348, p. 126748, 2022.

AGÊNCIA NACIONAL DE ÁGUAS (ANA). Secretaria Nacional de Saneamento Ambiental. **Atlas Esgotos**: despoluição de bacias hidrográficas. Brasília, DF: Agência Nacional de ÁguasANA: Ministério do Meio Ambiente: Ministério das Cidades,, 2017. Disponível em: https://arquivos.ana.gov.br/imprensa/publicacoes/ATLASeESGOTOSDespoluicaodeBaciasHidrograficas-ResumoExecutivo_livro.pdf acesso. Acesso em: 9 jul. 2023.

BAKKEN, L. R.; DÖRSCH, P. Nitrous oxide emissions from soil: measurement and mitigation. **Soil Biology and Biochemistry**, [s. l.], v. 40, n. 8, p. 1800-1811, 2007.

BASSIN, J. P. *et al.* Impacts of climate change on wastewater treatment plants: A review of the challenges and opportunities. **Environmental Research Letters**, [s. l.], v. 16, n. 9, p. 093001, 2021.

BRASIL. Ministério da Ciência, Tecnologia e Inovações. Secretaria de Pesquisa e Formação Científica. Emissões de GEE por Setor - Governo Federal. **Gov.br**, 19 ago. 2021. Disponível em: https://www.gov.br/mcti/pt-br/acompanhe-o-mcti/sirene/emissoes/emissoes-de-gee-por-setor-1. Acesso em: 30 jul. 2023.

CAMPOS, J. L.; MOSQUERA-CORRAL, A.; MÉNDEZ, R. Nitrification and denitrification processes in wastewater treatment plants: a review. **Process safety and environmental protection**, [s. l.], v. 103, p. 12-25, 2016.

CHANDRAN, K. Nitrification and nitrous oxide emission in wastewater treatment systems. **Current Opinion in Chemical Biology**, [s. l.], v. 15, n. 2, p. 153-159, 2011.

CHEN, H. et al. Biofilm and granule technology for nitrification-denitrification: Microbial diversity, functional genes and evolution. **Science of The Total Environment**, [s. l.], v. 642, p. 169-179, 2018.

DAIGGER, G. T.; ADAMS, C. D.; STELLER, R. J. Innovative Biological Treatment Processes for Nutrient Removal. **Water Environment Research**, [s. l.], v. 79, n. 13, p. 2317-2330, 2007.

DOMINGO-FÉLEZ, C.; SMETS, B. F. The role of anammox and denitrification in nitrogen cycling in wastewater treatment plants. **Water Research**, [s. l.], v. 105, p. 223-232, 2016.

DORICH, R. A. et al. Soil phosphorus and zinc availability as affected by long-term applications of zinc sulfate and zinc-chelate. **Soil Science Society of America Journal**, [s. l.], v. 44, n. 6, p. 1341-1346, 2020.

FRANKEN, R.; VAN VIERSSEN, W..; LUBBERDING, H. J. The performance of constructed wetlands for wastewater treatment. **Water Science and Technology**, [s. l.], v. 26, n. 7-8, p. 2055-2058, 1992.

GRUBER, N. et al. The oceanic sink for anthropogenic CO2 from 1994 to 2007. **Science**, [s. l.], v. 363, n. 6432, p. 1193-1199, 2020.

GUO, J. et al; PENG, Y.; WANG, S.; ZHENG, Y.; HU, J. Characterization of microbial community in a novel anammox and denitrification reactor. **Journal of Environmental Sciences**, [s. l.], v. 25, n. 5, p. 990-998, 2013.

HERGOUALC'H, KINTERGOVERNMENTAL PANEL ON CLIMATE CHANGE (IPCC). et al. Intergovernmental Panel on Climate Change. Chapter 11: N2O Emissions from Managed Soils, and CO2 Emissions from Lime and Urea Application. *In*: TANABE, K. et al. (ed.). **2019 Refinement to the 2006 IPCC Guidelines for**

National Greenhouse Gas Inventories. Genebra: IPCC, 2019. Disponível em: https://www.ipcc-nggip.iges.or.jp/public/2019rf/pdf/4_Volume4/19R_V4_Ch11_Soils_N2O_CO2.pdf. Acesso em: 11 fev. 2024.

JORDÃO, E. P..; PESSÔA, C. A. **Tratamento de esgotos domésticos**. Rio de Janeiro: ABES, 2005.

KAMPSCHREUR, M. J. *et al*. Nitrous oxide emission during wastewater treatment. **Water Research**, [s. l.], v. 43, n. 17, p. 4093-4103, 2009.

KARL, T. R.; MICHAELS, P. J. Global warming: myth or reality? **Environmental Research**, [s. l.], v. 180, p. 1085-1093, 2019.

LANE, R.; LANT, P. A. The impact of carbon policies on the Australian chemical industry. **Chemical Engineering Journal**, [s. l.], v. 197, p. 123-130, 2012.

LAW, Y. *et al*. Nitrous oxide emissions from wastewater treatment processes. **Philosophical transactions of the royal society B**: Biological Sciences, [s. l.], v. 367, n. 1593, p. 1265-1277, 2012.

Team, H. LEE, H.; ROMERO, and J. Romero (eds.). Intergovernmental Panel on Climate Change (IPCC). **Climate change 2023**: synthesis report. contribution of working groups I, II and III to the Sixth Assessment Report of the Intergovernmental Panel on Climate Change [Core Writing]. IPCC, Genebrva:, IPCCSwitzerland, 2023. 184 p., doi. Contribution of working groups I, II and III to the Sixth Assessment Report of the Intergovernmental Panel on Climate Change]. DOI: 10.59327/IPCC/AR6-9789291691647.. 2023.

LOH, Z. *et al*. Emissions of nitrous oxide from agricultural fields: A review of influencing factors. **Journal of Environmental Quality**, [s. l.], v. 52, n. 2, p. 456-472, 2023.

MASSARA, T. M. *et al*. Multi-phase flow characterization in a large-scale anaerobic digester. **Water Research**, [s. l.], v. 124, p. 54-64, 2017.

MASSON-DELMOTTE, V. P. *et al*. Intergovernmental Panel on Climate Change (IPCC). **Climate Change 2021**: the physical science basis. Genebra: IPCC, 2021. Contribution of Working Group I to the Sixth Assessment Report of the Intergovernmental Panel on Climate Change [. MASSON-DELMOTTE, V.,. P. Zhai, A. Pirani, S. L. Connors, C. Péan, S. Berger, N. Caud, Y. Chen, L. Goldfarb, M.I. Gomis, M. Huang, K. Leitzell, E. Lonnoy, J.B.R. Matthews, T.K. Maycock, T. Waterfield, O. Yelekçi, R.Contribution of Working Group I to the Sixth Assessment Report of the Intergovernmental Panel on Climate Change.

METCALF, E& Eddy. **Wastewater engineering**: treatment and resource recovery. New York: McGraw-Hill Education, 2016.

POFFENBARGER, H. J.; COYNE, M. S.; FRYE, W.W. Nitrogen cycling in agricultural systems. **Agronomy Journal**, [s. l.], v. 110, n. 1, p. 211-222, 2018.

REN, Y. *et al.* The role of nitrifying bacteria in the co-culture process of anaerobic ammonia oxidation. **Chemosphere**, [s. l.], v. 235, p. 519-526, 2019.

TIAN, H. *et al.* A comprehensive quantification of global nitrous oxide sources and sinks. **Nature**, [s. l.], v. 586, n. 7828, p. 248-256, 2020.

VALKOVA, N. *et al*; STOYANOVA, S.; STEFANOVA, G.; TZVETKOVA, B. A review on the wastewater treatment in the chemical industry. **Water Research**, [s. l.], v. 185, p. 116152, 2021.

VAN HAANDEL, A. C.; MARAIS, G. V. R. **Tratamento de esgotos sanitários**: teoria e aplicações. Belo Horizonte: Editora UFMG, 1999.

VAN HAANDEL, A. C.; VAN DER LUBBE, J. G. M. **Handbook biological waste water treatment**: design and optimisation of activated sludge systems. 2. ed. Reino Unido: IWA PublishingQuist Publishing, 2012.

VONVON SPERLING, M. **Introdução à qualidade das águas e ao tratamento de esgotos**. Belo Horizonte: Editora UFMG, 2009.

VONVON SPERLING, M. **Princípios do tratamento biológico de águas residuárias**: processos de lodos ativados. Belo Horizonte: Editora UFMG, 2014.

WANG, J. *et al.* Environmental and process factors affecting nitrous oxide emission in wastewater treatment: A review. **Bioresource Technology**, [s. l.], v. 269, p. 359-369, 2018.

WRAGE, N. *et al.* Role of nitrifier denitrification in the production of nitrous oxide. **Soil Biology and Biochemistry**, [s. l.], v. 33, n. 12-13, p. 1723-1732, 2001.

WU, J. S. *et al.* Simultaneous nitrification and denitrification in a sequencing batch reactor. **Water Science and Technology**, [s. l.], v. 31, n. 12, p. 67-76, 1995.

WUNDERLIN, P. *et al.* Mechanisms of N2O production in biological wastewater treatment under nitrifying and denitrifying conditions. **Water Research**, [s. l.], v. 46, n. 4, p. 1027-1037, 2012.

Capítulo 6

ESTADO DA ARTE DO EFLUENTE DA INDÚSTRIA TÊXTIL DO JEANS

Milla Araújo de Almeida
Renata Colombo

6.1 Introdução

Dados divulgados mostram que o setor têxtil é um dos maiores geradores de efluentes industriais, produzindo na ordem de 45 a 400 L para cada quilo de tecido produzido (Bento *et al.*, 2020; Özgün; Sakar; Ağtaş, 2023). A etapa do processo têxtil que gera a maior quantidade de efluentes é a do tingimento. Este processo abrange diversas fases (pré-tratamento, montagem, fixação e lavagem), que são determinadas pelas características estruturais da fibra e pela viabilidade econômica (Castillo-Suárez; Sierra-Sánchez; Linares-Hernández, 2023).

O pré-tratamento tem como objetivo a remoção de substâncias interferentes do processo, como ceras, pectinas naturais, parafinas, gomas, entre outras. Na montagem, ocorre a aderência do corante à fibra. O processo é realizado a partir de banhos que têm a acidez controlada pela adição de ácidos ou álcalis. A etapa de fixação ocorre através de reações químicas com mordentes, substâncias utilizadas para fixar o corante na fibra fazendo com que a cor não desbote ou se dissolva durante as lavagens do tecido. Na etapa final, lavagem em banhos correntes é realizada para a retirada do excesso do corante original ou de corante hidrolisado que não foi fixado à fibra durante o processo (Castillo-Suárez; Sierra-Sánchez; Linares-Hernández, 2023; Jorge *et al.*, 2023).

Os efluentes gerados por estas etapas apresentam uma carga poluidora significativa devido a sua elevada carga orgânica (DBO e DQO em torno de 1,135 mg O_2/L e 380 mg O_2/L de efluente, respectivamente) e os diversos compostos tóxicos presentes, entre eles gomas, álcalis, ácidos, mordentes, detergentes e corantes (Castillo-Suárez; Sierra-Sánchez; Linares-Hernández, 2023; Jorge *et al.*, 2023).

Por conter essas substâncias recalcitrantes, o tratamento dos efluentes têxteis não é de simples execução, existindo uma ineficiência dos atuais processos de tratamento. Adicionalmente, em muitos países, não existe regulamentação acerca dos limites máximos permitidos destas substâncias nos efluentes para que o mesmo possa ser descartado nos corpos de água. Esta combinação de fatores vem incorrendo na disposição incorreta destes efluentes nos corpos hídricos, trazendo diversos impactos socioambientais (Castillo-Suárez; Sierra-Sánchez; Linares-Hernández, 2023; Jorge *et al.*, 2023; Repon *et al.*, 2024). Estima-se que cerca de 10-54% dos efluentes do setor têxtil é lançado em águas naturais sem tratamento, sendo que esses valores dependem das legislações ambientais que variam em cada país (Jamil *et al.*, 2024; Jorge *et al.*, 2023).

Nas últimas décadas, diversas pesquisas vêm sendo desenvolvidas visando: *i*) o desenvolvimento de processos econômicos e tecnologicamente viáveis para a incorporação do efluente têxtil dentro do próprio processo; e/ou *ii*) seu eficaz tratamento, antes de ser lançado em cursos de água ou estações de tratamento de esgoto. As águas geradas por esse setor exigem, na maioria dos casos, a aplicação de vários tratamentos consecutivos para alcançar descoloração, desmineralização e redução da carga orgânica de forma eficiente (Jamil *et al.*, 2024; Jorge *et al.*, 2023).

Dentro deste contexto, este trabalho de revisão visa descrever o estado da arte dos processos de tratamento primário, secundário e terciário empregados para o tratamento dos efluentes do setor têxtil, como foco para a indústria do jeans. Informações sobre a eficiência de remoção do corante índigo *blue* por diferentes processos, bem como suas vantagens e desvantagens, são abordadas nesta revisão. Além disso, busca-se destacar a importância de aprimorar e desenvolver novas tecnologias para mitigar os impactos ambientais associados à descarga de efluentes contendo corantes sintéticos, promovendo uma gestão mais sustentável no setor têxtil.

6.2 Corante têxtil – índigo *blue*

Até o final do século XIX, os processos de tingimento eram feitos com corantes naturais, extraídos a partir de plantas, insetos e moluscos. Em 1856, com a descoberta do primeiro corante fabricado de forma sintética (mauveína), a fabricação e aplicação de corantes sintéticos passaram a dominar o mercado da indústria têxtil (Alegbe; Uthman, 2024; Repon *et al.*, 2024).

Os corantes sintéticos apresentam uma maior estabilidade química e melhor padronização de suas características nos diferentes lotes fabricados, sendo mais propícios para atender às exigências e demandas técnicas das indústrias têxteis. São elaborados para resistirem às diferentes condições empregadas durante o processo de tingimento, como diferentes pH e temperatura, e de uso e lavagem das fibras, como incidência de luz solar, exposição ao suor, sabão, água e agentes oxidantes, fricção e ataques microbiológicos (Alegbe; Uthman, 2024; Silveira *et al.*, 2020; Repon *et al.*, 2024).

Atualmente, diversas classes de corantes são utilizadas na indústria têxtil (reativos, ácidos, diretos, básicos, azo, de enxofre) e entre eles estão os corantes de cuba ou *vat*, usados principalmente em fibras celulósicas. Embora os corantes de cuba estejam disponíveis em uma ampla gama de cores, esta classe é historicamente representada pelo corante índigo *blue* (Alegbe; Uthman, 2024; Periyasamy; Periyasami, 2023; Repon *et al.*, 2024).

A utilização do índigo *blue* em produtos têxteis remonta a 3000 a.C. com a sua obtenção sendo feita inicialmente através da planta *Indigofera tinctoria*. No entanto, por este processo exigir um número razoável de etapas, ele foi substituído pelo processo sintético, desenvolvido por J. Bayer, em 1880 (Castillo-Suárez; Sierra-Sánchez; Linares-Hernández, 2023; Uddin; Sayem, 2020).

O índigo *blue* sintético ($C_{16}H_{10}N_2O_2$) é uma indicana (um glicosídeo), cuja estrutura apresenta um grupo cetônico (C = O), receptor de elétrons, ligados ao anel benzênico e dois grupos doadores de elétrons (NH). Estes grupos cromóforos, juntamente com os grupos auxocromos (NO_2) e os grupos substituintes etoxi (OCH_2CH_3) são responsáveis pela coloração azul intensa típica (Castillo-Suárez; Sierra-Sánchez; Linares-Hernández, 2023; Repon *et al.*, 2024).

A molécula do índigo *blue* possui capacidade de formar ligações de hidrogênio poliméricas adquirindo baixa solubilidade em meio aquoso. Essa limitada solubilidade, juntamente com outras propriedades físico-químicas, confere a este corante alta fixação às fibras de viscose e algodão. Quando tratado quimicamente com agentes redutores, é gerada a sua forma reduzida de leuco-composto (C–OH) (Figura 1), adquirindo uma cor amarelada e se tornando altamente solúvel em água e de grande aderência às fibras celulósicas. Após a redução para a fixação na fibra, o corante reduzido é exposto ao ar se reoxidando e voltando à cor azul, característica do pigmento (Periyasamy; Periyasami, 2023; Repon *et al.*, 2024). O ditionito de sódio em solução ácida ou alcalina é o agente redutor mais comumente usado para o processo de redução do índigo *blue* (Mahzoura *et al.*, 2019; Castillo-Suárez; Sierra-Sánchez; Linares-Hernández, 2023).

Empregado na manufatura do tecido conhecido como jeans, o índigo *blue* é popular por proporcionar uma cor estável, resistente ao calor e à luz. Além disso, destaca-se por oferecer uma variedade de tonalidades de azul e por dispensar o uso de substâncias adicionais para garantir a fixação permanente da cor nas fibras (Castillo-Suárez; Sierra-Sánchez; Linares-Hernández, 2023; Silveira *et al.*, 2020).

Figura 1 - Processo de redução do Índigo *Blue* na sua forma leucoindigo

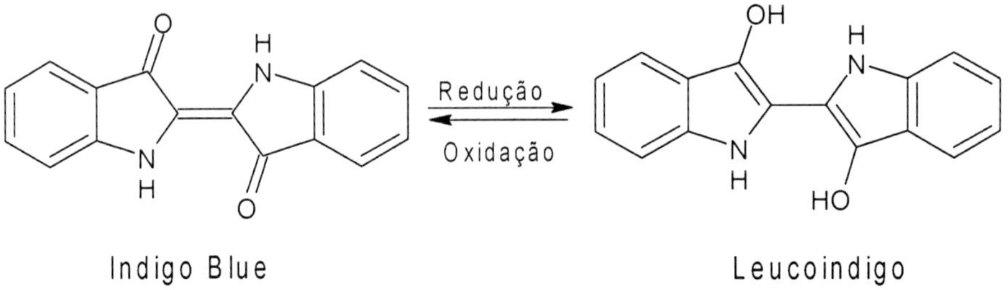

Fonte: autoria própria

Embora os atuais processos de tingimento empregado na indústria do jeans ofereçam vantagens significativas do ponto de vista de qualidade do tecido tingido, o desafio deste processo reside no tratamento do efluente gerado. O uso de agentes redutores e de outros produtos químicos auxiliares resulta em efluentes tóxicos, exigindo um tratamento eficaz desses resíduos (Castillo-Suárez; Sierra-Sánchez; Linares-Hernández, 2023; Jorge *et al.*, 2023).

Periyasamy e Periyasami (2023) relatam que para a realização do processo de tingimento, a indústria de jeans utiliza cerca de 50.000 toneladas de índigo sintético, 84.500 toneladas de hidrossulfito de sódio e 53.500 toneladas de soda cáustica por ano. Amutha (2017) informa que um par de jeans pode gerar até 11.000 litros de água residuária em todo seu processo de produção. A concentração das substâncias orgânicas presentes nesse efluente têxtil depende de vários parâmetros, como o tipo de processo de tingimento e a natureza do efluente (etapa do processo de tingimento). As concentrações de corante relatadas na literatura são em torno de <1-1000 mgL^{-1} (Castillo-Suárez; Sierra-Snchez; Linares-Hernández, 2023; Jorge *et al.*, 2023).

6.3 Tratamento de efluentes do setor têxtil de jeans

Os processos de tratamento usualmente utilizados pelo setor têxtil de jeans para o tratamento de seus efluentes tem sido os do tipo primário (físico-químico) e/ou secundário (biológico), no entanto, processos terciários (processos oxidativos) vêm sendo descritos na literatura ou aplicados em pequena escala, demonstrando eficácia na remoção do índigo *blue*. A Figura 2 apresenta as técnicas mais empregadas em cada um destes tipos de processos de tratamento.

- **Processos primários (físico-químico)**

A técnica de coagulação é o processo primário mais tradicionalmente empregado no tratamento de efluentes, especialmente quando existe uma alta taxa de corantes (superior a mgL^{-1}) (Castillo-Suárez; Sierra-Sánchez; Linares-Hernández, 2023; Jorge *et al.*, 2023). Nesse processo, as partículas coloidais dos poluentes são desestabilizadas aumentando sua aglomeração em partículas maiores. A remoção é realizada posteriormente por gravidade (precipitação) ou flotação (floculação). A desestabilização é obtida pela adição de reagentes químicos (coagulantes) para reduzir forças repulsivas neutralizando forças elétricas. Diversos coagulantes são descritos na literatura, tais como o sulfato de alumínio, sulfato ferroso, cal, cloro e polieletrólitos (Albuquerque *et al.*, 2013; Gürses; Güneş; Sahin, 2021; Lv *et al.*, 2021; Manu, 2017; Suwanpakdee *et al.*, 2024).

Figura 2 - Processos de tratamento aplicados aos efluentes da indústria têxtil contendo índigo *blue*

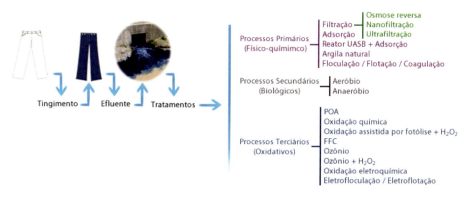

Fonte: autoria própria

A remoção do índigo *blue* é favorecida por esta técnica em virtude de apresentar uma estrutura molecular planar com alto grau de conjugação tendendo à agregação molecular. A depender da concentração do índigo no efluente, pode ser necessária a utilização de dois coagulantes distintos (Albuquerque *et al.*, 2013; Castillo-Suárez; Sierra-Sánchez; Linares-Hernández, 2023).

Em seu estudo, Suwanpakdee (2024) mostra que o tratamento químico usando cal e cloro é o mais eficaz, reduzindo a cor do efluente em 98,73%. O segundo melhor método citado pelo autor é com o uso de sulfato de alumínio acoplado a um processo de filtração. Manu (2007) relata que usando o sulfato ferroso ($FeSO_4$) como agente coagulante é possível a redução de 99,0% da cor do efluente. Porém, esse componente possui um valor desvantajoso em relação a outros coagulantes, como os sulfatos e o cal.

A principal desvantagem do processo de coagulação é o lodo residual formado como produto final, que contém alta carga de poluente, é produzido em grandes quantidades e sua degradação final é de difícil execução (Gürses; Güneş; Sahin, 2021; Lv *et al.*, 2021). No entanto, estudos como o de Albuquerque *et al.* (2013) indicam que sais, como o cloreto de magnésio ($MgCl_2$), também apresentam eficiência na remoção de cor, com a vantagem de poder reciclar o lodo formado na forma de fertilizante.

A coagulação também pode ser realizada a partir da Eletrocoagulação, onde os agentes coagulantes, como hidróxidos de férrico [$Fe(OH)_3$] e alumínio [$Al(OH)_3$], são gerados *in situ* pela oxidação do ânodo de Fe e Al (Hendaoui *et al.*, 2018). As reações envolvidas podem ser descritas nas Equações (1-4):

No ânodo de ferro:

$$Fe \rightarrow Fe^{+3} + 3\ e^{-} \quad (1)$$
$$Fe^{+3} + 3\ OH^{-} \rightarrow Fe(OH)_3 \quad (2)$$

No ânodo de alumínio:

$$Al \rightarrow Al^{+3} + 3\ e^{-} \quad (3)$$
$$Al^{+3} + 3\ OH^{-} \rightarrow Al(OH)_3 \quad (4)$$

Tem sido relatado que os eletrodos de Fe produzem coagulantes que são mais ecológicos do que Al, uma vez que o alumínio apresenta toxicidade ao meio ambiente em altas concentrações (Donneys-Victoria et al., 2020).

O índigo tem se demonstrado um poluente potencialmente tratado por este método. De acordo com os resultados obtidos por Kahraman e Şimşek (2020), uma remoção de 97,8% foi obtida com eletrodo de ferro e 15 min de reação. Prayochmee et al. (2021) descreve uma redução de cor de 96,3% usando eletrodo de alumínio e 60 min de reação. Tanyol et al. (2021) descreve uma remoção de 82,5% e Hendaoui et al. (2021) uma remoção de 93,9%, ambos com eletrodo de ferro.

Outro tratamento primário bastante empregado nas últimas décadas é o da filtração. A filtração se caracteriza pela passagem do efluente por uma membrana ou meio filtrante que possui diferentes faixas de tamanho de poros: microfiltração, ultrafiltração e nanofiltração (Cossu et al., 2018; Castillo-Suárez; Sierra-Sánchez; Linares-Hernández, 2023).

Este processo é altamente eficaz na remoção de cor e é considerado ecologicamente correto. No entanto, dependendo da característica do efluente é necessário operar em altas pressões, o que implica alto consumo de energia elétrica. O alto custo e a curta vida útil do meio filtrante também são limitações para o tratamento de efluentes com corantes (Khmiri et al., 2023; Salah et al., 2024).

Khmiri et al. (2023) mostram que membranas de cerâmicas à base de zeólita-argila em efluentes contendo índigo *blue* conferem uma remoção quase total da turbidez e uma remoção de cor de 95%. Salah et al. (2024) mostrou que o sistema de nanofiltração apresenta melhor desempenho na remoção de cor (78%) do que o de ultrafiltração (48%) e que o acoplamento dos dois apresenta considerável desempenho na redução da cor do efluente (99%).

Outra técnica muito utilizada para o tratamento têxtil é a adsorção. Este método consiste na transferência do poluente presente na fase aquosa do efluente para uma fase sólida denominada de adsorvente. A adsorção é uma técnica que apresenta as vantagens de ter um relativo baixo custo, facilidade de operação, eficácia em uma ampla faixa de pH e seu alto desempenho na remoção de corantes. No entanto, apresenta as desvantagens de dificuldades para regeneração e reutilização do adsorvente quando saturado. A eficiência do processo depende do tipo de adsorvente empregado. Em virtude de seus relativos baixos custos, o carvão ativado e a argila têm sido dos principais adsorventes empregados. Dependendo das suas características, apresentam diferentes resultados (Khmiri *et al.*, 2023; Salah *et al.*, 2024).

No estudo de Khmiri *et al.* (2023) o uso do carvão ativado em pó e argila natural resultou numa taxa de remoção do índigo *blue* que não ultrapassou 50%. Já no estudo de Mahzoura *et al.* (2019), o carvão ativado e a argila natural exibiram capacidade de adsorção de 90,5% (57 mg g^{-1} e 53 mg g^{-1}, respectivamente). A retenção de cor, quando os adsorventes foram usados acoplados a um sistema de ultrafiltração, aumentou de 90,5% para 99%.

Conceição, Freire e Carvalho (2013) avaliaram o tratamento de um efluente têxtil contendo índigo *blue* por adsorção em argila obtendo remoção de 97% da cor.

Bioadsorventes feitos com biomassa residual também têm sido reportados no tratamento de efluente contendo índigo *blue*. Silveira *et al.* (2020) utilizou a casca de milho e a casca da cana de açúcar obtendo taxa de remoção acima de 90%.

- **Processos secundários (biológicos)**

Os tratamentos biológicos baseiam-se na degradação de corantes e outros contaminantes por meio de processos metabólicos ou de adsorção, utilizando organismos como bactérias, leveduras, fungos, algas, plantas e enzimas. O processo pode ser aeróbio (na presença de oxigênio), anaeróbio (sem oxigênio) ou uma combinação de ambos (Castillo-Suárez; Sierra-Sánchez; Linares-Hernández, 2023; Shoukat; Khan; Jamal, 2019).

Esses métodos são geralmente considerados ambientalmente sustentáveis e costumam ser mais econômicos, principalmente devido ao baixo consumo de energia e à utilização limitada de reagentes. No entanto, apresentam desvantagens como a sensibilidade dos microrganismos à baixa biodegradabilidade, menor tolerância a variações extremas de pH, menor flexibilidade dos processos, necessidade de maiores áreas para instalação de equipamentos e tempos mais longos de processamento para a remoção de corantes (Castillo-Suárez; Sierra-Sánchez; Linares-Hernández, 2023; Gürses; Güneş; Sahin, 2021).

Balan e Monteiro (2001) estudaram três espécies de fungos no tratamento de efluente têxtil contendo especificamente o corante índigo *blue*. As taxas de redução do corante após 4 dias de tratamento utilizando *Phellinus gilvus* (CCB 254) foi em 100%, *Pleurotus sajor-caju* (CCB 020) 94%, *Pycnoporus sanguineus* (Morr) (CCB 458) 91% e *Phanerochaete chrysosporium* (CCB 539) 75%.

Ajibola *et al.* (2005) relata que as bactérias *Bacillus subtilis, Peptostreptococcus spp.* e *B. fragilis* conseguiram uma redução da cor na ordem de 25, 67,5 e 96,7%, respectivamente. Os autores também informam que o *Straphylococcus aureus* foi utilizado para reduzir a cor do efluente com taxa de eficiência de 37,5%, após 90 dias de incubação no efluente e que a *Escherichia coli* foi capaz de reduzir a cor no intervalo de 48,4-90%, dependendo da diluição do efluente.

Mais recentemente, Bento *et al.* (2020), empregando degradação enzimática, obtiveram uma remoção de índigo *blue* de 93% em efluente sintético. Paz *et al.* (2017) reportaram uma remoção de 100% do corante usando *Bacillus aryabhattai*. Valdez-Vazquez *et al.* (2020) em seus estudos com bactérias e fungos, relatam remoção de 36% de cor com tratamento usando *Bacillus* BT5, 59% com *Bacillus* BT9, 29% com *Lysinibacillus* BT32, 92% com *Lactobacillus* BT20 e 96% usando *Aspergillus* H1T.

- **Processos Terciários (oxidativos)**

Os processos oxidativos envolvem uma série de tecnologias baseadas na oxidação de poluentes orgânicos por meio de agentes oxidantes. Nesses processos, ocorre a transferência de elétrons do poluente para o oxidante, resultando na degradação ou mineralização dos compostos (Cossu *et al.*, 2018; Rekhate; Srivastava, 2020).

Entre as principais vantagens está a possibilidade de utilizar reagentes ecologicamente sustentáveis, além de uma menor geração de lodo e menor consumo de energia, já que a luz solar pode ser aproveitada como fonte energética. Entretanto, os custos de alguns métodos, como os processos oxidativos avançados (POAs), ainda são elevados (Castillo-Suárez; Sierra-Sánchez; Linares-Hernández, 2023).

Os POAs, frequentemente aplicados no tratamento de efluentes, incluem agentes oxidantes como peróxido de hidrogênio (H_2O_2), dióxido de titânio (TiO_2) e ozônio (O_3), que são ativados por radiação ultravioleta (UV) gerando radicais livres. O principal radical é a hidroxila ($OH^·$), que possui alto poder oxidante e pode degradar rapidamente o corante de forma parcial ou totalmente a gás carbônico (CO_2) e água (H_2O) (Castillo-Suárez; Sierra-Sánchez; Linares-Hernández, 2023). As reações gerais da formação do OH⁻ por meio do H₂O₂, TiO₂ e O₃ estão apresentadas nas Equações (5), (6) e (7), respectivamente.

$$H_2O_2 + h \; 2\, HO \quad (5)$$
$$TiO_2 + h + H_2O \; TiO_2 + HO + H^+ \quad (6)$$
$$O_3 + H_2O + h \; 2\, HO + O_2 \quad (7)$$

Além disso, o processo Fenton, no qual os radicais hidroxila são gerados pela decomposição do H_2O_2 ativada por catalisadores, como o ferro em meio ácido (Equação 8), e sua combinação com radiação UV (lâmpadas ou luz solar) chamado de foto-Fenton (Equação 9), também são amplamente empregados (Castillo-Suárez; Sierra-Sánchez; Linares-Hernández, 2023).

$$Fe^{+2} + H_2O_2 \; Fe^{+3} + HO^- + HO \quad (8)$$
$$Fe(OH)^{+2} + h \; Fe^{+2} + HO \quad (9)$$

Estudos focando no tratamento de efluente contendo índigo *blue* mostram que o processo Fenton não tem se mostrado capaz de decompor o índigo, porém o foto-Fenton é eficiente na remoção desse poluente. Utilizando Foto-fenton, Lebron *et al.* (2021) e Gonçalves *et al.* (2020) obtiveram remoções de cor de 98,5 e 100%, respectivamente.

A degradação de índigo *blue* utilizando oxidação eletroquímica tem sido relatada com eficiência. Kaur *et al.* (2020) reporta em seu estudo a obtenção de uma cor final referente a 71 da escala platina-cobalto. Empregando essa técnica, Turan *et al.* (2021) e Palma-Goyes *et al.* (2018) descrevem a obtenção de uma remoção de cor de 92,9 e 100%, respectivamente.

6.4 Considerações finais

Os efluentes gerados pela indústria têxtil apresentam baixa biodegradabilidade devido à presença de poluentes persistentes, como os corantes. Esses compostos, geralmente tóxicos, quando lançados no meio ambiente, sem tratamento adequado do efluente, representam sérios riscos à saúde pública e à vida aquática.

No que diz respeito à remoção do corante índigo *blue*, amplamente utilizado na produção de jeans, processos biológicos, físico-químicos e de oxidação avançada têm mostrado resultados promissores. Entretanto, nenhum desses métodos cumpre integralmente os critérios de tecnologias sustentáveis, como economia de energia, redução de emissões de carbono e minimização da geração de resíduos. Além disso, muitos desses processos ainda carecem de dados sobre sua viabilidade em larga escala, dificultando sua implementação em ambientes industriais.

Desta forma, é fundamental desenvolver novas tecnologias ou aprimorar as já existentes para atender às necessidades da indústria de forma mais sustentável. Além disso, a adoção de práticas que reduzam o consumo de água e promovam o reuso no processo produtivo torna-se cada vez mais essencial.

Referências

AJIBOLA, V. O. et al. Biodegradation of Indigo Containing Textile Effluent Using Some Strains of Bacteria. **J. Appl. Sci**, [s. l.], v. 5, p. 853-855, 2005. DOI: https://doi.org/10.3923/jas.2005.853.855

ALAN, D. S. L.; MONTEIRO, R. T. R. Decolorization of textile indigo dye by ligninolytic fungi. **J. Biotech**, [s. l.], v. 89, p. 141-145, 2001.

ALBUQUERQUE, L. F. et al. Coagulation of indigo *blue* present in dyeing wastewater using a residual bittern. **Sep Purif Technol**, [s. l.], v. 104, p. 246-249, 2013.

ALEGBE, E. O.; UTHMAN, T. O. A review of history, properties, classification, applications and challenges of natural and synthetic dyes. **Heliyon**, [s. l.], v. 10, p. e33646, 2024.

AMUTHA, K. Environmental impacts of denim. *In*: MUTHU, S. S. (ed.). **Sustainability in Denim**. Reino Unido: Woodhead Publishing, 2017. (The Textile Institute Book Series). p. 27-48.

BENTO, R. M. F. et al. Improvements in the enzymatic degradation of textile dyes using ionic-liquid-based surfactants. **Separat Purif Technol**, [s. l.], v. 235, p. 116191, 2019.

CASTILLO-SUÁREZ, L. A.; SIERRA-SÁNCHEZ, A. G.; LINARES-HERNÁNDEZ, I. A critical review of textile industry wastewater: green technologies for the removal of indigo dyes. **Int. J. Environ. Sci. Technol.**, [s. l.], v. 20, p. 10553-10590, 2023.

CONCEIÇÃO, V.; FREIRE, F. B.; CARVALHO, K. Q. Treatment of textile effluent containing indigo *blue* dye by a UASB reactor coupled with pottery clay adsorption. **Maringá**, [s. l.], v. 35, n. 1, p. 53-58, 2013.

COSSU, R.; EHRIG, H. J.; MUNTONI, A. Physical-chemical leachate treatment. *In*: COSSU, R.; STEGMANN, R. **Solid waste landfilling**: concepts, processes, technologies. Amsterdã: Elsevier, 2018. p. 575-632.

DONNEYS-VICTORIA, D. *et al*. Indigo carmine and chloride ions removal by electrocoagulation Simultaneous production of brucite and layered double hydroxides. **J. Water Process. Eng.**, [s. l.], v. 33, p. 101106, 2020.

GONÇALVES, A. H. *et al*. Synthesis of a magnetic Fe_3O_4/RGO composite for the rapid photo-fenton discoloration of indigo carmine dye. **Top Catal.**, [s. l.], v. 63, p. 1017-1029, 2020.

GÜRSES, A.; GÜNEŞ, K.; ŞAHIN, E. **Advances in green and sustainable chemistry, green chemistry and water remediation**: research and applications. Amesterdã: Elsevier, 2021. p. 135-187.

HENDAOUI, K. *et al*. Real indigo dyeing effluent decontamination using continuous electrocoagulation cell: Study and optimization using Response Surface Methodology. **Process Saf. Environ. Prot.**, [s. l.], v. 116, p. 578-589, 2018.

JAMIL, P. A. S. M. *et al*. Treatment of textile effluent. **Ind. Waste Energy**, [s. l.], v. 28, p. 43-86, 2024.

JORGE, A. M. S. *et al*. Textile dyes effluents: a current scenario and the use of aqueous biphasic systems for the recovery of dyes. **J. Water Process Eng.**, [s. l.], v. 55, p. 104125, 2023.

KAHRAMAN, Ö.; ŞIMŞEK, İ. Color removal from denim production facility wastewater by electrochemical treatment process and optimization with regression method. **J. Clean Prod.**, [s. l.], v. 267, p. 122168, 2020.

KAUR, P. *et al*. Parametric optimization and MCR-ALS kinetic modeling of electro oxidation process for the treatment of textile wastewater. **Chemom. Intell. Lab. Syst.**, [s. l.], v. 203, p. 104027, 2020.

KHMIRI, Y. *et al*. Preparation and characterization of new and low-cost ceramic flat membranes based on zeolite-clay for the removal of indigo blue dye molecules. **Membranes**, [s. l.], v. 13, p. 865-882, 2023.

LEBRON, Y. A. R. *et al.* Integrated photo-Fenton and membrane-based techniques for textile effluent reclamation. **Sep. Purif. Technol.**, [s. l.], v. 272, p. 118932, 2021.

LV, W. *et al.* Efficient degradation of indigo wastewater by one-step electrochemical oxidation and electro-flocculation, **Pigm. Resin Technol.**, [s. l.], v. 50, p. 32-40, 2021.

MAHZOURA, M. *et al.* Comparative investigation of indigo *blue* dye removal efficiency of activated carbon and natural clay in adsorption/ultrafiltration system. **Desalin. Water Treat.**, Amsterdã, v. 164, p. 326-338, 2019.

MANU, B. Physico-chemical treatment of indigo dye wastewater. **Coloration Technology**, [s. l.], v. 123, n. 3, p. 197-202, 2007.

ÖZGÜN, H.; SAKAR, H.; AĞTAŞ, M; Investigation of pre-treatment techniques to improve membrane performance in real textile wastewater treatment. **Int. J. Environ. Sci. Technol.**, [s. l.], v. 20, p. 1539-1550, 2023.

PALMA-GOYES, R. E. *et al.* The effect of different operational parameters on the electrooxidation of indigo carmine on Ti/IrO$_2$-SnO$_2$-Sb$_2$O$_3$. **J. Environ. Chem. Eng.**, [s. l.], v. 6, p. 3010-3017, 2018.

PAZ, A. *et al.* Biological treatment of model dyes and textile wastewaters. **Chemosphere**, [s. l.], v. 181, p. 168-177, 2017.

PERIYASAMY, A. P.; PERIYASAMI, S. Critical Review on Sustainability in Denim: a Step toward Sustainable Production and Consumption of Denim. **ACS Omega**, [s. l.], v. 8, n. 5, p. 4472-4490, 2023.

PRAYOCHMEE, S.; WEERAYUTSIL, P.; KHUANMAR, K. Response surface optimization of electrocoagulation to treat real indigo dye wastewater. **Pol. J. Environ. Stud.**, [s. l.], v. 30, p. 2265-2271, 2021.

REKHATE, C. V.; SRIVASTAVA, J.K. Recent advances in ozone-based advanced oxidation processes for treatment of wastewater- A review. **Chem. Eng. J. Adv.**, [s. l.], v. 3, p. 100031, 2020.

REPON, R. *et al.* Textile dyeing using natural mordants and dyes: a review. **Environ. Chem. Lett.**, [s. l.], v. 22, n. 3, p. 1473-1520.

SALAH, B. S. *et al.* Treatment of real textile effluent containing indigo *blue* dye by hybrid system combining adsorption and membrane processes. **Front. Membr. Sci Technol.**, [s. l.], v. 3, p. 1348992, 2024.

SHOUKAT, R.; KHAN, S. J.; JAMAL, Y. Hybrid anaerobic-aerobic biological treatment for real textile wastewater. **J. Water Process. Eng.**, [s. l.], v. 29, p. 100804, 2019.

SILVEIRA, V. C. *et al*. **Fontes de biomassa e potenciais de uso**. Cap. 7. Ponta Grossa: Atena, 2020. p. 76-92. 2 v.

SUWANPAKDEE, S. *et al*. Water Quality and Wastewater Treatment Methods from the Process of Dyeing Cloth with Indigo Dye in Northeastern Thailand. **Trends Sci.**, [s. l.], v. 21, p. 7215, 2024.

TANYOL, M.; YILDIRIM, N. C.; ALPARSLAN, D. Electrocoagulation induced treatment of indigo carmine textile dye in an aqueous medium: the effect of process variables on efficiency evaluated using biochemical response of *Gammarus pulex*. **Environ. Sci. Pollut. Res.**, [s. l.], v. 28, p. 55315-55329, 2021.

TURAN, N. B. *et al*. Highlighting the cathodic contribution of an electrooxidation post-treatment study on decolorization of textile wastewater effluent pre-treated with a lab-scale moving bed-membrane bioreactor. **Environ. Sci. Pollut. Res.**, [s. l.], v. 28, p. 25972-25983, 2021.

UDDIN, M. A.; SAYEM, A. S. M. Natural indigo for textiles: past, present, and future. *In*: CHOUDHURY, I. A.; HASHMI, S. **Encyclopedia of Renewable and Sustainable Materials**. 1. ed. Amsterdã: Elsevier: ScienceDirect, 2020. p. 803-809, 2020.

VALDEZ-VAZQUEZ, I. *et al*. Simultaneous hydrogen production and decolorization of denim textile wastewater: kinetics of decolorizing of indigo dye by bacterial and fungal strains. **Braz. J. Microbiol.**, [s. l.], v. 51, p. 701-709, 2020.

Eixo 2: Gestão socioambiental

Capítulo 7

MAPEAMENTO DA CONTRIBUIÇÃO TECNOLÓGICA DAS UNIVERSIDADES EM RELAÇÃO AOS OBJETIVOS DE DESENVOLVIMENTO SUSTENTÁVEL

Emanuel Galdino
Tania Pereira Christopoulos

7.1 Introdução

Atingir as metas propostas pelos Objetivos de Desenvolvimento Sustentável (ODS) certamente é uma tarefa urgente e necessária e que dependerá de esforços da comunidade científica, sociedade civil, gestores ambientais e dos setores público e privado (UN, 2015). Para promover essa ação coletiva, serão necessários investimentos na produção científica e tecnológica em todas as esferas (Walsh; Murphy; Horan, 2020), seja para a expansão dos conhecimentos relacionados às questões socioambientais como na produção de novos materiais, fontes de energia, soluções para descarbonização e tratamentos para despoluição (Galdino; Christopoulos, 2024).

Nesse sentido, as universidades, consideradas centros de referência em pesquisa e desenvolvimento (P&D) e agentes capazes de impulsionar mudanças e ações orientadas na sustentabilidade (Alcántara-Rubio *et al.*, 2022; Mori Junior, Fien; Horne, 2019), podem desempenhar um relevante papel, atuando na formação de profissionais e produzindo pesquisa científica que contribuam diretamente com a sociedade (Ankrah; AL-Tabbaa, 2015). Espera-se, então, que a universidade também possa ser estratégica no processo de inovação, desenvolvendo conhecimento tecnológico, direcionando novos padrões para uma possível mudança orientada em benefício do meio ambiente e ao bem-estar social (Pippel, 2013). Essa expectativa também foi reforçada pela Organização das Nações Unidas (ONU), que destacou as universidades como instituições essenciais para o alcance dos ODS (Murillo-Vargas; Gonzalez-Campo; Brath, 2020).

Em relação ao processo de inovação sendo iniciado nas universidades, o Brasil deu saltos importantes nessa direção, estabelecendo diretrizes para este desenvolvimento e estimulando a colaboração com empresas (Dias, 2012). A própria implementação do Marco Legal da Ciência, Tecnologia e Inovação trouxe um arcabouço que fortaleceu a participação das universidades como estratégicas nesse processo. No entanto, é necessário observar se essas ações que colocam as universidades brasileiras no radar da inovação estão alinhadas com as necessidades dos ODS.

Este capítulo propõe-se a responder a seguinte pergunta de pesquisa: qual é a relação com os ODS das tecnologias desenvolvidas pelas universidades e reconhecidas por meio de patentes? Para tanto, realiza uma pesquisa do tipo descritiva, que pretende caracterizar a participação tecnológica das universidades em relação aos ODS.

Para a coleta de dados, foi necessário utilizar as informações dos pedidos de patentes realizados pelas universidades no Instituto Nacional de Propriedade Industrial (INPI) e no Escritório Americano de Marcas e Patentes (United States Patent and Trademark Office, USPTO) na base Derwent Innovations Index e relacionar essas informações com os ODS. Em seguida, com base em dois métodos distintos, o IPC Green Inventory e a busca por palavra-chave, analisou-se a relação das tecnologias ambientais e sociais com os 17 ODS, identificando possíveis lacunas não atendidas por essas universidades.

Este estudo é relevante, pois os trabalhos que relacionam as universidades com os ODS têm, na sua maioria, focado na participação dessas instituições na elaboração de pesquisa científica ou em promover o debate público ou até mesmo na implementação de ações alinhadas a esses objetivos, pouco se tem observado sobre sua produção tecnológica (Alcántara-Rubio *et al.*, 2022; Artyukhov *et al.*, 2021; Mori Junior; Fien; Horne, 2019; Salvia; Brandli, 2020). O trabalho de van der Waal *et al.* (2021) faz algo similar ao relacionar os depósitos de patente de empresas multinacionais com os ODS, mas tem o enfoque no setor privado e não em universidades.

A principal contribuição do estudo é identificar a participação tecnológica das universidades públicas paulistas em relação aos ODS. Ao mesmo tempo que o estudo pretende caracterizar os esforços tecnológicos dessas instituições, observando possíveis *gaps* e propostas de melhorias, ele também direciona a atenção para as barreiras em transformar pesquisa científica em inovações efetivas de impacto social e ambiental.

Além desta introdução, o capítulo está dividido em outras cinco seções. Na revisão da literatura, é apresentado um breve panorama sobre a necessidade da inovação para atingirmos os ODS e como a universidade pode ser essencial nesse processo. Na seção 3, são descritos em detalhes os métodos utilizados para a coleta e análise dos dados. Os resultados são apresentados na seção 4 e as discussões na seção 5. Por fim, na seção 6, são expostas as considerações finais sobre a pesquisa.

7.2 Revisão da literatura

Propostos em 2015, os Objetivos de Desenvolvimento Sustentável (ODS) são 17 grandes compromissos que englobam 169 metas para proteger o meio ambiente e erradicar a pobreza. Entre eles, oito foram diretamente relacionados à questões sociais (ODS 1, 2, 3, 4, 5, 7, 11 e 16) pelo Centro de Resiliência de Estocolmo, quatro à biosfera (ODS 6, 13, 14 e 15) e quatro à questões econômicas (ODS 8, 9, 10 e 12) (UN, 2015). Fica, portanto, evidente a relevância que a Agenda 2030 destinou aos ODS relacionados à questões sociais, na direção de um desenvolvimento mais justo, garantindo direitos básicos para cidadãos de todos os povos, paz, perspectivas de um futuro próspero e acesso à alimentação e à qualidade de vida (UN, 2015).

Certamente esses desafios ambiciosos vão requerer das sociedades soluções tecnológicas[3] e que se adequem a cada realidade. A própria Agenda 2030 prevê, como uma de suas metas de implementação, o suporte aos países em desenvolvimento para que fortaleçam suas capacidades científicas e tecnológicas para promover padrões mais sustentáveis de consumo e produção (UN, 2015). As preocupações com as mudanças climáticas, a segurança energética e a escassez de recursos naturais serão cada vez mais presentes, exigindo soluções urgentes de governos, universidades e setor empresarial. Esses desafios ambientais e sociais exigirão o desenvolvimento de tecnologias ambientais e tecnologias sociais (Ai; Peng; Xiong, 2021).

As tecnologias ambientais ou verdes são aquelas desenvolvidas pela sociedade do conhecimento para utilizarem os recursos naturais de forma sustentável. Elas também possibilitam estratégias de manejo adequado de resíduos e são pensadas principalmente para não degradarem o meio

---

[3] É importante destacar a importância de não ignorar o efeito rebote da tecnologia ou o paradoxo de Jevon sobre os efeitos nocivos de produtos e processos, mesmo classificados como mais sustentáveis, no médio e longo prazo.

ambiente (Lustosa, 2010). Tecnologias que consomem menos energia, que são ecoeficientes ou são produzidas com menos recursos naturais também são consideradas tecnologias ambientais ou verdes (Dias, 2014). Somam-se a essas definições as tecnologias idealizadas exclusivamente para permitir a despoluição e a proteção ambiental, seja de mananciais, espécies de animais e de ecossistemas (Lustosa, 2010).

A produção de tecnologias benéficas ao meio ambiente e à mudança do paradigma tecnológico vigente exigirão esforços e investimentos da esfera pública pelos órgãos governamentais, institutos de pesquisa, universidades e agências de fomento, e da esfera privada, deixando ainda mais claro o papel da inovação verde na agenda empresarial (Freeman; Soete, 2008).

Estudos sobre o desenvolvimento de tecnologias ambientais já identificaram a importância de mapear os atores que participam desse processo. Conway e Steward (1998) destacaram vários *stakeholders* como responsáveis pela produção do conhecimento, trazendo à tona a relevância da cooperação universidade-empresa para a transferência de tecnologias desenvolvidas nas universidades e institutos de pesquisa e que ganham o mercado e o consumo da sociedade pelas mãos das empresas.

Em economias baseadas no conhecimento, a universidade pode desempenhar um papel de destaque na estratégia de inovação de uma região. Trata-se, portanto, do modelo da Hélice Tríplice, no qual empresas, governo e universidades são interdependentes e cooperativos entre si, interagindo em relação ao fluxo de conhecimento, mas exercendo seu protagonismo e independência (Etzkowitz; Leydesdorff, 2000).

Nesse contexto, o sistema de produção de ciência e tecnologia tem a oportunidade de contribuir com o desenvolvimento tecnológico ao mesmo tempo que pode criticar o modelo atual de produção, reformulando os padrões atuais existentes e garantindo que estejam alinhados com os ODS (Walsh; Murphy; Horan, 2020). Essa participação efetiva tem focado principalmente em temas essenciais para a sociedade. Na América Latina, por exemplo, as universidades têm criado soluções tecnológicas alinhadas aos ODS e que dialogam com a realidade local para as áreas de saúde pública, doenças infecciosas, saúde mental, planejamento e desenvolvimento e combustíveis (Cortés, 2023). Nos EUA, como observado por Henderson *et al.* (1998), existe uma tendência ao patenteamento de tecnologias para o setor médico e farmacêutico pelas universidades locais.

De acordo com dados desses pesquisadores, no final dos anos de 1980, as patentes relacionadas à saúde e bem-estar correspondiam a 35% de todos os depósitos realizados pelas universidades estadunidenses.

Nesse sentido, as universidades deixaram de exercer o papel apenas de formadora de recursos humanos e estão cada vez mais tomando a posição de agentes centrais no processo de inovação. Isso se deve, em parte, pela sua capacidade de produzir conhecimento. Dessa forma, as universidades expandiram suas ações para também realizar projetos de pesquisa e desenvolvimento (P&D) ou de transferência tecnológica, criar *spin-offs*, patentear novas tecnologias, incubar empresas nascentes e atuar como consultoras para o mercado (Fischer; Schaeffer; Vonortas, 2019a).

Apesar da necessidade do relacionamento entre empresa, universidade, governo e comunidade, a difusão de tecnologias ambientais desenvolvidas nas universidades e institutos de pesquisa ainda representa um grande desafio a ser vencido, sobretudo em relação à viabilidade da incorporação desse conhecimento pelo setor industrial (Jabbour, 2010). A parceria com os governos é fundamental. Um relevante exemplo é o estímulo às instituições norte-americanas. Com a implementação da Bayh-Dole Act, em 1980, lei que regula a inovação nos Estados Unidos, as universidades receberam incentivos para patentear as invenções frutos do seu esforço de P&D e, dessa forma, transbordar esse conhecimento gerado para fora de seus muros, ampliando sua rede de colaboração. Com isso, as universidades passaram a receber *royalties* das patentes que foram transferidas para uso nas empresas. A ação de patenteamento das universidades está diretamente ligada com a atividade de inovação local pelas empresas e é o principal indicador para entender o papel das universidades no sistema de inovação[4] e na difusão tecnológica (Cassiman; Glenisson; Looy; Van, 2007; Coupé, 2003; Cowan; Zinovyeva, 2013).

No Brasil, a Lei de Inovação (10.973/2004) foi criada para fomentar parcerias entre universidades, institutos de pesquisa e empresas, estimulando a inovação e facilitando a transferência de tecnologia. Ela permite o compartilhamento de infraestrutura e a participação do governo em empresas privadas para desenvolver inovações e incentivou a criação de Núcleos de Inovação Tecnológica (NITs) nas universidades (Viotti, 2008). Os NITs gerenciam políticas de inovação, contratos de transfe-

---

[4] Os Sistemas Nacionais de Inovação (SNI) representam a interação entre uma rede de instituições públicas e privadas de um país ou localidade com o intuito de contribuir para a difusão tecnológica (Freeman, 1995).

rência tecnológica, propriedade intelectual e promovem a colaboração entre universidades e empresas (Brasil, 2016). O Marco Legal da Ciência, Tecnologia e Inovação (Lei nº 13.243/2016) aprimorou a Lei de Inovação, ampliando as possibilidades de interação entre universidades e empresas.

No entanto, apesar da evolução da legislação, verifica-se que os resultados são ainda insatisfatórios. Fischer, Schaeffer e Vonortas (2019) fizeram um exaustivo estudo sobre a atividade de patenteamento das 12 universidades públicas brasileiras que mais protegem sua propriedade intelectual e constataram que a transferência dessas tecnologias para o setor privado ainda ocorre lentamente. Segundo os autores, ainda é necessário coordenação sistêmica. Adicionalmente, a predominância de empresas com competências tecnológicas mais fracas no Brasil, com pouco investimento em P&D, aumenta a relevância estratégica das universidades nesse processo.

7.3 Métodos

Para realizar este estudo de caracterização, optou-se pela análise das tecnologias desenvolvidas pelas seis universidades públicas situadas no estado de São Paulo: Universidade de São Paulo (USP), Universidade Estadual de Campinas (Unicamp), Universidade Estadual Paulista (Unesp), Universidade Federal do ABC (UFABC), Universidade Federal de São Paulo (Unifesp) e Universidade Federal de São Carlos (UFSCar). A escolha por esse grupo de universidades está relacionada com sua relevância acadêmica, comprovada no World University Rankings 2024, pela participação econômica do estado de São Paulo no contexto nacional e porque todas essas universidades mantêm NITs ativos e coordenados por suas respectivas agências de inovação (Auspin, Inova, AUIN, Inovaufabc, Agits e Agência de Inovação – UFSCar).

O mapeamento das contribuições tecnológicas aos ODS foi realizado por meio da análise dos pedidos de patente depositados por essas universidades. Além de serem indicadores úteis da participação das universidades no sistema de inovação (Fischer; Schaeffer; Vonortas, 2019a), as patentes revelam os esforços em P&D realizados e apontam os caminhos e tendências da pesquisa científica e do avanço do conhecimento (Kono; Quoniam; Rodrigues, 2015). As patentes têm sido usadas para mensurar a mudança tecnológica (Xie; Miyazaki, 2013) em parte porque seus dados estão disponíveis para acesso público, são ricos em detalhes sobre novas tecnologias e podem ser analisados tanto em pesquisas quantitativas como qualitativas (Urbaniec; Tomala; Martinez, 2021).

As patentes são documentos legais que possuem título, resumo, descrição, as *claims* (reivindicações), que são justamente a especificação que estão sendo protegidas, e sua classificação internacional, indicada pelo código IPC (International Patent Classification). As patentes verdes, relacionadas com tecnologias ambientais, receberam da World Intellectual Property Organization (WIPO), uma atribuição específica, denominada IPC Green Inventory. São 200 códigos divididos em sete grandes áreas que abrangem a produção de energias alternativas, o transporte sustentável, a conservação de energia, a gestão de resíduos, florestamento e agricultura, aspectos administrativos e regulatórios e geração de energia nuclear. É importante destacar que o objetivo da criação da nomenclatura e especificação "patente verde" teve o intuito de estimular o acesso aberto às informações sobre essas tecnologias ambientais e, consequentemente, o avanço desse conhecimento para diferentes setores e sociedades. As patentes verdes têm prioridade ou passam por uma dinâmica diferente na lista de espera para a avaliação nos escritórios de patente (Stefani Cativelli; Pinto; Lascurain Sanchez, 2020).

Como indicado na seção anterior, os ODS, focos deste artigo, compõem tanto objetivos relacionados diretamente com a questão ambiental quanto os sociais. O IPC Green Inventory não cobre as tecnologias sociais relacionadas com os ODS, apenas as ambientais. Portanto, foi necessária a combinação de dois métodos distintos para a coleta e agrupamento de dados para esta pesquisa. As tecnologias ambientais foram selecionadas a partir do código IPC da patente, de acordo com a classificação da WIPO. Já as patentes temáticas não atendidas pelo IPC Green Inventory foram selecionadas pelo método de análise de conteúdo, mais especificamente pela estratégia de busca por palavras-chave para identificação de patentes (*keyword search strategy for patent identification*).

O método de busca por palavra-chave é usado para identificar patentes interdisciplinares ou relacionadas à tecnologias de áreas integradas e que não podem ser identificadas em classes bem definidas. A efetividade dessa estratégia depende da escolha das palavras-chave utilizadas na busca (Xie; Miyazaki, 2013). Os pesquisadores (van der Waal; Thijssens; Maas, 2021) publicaram recentemente um artigo que analisava justamente a contribuição de empresas multinacionais aos ODS. Na pesquisa citada, os autores também fizeram a combinação dos dois métodos (IPC e palavra-chave) e criaram uma lista de palavras-chave relacionadas com os ODS como material suplementar. Esses descritores de palavras-chave foram elaborados a partir de documentos oficiais das Nações Unidas sobre a Agenda 2030 (van der Waal; Thijssens; Maas, 2021). O mesmo descritor de palavras-chave elaborado por esses autores, no idioma inglês, foi utilizado neste capítulo, como pode ser observado no Quadro 1.

Quadro 1 – Lista de palavras-chave utilizadas na busca por patentes

Tecnologias socioambientais
natural /1W disaster* "refuse collection" "air quality" exhaust /20W ("particulate matter") "fine particulate" "natural resources" "life cycle analysis" "hazardous waste" "hazardous chemicals" "waste collection" "waste recycling" "waste recycling" ((recycling OR recycled) /50W environment*) plastic /5W recycl* "chemical waste" sewer* "environmental impact" natural /1W disaster* "climate change" "GHG emissions" "global warming" "natural ecosystems" greenhouse /1W gas* "CO2 emission" "Carbon dioxide emission" (coast* OR marine OR aquatic) /5W ecosystem* (ocean /10W conservation) (coast* /5W (conservation OR protection OR ecosystem*)) (ocean /10W acidification) "eutrophication" (environmental OR soil OR air OR water) /1W pollution "hazardous chemicals" "safe drinking water" "wastewater treatment" "efficient water use" water /5W efficien* "irrigation" "water harvesting" "water resources" (efficient /10W (water resources)) desalination /5W water "freshwater ecosystems" "wetlands" "biofuel" "geothermal energy" "geothermal power" "hydropower" "ocean wave energy" "renewable resources" "tidal energy" wind /1W (power OR energy) (solar /1W (power OR energy)) (energy /1W efficien*) "clean energy" "renewable energy" "sustainable energy" "renewable resources" clean* /1W production "clean technology" "environmentally friendly" "carbon neutral" biodegradable /10W environment* (urban /5W waste) "green city" OR "green cities" "sustainable cities" "sustainable housing" "sustainable transport" sustainable /1W building* "public transport" "traffic accidents" OR "traffic safety" natural /1W disaster* "tsunami" "food loss" "food waste" "post-harvest" "fish stocks" "overfishing" (flora /5W fauna) "freshwater ecosystems" (soil /1W clean*) (invasive /3W species) "wetlands" "afforestation" "reforestation" "sustainable forestry" "degraded land" "desertification" "drought" "ecological" "ecology" "land degradation" "soil degradation" "biodiversity" "biodiversity" natural /1W habitat* "poaching" "natural ecosystem" "sustainable development" "terrestrial ecosystems" "sustainable development" "bribery" (political /10w vot*) "democracy" "vitamin A deficiency"

Tecnologias socioambientais
"hunger" "developing countries" "bottom of the pyramid" "improved nutrition" "food security" "crop protection" "malnutrition" "stunting" "wasting" "obesity" "small farmers" "small producers" "agricultural productivity" "pest control" "plant protection" "post-harvest" "drought" "natural ecosystem" ((dairy OR meat OR horticulture) AND sustainable) (climate AND disaster) "climate change" "soil degradation" "soil quality" "sustainable agriculture" "organic agriculture" "maternal mortality" "neonatal mortality" "children under 5 years" "newborns" neonatal /10W care "Chikungunya" "malaria" "dengue" "communicable diseases" "acquired immune deficiency syndrome" "schistosomiasis" "stunting" "tripanosomiasis" "tropical diseases" "tsetse" "tuberculosis" "water-borne diseases" "hepatitis B" "ebola" "filariasis" "chronic respiratory disease" "cancer" "cardiovascular disease" "diabetes" "mental health" "well-being" "traffic accident" "traffic accidents" "traffic safety" "reproductive health" "adolescent girls" "family planning" "contraceptive" "birth control" "essential medicines" "developing countries" "access to medicines" (water /10W sanitation) "clean energy" "clean fuel" "poverty" "bottom of the pyramid" "least developed countries" "poverty" "south-east asia" "sub-saharan africa" "poverty" "microfinance" "poverty" "pro-poor" "bottom of the pyramid" "handicapped" "local materials" "life cycle analysis" "natural resources" "sustainable consumption" "sustainable production" "marine resources" "sustainable aquaculture" "access to market" "sustainable oceans" "rural" "access to market" "market access" "drug abuse" "alcohol abuse" "substance abuse" "adolescent girls" "gender equality" "birth control" "contraceptive" "family planning" "water harvesting" (desalination) /5W (water) "wastewater treatment" "sustainable transport" "bilharzia"

Fonte: Van Der Waal, Thijssens e Maas (2021)

Pesquisou-se pedidos de patentes depositados no Instituto Nacional de Propriedade Industrial (INPI) e no Escritório Americano de Marcas e Patentes (United States Patent and Trademark Office, USPTO). A busca pelas patentes foi realizada na base Derwent Innovations Index, da Clarivate Analytics, entre os dias 25 de novembro de 2021 e 15 de janeiro de 2022. A partir do escopo geral de patentes encontradas para cada universidade, foi realizada a busca pelas palavras-chave nos títulos, descrição, resumo e *claim*, e, após, pelos IPCs. As patentes foram alocadas em um dos ODS de acordo com a palavra-chave. Por exemplo, patentes relacionadas com o tratamento de doenças, como malária, diabetes e cardiopatias, foram agrupadas no ODS 3 (Saúde e Bem-estar). Assim como na pesquisa de van der Waal, Thijssens e Maas (2021), algumas palavras-chave estão relacionadas com um ou mais ODS, como é o caso das patentes sobre o tratamento do câncer, que é um objetivo encontrado tanto no ODS 3 como no ODS 5 (Igualdade de Gênero), sobre a taxa de mortalidade de mulheres por câncer de mama e do colo de útero. Nesses casos, a patente foi agrupada em ambos os ODS. Outro exemplo são as patentes relacionadas com o combate à seca, distribuídas entre os ODS 1 (Erradicação da Pobreza), 2 (Fome zero), 11 (Cidades e Comunidades Sustentáveis) e 15 (Vida sobre a Terra), ou sobre a preservação da biodiversidade, alocadas nos ODS 14 (Vida na água) e 15.

Figura 1 – Representação esquemática do método aplicado

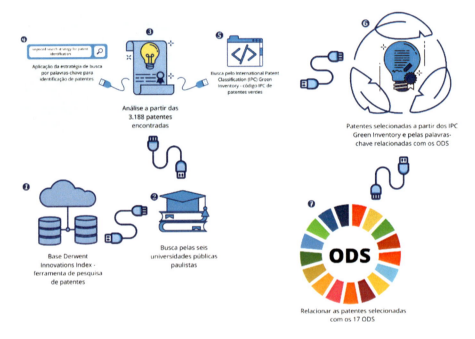

Fonte: elaboração própria

No caso das patentes selecionadas pelos IPCs, a divisão por ODS seguiu uma outra lógica. Os IPCs relacionados com produção de energias alternativas, conservação de energia e geração de energia nuclear foram agrupados no ODS 7 (Energia acessível e limpa). As patentes com o IPC do grupo de agricultura foram alocadas no ODS 2. No caso dos IPCs relacionados com o transporte sustentável, as patentes desse grupo foram distribuídas entre os ODS 3, 9 (Indústria, Inovação e Infraestrutura) e 11, de acordo com indicação da própria ONU (WHO, 2022). As tecnologias do grupo da gestão de resíduos também foram alocadas em diferentes ODS. Neste caso, foi utilizada a indicação de Rodić e Wilson (2017), que relacionam a gestão de resíduos com os ODS 3, 6 (Água Limpa e Saneamento), 7, 11, 12 (Consumo e produção), 13 (Combate às alterações climáticas) e 14. Os IPCs da área de Aspectos administrativos e regulatórios estão diretamente ligados com tecnologias relacionadas com soluções para evitar os deslocamentos diários, como o teletrabalho e videoconferências, que ficaram mais usuais devido à pandemia, mas já estavam englobadas entre os IPC Green Inventory. Essas patentes foram distribuídas entre os ODS 3, 4 (Educação de qualidade), 5, 8 (Emprego digno e crescimento econômico), 9, 10 (redução das desigualdades), 11, 12 e 13, de acordo com a análise realizada recentemente por Moglia, Hopkins e Bardoel (2021) sobre a relação entre o teletrabalho ou trabalho híbrido com os ODS.

Os resultados obtidos serão descritos na próxima seção.

7.4 Resultados

A busca geral entre as seis universidades paulistas encontrou 3.188 patentes. Nessa base, a estratégia de busca por palavra-chave selecionou 243 patentes e a busca por código resultou em 320 IPCs vinculados ao Green Inventory.

Em relação à análise das 320 patentes selecionadas pelo IPC, foi possível observar uma predominância de tecnologias relacionadas com a gestão de resíduos, como ilustrado na Figura 2. Nota-se um esforço das universidades para patentear soluções para o tratamento de água e esgoto e o reuso e processamento de materiais metálicos e plásticos já descartados. O *know-how* brasileiro para a produção de etanol também acompanha os desenvolvimentos tecnológicos oriundos das universidades paulistas, seguido por novas fontes de energias como a biomassa, o biodiesel e o biogás. A maioria das instituições pesquisadas também auxilia no avanço do conhecimento para maior diversificação da matriz energética, seguindo tendências tecnológicas para a geração eólica, solar, geotérmica e fotovoltaica. Interessante observar, em quatro das seis universidades, o desenvolvimento de tecnologias para a geração de energia a partir de organismos geneticamente modificados ou a partir da digestão anaeróbica de resíduos industriais (Figura 2).

Sobre a grande área da conservação de energia, as universidades têm se empenhado em produzir tecnologias voltadas para a medição do consumo de eletricidade. Em um número bem menor também foram identificadas patentes relacionadas com isolamento térmico de edifícios e iluminação de baixa energia, como o LED (diodo emissor de luz), por exemplo (Figura 2). No entanto, não foi encontrado nenhum IPC relacionado com tecnologias para o armazenamento de energia.

Entre as soluções para uma agricultura mais sustentável, as instituições pesquisadas têm produzido novas técnicas de irrigação, alternativas aos pesticidas e fertilizantes orgânicos derivados de resíduos (Figura 2). Os dados de patentes também permitiram ter a percepção de que as universidades públicas paulistas têm investido pouco em soluções para o transporte mais sustentável. Apenas uma patente foi encontrada nessa grande área, tratando-se de uma bicicleta desenvolvida pela Unesp.

Figura 2 – Distribuição entre as patentes selecionadas pelo código de tecnologia verde

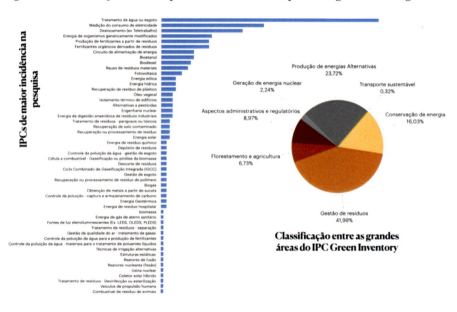

Fonte: elaboração própria

Graças à estratégia de busca por palavras-chave para identificação de patentes, foi possível identificar nitidamente uma predominância dessas universidades para o desenvolvimento de tecnologias relacionadas não somente aos ODS com foco em temáticas ambientais, mas também aos ODS com foco em temáticas sociais, como o tratamento do câncer, como observado na Figura 3. Todas as instituições pesquisadas possuem patentes sobre esse tema, ficando claro, inclusive, seu empenho para desenvolver soluções de cura, tratamento e controle de vetores de transmissão referentes a inúmeras doenças como diabetes, tuberculose, malária, dengue, cardiopatias, esquistossomose, entre outras.

Também foram identificadas inúmeras patentes relacionadas com o tratamento da água, a redução do impacto ambiental e a utilização de recursos naturais de forma mais sustentável. Importante destacar a presença de tecnologias e soluções referentes a desafios brasileiros em relação aos ODS, como a preocupação em manter sua agricultura como base de sua economia, justificada por patentes relacionadas à irrigação, seca e controle de pestes, e até problemas tipicamente tropicais como as doenças transmitidas pelo mosquito *Aedes aegypti*. Palavras-chave como agricultura sustentável ou orgânica não apareceram nas buscas. Em um país onde ainda morrem muitas crianças na primeira infância (Mortalidade [...], 2023), não foi encontrada nenhuma patente relacionada com tecnologias para a redução de mortes de recém-nascidos.

Como resultado, na distribuição das patentes entre os ODS, as universidades paulistas têm demonstrado grande contribuição com as metas inerentes à saúde e bem-estar do ODS 3, como destacado na Figura 4. Entre os ODS cujas tecnologias poderiam ser identificadas pelo IPC Green Inventory, o ODS 7 é o que representa a maior quantidade de patentes desenvolvidas pelas universidades, seguido pelo ODS 12. O ODS 2 recebeu menções graças às patentes sobre agricultura e as relacionadas com o controle das taxas de obesidade. A pesquisa não encontrou nenhuma patente relacionada com fome, deficiência de vitamina, melhor nutrição, segurança alimentar ou desnutrição, por exemplo, o que revela uma lacuna importante nos desenvolvimentos de patentes oriundos das universidades referente a esse ODS.

O ODS 1 recebeu menções principalmente por conta de patentes relacionadas com o controle e prevenção de desastres ecológicos, seca e controle de pestes. A palavra "pobreza" não foi encontrada em nenhum dos documentos de patente. Além das tecnologias para o tratamento do câncer, que também foram distribuídas para o ODS 5, a questão da igualdade de gênero só recebeu esse número de menções por conta das patentes para o teletrabalho e poucas patentes sobre contraceptivos. A expressão "igualdade de gênero" não apareceu em nenhuma das buscas.

Figura 3 – Palavras-chave relacionadas com os ODS e identificadas na pesquisa

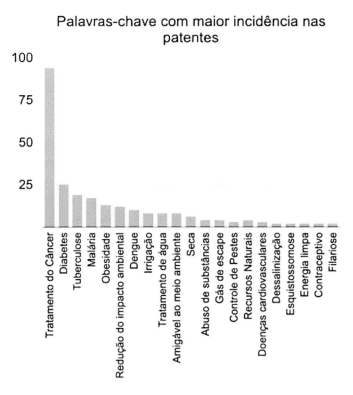

Fonte: elaboração própria

Importante destacar a ausência de patentes relacionadas com tecnologias diretamente relacionadas aos ODS 16 e 17. Não foram encontradas patentes com soluções para o combate ao suborno e corrupção, tampouco para o fortalecimento da democracia.

7.5 Discussão

O estudo corrobora o que a literatura científica tem revelado em relação ao papel de destaque das universidades no desenvolvimento tecnológico (Fischer; Schaeffer; Vonortas, 2019b). As universidades públicas paulistas estão empenhadas em apoiar os setores domésticos, fornecendo soluções em conformidade com o cenário industrial local do estado de São Paulo, incluindo expertise na produção de biocombustíveis, como etanol e agricultura (Graf, 2015; Köhler; Walz; Marscheider-Weidemann, 2014; Samant; Thakur-Wernz; Hatfield, 2020).

A literatura científica tem demonstrado que as universidades têm focado principalmente em soluções tecnológicas para a redução das emissões de CO_2 e para o uso eficiente de materiais (Acebo; Miguel-Dávila; Nieto, 2021). Os nossos resultados corroboram essa perspectiva, principalmente ao revelarem a participação das universidades no patenteamento de tecnologias para energias renováveis.

Figura 4 – Distribuição das patentes pesquisadas entre os ODS

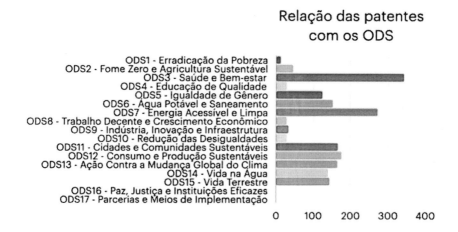

Fonte: elaboração própria

A alta concentração de patentes relacionadas à gestão de resíduos indicam que essas instituições têm estimulado o desenvolvimento de tecnologias de fim de tubo (*end-of-pipe*). Essas tecnologias atenuam danos causados sem mudar o padrão da poluição (Kuehr, 2007; Lustosa, 2010). O que a literatura mostra é que se trata de tecnologias incrementais e geralmente são componentes com melhorias marginais em relação ao desempenho (Dewick; Maytorena-Sanchez; Winch, 2019).

As evidências concordam com o descrito por Cortés (2023) e Henderson *et al.* (1998) ao indicarem uma tendência das universidades latino-americanas e estadunidenses a desenvolverem soluções para os ODS, principalmente relacionadas à saúde e bem-estar. Também estão de acordo com a afirmação de Casas, Corona e Rivera (2013), que indicam um destaque ao fator social na caracterização das Políticas de Ciência, Tecnologia e Inovação na América Latina. De certa forma, a contribuição tecnológica acaba seguindo a tendência da contribuição científica. Nesse sentido, existe certa corroboração com o estudo de Murillo-Vargas, Gonzalez-Campo e Brath (2020) que identificaram uma alta presença de artigos relacionados à área de saúde como uma das principais contribuições das universidades aos ODS.

O foco em tecnologias para o combate de doenças tropicais negligenciadas indica que os esforços tecnológicos estão caminhando na direção de atender necessidades específicas do país e contribuem para responder aos questionamentos de Albornoz (1993), que ressalta que a América Latina precisa encontrar seu próprio caminho para o desenvolvimento científico e tecnológico, buscando se afastar de modelos prontos e oriundos de países ricos.

7.6 Considerações finais

A principal colaboração deste trabalho foi realizar o mapeamento das tecnologias desenvolvidas pelas universidades e relacionar a contribuição desses novos conhecimentos para cumprir as metas propostas pelos ODS. Nesse sentido, além de compreender o que já está sendo feito e evidências de cuidados e investimentos de recursos dessas instituições, foi possível identificar lacunas em áreas ainda com pouca atenção.

Cabe destacar aqui algumas limitações deste estudo. A primeira delas está relacionada ao fato de que nem todas as tecnologias desenvolvidas nas universidades são patenteadas, como, por exemplo, as tecnologias sociais[5]. Isso restringiu nosso campo de dados e, consequentemente, teve influência nos resultados. Outra limitação é o uso de dois métodos diferentes para selecionar as patentes. Se, por um lado, as patentes verdes são facilmente identificadas pelo seu IPC específico, por outro, as patentes relacionadas com questões sociais não possuem um código específico para relacioná-las diretamente a um dos ODS.

---

[5] As tecnologias sociais geram inclusão social, trabalho, renda, reduzem a miséria e solucionam problemas sociais. Elas são concebidas para transformar a sociedade, dando a ela acesso à educação, igualdade e ferramentas de emancipação (Dagnino, 2014).

As universidades parecem refletir a realidade local. Pensando nessas instituições localizadas no estado mais rico do Brasil, infere-se que as soluções desenvolvidas dialogam com o seu modo de vida. Ao mesmo tempo, a ampla ocorrência de patentes relacionadas com o combate à dengue e malária indica que a universidade tem colaborado diretamente com os problemas da sociedade e persegue padrões de desenvolvimento em ciência e tecnologia em consonância com sua realidade local[6].

A pesquisa evidenciou o compromisso das universidades paulistas com tecnologias relacionadas à saúde e bem-estar, consonantes com o ODS 3. Importante destacar o esforço dessas universidades para produzir tecnologias relacionadas ao saneamento básico, gestão de resíduos e tratamento de água. Esses desenvolvimentos são de grande importância para o País, principalmente após a recente implementação do novo Marco Legal do Saneamento (Lei nº 14.026/2020).

Percebe-se também um grande investimento de tempo e de recursos na produção de tecnologias para a geração e armazenamento de energias alternativas, como a energia fotovoltaica e solar. No entanto, o não desenvolvimento de novas formas de baterias e de armazenamento de energia parece ser uma lacuna importante.

No futuro, seria importante sanar as deficiências tecnológicas relacionadas aos ODS sociais 4 e 5, assim como os ambientais 14 e 15. Os dados revelaram baixa contribuição a esses ODS. Também é importante mencionar lacunas na exploração de novas técnicas agrícolas, que permitam melhores manejos para a agricultura sustentável e familiar, atendendo ao ODS 2.

O estado de São Paulo possui pelo menos três cidades figurando entre as 20 maiores cidades do País (São Paulo, Guarulhos e Campinas). Mesmo assim, é de se estranhar que a pesquisa tenha encontrado apenas uma patente relacionada a transporte sustentável. Fica a indicação para os departamentos de engenharia dessas universidades sobre o potencial para identificarem soluções para o transporte público em suas grandes cidades.

Para concluir, a ausência de tecnologias relacionadas com os ODS 16 e 17 pode ser explicada em parte pelo fato desses ODS necessitarem mais de políticas e mudanças sociais do que necessariamente tecnologias. A própria Organização das Nações Unidas indica que esses ODS criam

---

[6] Em abril de 2024, o estado de São Paulo registrava 1,5 mil casos de dengue (SP [...], 2024).

condições políticas e estabilidade das instituições para o sucesso dos demais ODS (UN, 2015). Como observado por Walsh, Murphy e Horan (2020) em sua análise sobre o papel da ciência e tecnologia na agenda 2030, a implementação dos ODS requer uma coordenação mais eficaz das políticas para criar demandas por tecnologias específicas, garantindo sua transferência e, consequentemente, seu uso pela sociedade.

REFERÊNCIAS

ACEBO, E.; MIGUEL-DÁVILA, J. Á.; NIETO, M. The Impact of University-Industry Relationships on Firms' Performance: A Meta-Regression Analysis. **Science and Public Policy**, [s. l.], v. 48, n. 2, p. 276-293, 2021.

AI, Y. H.; PENG, D. Y.; XIONG, H. H. Impact of environmental regulation intensity on green technology innovation: From the perspective of political and business connections. **Sustainability**, Switzerland, v. 13, n. 9, 2021.

ALBORNOZ, M. Nunca hemos sido modernos, Madrid, Debate. **Redes**, [s. l.], v. IV, n. 10, p. 95-115, 1993.

ALCÁNTARA-RUBIO, L. *et al.* The implementation of the SDGs in universities: a systematic review. **Environmental Education Research**, [s. l.], v. 28, n. 11, p. 1585-1615, 2022.

ANKRAH, S.; AL-TABBAA, O. Universities-industry collaboration: A systematic review. **Scandinavian Journal of Management**, [s. l.], v. 31, n. 3, p. 387-408, 2015.

ARTYUKHOV, A. *et al.* The role of the university in achieving SDGs 4 and 7: A Ukrainian case. **E3S Web of Conferences**, [s. l.], v. 250, p. 1-11, 2021.

BRASIL. **Lei nº 13.243, de 11 de janeiro de 2016**. Dispõe sobre estímulos ao desenvolvimento científico, à pesquisa, à capacitação científica e tecnológica e à inovação e altera a Lei nº 10.973 [...]. Brasília, DF: Presidência da República, 2016. Disponível em: https://www.planalto.gov.br/ccivil_03/_Ato2015-2018/2016/Lei/L13243.htm. Acesso em: 17 mar. 2025.

CASAS, R.; CORONA, J. M.; RIVERA, R. Políticas de Ciencia, Tecnología e Innovación en América Latina: entre la competitividad y la inclusión social. *In:* CONFERÊNCIA INTERNACIONAL LALICS 2013."Sistemas Nacionais de Inovação e Políticas de CTI para um Desenvolvimento Inclusivo e Sustentável". 1., Rio de Janeiro, 11-12 nov. 2013. **Anais** [...]. Rio de Janeiro: LALICS: RedeSist, 2013. p. 1-21.

CASSIMAN, B.; GLENISSON, P.; LOOY, B. VAN. Measuring industry-science links through inventor-author relations: A profiling methodology. **Scientometrics**, [s. l.], v. 70, n. 2, p. 379-391, 2007.

CONWAY, S.; STEWARD, FRED. Mapping innovation networks. **International Journal of Innovation Management**, [s. l.], v. 2, p. 223-254, 1998.

CORTÉS, J. D. Industry-research fronts: private sector collaboration with research institutions in Latin America and the Caribbean. **Journal of Information Science**, [s. l.], v. 55, n. 1, p. 146-163, 2023.

COUPÉ, T. Science is golden: academic R&D and university patents. **Journal of Technology Transfer**, [s. l.], v. 28, n. 1, p. 31-46, 2003.

COWAN, R.; ZINOVYEVA, N. University effects on regional innovation. **Research Policy**, [s. l.], v. 42, n. 3, p. 788-800, 2013.

DAGNINO, R. **Tecnologia social**: contribuições conceituais e metodológicas. Paraíba: EDUEPB, 2014.

DEWICK, P.; MAYTORENA-SANCHEZ, E.; WINCH, G. Regulation and regenerative eco-innovation: the case of extracted materials in the UK. **Ecological Economics**, [s. l.], v. 160, , p. 38-51, jan. 2019.

DIAS, R. **Eco-inovação**: caminho para o crescimento sustentável. São Paulo: Atlas, 2014.

DIAS, R. DE B. **Sessenta anos de política científica e tecnológica no Brasil**. Campinas: Editora Unicamp, 2012.

ETZKOWITZ, H.; LEYDESDORFF, L. The dynamics of innovation: from national systems and "mode 2" to a triple helix of university-industry-government relations. **Research Policy**, [s. l.], v. 29, n. 2, p. 109-123, 2000.

FISCHER, B. B.; SCHAEFFER, P. R.; VONORTAS, N. S. Evolution of university-industry collaboration in Brazil from a technology upgrading perspective. **Technological Forecasting and Social Change**, [s. l.], v. 145, p. 330-340, maio 2019a.

FISCHER, B. B.; SCHAEFFER, P. R.; VONORTAS, N. S. Evolution of university-industry collaboration in Brazil from a technology upgrading perspective. **Technological Forecasting and Social Change**, [s. l.], v. 145, p. 330-340, 2019b.

FREEMAN, C. The 'National System of Innovation' in historical perspective. **Cambridge Journal of Economics**, [s. l.], fev. 1995.

FREEMAN, C.; SOETE, L. **A economia da inovação industrial**. Campinas: Editora da Unicamp, 2008.

GALDINO, E.; CHRISTOPOULOS, T. P. Tecnologias para o meio ambiente: definições e políticas regionais para o seu desenvolvimento. *In*: CHRISTOPOULOS, T. P. *et al.* (org.). **Visões para um mundo sustentável**: abordagens em ciência, tecnologia, gestão socioambiental e governança. São Paulo: Blucher, 2024. p. 236-261.

GRAF, P. Eco-innovation: a new paradigm for Latin America? **Revista Gestão e Desenvolvimento**, [s. l.], v. 1, n. 1, p. 148-159, 2015.

G1 – Portal de notícias da Globo. SP registrou 100 mil novos casos de dengue na última semana e chega a 730 mil; estado tem 400 mortes pela doença. **G1**, Rio de Janeiro, 24 abr. 2024. Disponível em: https://g1.globo.com/sp/sao-paulo/noticia/2024/04/24/sp-registrou-100-mil-novos-casos-de-dengue-na-ultima-semana-e-chega-a-730-mil-estado-tem-400-mortes-pela-doenca.ghtml. Acesso em: 10 fev. 2025.

JABBOUR, C. J. C. Tecnologias ambientais: em busca de um significado. **Revista de Administração Pública**, [s. l.], v. 44, n. 3, p. 591-611, 2010.

KÖHLER, J.; WALZ, R.; MARSCHEIDER-WEIDEMANN, F. Eco-Innovation in NICs: conditions for export success with an application to biofuels in transport. **Journal of Environment and Development**, [s. l.], v. 23, n. 1, p. 133-159, 2014.

KONO, C. M.; QUONIAM, L.; RODRIGUES, L. C. A contribuição de patentes para a inovação sustentável: o caso de um trocador de calor. **Exacta**, [s. l.], v. 12, n. 3, p. 325-335, 2015.

KUEHR, R. Environmental technologies - from misleading interpretations to an operational categorisation & definition. **Journal of Cleaner Production**, [s. l.], v. 15, n. 13-14, p. 1316-1320, 2007.

LUSTOSA, M. Industrialização, Meio Ambiente, Inovação e Competitividade. *In*: MAY, P.; LUSTOSA, M.; VINHA, V. (ed.). **Economia do meio ambiente**. Rio de Janeiro: Elsevier, 2010.

MOGLIA, M.; HOPKINS, J.; BARDOEL, A. Telework, hybrid work and the united nation's sustainable development goals: Towards policy coherence. **Sustainability** Switzerland, v. 13, n. 16, p. 1-28, 2021.

MORI JUNIOR, R.; FIEN, J.; HORNE, R. Implementing the UN SDGs in Universities: Challenges, Opportunities, and Lessons Learned. **Sustainability**, Switzerland, v. 12, n. 2, p. 129-133, 1 abr. 2019.

MORTALIDADE infantil e fetal por causas evitáveis no Brasil é a menor em 28 anos. **Gov.br**, Brasília, DF, 22 mar. 2023. Disponível em: https://www.gov.br/saude/pt-br/assuntos/noticias/2024/marco/mortalidade-infantil-e-fetal-por-causas-evitaveis-no-brasil-e-a-menor-em-28-anos. Acesso em: 11 fev. 2025.

MURILLO-VARGAS, G.; GONZALEZ-CAMPO, C. H.; BRATH, D. I. Mapping the Integration of the Sustainable Development Goals in Universities: Is It a Field of Study. **Journal of Teacher Education for Sustainability**, [s. l.], v. 22, n. 2, p. 7-25, 1 dez. 2020.

PIPPEL, G. Does Partner Type Matter in R & D Collaboration for Wirtschaftsforschung Halle Does Partner Type Matter in R & D Collaboration IWH Discussion Papers. **IWH Discussion Papers**, [s. l.], n. 5, 2013.

RODIĆ, L.; WILSON, D. C. Resolving governance issues to achieve priority sustainable development goals related to solid waste management in developing countries. **Sustainability,** Switzerland, v. 9, n. 3, 2017.

SALVIA, A. L.; BRANDLI, L. L. Energy sustainability at universities and its contribution to SDG 7: a systematic literature review BT. *In*: LEAL FILHO, W. *et al.* (ed.). **Universities as living labs for sustainable development**: supporting the implementation of the Sustainable Development Goals. Cham: Springer International Publishing, 2020. p. 29-45.

SAMANT, S.; THAKUR-WERNZ, P.; HATFIELD, D. E. Does the focus of renewable energy policy impact the nature of innovation? Evidence from emerging economies. **Energy Policy**, [s. l.], v. 137, p. 111119, 2020.

STEFANI CATIVELLI, A.; PINTO, A. L.; LASCURAIN SANCHEZ, M. L. Patent value index: measuring Brazilian green patents based on family size, grant, and backward citation. **Iberoamerican Journal of Science Measurement and Communication**, [s. l.], v. 1, n. 1, p. 004, 2020.

UN. **Transforming our world**: the 2030 Agenda for Sustainable Development Routledge Handbook of Judicial Behavior. [s. l: s. n.].

URBANIEC, M.; TOMALA, J.; MARTINEZ, S. Measurements and trends in technological eco-innovation: Evidence from environment-related patents. **Resources**, [s. l.], v. 10, n. 7, p. 1-17, 2021.

VAN DER WAAL, J. W. H.; THIJSSENS, T.; MAAS, K. The innovative contribution of multinational enterprises to the Sustainable Development Goals. **Journal of Cleaner Production**, [s. l.], v. 285, p. 125319, 2021.

VIOTTI, E. B. **Brasil**: de política de C&T para política de inovação? Evolução e desafios das políticas brasileiras de ciência, tecnologia e inovação. [s. l: s. n.].

WALSH, P. P.; MURPHY, E.; HORAN, D. The role of science, technology and innovation in the UN 2030 agenda. **Technological Forecasting and Social Change**, [s. l.], v. 154, n. January, p. 119957, 2020.

WORLD HEALTH ORGANIZATION. **Sustainable transport**. Genebra: WHO: Sustainable Development Goals, dez. 2022. Disponível em: https://sustainabledevelopment.un.org/topics/sustainabletransport. Acesso em: 11 fev. 2025.

XIE, Z.; MIYAZAKI, K. Evaluating the effectiveness of keyword search strategy for patent identification. **World Patent Information**, [s. l.], v. 35, n. 1, p. 20–-30, 2013.

Capítulo 8

A "HORA DA XEPA": RESSIGNIFICAÇÕES NO COMBATE A PERDAS E DESPERDÍCIO DE ALIMENTOS E À INSEGURANÇA ALIMENTAR

Mônica Yoshizato Bierwagen
Sylmara Lopes Francelino Gonçalves Dias

8.1 Introdução

No estudo dos sistemas alimentares contemporâneos, a literatura especializada reconhece as perdas e o desperdício de alimentos (PDA) como um fenômeno complexo, dada a diversidade de fatores que incidem ao longo das inúmeras cadeias de produção, distribuição e consumo, e que, ao final, resultam em prejuízos consideráveis à economia, ao meio ambiente e à sociedade. Segundo o Programa das Nações Unidas para o Meio Ambiente (PNUMA), as PDA correspondem, aproximadamente, ao desperdício de 1 trilhão de dólares por ano, à emissão de 8 a 10% dos gases de efeito estufa, à ocupação inútil de 30% das terras agricultáveis do planeta. No entanto, mais do que prejuízos financeiros e dos impactos negativos ao ambiente, tais resultados denunciam graves falhas em nosso sistema social, que, a despeito do volume de alimento, literalmente, "jogado no lixo", ostenta quase 1 bilhão de pessoas famintas (UNEP, 2024).

Diante desse quadro, a redução de PDA tem sido considerada uma prioridade para as políticas públicas socioambientais. Embora haja um certo consenso quanto às medidas necessárias – aumentar a eficiência do uso dos recursos, reduzir as PDA nas cadeias alimentares, promover resgate e doação de alimentos excedentes e estimular mudanças no comportamento dos consumidores –, o "alimento", o "alimento excedente" e o "resíduo", que são categorias analíticas chave, têm recebido diferentes caracterizações e abordagens, o que gera divergências conceituais e metodológicas e torna a implantação dessas mudanças mais desafiadora.

O alimento é um objeto multidimensional, assumindo diferentes significados e funções para os seres humanos: é condição necessária à vida, imprescindível para a sua reprodução material e simbólica; é um recurso natural, que se extrai do ambiente como insumo e é devolvido como resíduo; é direito humano, consagrado em vários documentos internacionais e incorporado ao direito interno de diversos Estados soberanos; e, para alguns, é também bem público impuro, já que parcialmente insuscetível de exclusão (De Schutter et al., 2019; Vivero-Pol, 2019).

No entanto, é por sua dimensão mercantil, ou seja, como objeto de troca, que o alimento tem sido predominantemente definido (Vivero-Pol, 2017a, 2019). Sujeito a uma lógica industrial, homogeneizante e padronizadora, que o adapta a processos mecanizados e estratégias de mercado, o alimento, então "comoditizado"[7], tem seus resultados avaliados não pela satisfação de necessidades materiais ou culturais dos indivíduos, mas pelos resultados financeiros que é capaz de realizar.

Consequentemente, as medidas de prevenção de PDA se limitam ao aprimoramento da eficiência, sem adentrar questões macroestruturais, tais como as relações de poder que estruturam o sistema alimentar global, ou os padrões e os níveis de consumo; do mesmo modo, as medidas de redução tendem a ignorar a necessidade de redução da produção de excedentes (*food surplus*), enfatizando o reuso e a reciclagem como solução (Mourad, 2016).

Por outro lado, prevenção de excedentes e redução de resíduos guardam algumas incompatibilidades, incontornáveis dentro da lógica do "alimento-mercadoria" (Machado; Oliveira; Mendes, 2016): afinal, se o sistema econômico visa a expansão indefinida do capital, mas os indivíduos possuem uma capacidade limitada à quantidade de alimentos que conseguem consumir, essas condições só poderão coexistir se o alimento se tornar cada vez mais caro, ou se as pessoas forem convencidas a consumir mais, dando lugar à produção excedentária de alimentos e PDA (Pollan, 2007).

A não-geração de resíduos, em que pese seja a alternativa mais preferível do ponto de vista das necessidades humanas e ambientais, nem sempre é a solução escolhida quando se trata da sua viabilidade econômica; do mesmo modo, medidas para reaproveitamento, apesar de representar redução de PDA, também possuem limitações técnicas, econômicas, jurídicas e culturais, podendo esbarrar em incompatibilidades entre seus objetivos.

Assim, no intuito de contribuir para a compreensão desse cenário complexo e desafiador, o presente ensaio tem por propósito identificar as soluções de gestão e as respectivas concepções sobre o alimento exce-

---

[7] Comodificação ou comoditização do alimento (Vivero-Pol, 2017b)

dente (*surplus food*), tendo por referencial as soluções idealizadas pela "Hierarquia para priorização de estratégias de prevenção de excedentes, derivados e resíduos alimentares" (União Europeia, 1998); "Hierarquia do alimento excedente e do resíduo alimentar" (Papargyroupoulos *et al.*, 2014); "Escala de alimentos desperdiçados" (EPA, 2023); e "Hierarquia do Uso do Alimento não-PDA" (CFS, 2014).

8.2 O que são as PDA?

A literatura cinza[8] registra uma diversidade de definições para PDA, que variam conforme os recortes adotados para a sua elaboração. Assim, há definições que partem da produção total de alimentos (para consumo humano ou não-humano), enquanto outras preferem apenas a fração destinada à alimentação humana; outras, ainda, contabilizam nas PDA as partes não-comestíveis dos alimentos (raízes, cascas, folhas etc), enquanto algumas não as incluem; e há também as que distinguem "perdas" e "desperdício", enquanto outras, não.

O quadro a seguir apresenta exemplos de definições empregadas por três organizações, distintas quanto à extensão do que se considera PDA (fig. 1).

Para os especialistas do *High Level Panel of Experts on Food Security and Nutrition* (HLPE) (2014), a perspectiva pela qual se analisam as PDA explica as diferenças das definições: se o foco é a produção de resíduos e a intervenção prioriza a redução, as PDA abrangerão alimentos produzidos para a alimentação humana e para outros fins, sejam estes comestíveis ou não[9]; por outro lado, se o foco é a alimentação humana e a solução visa desviar o alimento da rota do descarte, serão contabilizadas como PDA apenas as partes comestíveis que se converteram em resíduos (HLPE, 2014).

Outra divergência que emerge da comparação das definições sobre PDA decorre dos critérios de diferenciação e dos termos empregados para separar o que é perda alimentar (*food loss*) e desperdício alimentar (*food*

---

[8] Literatura cinza é a denominação dada ao "conjunto de documentos técnicos ou científicos, dos mais variados tipos, tais como relatórios, manuais, apostilas, resumos, sites diversos, dentre outros, disponíveis sob as mais variadas formas (sejam elas eletrônicas ou impressas) que não foram publicados em canais habituais de transmissão científica e, portanto, não foram submetidos a uma análise prévia de um parecerista ou de uma comissão editorial" (Cortês *apud* Botelho; De Oliveira, 2015).

[9] No âmbito dos alimentos produzidos para o consumo humano, consideram-se alimentos comestíveis (edible parts) aquilo que usualmente se classifica como "comida" (p. ex., polpa das frutas), enquanto alimentos não-comestíveis (non-edible parts), às partes que comumente são descartadas (p. ex., casca das frutas). Portanto, não se trata de conceitos com conteúdo fixo, visto que a definição do que é comestível ou não-comestível dependerá da cultura e dos hábitos alimentares da população observada.

waste), distinção que se faz segundo o ponto da cadeia em que a diminuição ocorre, ou considerando a sua causa determinante.

Assim, analisando pela etapa da cadeia em que as PDA acontecem, há perdas alimentares (*food loss*) nos estágios iniciais da cadeia, ou seja, entre o pós-colheita e a processamento, e há desperdício alimentar (*food waste*) na fase final, na distribuição e consumo. Por outro lado, a distinção pode ter por referência a causa que origina as PDA: em se tratando de causa voluntária ou comportamental, diz-se que é desperdício (*food waste*); no entanto, em se tratando de causa involuntária ou não comportamental, considera-se perda (*food loss*) (HLPE, 2014).

Figura 1 – Exemplos de definições de PDA

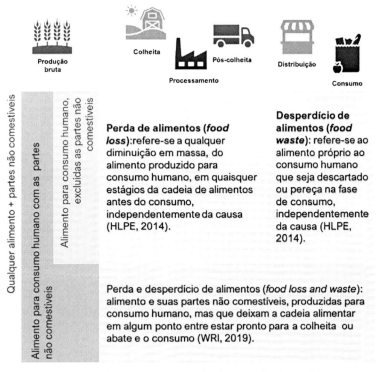

Fonte: Bierwagen, 2022

Além disso, a variedade de definições é um desafio para a operacionalização de certos procedimentos. Por exemplo, como tornar comparáveis as medidas de PDA quando há populações que consomem determinado alimento com casca e outras não? Como classificar um alimento que, por sua aparência, não seria mais vendido num supermercado de classe A, mas seria muito bem aceito numa feira na periferia da cidade?

Outras questões metodológicas são apontadas por Chaboud (2017), que identifica na literatura a falta de clareza dos resultados pela adoção de métodos insatisfatórios, tais como insuficiência de detalhes sobre como as PDA foram calculadas; a ausência de informações sobre o destino dos resíduos; além das disparidades de informação que existem entre diferentes regiões e produtos.

Portanto, se a caracterização das PDA é cercada por disputas, inevitavelmente definir o que é "alimento excedente" também não escapa de dificuldades. Assim, o presente estudo opta pela classificação do HLPE (2014), distinguindo os alimentos pela finalidade para o qual é produzido (alimentação humana ou animal[10]), e considerando o ponto da cadeia em que é descartado, ou seja, se ocorre da etapa da pós-colheita ao processamento (*food loss*), ou da distribuição ao consumo (*food waste*).

8.3 PDA e alimentos excedentes (*surplus food*)

As PDA constituem uma grande preocupação e desafio para as políticas públicas. Além de envolver bens valiosos para a economia, a sociedade e o meio ambiente, atingem todo o corpo social, do individual ao coletivo, do espaço local ao global: não só comprometem recursos materiais e financeiros, que terminam sem se reverter em benefícios ou vantagens, com reflexos negativos no preço dos alimentos e no poder de compra das famílias, como também dão lugar a prejuízos à qualidade ambiental, com a transformação inútil e o comprometimento de recursos naturais estratégicos, muitas vezes de modo irreversível.

No objetivo de reverter esse quadro, cuja extensão é planetária, a Agenda 2030 estabelece o compromisso de, por um lado, reduzir as PDA globais à metade (ODS 12); e, por outro, erradicar a fome e garantir segurança alimentar (ODS 2). Dada a afinidade de interesses existente

---

[10] Há, ainda, alimentos que são produzidos para outras finalidades, como para produção de energia, e por isso não estão inclusos na classificação.

entre esses dois ODS, tais metas vêm sendo compreendidas pelos agentes políticos internacionais como uma possibilidade promissora de integração de ambas, convertendo custo em oportunidade.

Contudo, embora aproximar os objetivos de redução de PDA e de combate à insegurança alimentar seja uma estratégia fundamental, esta não é suficiente, e, para além de certo ponto, pouco eficiente (Bierwagen, 2022; Bierwagen; Dias, 2021; Schneider, 2013). Por isso, o desafio da redução das PDA tem exigido especial atenção sobre a produção excedentária de alimentos, por se tratar de redução na fonte (Messner; Richards; Johnson, 2020; Teigiserova; Hamelin; Thomsen, 2020).

A fim de definir uma ordem de prioridades para a gestão dos resíduos alimentares, a "Hierarquia para priorização de estratégias de prevenção de excedentes, derivados e resíduos alimentares" da UE estabelece como condição preferencial a da não-geração (prevenção), sendo a última etapa, o descarte (Sanchez Lopes *et al.*, 2020).

Figura 2 – Hierarquia para priorização de estratégias de prevenção de excedentes, derivados e resíduos alimentares

Fonte: adaptado de Sanchez Lopes *et al.* (2020)

É importante também destacar que nem todo alimento excedente é, necessariamente, suprimível. Produzir alimentos adicionais para fazer frente a situações imprevisíveis, tais como a perda de safra por condições climáticas ou o aumento de demanda, tem um propósito útil e é imprescindível para garantir a segurança alimentar da população (Messner; Richards; Johnson, 2020). No entanto, o que se apresenta como preocupante não é o alimento extra, mas o que se torna "exagero", ou seja, aquela fração que é produzida tendo previamente em conta que não alimentará pessoas, e cuja função primordial é a de atender a interesses comerciais (Papargyropoulou *et al.*, 2014a).

Essa distinção, embora pareça tênue, ajuda a identificar e compreender que há alimentos cuja produção é evitável, mas, de outros, inevitável (*avoidable* e *unavoidable food*), especialmente quando se emprega concepção de alimento em seu sentido mais amplo, abrangendo as partes comestíveis e não-comestíveis.

Nessa classificação, consideram-se alimentos evitáveis os que, apesar de comestíveis (*edible food*), convertem-se deliberadamente em resíduos, seja porque não têm mais utilidade, seja porque passaram da sua validade; alimentos inevitáveis, por sua vez, são aqueles considerados não-comestíveis em situações normais, tais como cascas, ossos, caroços etc. (Papargyropoulou *et al.*, 2014).

O acréscimo da dimensão evitável/inevitável na classificação do alimento próprio para consumo humano, portanto, possibilita verticalizar a análise do seu potencial de uso, aprimorando os critérios de decisão sua para destinação: em se tratando de resíduo alimentar evitável, a aplicação da prevenção impede que os subprodutos "desçam" ao nível imediatamente inferior e se tornem impróprios ao consumo humano.

Figura 3 – Hierarquia do alimento excedente e do resíduo alimentar

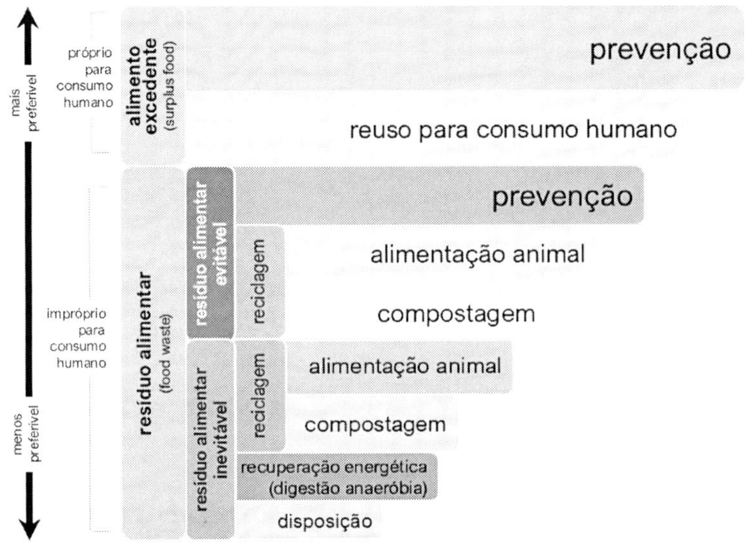

Fonte: Bierwagen (2022)

A distinção também é importante para se afastar o estigma segundo o qual o consumo de alimento excedente corresponde a se alimentar de "restos" (Kinach; Parizeau; Fraser, 2019; Mcintyre *et al.*, 2017) ou que se trata de "alimento de segunda classe para alimentar pessoas de segunda classe" (Schneider, 2013). O alimento excedente não é resíduo, embora possa se tornar num segundo momento, como apresentado na Figura 3 (*supra*), ao diferenciar claramente resíduo e alimento.

Em 2023, a Environmental Protection Agency (EPA), atualizou a chamada "Hierarquia de recuperação de alimentos" (*Food recovery hierarchy*), substituindo-a pela "Escala de alimentos desperdiçados" (*Wasted food scale*) (Fig. 4), que incorporou dados científicos mais recentes, além de mudanças tecnológicas e práticas operacionais do gerenciamento de resíduos alimentares, com adaptação aos princípios da economia circular (EPA, 2023).

A Escala de alimentos desperdiçados coloca os alimentos de aproveitamento[11] (*upcycled food*) ao lado do resgate e doação de alimentos, como segundo uso mais preferível do alimento.

Alimentos de aproveitamento (*upcycled food*) são aqueles produzidos para o consumo humano (Aschemann-Witzel *et al.*, 2023), com uso de matéria que seria objeto de descarte – alimentos sub-ótimos, não comercializáveis, danificados, imperfeitos, e também subprodutos e sobras de outros processos produtivos – e cujo reuso lhe agrega valor (Moshtaghian; Bolton; Rousta, 2021; Thorsen *et al.*, 2024). São exemplos de alimento de aproveitamento as barras de cereais produzidas com o descarte da produção de cerveja, ou, ainda, a sopa instantânea que utilize cascas de cenoura desidratadas (Zhang *et al.*, 2021).

Figura 4 – Escala de alimentos desperdiçados da EPA

Fonte: adaptado de EPA (2023)

---

[11] Para o presente estudo, utilizamos o termo "alimentos de aproveitamento" como tradução livre para "upcycled food", categoria que abrange alimentos que têm em sua composição ingredientes oriundos (1) de reaproveitamento de alimentos ou (2) de aproveitamento integral de alimentos (Thorsen *et al.*, 2024). Reaproveitamento de alimentos, por sua vez, é aqui referido como sinônimo de alimento recuperado (recovery food) e alimento resgatado (recued food), e corresponde a alimentos excedentes, aptos ao consumo humano, recuperado para fins de alimentar pessoas (González-Torre; Coque, 2016). Já aproveitamento integral de alimentos refere-se à prática de aproveitar as partes do alimento que normalmente são desprezadas (Nunes; Braz; Botelho, 2009).

O alimento de aproveitamento é uma categoria relativamente nova de produtos[12] (Bhatt *et al.*, 2018; Spratt; Suri; Deutsch, 2020), e não se limita a apenas utilizar o remanescente de alimentos comestíveis (*edible food*), podendo também incluir partes de alimentos tradicionalmente não comestíveis (*inedible food*) (Thorsen *et al.*, 2024).

Por se tratar de uma forma alternativa de uso, o alimento de aproveitamento ainda provoca incerteza quanto à sua aceitação pelos consumidores. Em pesquisa realizada na Europa com quase 2,5 mil entrevistados, constatou-se reações positivas para a associação do alimento de reuso com ideias como sustentabilidade, inovação, eficiência, reciclagem, evitar o desperdício; por outro lado, as associações negativas se expressaram quanto ao sabor, qualidade nutricional e falta de informação (Aschemann-Witzel *et al.*, 2023).

8.4 Excedentes seguros e nutritivos para alimentação humana

Os modelos propostos para dar maior eficiência ao uso do recurso alimentar priorizam o gerenciamento dos excedentes com vistas a evitar as PDA, e nesse objetivo, posicionam alimentação humana como a segunda maior prioridade, depois da prevenção. No entanto, uma vez que as "hierarquias" focam na promoção da gestão do resíduo alimentar, tal orientação não significa que os alimentos, ainda que adequados ao consumo humano, sejam necessariamente nutritivos e saudáveis, hábeis a promover segurança alimentar e nutricional.

Assim, como alternativa, o Comitê para Segurança Alimentar Mundial (*Comittee on World Food Security*), propõe um modelo de classificação do alimento excedente que inclui, como condicionante para o reaproveitamento na alimentação humana, que os alimentos sejam "saudáveis e nutritivos" (CFS, 2014).

A "hierarquia de uso do alimento não-PDA" (CFS, 2014) prioriza o esgotamento das possibilidades de aproveitamento do alimento para a sua função primária, que é alimentar e nutrir pessoas, para então, excepcionalmente, prever a destinação segura de resíduos. Idealizada objetivando alimentar e nutrir pessoas, sua abordagem é diferente da hierarquia dos resíduos alimentares (*food waste hierarchy*), que decorre de uma adaptação daquela, dos resíduos sólidos (*solid waste management hierarchy*) (Papargyropoulou *et al.*, 2014b).

---

[12] Pesquisa na base de dados Scopus, em julho/2024, com o argumento "upcycl* and food" retornou 81 resultados, com a publicação mais antiga datada do ano de 2017.

O fundamental nesse modelo é o alimento atingir a sua finalidade principal, que é alimentar e ser fonte de boa nutrição para as pessoas. Dessarte, para além de uma preocupação com o alimento excedente, recomenda-se que sejam produzidos alimentos saudáveis, ou seja, seguros e nutritivos, e postos ao alcance de todos.

Figura 5 – Hierarquia de uso do alimento não-PDA

Fonte: Bierwagen (2022)

Trata-se de uma perspectiva diferente das anteriores, pois, quando o foco é o gerenciamento de resíduos, não há, *a priori*, avaliação da qualidade alimentar e nutricional do alimento excedente: o gerenciamento do resíduo alimentar preocupa-se em impedir, sempre que possível, que o alimento apto ao consumo humano seja levado à fase do descarte. Assim, preferencialmente, o ideal é que seja redistribuído às pessoas necessitadas ou reutilizado em outros produtos, pouco importando, por exemplo, se o alimento é produto ultraprocessado ou alimento *in natura*.

Na hierarquia do uso do alimento não-PDA, a primeira preocupação é garantir a alimentação, mas com qualidade alimentar e nutricional. Desse modo, a hierarquia do uso do alimento não-PDA enfrenta e critica um aspecto importante e contraditório dos sistemas alimentares contemporâneos: a produção gigantesca de alimentos que não nutrem, não alimentam, e mais grave, são associados a diversas patologias.

8.5 Considerações finais

Os estudos sobre PDA têm se multiplicado nos últimos anos, evidenciando a urgência de transformar o atual sistema alimentar hegemônico: redução da produção para evitar excedentes; efetivo acesso ao alimento, sobretudo para a população em insegurança alimentar; tratamento adequado dos resíduos alimentares. Nesse contexto, as chamadas "hierarquias" se apresentam como uma importante referência para o enfrentamento das PDA na origem, pois estabelecem uma ordem de prioridades e de ações para orientar a melhor destinação ao alimento.

A evolução dos modelos de gestão do excedente alimentar revela mudanças graduais na concepção das estratégias de redução e do próprio entendimento do que é o alimento excedente: o aumento das ações de resgate e doação de alimentos ressignifica o excedente, impedindo que seja convertido em resíduo, e o recoloca na sua rota original, que visa a alimentar pessoas.

Além dessas mudanças, percebe-se que as fronteiras entre o que é ou não comestível (*edible/inedible food*) podem ser deslocadas na busca por maior proveito de tudo o que é possível extrair do alimento: folhas, cascas, talos, ossos, sementes, raízes e outros itens que comumente são tratados como resíduo. A partir da perspectiva do aproveitamento integral dos alimentos, podem ser ressignificados e reclassificados, evitando usos menos nobres.

Por outro lado, os compromissos internacionais, de redução das PDA e de erradicação da fome têm demandado mudanças nos padrões de produção e consumo, que, no caso do alimento, têm exigido a flexibilização dos limites entre alimentos e resíduos. Não para confundi-los, mas para melhor identificá-los, e não converter inadvertidamente em descarte o que ainda possui valor alimentar.

Nesse cenário, processos lineares de extração-produção-consumo-descarte têm se reconhecido como problemáticos e ineficientes. Assim, o reuso dos alimentos, incorporando partes remanescentes de um processo produtivo em outro, agregando-lhe valor (*upcycled food*), insere-se num processo mais amplo de transformação estrutural das economias e das sociedades em sistemas circulares do fluxo de materiais e energia.

Com efeito, a hierarquia do uso do alimento não-PDA, ao incorporar a dimensão da segurança alimentar e nutricional, parece significar um avanço para a gestão dos resíduos alimentares: para mais do que simplesmente reincorporar o material ao sistema, propõe-se uma reintrodução de modo seletivo, a partir da identificação do potencial de produzir alimentos saudáveis e nutritivos.

As diversas alternativas reconhecidas de reutilização do alimento são promissoras, mas também, desafiadoras: a alimentação é um fenômeno multidimensional, que não se limita a prover a subsistência do corpo físico, mas é entremeado por crenças, gostos, significados, valores, práticas. Por esse caráter, é fundamental compreender como esses fatores se organizam e influenciam a aceitação ou não desses produtos, afastando a estigmatização do reuso como "aproveitamento de alimento que iria para o lixo".

Por outro lado, a insegurança alimentar em seus diversos níveis, exigindo urgência nas ações de combate, é um fator de incentivo para conhecer potencialidades inexploradas e extrair a máxima eficiência do excedente alimentar, mas sem negligenciar os direitos fundamentais e a dignidade das pessoas necessitadas[13].

Os aprimoramentos nos sistemas de gestão de resíduos alimentares são fundamentais para o uso eficiente dos recursos, sobretudo para redução de PDA. No entanto, são medidas que atacam uma parte do problema, beneficiando a produção, mas deixam a desejar quanto à qualidade do alimento reinserindo no sistema. Identificar formas de impedir a produção de "alimentos que não nutrem" e que agem de forma prejudicial à saúde humana também se constitui como uma importante frente a ser investigada.

REFERÊNCIAS

ASCHEMANN-WITZEL, J. *et al.* Consumer understanding of upcycled foods: exploring consumer-created associations and concept explanations across five countries. **Food Quality and Preference**, [s. l.], v. 112, e105033, 2023.

---

[13] Em 2017, a prefeitura de São Paulo lançou o programa "Alimentação para todos", responsável por introduzir, na alimentação provida pela municipalidade, um composto produzido a partir de alimentos próximos ao vencimento ou fora do padrão de comercialização, chamado de "farinata". Esta ação da prefeitura gerou inúmeras críticas, sobretudo porque o alimento não seria parte da cultura alimentar dos beneficiários, e porque reduzia a alimentação à mera ingestão de nutrientes. Com isso o programa foi, em poucas semanas, encerrado (Bierwagen, 2022).

BHATT, S. *et al*. From food waste to value-added surplus products (VASP): Consumer acceptance of a novel food product category. **Journal of Consumer Behaviour**, [s. l.], v. 17, n. 1, p. 57-63, 2018.

BIERWAGEN, M. Y. **Resgate e doação de alimentos**: uma análise de discursos e atores no campo da segurança alimentar e nutricional. 2022. Tese (Doutorado em Sustentabilidade) – Universidade de São Paulo, São Paulo, 2022.

BIERWAGEN, M. Y; DIAS, S. L. F. G. Food rescue and donation in socioenvironmental policies on tackling food loss and waste: a systematic review. **Future of Food**: Journal on Food, Agriculture and Society, [s. l.], v. 9, n. 5, 2021.

BOTELHO, R. G.; DE OLIVEIRA, C. da C. Literaturas branca e cinzenta: uma revisão conceitual. **Ciencia da Informacao**, [s. l.], v. 44, n. 3, p. 501-513, 2015.

CFS. Policy recommendations: Food losses and waste in the context of sustainable food systems. *In*: 2014, **Anais** [...]. [s.l: s.n.] Disponível em: http://www.fao.org/cfs. Acesso em: 20 fev. 2025.

CHABOUD, G. Assessing food losses and waste with a methodological framework: Insights from a case study. **Resources, Conservation and Recycling**, [s. l.], v. 125, p. 188-197, 2017.

DE SCHUTTER, O. *et al*. Food as commons. *In*: VIVERO-POL, J. L. *et al* (org.). **Routledge handbook of food as commons**: towards a new relationship between the public, the civic and de private. 1. ed. London and New York: Routledge, 2019. p. 373-395.

EPA. **Wasted food scale**. 2023. Disponível em: https://www.epa.gov/sustainable-management-food/wasted-food-scale. Acesso em: 11 jul. 2024.

EPA. **Food recovery hierarchy**. Sustainable management of food, [s.d.].

GONZÁLEZ-TORRE, Pilar L.; COQUE, Jorge. From food waste to donations: The case of marketplaces in Northern Spain. **Sustainability**, Switzerland, v. 8, n. 6, 2016. DOI: 10.3390/su8060575

HLPE. **Food losses and waste in the context of sustainable food systems**. A report by The High Level Panel of Experts on Food Security and Nutrition. Roma. Disponível em: www.fao.org/cfs/cfs-hlpe. Acesso em: 20 fev. 2025.

KINACH, Lesia; PARIZEAU, Kate; FRASER, Evan D. G. Do food donation tax credits for farmers address food loss/waste and food insecurity? A case study from

Ontario. **Agriculture and Human Values**, [s. l.], v. 37, n. 2, p. 383-396, 2019. DOI: 10.1007/s10460-019-09995-2

MACHADO, Priscila Pereira; OLIVEIRA, Nádia Rosana Fernandes De; MENDES, Áquilas Nogueira. O indigesto sistema do alimento mercadoria. **Saude e Sociedade**, [s. l.], v. 25, n. 2, p. 505-515, 2016. DOI: 10.1590/S0104-12902016151741

MCINTYRE, Lynn; PATTERSON, Patrick B.; ANDERSON, Laura C.; MAH, Catherine L. A great or heinous idea?: Why food waste diversion renders policy discussants apoplectic. **Critical Public Health**, [s. l.], v. 27, n. 5, p. 566-576, 2017. DOI: 10.1080/09581596.2016.1258455

MESSNER, Rudolf; RICHARDS, Carol; JOHNSON, Hope. The "Prevention Paradox": food waste prevention and the quandary of systemic surplus production. **Agriculture and Human Values**, [s. l.], v. 37, n. 3, p. 805-817, 2020. DOI: 10.1007/s10460-019-10014-7

MOURAD, Marie. Recycling, recovering and preventing "food waste": Competing solutions for food systems sustainability in the United States and France. **Journal of Cleaner Production**, [s. l.], v. 126, p. 461-477, 2016. DOI: 10.1016/j.jclepro.2016.03.084

NUNES, Juliana Tavares; BRAZ, Raquel; BOTELHO, Assunção. **Aproveitamento integral dos alimentos**: qualidade nutricional e aceitabilidade das preparações. 2009. Dissertação (Mestrado em) — Universidade de Brasília, Brasília, 2009. Disponível em: https://bdm.unb.br/bitstream/10483/1037/1/2009_JulianaTavaresNunes.pdf. Acesso em: 30 jul. 2024.

PAPARGYROPOULOU, Effie; LOZANO, Rodrigo; K. STEINBERGER, Julia; WRIGHT, Nigel; UJANG, Zaini Bin. The food waste hierarchy as a framework for the management of food surplus and food waste. **Journal of Cleaner Production**, [s. l.], v. 76, p. 106-115, 2014. a. DOI: 10.1016/j.jclepro.2014.04.020

PAPARGYROPOULOU, Effie; LOZANO, Rodrigo; K. STEINBERGER, Julia; WRIGHT, Nigel; UJANG, Zaini Bin. The food waste hierarchy as a framework for the management of food surplus and food waste. **Journal of Cleaner Production**, [s. l.], v. 76, p. 106–115, 2014. b. DOI: 10.1016/j.jclepro.2014.04.020

POLLAN, Michael. **O dilema do onívoro**: uma história natural de quatro refeições. 1. ed. Rio de Janeiro: Intrínseca, 2007.

SANCHEZ LOPES, J.; PATINHA CALDEIRA, C.; DE LAURENTIIS, V.; SALA, S.; AVRAAMIDES, M. **Brief on food waste in the European Union**. European Commission, 2020. DOI: 10.1039/9781849737326-00025

SCHNEIDER, Felicitas. The evolution of food donation with respect to waste prevention. **Waste Management**, [s. l.], v. 33, n. 3, p. 755–763, 2013. DOI: 10.1016/j.wasman.2012.10.025

SPRATT, Olivia; SURI, Rajneesh; DEUTSCH, Jonathan. Defining Upcycled Food Products. **Journal of Culinary Science and Technology**, [s. l.], p. 1-12, 2020. DOI: 10.1080/15428052.2020.1790074

TEIGISEROVA, Dominika Alexa; HAMELIN, Lorie; THOMSEN, Marianne. Towards transparent valorization of food surplus, waste and loss: Clarifying definitions, food waste hierarchy, and role in the circular economy. **Science of the Total Environment**, [s. l.], v. 706, 2020. DOI: 10.1016/j.scitotenv.2019.136033

THORSEN, Margaret; MIROSA, Miranda; SKEAFF, Sheila; GOODMAN-SMITH, Francesca; BREMER, Phil. **Upcycled food**: How does it support the three pillars of sustainability? Trends in Food Science and Technology. Elsevier Ltd., 2024. DOI: 10.1016/j.tifs.2023.104269

UNEP. **Think Eat Save Tracking Progress to Halve Global Food Waste**. [s.l: s.n.]. Disponível em: https://www.unep.org/resources/publication/food-waste-index-report-2024. Acesso em: 20 fev. 2025.

VIVERO-POL, José Luis. Food as commons or commodity? Exploring the links between normative valuations and agency in food transition. **Sustainability**, Switzerland, v. 9, n. 3, 2017a. DOI: 10.3390/su9030442

VIVERO-POL, José Luis. The idea of food as commons or commodity in academia. A systematic review of English scholarly texts. **Journal of Rural Studies**, [s. l.], v. 53, p. 182-201, 2017. b. DOI: 10.1016/j.jrurstud.2017.05.015

VIVERO-POL, José Luis. Alimentos como bens comuns: uma nova perspectiva sobre a narrativa do sistema alimentar. *In:* CORRÊA, Leonardo (org.). **Diálogos sobre o Direito Humano à Alimentação Adequada**. [s. l.]: Universidade Federal de Juiz de Fora (UFJF), 2019. p. 41-90.

ZHANG, Jintao; YE, Hongjun; BHATT, Siddharth; JEONG, Haeyoung; DEUTSCH, Jonathan; AYAZ, Hasan; SURI, Rajneesh. Addressing food waste: How to position upcycled foods to different generations. **Journal of Consumer Behaviour**, [s. l.], v. 20, n. 2, p. 242-250, 2021. DOI: 10.1002/cb.1844

Capítulo 9

SEGURANÇA HÍDRICA E SUSTENTABILIDADE AGRÍCOLA: POTENCIAL DO REUSO DE ÁGUAS RESIDUÁRIAS NO BRASIL - UMA REVISÃO SISTEMÁTICA

Erick Mauricio Corimanya Yucra
Marcelo Antunes Nolasco

9.1 Introdução

O uso global de água aumentou aproximadamente 1% ao ano nas últimas quatro décadas, e a expectativa é de que essa taxa de crescimento se mantenha até 2050, impulsionada pelo crescimento populacional, desenvolvimento socioeconômico e mudanças nos padrões de consumo (FAO; UN Water, 2021). Atualmente, cerca de 10% da população mundial vive hoje em países com níveis altos ou críticos de estresse hídrico (UN Water - UNESCO, 2023).

Em termos globais, a agricultura é o maior consumidor de água doce, representando cerca de 70% do consumo total, sendo que essa proporção é ainda maior em países em desenvolvimento (Lima *et al.*, 2021; Viana *et al.*, 2022; Voltolini; Bastos; Souza, 2022). No caso do Brasil, 52% da água extraída destina-se à agricultura (ANA, 2019). Apesar de possuir aproximadamente 12% dos recursos hídricos globais, o Brasil apresenta disparidades regionais significativas: enquanto a bacia amazônica concentra 80% dos recursos, o semiárido nordestino enfrenta escassez crônica (Brasil, 2018). Essa desigualdade sugere que o reuso de águas residuárias pode desempenhar um papel importante na mitigação dessas diferenças regionais e contribuir para o desenvolvimento sustentável do país (Kligerman *et al.*, 2023).

Observa-se na literatura científica atual um predomínio de estudos que abordam esses desafios de forma isolada, sem explorar como as barreiras podem se entrelaçar e amplificar mutuamente. Em particular, as lacunas na regulamentação do reuso de águas urbanas não potáveis se refletem em abordagens heterogêneas e restritivas, as quais são exacerbadas pela ausência de um quadro regulatório unificado em nível nacional (Santos; Carvalho; Martins, 2023). Ao mesmo tempo, aspectos culturais e percepções públicas em torno do reuso de águas residuárias diferem entre regiões, o que gera desafios adicionais para uma implementação uniforme e eficaz (Fico *et al.*, 2022). Esses fatores evidenciam uma lacuna importante na literatura: a necessidade de uma análise integradora que considere os efeitos combinados de barreiras institucionais, econômicas, tecnológicas e sociais.

Embora o reuso de águas residuárias tratadas seja promissor, existem desafios que precisam ser compreendidos e superados. Este capítulo, portanto, tem como objetivo analisar as principais barreiras e oportunidades relacionadas ao reaproveitamento de águas residuárias na irrigação agrícola no Brasil, considerando os diversos fatores que influenciam sua implementação e expansão.

Serão examinados, entre outros aspectos, os ambientais, tais como os riscos de salinização do solo, contaminação por microrganismos patogênicos e poluentes emergentes, além da ameaça à saúde humana e ambiental decorrente do tratamento inadequado das águas residuárias. Adicionalmente, serão discutidos os desafios relacionados à governança, infraestrutura, financiamento e aceitação pública, com ênfase na importância da comunicação e educação ambiental para o sucesso dessa prática.

Com base nessa análise abrangente, espera-se contribuir para a formulação de políticas públicas eficazes, o desenvolvimento de tecnologias adequadas e a promoção de práticas agrícolas mais sustentáveis no Brasil.

9.2 Metodologia

Esta revisão bibliográfica utilizou uma abordagem sistemática para identificar e analisar estudos relacionados às barreiras para o reuso de água na irrigação agrícola, com foco no contexto brasileiro. A pesquisa foi realizada em bases de dados científicas, incluindo Web of Science, Scopus e SciELO, complementada por buscas no Google Scholar, abrangendo o período de 2014 a 2024.

Os termos de busca utilizados foram: "reuso de água", "irrigação agrícola", "barreiras", "Brasil", "desafios", "legislação", "infraestrutura", "tecnologia", "financeiro" e "social". Para garantir a relevância dos estudos, foram aplicados critérios de inclusão que exigiam que os trabalhos fossem publicados em português ou inglês nos últimos 10 anos e abordassem as barreiras para o reuso de efluentes na agricultura, com atenção especial ao Brasil.

Inicialmente, foram identificados 84 estudos. A seleção foi realizada em três etapas: (1) leitura dos títulos e resumos para excluir estudos irrelevantes, (2) leitura completa dos artigos selecionados, e (3) aplicação dos critérios de inclusão para confirmar a pertinência dos estudos. Após essa triagem, 36 estudos foram incluídos na análise final.

A análise dos estudos selecionados foi conduzida com o auxílio do software Rayyan, que facilitou a organização e a categorização dos temas. Cada estudo foi categorizado em uma ou mais das seguintes barreiras: ambientais, de governança, de infraestrutura, financeiras e sociais. Essa categorização permitiu uma síntese dos principais desafios identificados na literatura e facilitou a comparação entre as diferentes abordagens.

9.3 Resultados

Barreiras Ambientais

Pesquisas sobre o reuso de águas residuárias na agricultura apontam diversos impactos ambientais, como, por exemplo, a influência na qualidade e fertilidade do solo, a contaminação de aquíferos subterrâneos, riscos à saúde humana e a presença de contaminantes emergentes. A seguir, esses efeitos são detalhados para ilustrar os desafios de uma implementação segura.

O uso de águas residuárias na irrigação pode introduzir no solo contaminantes, incluindo sais, sódio e metais pesados, que impactam diretamente sua estrutura e fertilidade. Por exemplo, no estudo de Barbosa *et al.* (2021), observou-se que a irrigação com efluente sem diluição (100% de água residuária) resultou em uma aplicação acumulada de sódio de 3.552 kg/ha, ao longo de quatro anos. Esse acúmulo aumentou o risco de sodificação do solo; no entanto, devido à baixa Relação de Adsorção de Sódio (RAS) do efluente, os níveis críticos de salinização não foram alcançados. Em contraste, Santos *et al.* (2017) identificaram um aumento linear de sódio até 795 kg/ha em Minas Gerais, acumulando-se em até

0,8 m de profundidade, o que causou variação no pH e deslocamento de cálcio, gerando desequilíbrios nutricionais no solo. Esses dados, portanto, reforçam a importância de monitorar continuamente o solo quando se usa águas residuárias, uma vez que o acúmulo de sódio pode comprometer sua qualidade e a produtividade agrícola.

Além disso, a infiltração de efluentes agrícolas também pode afetar a qualidade dos aquíferos, representando um risco tanto para a sustentabilidade ambiental quanto para a saúde pública. Por exemplo, Santos *et al.* (2024), em uma área rural do nordeste do Brasil, observaram que a sazonalidade influencia significativamente a concentração de contaminantes na água subterrânea. Níveis de nitrato, como evidenciado em seu estudo, variaram de 245,86 mg/L durante o período sem chuvas para 123,85 mg/L no período chuvoso e atingiram 2.027,58 mg/L no período seco, evidenciando o acúmulo de contaminantes durante a estação seca. De modo similar, Cabral, Righetto e Queiroz (2009) relataram que, em áreas de alta densidade populacional em Natal, RN, a infiltração de nitratos de águas residuais elevou os níveis de nitrato nas águas subterrâneas a até 21,5 mg/L, superando o limite de potabilidade de 10 mg/L estabelecido pelo Ministério da Saúde. Esses resultados indicam que o reuso de águas residuárias na agricultura pode intensificar a contaminação de aquíferos subterrâneos, especialmente em áreas com baixa recarga hídrica.

O reuso de águas residuárias na agricultura apresenta também desafios à saúde pública devido à presença de microrganismos patogênicos. De acordo com estudos recentes, o contato com efluentes tratados inadequadamente pode expor trabalhadores e consumidores a patógenos, como Escherichia coli e Salmonella, além de vírus e parasitas. Em relação ao Brasil, Handam *et al.* (2022) identificaram a presença de coliformes fecais em águas de reuso mesmo após tratamento, apresentando risco de contaminação para culturas irrigadas. Outro estudo de Marangon *et al.* (2020) mostrou que patógenos persistem na água de reuso em níveis que poderiam resultar em doenças gastrointestinais e respiratórias quando usados para irrigação, especialmente em regiões onde o controle da qualidade do tratamento é limitado.

Finalmente, a presença de contaminantes emergentes, como fármacos e pesticidas, nas águas residuárias também representa um desafio para o reuso seguro. Por exemplo, no Rio Grande do Sul, Pivetta e Gastaldini (2019) detectaram concentrações médias de ibuprofeno de 1,26 µg/L e paracetamol de até 3,0 µg/L em corpos d'água urbanos, sugerindo que o uso agrícola de efluentes sem tratamento avançado pode transferir esses compostos ao solo. De forma semelhante, Stefano *et al.* (2021) identificaram que o diclofenaco apresenta alta mobilidade em sedimentos quaternários, com fator de mobilidade de 1 e índice de lixiviação GUS (Groundwater Ubiquity Score) de 8,06, indicando um risco elevado de contaminação das águas subterrâneas. Além disso, Ferreira (2022) destacou que, embora processos oxidativos avançados removam até 95% de compostos como cafeína e propranolol, a formação de subprodutos potencialmente tóxicos limita a segurança do reuso agrícola dessa água tratada.

Em síntese, o reuso de águas residuárias na agricultura, embora benéfico para a segurança hídrica, requer tecnologias de tratamento avançadas e estratégias rigorosas de monitoramento. Barreiras ambientais, como salinização, contaminação de aquíferos, riscos microbiológicos e presença de contaminantes emergentes, destacam a necessidade de políticas e práticas sustentáveis para garantir que o reuso contribua positivamente para a sustentabilidade hídrica sem comprometer a qualidade do solo, a saúde pública e o meio ambiente.

Barreiras de Governança

- **Atores Chave e Complexidade Institucional**

Antes de analisar a evolução das leis e políticas de gestão de águas residuárias, é útil apresentar os arranjos institucionais governamentais nessa área no Brasil, detalhados na Tabela 1.

Tabela 1 – Estrutura institucional dos atores-chave na governança do setor de saneamento no Brasil

Nível	Entidade	Resumo da Função
Federal	Ministério do Meio Ambiente e Mudança do Clima (MMA)	Fórmula políticas ambientais e define padrões de qualidade da água para reuso.
	Ministério da Integração e do Desenvolvimento Regional (MIDR)	Fórmula políticas nacionais e regula o saneamento básico.
	Agência Nacional de Águas e Saneamento Básico (ANA)	Regula e monitora serviços de saneamento e gestão de recursos hídricos.
	Ministério da Saúde (MS)	Define normas para a qualidade da água potável e coordena vigilância em saúde ambiental.
	Fundação Nacional de Saúde (FUNASA)	Executa ações de saneamento em comunidades rurais e presta apoio técnico e financeiro.
	Banco Nacional de Desenvolvimento Econômico e Social (BNDES)	Financia projetos de infraestrutura de saneamento básico.
	Conselho Nacional de Recursos Hídricos (CNRH)	Delibera sobre políticas de recursos hídricos e saneamento.
	Sistema Nacional de Gerenciamento de Recursos Hídricos (SINGREH)	Administra os usos da água de maneira inclusiva e participativa.
Estadual	Companhias Estaduais de Saneamento	Prestam serviços de abastecimento de água e tratamento de esgoto.
	Agências Reguladoras Estaduais	Fiscalizam e regulam as atividades das companhias de saneamento.
	Companhias Privadas de Saneamento	Prestam serviços de saneamento sob concessão.
	Secretarias Estaduais de Meio Ambiente e Recursos Hídricos (SEMA)	Regulam o uso sustentável da água e emitem licenças ambientais.
	Conselhos Estaduais de Saneamento	Deliberam sobre políticas de saneamento em nível estadual.
	Comitês de Bacias Hidrográficas	Gerenciam recursos hídricos de bacias específicas.

Nível	Entidade	Resumo da Função
Municipal	Prefeituras e Secretarias Municipais de Saneamento	Prestam diretamente serviços de saneamento e elaboram planos municipais de saneamento.
	Conselhos Municipais de Saneamento	Deliberam sobre políticas de saneamento em nível municipal.
Outros	Organizações Não Governamentais (ONGs)	Promovem práticas sustentáveis de saneamento e desenvolvem projetos comunitários.
	Instituto Brasileiro de Geografia e Estatística (IBGE)	Realiza censos e pesquisas sobre cobertura e qualidade dos serviços de saneamento.
	Associação Brasileira de Engenharia Sanitária e Ambiental (ABES)	Promove desenvolvimento técnico e científico no setor de saneamento.

Fonte: elaborada pelos autores com base em: (Brasil, 2020b; MDR, 2021)

A Tabela 1 organiza as principais entidades de gestão de saneamento e águas residuárias no Brasil, divididas em níveis federal, estadual, municipal e outros setores. No âmbito federal, destacam-se a formulação de políticas, regulamentação e financiamento, liderados por órgãos como o MMA e a ANA. Em seguida, em nível estadual, as companhias e agências regulam e prestam diretamente serviços de saneamento. Já no nível municipal, prefeituras e conselhos locais implementam e planejam o saneamento conforme as demandas locais. Além disso, ONGs, IBGE e ABES promovem práticas sustentáveis e fornecem dados e conhecimento técnico, o que reforça a necessidade de coordenação entre instituições para uma gestão eficaz dos recursos hídricos.

No entanto, a governança do reuso de água no Brasil enfrenta desafios devido à complexidade institucional e à ausência de uma legislação nacional unificada. Como a competência legislativa é dividida entre União, estados e municípios, isso pode gerar conflitos e sobreposição de normas, dificultando a coordenação de políticas públicas e resultando em padrões variados de qualidade da água de reuso (Moura *et al.*, 2020), o que impacta a definição de responsabilidades e a implementação de projetos em larga escala.

- **Ausência de Legislação Nacional**

As normas brasileiras, como a Lei das Águas (Lei nº 9.433/1997), a Lei Nacional de Saneamento Básico (Lei nº 11.445/2007) e a Resolução CNRH nº 54/2005, estabelecem diretrizes gerais para a gestão e uso sustentável dos recursos hídricos, além de prever princípios para o saneamento básico (Brasil, 2007). A Lei das Águas, por exemplo, define o enquadramento dos corpos d'água segundo sua qualidade e usos preponderantes, enquanto a Lei Nacional de Saneamento Básico assegura o direito ao saneamento como serviço essencial, estabelecendo diretrizes para a gestão dos resíduos e esgotos urbanos. Já a Resolução CNRH nº 54/2005 dispõe sobre os requisitos de qualidade para o reuso não potável de água, especialmente em usos industriais. No entanto, nenhuma dessas normas aborda especificamente os parâmetros de qualidade necessários para o reuso de águas residuais urbanas na agricultura.

A lacuna legislativa nacional contrasta com avanços em alguns estados, evidenciando a heterogeneidade regulatória. Enquanto alguns Estados, como São Paulo e Ceará, estabelecem critérios detalhados para o tratamento de águas residuárias destinadas à irrigação, como por exemplo limites para coliformes termotolerantes e demanda bioquímica de oxigênio, outros Estados ainda carecem de regulamentação específica. Essa ausência gera incertezas jurídicas, dificulta o planejamento e desincentiva investimentos no setor, impactando a expansão do reuso de água na agricultura (Moura *et al.*, 2020).

Barreiras de Infraestrutura

A infraestrutura insuficiente de coleta e tratamento de esgoto no Brasil representa uma barreira significativa para o reuso de águas residuárias na agricultura. Atualmente, apenas 62,5% da população tem acesso à rede de coleta de esgoto, e somente 52,2% dos esgotos coletados recebem tratamento (Brasil, 2018, 2024). Essa cobertura limitada, especialmente nas regiões Norte e Nordeste, restringe a disponibilidade de água tratada adequada para uso agrícola, impactando diretamente a segurança hídrica e a sustentabilidade do setor.

A eficiência e a distribuição das Estações de Tratamento de Esgoto (ETEs) também influenciam a capacidade de reuso. Das 3.668 ETEs registradas no país, 3.419 estão operacionais (Tabela 2). Apesar de ser um número relativamente alto, a predominância de tecnologias de baixo custo, como lagoas de estabilização e reatores anaeróbios, dificulta a remoção de contaminantes complexos, especialmente os emergentes (Brasil, 2020; De Jesus *et al.*, 2020). Embora essas tecnologias sejam acessíveis, elas não garantem a qualidade da água necessária para o reuso seguro na agricultura. Dessa forma, destaca-se a necessidade de investimentos em tecnologias avançadas, como a filtração por membranas e a osmose reversa, capazes de atender a padrões mais rigorosos de qualidade.

Tabela 2 – Status das estações de tratamento de esgotos no Brasil (ETEs)

Situação da ETE	Número de ETEs
Ativa	3.419
Problemas operacionais (alagamento, salinização etc.) e de manutenção (aeradores, bombas etc.)	11
Em construção/ampliação	60
Projeto/prevista/planejada	10
Inativa/abandonada/desativada	90
Inativa/abandonada/desativada - sem informações	8
Não localizadas - sem informações	70
Total	3.668

Fonte: adaptado de Brasil (2020)

Desafios operacionais, como a falta de mão de obra qualificada e problemas de manutenção, também afetam a eficiência das ETEs. Questões como a formação de incrustações nas membranas de ultrafiltração comprometem o desempenho, exigindo ajustes constantes nos processos e manutenção cuidadosa para assegurar a continuidade do serviço (Yang *et al.*, 2021). A gestão adequada dos resíduos, como lodos, é igualmente essencial para atender às regulamentações ambientais e minimizar o impacto ambiental, garantindo assim um tratamento eficaz e sustentável.

Barreiras Econômicas e Financeiras

Estudos apontam que os altos custos de infraestrutura e a ausência de financiamento adequado representam barreiras significativas ao reuso de águas residuárias no Brasil, especialmente para pequenos agricultores. Sem subsídios ou incentivos econômicos específicos, a implementação de sistemas de tratamento torna-se limitada, reduzindo a viabilidade econômica de práticas de reuso na agricultura (Morris *et al.*, 2021; Silva *et al.*, 2023). Adicionalmente, em países de renda baixa e média, os desafios financeiros são intensificados pelo alto custo de instalação e pela restrição ao acesso a tecnologias de reuso, dificultando a transição para uma economia circular (Nyambiya *et al.*, 2024).

Nesse contexto, alguns estudos sugerem que o uso de economias de escala e parcerias público-privadas pode viabilizar o reuso de água em regiões com restrições financeiras, como demonstrado em Portugal e Itália (Amaral; Martins; Dias, 2023). Porém, no Brasil, a ausência de incentivos financeiros, como subsídios e políticas de precificação adequadas, ainda impede a expansão do reuso. Mecanismos de crédito e benefícios fiscais poderiam facilitar a adoção dessas práticas, além de reduzir os custos iniciais e promover a sustentabilidade no setor agrícola (Cagno *et al.*, 2022; Mankad; Tapsuwan, 2011; Ventura *et al.*, 2019).

Por outro lado, experiências internacionais mostram o impacto positivo de subsídios e incentivos fiscais no estímulo ao reuso em setores agrícolas e industriais, como em Portugal e Espanha (Hettiarachchi; Ardakanian, 2018). Contudo, no Brasil, a estrutura de precificação desconsidera o reuso de água, limitando o desenvolvimento de mecanismos financeiros sustentáveis (Fagundes; Marques, 2023). Mesmo que o clima brasileiro favoreça o uso de processos de tratamento biológicos, que potencialmente reduzem custos, o acesso restrito ao crédito continua a ser um obstáculo para pequenos agricultores, uma parcela essencial do setor agrícola nacional (Mota, 2022; Wichelns; Drechsel; Qadir, 2015).

Além disso, a estrutura tarifária imposta pelo setor regulatório frequentemente impede o financiamento de projetos de reuso. A exigência de que a tarifa de esgoto não ultrapasse a tarifa de água gera um período de recuperação de investimento em saneamento duas vezes maior que o necessário para a rede de água, o que desencoraja investidores (Stepping, 2016). Ainda mais, a falta de regulamentação e políticas tarifárias que reflitam os custos reais e benefícios ambientais do reuso desincentiva a adoção dessa prática. Sem políticas que internalizem os custos ambientais, agricultores tendem a preferir fontes de água convencionais, aumentando ainda mais a pressão sobre os recursos hídricos.

Barreiras Sociais

A percepção pública negativa em relação ao reuso de efluentes tratados na agricultura, conhecida como o "fator nojo", constitui uma barreira significativa, associada ao estigma do esgoto e à falta de conhecimento sobre os processos de tratamento, o que dificulta a aceitação dessa prática, mesmo que sua segurança tenha sido comprovada (Gul *et al.*, 2021; Hashem; Qi, 2021). Além disso, preocupações com a contaminação dos alimentos e a complexidade dos processos agravam essa percepção, reforçando preconceitos e resistência (Lima *et al.*, 2022). Por outro lado, a falta de conhecimento técnico e conscientização entre agricultores, consumidores e o público em geral impede que decisões informadas sejam tomadas, especialmente em regiões onde prevalece a falsa percepção de abundância hídrica (Hashem; Qi, 2021; Kligerman *et al.*, 2023; Morris *et al.*, 2021). De acordo com Machado *et al.* (2017), a capacitação e o fornecimento de informações claras sobre a qualidade dos efluentes tratados poderiam desempenhar um papel crucial na construção de confiança.

Adicionalmente, a desconfiança nas instituições também afeta a aceitação do reuso de água. No caso do Brasil, a falta de investimento em saneamento e a percepção de corrupção agravam a desconfiança pública, de modo que a transparência limitada e a exclusão das comunidades locais dos processos decisórios perpetuam desigualdades e conflitos (Jones *et al.*, 2021). Nesse contexto, Georgiou *et al.* (2023), observam que a percepção de risco sanitário e as preocupações com a segurança da água reciclada influenciam negativamente a aceitação pública, sugerindo que campanhas educativas focadas nos benefícios e na segurança do reuso, especialmente para culturas não alimentícias, poderiam melhorar essa percepção. Faria e Naval, (2022) concordam, enfatizando que uma comunicação transparente e baseada em evidências pode facilitar a aceitação, embora recomendem mais estudos sobre estratégias eficazes de conscientização.

Por outro lado, a percepção de abundância hídrica no Brasil leva muitos a acreditarem que o reuso de águas residuárias é desnecessário, o que também dificulta a aceitação dessa prática. De fato, Santos, Carvalho e Martins (2023) e Viana *et al.* (2022) demonstram que essa crença, junto com o desconhecimento sobre a escassez hídrica e os impactos das mudanças climáticas, contribui para uma gestão ineficiente dos recursos e reforça a ideia de que os potenciais benefícios do reuso não justificariam um risco sanitário para a população. Nesse sentido, Stathatou *et al.* (2017) e Vidotti *et al.* (2024) sugerem que campanhas de educação ambiental e a participação ativa de stakeholders podem ajudar a conscientizar a população sobre os desafios da disponibilidade de água e os benefícios seguros do reuso, promovendo uma visão mais informada e sustentável dessa prática.

Finalmente, a falta de transparência e a percepção de incompetência técnica nas instituições governamentais agravam a resistência pública. De acordo com Alberti *et al.* (2022) sugerem que uma comunicação científica eficaz poderia mitigar a resistência, enquanto Machado *et al.* (2017) destacam que a ausência de diálogo entre governo, empresas de saneamento, agricultores e sociedade civil gera conflitos de interesse, prejudicando, portanto, a implementação de projetos de reuso.

9.4 Discussão

Análise Crítica das Barreiras e da Necessidade de um Enfoque Integrado para o Reuso de Águas Residuais na Agricultura

A literatura destaca a interdependência de diversas barreiras ao reuso de águas residuais na agricultura, indicando que os obstáculos ambientais, de governança, de infraestrutura, econômicos, financeiros e sociais não operam de maneira isolada, mas influenciam-se mutuamente. Em particular, observa-se que problemas ambientais, como a salinização do solo e a possível contaminação de aquíferos, estão diretamente ligados a limitações na infraestrutura e na tecnologia de tratamento, sugerindo uma relação complexa entre ambos os fatores (Lee; Jepson, 2020). Contudo, os estudos revisados não aprofundam como essa interdependência poderia variar de acordo com as condições socioeconômicas e tecnológicas de cada contexto, deixando espaço para futuras pesquisas nessa linha.

No nível de governança, argumenta-se que a fragmentação regulatória e a ausência de normativas nacionais claras limitam a formulação de diretrizes unificadas para o reuso, o que afeta a coordenação entre os atores e dificulta a mitigação de barreiras ambientais e infraestruturais. Morris *et al.* (2021) sugerem que um marco de governança integral poderia facilitar essa coordenação, embora não se avalie como adaptar esses modelos a contextos com diferentes realidades políticas e prioridades dos atores envolvidos.

A disponibilidade de financiamento surge como outro fator crítico; a falta de recursos e de incentivos econômicos limita a implementação de tecnologias avançadas de tratamento e a expansão da infraestrutura, afetando a viabilidade econômica e ambiental do reuso (Vardopoulos et al., 2021). Embora esse aspecto seja amplamente documentado, a literatura ainda não explora detalhadamente a implementação de mecanismos financeiros que integrem a sustentabilidade ambiental e econômica em projetos de reuso.

No âmbito social, a desconfiança nas instituições e a percepção de abundância de recursos hídricos contribuem para uma resistência pública ao reuso de águas residuais. Morris et al. (2021) relacionam essa resistência à falta de campanhas educativas, indicando que esforços maiores em comunicação poderiam melhorar a aceitação pública. No entanto, ainda não se explora em profundidade como essas estratégias de conscientização poderiam ser adaptadas a diferentes contextos culturais e sociais, um aspecto que poderia influenciar na efetividade dessas campanhas.

Em conjunto, os estudos revisados sugerem que uma abordagem integrada entre governança, financiamento, infraestrutura e fatores ambientais e sociais poderia melhorar a viabilidade do reuso de águas na agricultura. Todavia, embora esses enfoques integrados pareçam necessários, persistem desafios quanto à sua adaptação e aplicação em contextos específicos, aspectos que a literatura identifica, mas não aborda exaustivamente (Lee; Jepson, 2020; Morris et al., 2021; Vardopoulos et al., 2021).

9.5 Conclusões

Este estudo revisou as barreiras e desafios para o reuso de águas residuárias na agricultura brasileira, destacando os aspectos ambientais, institucionais, infraestruturais, econômicos e sociais que influenciam a adoção desta prática.

Primeiramente, os resultados indicam que o reuso de efluentes agrícolas impõe riscos ambientais significativos, como a salinização do solo, contaminação de aquíferos e presença de contaminantes emergentes, os quais podem comprometer tanto a produtividade agrícola quanto a saúde pública. Esses fatores ressaltam a necessidade de tecnologias de tratamento mais avançadas e de um monitoramento constante para mitigar os impactos negativos.

Do ponto de vista institucional, a falta de uma legislação nacional uniforme e a complexidade dos arranjos regulatórios dificultam a implementação de políticas coesas para o reuso de águas. A fragmentação regulatória e a sobreposição de responsabilidades entre os diversos níveis governamentais prejudicam a coordenação e a eficácia das iniciativas de reuso, sugerindo a importância de desenvolver diretrizes nacionais que incentivem uma abordagem integrada.

Em relação à infraestrutura, a limitada cobertura de tratamento de esgoto e a prevalência de tecnologias de tratamento menos eficazes para a remoção de contaminantes emergentes limitam a viabilidade do reuso de água na agricultura. Investimentos em infraestrutura e em tecnologias avançadas são essenciais para ampliar a capacidade de reuso e garantir a segurança da água aplicada nas culturas.

Além disso, o alto custo das infraestruturas necessárias e a escassez de incentivos financeiros constituem barreiras econômicas substanciais, especialmente para pequenos agricultores. A implementação de subsídios e mecanismos de crédito específicos para o setor agrícola poderia viabilizar a adoção mais ampla de práticas de reuso.

Por fim, as barreiras sociais, especialmente a percepção negativa do público quanto ao reuso de águas residuárias, destacam a necessidade de campanhas educativas para melhorar a aceitação pública. A disseminação de informações claras sobre os processos de tratamento e os benefícios do reuso pode reduzir o estigma associado a essa prática, promovendo uma visão mais sustentável.

Em síntese, o reuso de águas residuárias na agricultura brasileira apresenta potencial para contribuir com a segurança hídrica do país. No entanto, para que essa prática se torne viável e sustentável, é crucial uma abordagem integrada que inclua políticas de governança claras, suporte financeiro, investimento em infraestrutura e um enfoque educacional robusto voltado para a aceitação pública.

REFERÊNCIAS

ALBERTI, Márcio Alexandre *et al*. The challenge of urban food production and sustainable water use: Current situation and future perspectives of the urban agriculture in Brazil and Italy. **Sustainable Cities and Society**, [*s. l.*], v. 83, 2022.

AMARAL, António L.; MARTINS, Rita; DIAS, Luís C. Operational drivers of water reuse efficiency in Portuguese wastewater service providers. **Utilities Policy**, [s. l.], v. 83, 2023.

AGÊNCIA NACIONAL DE ÁGUAS E SANEAMENTO – ANA. **Manual de usos consuntivos da água no Brasil**. [S. l.]: ANA, 2019.

BARBOSA, Aline Michelle da Silva *et al*. Impact of treated sewage effluent on soil fertility, salinization and heavy metal content. **Soil and Plant Nutrition**, [s. l.], v. 81, 2021.

BRASIL. **Atlas Esgotos**: Atualização da base de dados de estações de tratamento de esgotos no Brasil. [S. l.: s. n.], 2020. Disponível em: http://www.ana.gov.br. Acesso em: 14 jun. 2024.

BRASIL. **Conjuntura dos recursos hídricos no Brasil 2018**: informe anual. [S. l. : s. n.], 2018. Disponível em: https://www.snirh.gov.br/portal/centrais-de-conteudos/conjuntura-dos-recursos-hidricos/informe_conjuntura_2018.pdf. Acesso em: 29 fev. 2024.

BRASIL. **Conjuntura dos Recursos Hídricos no Brasil 2023**: informe anual. [S. l.: s. n.], 2024. Disponível em: www.gov.br/ana/pt-br. Acesso em: 10 jun. 2024.

BRASIL. **Lei nº 11.445, de 5 de janeiro de 2007**. Brasília: [s. n.], 2007.

CABRAL, Natalina Maria Tinôco; RIGHETTO, Antonio Marozzi; QUEIROZ, Marcelo Augusto. **Comportamento do nitrato em poços do aqüífero Dunas/Barreiras em Natal/RN**. [S. l. : s. n.], 2009.

CAGNO, Enrico *et al*. Adoption of water reuse technologies: An assessment under different regulatory and operational scenarios. **Journal of Environmental Management**, [s. l.], v. 317, 2022.

DE JESUS, Fernanda Lamede Ferreira *et al*. Wastewater for irrigation in brazil: A chemical, physical and microbiological approach. **IRRIGA**, [s. l.], v. 25, n. 3, p. 562-589, 2020.

FAGUNDES, Thalita Salgado; MARQUES, Rui Cunha. Challenges of recycled water pricing. **Utilities Policy**, [s. l.], v. 82, 2023.

FAO AND UN WATER. **Progress on the level of water stress**. Global status and acceleration needs for SDG Indicator 6.4.2. Rome: FAO; UN Water, 2021.

FARIA, Daniella Costa; NAVAL, Liliana Pena. Wastewater reuse: perception and social acceptance. **Water and Environment Journal**, [s. l.], v. 36, n. 3, p. 433-447, 2022.

FERREIRA, Josilei da Silva. **Processos oxidativos avançados na produção de água de reuso a partir de efluente sanitário tratado**: remoção de contaminantes emergentes. 2022. Tese (Doutorado em Ciências) – Centro De Ciências Exatas e de Tecnologia, Universidade Federal de São Carlos, São Carlos, 2022. Disponível em: https://repositorio.ufscar.br/handle/ufscar/16419. Acesso em: 4 jun. 2024.

FICO, Giulianna Costa *et al.* Water reuse in industries: analysis of opportunities in the Paraíba do Sul river basin, a case study in Presidente Vargas Plant, Brazil. **Environmental Science and Pollution Research**, [s. l.], v. 29, n. 44, p. 66085-66099, 2022.

GEORGIOU, Isabella *et al.* **Assessing the potential of water reuse uptake through a private–public partnership**: a practitioner's perspective. [S. l.]: Springer Nature, 2023.

GUL, S. *et al.* Reclaimed wastewater as an ally to global freshwater sources: a PESTEL evaluation of the barriers. **Aqua Water Infrastructure, Ecosystems and Society**, [s. l.], v. 70, n. 2, p. 123-137, 2021.

HANDAM, Natasha Berendonk *et al.* Sanitary quality of reused water for irrigation in agriculture in Brazil. **Revista Ambiente e Água**, [s. l.], v. 17, n. 2, p. 445-458, 2022.

HASHEM, Mahmoud S.; QI, Xue Bin. Treated wastewater irrigation-a review. **Water**, Switzerland, [s. l.], v. 13, n. 11, 2021.

HETTIARACHCHI, Hiroshan; ARDAKANIAN, Reza. **Safe use of wastewater in agriculture**. Dresden, Sachsen: Springer, 2018.

JONES, Edward R. *et al.* Country-level and gridded estimates of wastewater production, collection, treatment and reuse. **Earth System Science Data**, [s. l.], v. 13, n. 2, p. 237-254, 2021.

KLIGERMAN, Débora Cynamon *et al.* **Path toward sustainability in wastewater management in Brazil**. [S. l.]: Multidisciplinary Digital Publishing Institute (MDPI), 2023.

LEE, Kyungsun; JEPSON, Wendy. Drivers and barriers to urban water reuse: a systematic review. **Water Security**, [s. l.], v. 11, 2020.

LIMA, Maíra Araújo de Mendonça *et al*. Water reuse in Brazilian rice farming: application of semiquantitative microbiological risk assessment. **Water Cycle**, [s. l.], v. 3, p. 56-64, 2022.

LIMA, Maíra *et al*. Water reuse potential for irrigation in Brazilian hydrographic regions. **Water Supply**, [s. l.], v. 21, n. 6, p. 2799-2810, 2021.

MACHADO, A. I. *et al*. **Overview of the state of the art of constructed wetlands for decentralized wastewater management in Brazil**. [S. l.]: Academic Press, 2017.

MANKAD, Aditi; TAPSUWAN, Sorada. **Review of socio-economic drivers of community acceptance and adoption of decentralised water systems**. [S. l.]: Academic Press, 2011.

MARANGON, Bianca Barros *et al*. Reuse of treated municipal wastewater in productive activities in Brazil's semi-arid regions. **Journal of Water Process Engineering**, [s. l.], v. 37, 2020.

MORRIS, J. C. *et al*. Barriers in Implementation of Wastewater reuse: identifying the way forward in closing the loop. **Circular Economy and Sustainability**, [s. l.], v. 1, n. 1, p. 413-433, 2021.

MOTA, Suetonio. Reuso de águas no Brasil: situação atual e perspectivas. **Revista AIDIS de Ingeniería y Ciencias Ambientales. Investigación, desarrollo y práctica**, [s. l.], v. 15, n. 2, p. 666, 2022.

MOURA, Priscila Gonçalves *et al*. **Water reuse**: a sustainable alternative for Brazil. [S. l.]: ABES - Associação Brasileira de Engenharia Sanitária e Ambiental, 2020.

NYAMBIYA, Isaac *et al*. Circular economy drivers, opportunities, and barriers, for wastewater services within low- and medium-income countries. **SSRN**, [s. l.], 2024. Disponível em: https://ssrn.com/abstract=4773853. Acesso em: 5 jul. 2024.

PIVETTA, Glaucia Ghesti; GASTALDINI, Maria do Carmo Cauduro. Presence of emerging contaminants in urban water bodies in southern Brazil. **Journal of Water and Health**, [s. l.], v. 17, n. 2, p. 329-337, 2019.

SANTOS, Silvânio R. *et al*. Changes in soil chemical properties promoted by fertigation with treated sanitary wastewater. **Engenharia Agricola**, [s. l.], v. 37, n. 2, p. 343-352, 2017.

SANTOS, Raiany Sandhy Souza *et al.* Groundwater Contamination in a rural municipality of Northeastern Brazil: application of geostatistics, geoprocessing, and geochemistry techniques. **Water, Air, and Soil Pollution**, [s. l.], v. 235, n. 3, 2024.

SANTOS, Eleonora; CARVALHO, Milena; MARTINS, Susana. Sustainable water management: understanding the socioeconomic and cultural dimensions. **Sustainability,** Switzerland, [s. l.], v. 15, n. 17, 2023.

SILVA, Juliano Rezende Mudadu *et al.* Greywater as a water resource in agriculture: the acceptance and perception from Brazilian agricultural technicians. **Agricultural Water Management**, [s. l.], v. 280, 2023.

STATHATOU, P. M. *et al.* Creating an enabling environment for WR&R implementation. **Water Science and Technology,** [s. l.], v. 76, n. 6, p. 1555-1564, 2017.

STEFANO, Paulo Henrique Prado *et al.* Transport of emerging contaminants: a column experimental study in granitic, gneissic, and quaternary alluvial soils from Porto Alegre, Southern Brazil. **Environmental Monitoring and Assessment**, [s. l.], v. 193, n. 5, 2021.

STEPPING, Katharina M. K. **Urban sewage in Brazil**: drivers of and obstacles to wastewater treatment and reuse: governing the water-energy-food nexus series. [S. l.]: Deutsches Institut für Entwicklungspolitik gGmbH, 2016.

UN WATER - UNESCO. **Partnerships and cooperation for water - The United Nations World Water Development Report 2023**. [s. l.: s. n.], 2023. Disponível em: https://en.unesco.org/wwap. Acesso em: 2 nov. 2024.

VARDOPOULOS, Ioannis *et al.* An integrated swot-pestle-ahp model assessing sustainability in adaptive reuse projects. **Applied Sciences (Switzerland)**, [s. l.], v. 11, n. 15, 2021.

VENTURA, Delia *et al.* How to overcome barriers for wastewater agricultural reuse in Sicily (Italy)? **Water (Switzerland)**, [s. l.], v. 11, n. 2, 2019.

VIANA, Felipe Jorge *et al.* Water rationalization in Brazilian irrigated agriculture. **Agronomy Science and Biotechnology**, [s. l.], v. 8, p. 1-15, 2022.

VIDOTTI, Débora Beatriz Maia *et al.* A qualitative risk assessment model for water reuse: risks related to agricultural irrigation in Brazil. **Science of the Total Environment**, [s. l.], v. 931, 2024.

VOLTOLINI, Lisiana Crivelenti; BASTOS, Reinaldo Gaspar; SOUZA, Claudinei Fonseca. A simple system for ozone application in domestic sewage for agriculture reuse. **Revista Ambiente e Água**, [s. l.], v. 17, n. 6, p. 445-458, 2022.

WICHELNS, Dennis; DRECHSEL, Pay; QADIR, Manzoor. **Wastewater**: economic asset in an urbanizing world. [S. l.]: Springer Netherlands, 2015.

YANG, J. *et al*. Ultrafiltration as tertiary treatment for municipal wastewater reuse. **Separation and Purification Technology**, [s. l.], v. 272, 2021.

Capítulo 10

DESPERDÍCIO DE ALIMENTOS NO VAREJO SUPERMERCADISTA: A VISÃO DE GESTORES E OPERADORES DE LOJAS

Stella Domingos
Sylmara Lopes Francelino Gonçalves Dias

10.1 Introdução

O objetivo desta pesquisa foi investigar o que pensam os funcionários que trabalham nos supermercados varejistas sobre o desperdício de alimentos, quais as causas do desperdício neste setor e quais medidas preventivas podem ser utilizadas frente à problemática. A produção alimentar causa impactos ambientais ao longo de toda a cadeia, como a produção de gases de efeito estufa. A redução do desperdício pode contribuir com a diminuição desses impactos (Scholz; Eriksson; Strid, 2015). Nesse sentido, o conhecimento sobre o desperdício e sua dimensão, principalmente pelas pessoas que trabalham diretamente na cadeia de alimentos, é fundamental para agregar valor aos processos realizados pelos funcionários.

O desperdício de alimentos ocorre em toda a cadeia de produção de frutas, legumes e verduras (FLV), dos campos até os mercados varejistas[1]. O desperdício relaciona-se ao escoamento de produtos e escolhas humanas evitáveis (Cézar, Baker, Rohr, 2018) além de decisões tomadas dentro da cadeia alimentar (Cicatiello *et al.*, 2016). Assim, o desperdício é o descarte intencional ou negligente, está diretamente vinculado ao comportamento de varejistas e consumidores (FAO, 2013) e o prejuízo ambiental se torna maior à medida que a inutilização do alimento se aproxima do final da cadeia (Benitez, 2013). Quando ocorre no final da cadeia, nos supermercados, tem um impacto ainda maior devido ao gasto de energia despendido ao longo dos processos operacionais até a chegada do alimento no mercado e no consumidor final. Por essa razão, a mitigação das causas que levam ao aumento do desperdício é um importante fator que contribui com a diminuição do gasto energético desnecessário, diminuição de resíduos direcionados aos aterros sanitários e lixões, corresponsáveis pela degradação ambiental do planeta.

Este estudo caracteriza-se por ser de tipo exploratório qualitativo sobre o desperdício de FLV no varejo supermercadista na perspectiva de funcionários de lojas. Os resultados foram oriundos de entrevistas realizadas com funcionários e com o apoio da literatura. A análise temática foi utilizada para organizar as entrevistas.

10.2 A cadeia de alimentos e o desperdício

A cadeia de alimentos caracteriza-se por ser a série de atividades conectadas destinadas a produzir, processar, distribuir e consumir alimentos (Fusions, 2014, p. 8). A abordagem do varejista deve começar desde a seleção do fornecedor de alimento, recebimento dos produtos e armazenamento no supermercado. Para que os alimentos cheguem à mesa dos consumidores, são transpostas etapas (Figura 1) que muitas vezes expõem esses produtos à maturação e consequente descarte.

Ao longo dessa cadeia, as P&DA (perdas e desperdício de alimentos) ocorrem praticamente em todas as etapas (Chaboud, 2017). A Figura 1 exemplifica uma cadeia de fornecimento de alimentos, expondo o caminho que o alimento, no caso FLV, deve percorrer para chegar à mesa dos consumidores. Nesse trajeto, o manuseio e transporte dos produtos levam às P&DA, que acumulam e se sobrepõem ao longo do processo (Chaboud, 2017). Portanto, a maior proximidade entre a produção e o mercado consumidor é importante para que o tempo de transporte diminua, facilitando a diminuição da maturação dos produtos e de P&DA. Para que as FLV cheguem à mesa do consumidor, são necessários três eventos de transportes, não levando em conta o transporte da loja pelo consumidor, que eventualmente pode danificar os alimentos. Como exemplo de iniciativas para encurtamento do transporte, tem-se a criação de cinturões verdes nos entornos das cidades, as agroflorestas urbanas, além do fomento do consumo de FLV produzidos na região, próximos aos varejistas, que não precisem atravessar o país para serem vendidos.

Os supermercadistas e o desperdício de alimentos

Conforme retrata a Associação Brasileira de Supermercados, em pesquisa realizada em 228 redes de mercados (ABRAS, 2021), as principais causas do desperdício no varejo, no ano de 2019, corresponderam a quebra operacional (48%), furto externo (16%), erros de inventário (10%), erros administrativos (10%), furto interno (7%), fornecedores (5%) e outros ajustes (4%). Com exceção do furto externo, as causas acima estão diretamente relacionadas ao comportamento daqueles envolvidos na operação da loja, além de fatores anteriores à chegada dos alimentos no varejo.

Um conceito que relaciona perdas e desperdícios é o relativo à quebra operacional. A quebra operacional reflete todos os produtos que foram desviados de alguma forma do objetivo final, que é a venda. Porém, como citado por Buzby et al. (2015), alguns desses produtos não necessariamente foram desperdiçados, como no caso de furtos, ou seja, os produtos podem ter sido consumidos e não terem sido descartados para o lixo. Dessa forma, as perdas e o desperdício podem ser considerados uma categoria dentro da quebra operacional. No Brasil, em 2019, as perdas, que englobam todos os produtos dos supermercados, alimentícios ou não, foram equivalentes a 7,6 bilhões, ou seja, 1,79% do faturamento bruto (ABRAS, 2021). Dentre os alimentos que apresentam a maior perda e desperdício, encontram-se as frutas, legumes e verduras (Santos, 2021).

Figura 1 - Cadeia de fornecimento de alimento

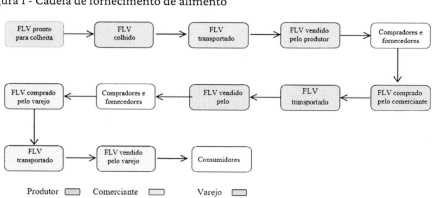

Fonte: adaptado de Chaboud (2017)

A tomada de decisão dentro do processo operacional no varejo influencia no descarte de produtos. Como exemplo, a ausência de responsabilização do supermercado varejista, evidenciado no retorno de mercadorias para o fornecedor, é uma dessas ações. A política de devolução de mercadorias para o fornecedor foi abordada pelo artigo de Eriksson *et al.* (2017), demonstrando sua contribuição para o aumento do desperdício de alimentos.

No caso da política de devolução de produtos, os supermercados estão isentos da responsabilidade sobre as mercadorias, expondo grande volume de produtos que provavelmente não serão vendidos. Desta forma, a ausência de vendas aumenta a possibilidade de troca de produtos próximos à expiração ou já expirados, ocasionando o desperdício. O armazenamento correto dos alimentos dentro dos supermercados é também um fator importante e está relacionado a estrutura e aos equipamentos adequados, que devem estar em concordância à legislação sanitária. Eriksson, Strid e Hansson (2016) realizaram um estudo específico a respeito do efeito da temperatura sobre o desperdício de alimentos no supermercado varejista. Esse estudo avaliou o papel da temperatura no armazenamento e prevenção do desperdício de alimento do supermercado varejista. Foi possível observar que a diminuição da temperatura em freezers verticais levou à maior sobrevida dos produtos, minimizando o desperdício de alimentos. A literatura discute, portanto, que a cadeia de supermercados possui grande potencial de diminuição de desperdício de alimentos, por estimular a demanda de produtos e influenciar os consumidores, fornecedores e produtores (Dreyer; Dukovska-Popovska; Quan, 2019).

10.3 Procedimentos metodológicos

O estudo foi realizado em cinco redes de varejistas, cada um considerado um caso. A determinação do número de casos foi vinculada ao interesse das lojas das redes de supermercados em participar da pesquisa. Foram realizadas entrevistas semiestruturadas com 21 funcionários de supermercados. As entrevistas tiveram a finalidade de identificar as causas do desperdício sob a percepção das pessoas que trabalham diretamente com esses alimentos e as possíveis contribuições para a prevenção, foram realizadas in loco, por e-mail e por aplicativo do celular, conforme disponibilidade e escolha do entrevistado. Essa escolha deveu-se as entrevistas terem ocorrido entre 2020 e 2021 durante o período de pandemia da Covid-19, que impossibilitou a realização de entrevistas somente de maneira presencial.

Participaram das entrevistas encarregados das FLV, gerentes, nutricionista, consultores, inspetores de qualidade, responsável por empresa terceirizada e compradores. O quadro 1 mostra o perfil dos casos e entrevistas realizadas.

Quadro 1 - Perfil dos casos selecionados para o estudo

Casos	Caso A	Caso B	Caso C	Caso D	Caso E
Tipo de lojas	Supermercado	Supermercado	hipermercado atacadista	Supermercado	minimercado hortifrúti varejista/loja de vizinhança
Número de entrevistas	2	10	0	8	2
Tamanho m^2	2200	1044	21000	-	150
Número de checkouts	11	12: 2 deliveries; 2 self-checkouts; 2 lanchonetes e 6 comuns	18	-	2
Localização (município)	Santo André/centro	São Paulo/oeste	São Paulo/norte	São Paulo	São Paulo/oeste
Número de funcionários	130, fora os terceirizados	124	160	10000 (toda a rede)	15
Características rede varejista	Fundada em 1954, cooperativa de consumo varejista, loja colaborativa, sem objetivo de lucro, 32 unidades de supermercados em dez cidades no estado de SP.	Fundada em 1889, varejista com foco no hortifrúti, 59 unidades, presente em quatro estados, 7000 funcionários.	Fundado em 1968, presente em 23 Estados, com 62 unidades.	Fundado em 1974, 39 lojas no estado de São Paulo, 10000 funcionários.	Fundado em 2017, somente uma loja, 15 colaboradores, 3% de quebra, delivery direto e de empresa para empresa (b2b).

Fonte: elaborado pelas autoras (2021)

As entrevistas foram realizadas com o apoio de um roteiro de 8 tópicos relacionados ao desperdício de alimentos: (a) O que significa desperdício de alimentos para você? (b) Você acredita que o papel do varejo é importante na cadeia de alimentos em relação ao desperdício de alimentos? Porque? (c) No varejo de alimentos, quais as causas que você pode identificar relacionadas ao descarte de produtos? (d) Em relação ao hortifruti, o que você considera como a causa mais importante do descarte desses alimentos? (e) Quais medidas você considera que sejam relevantes para diminuir o desperdício de hortifrúti? (f) Quais os impactos socioambientais que você poderia relacionar ao desperdício de alimentos? (g) Antes e após o descarte do varejo, o que você considera que possa ser feito para o aproveitamento e diminuição do impacto ambiental do hortifrúti? (h) Você acredita que o varejo influencia nas decisões tomadas pelo consumidor em relação ao desperdício de hortifrúti, tanto positivamente como negativamente?

As entrevistas presenciais tiveram duração de 4 a 20 minutos, gravadas e transcritas pela pesquisadora. As respostas dos entrevistados foram codificadas para manter o anonimato das entrevistas, conforme lista disponível no quadro 2.

A análise utilizada nesta pesquisa foi a análise temática indutiva essencialista (Braun; Clarke, 2006). Esse tipo de análise é utilizada para organizar, analisar e relatar temas encontrados nas entrevistas, selecionados pelo pesquisador, baseando-se na orientação dos dados que são fornecidos unicamente pelos entrevistados. Ao longo do processo de elaboração dos resultados, as entrevistas realizadas em todas as lojas foram adicionadas às notas da observação *in loco* como forma de enriquecer as informações de cada uma das unidades de estudo. Para esse enriquecimento, foram utilizados os dados primários empíricos (entrevistas, quantificação do desperdicio de FLV de cada loja). Para ampliar o entendimento do contexto, também se apoiou em estudos sobre o desperdício de FLV provenientes da revisão de literatura e sobre a análise da conjuntura (Marcondes; Brisola, 2014). Dessa forma, foi utilizado o método de triangulação de dados.

Quadro 2 - Caracterização e codificação dos entrevistados por Caso

Redes/ Casos de varejos	Código	Cargo	Sexo	Tempo de entrevista	Formato da entrevista
Caso A	Gerente2A	Gerente	masculino	15 min	Pessoalmente
Caso A	Terceirizado1A	funcionário empresa terceirizada	masculino	10 min	Pessoalmente
Caso B	Gerente1B	Gerente	masculino	8 min	Pessoalmente
Caso B	Gerente3B	Gerente	masculino	20 min	Pessoalmente
Caso B	Gerente5B	Gerente	masculino	18 min	Pessoalmente
Caso B	Gerente6B	Gerente	masculino	-	E-mail
Caso B	Gerente7B	Gerente	masculino	20 min	Pessoalmente
Caso B	Lider1B	Líder/encarregado FLV	masculino	10 min	Pessoalmente
Caso B	Líder2B	Líder/encarregado FLV	masculino	5 min	Pessoalmente
Caso B	Líder3B	Líder/encarregado FLV	masculino	7 min	Pessoalmente
Caso B	Líder4B	Líder/encarregado FLV	feminino	5 min	Pessoalmente
Caso B	Líder5B	Líder/encarregado FLV	masculino	5 min	Pessoalmente
Caso D	Gerente4D	Gerente	masculino	-	E-mail
Caso D	Nutricionista1D	Nutricionista	feminino	-	E-mail
Caso D	Comprador2D	Comprador e acionista	masculino	-	E-mail
Caso D	Comprador3D	Comprador	masculino	-	E-mail

Redes/ Casos de varejos	Código	Cargo	Sexo	Tempo de entrevista	Formato da entrevista
Caso D	Líder6D	Líder/encarregado FLV	masculino	-	E-mail
Caso D	Inspetor de qualidade1D	Inspetor de qualidade	masculino	-	E-mail
Caso D	Inspetor de qualidade2D	Inspetor de qualidade	feminino	-	E-mail
Caso E	Consultor1E	Consultor	masculino	-	Aplicativo
Caso E	Comprador1E	Comprador	masculino	-	Aplicativo

Nota: Para esclarecer a nomenclatura utilizada nas definições de descarte de alimento, é necessária a diferenciação entre perda e desperdício, com o intuito de padronizar a nomenclatura utilizada. A perda e o desperdício de alimentos ocorrem mais frequentemente no início da cadeia, em países em desenvolvimento, nas etapas de produção, enquanto em países desenvolvidos, são evidenciadas mais frequentemente no final da cadeia, como varejo e nas casas dos consumidores, parte em que ocorre o maior gasto energético ambiental (Gustavsson; Stage, 2011).

10.4 O desperdício de alimentos na visão dos gestores e operadores do varejo supermercadista

Observou-se por meio das entrevistas que o desperdício de alimentos é um assunto que preocupa os funcionários do varejo, principalmente pelo fato de estar relacionado à quebra e à perda financeira da empresa. A maioria dos entrevistados teve a percepção de que não somente o varejo é responsável pelo desperdício, mas também citaram o comportamento do consumidor no momento da compra e as tomadas de ação antes da chegada dos alimentos no varejo como fatores relevantes. O estudo de Cicatiello e Franco (2020) também ressaltou que o desperdício de alimentos representa uma questão comercial significativa para os varejistas, uma vez que as margens de lucro são baixas e o custo operacional é alto nas lojas.

Da análise das entrevistas, foram obtidos três temas principais: comportamento dos consumidores, o papel do varejo no desperdício e o impacto socioambiental. Os temas foram divididos em subtemas. As causas do desperdício das FLV e medidas preventivas do seu desperdício evidenciadas pelos entrevistados foram agrupadas por áreas afins.

Sobre comportamento do consumidor no contexto do desperdício

Na visão da maioria dos entrevistados, ao mesmo tempo que o consumidor se preocupa com ações positivas em relação às questões socioambientais, como doações e destinação correta de resíduos, por vezes, apresenta ação contrária que não colabora com a prevenção do desperdício de FLV, como manuseio excessivo de produtos no momento da compra, outras vezes, realiza compra excessiva de alimentos. Nesse sentido, verificou-se em grande parte das entrevistas que os funcionários acreditam que há a necessidade de educar os consumidores em relação ao seu papel frente ao desperdício, tanto no momento da compra, como também em relação ao volume da compra. No tema o comportamento do consumidor, dois subtemas foram ressaltados: (1) educação e o conhecimento do consumidor e (2) a percepção socioambiental.

- **A educação e o comportamento do consumidor**

Os funcionários entrevistados acreditam no pouco conhecimento dos consumidores em relação ao papel que eles desempenham no desperdício, como manuseio excessivo, exigência de qualidade e perfeição. Autores como Cicatiello *et al.* (2016) e Parfit, Barthel e Macnaughton (2010), também discutem a necessidade de abordagens educacionais pelo poder público em políticas contra o desperdício no varejo levando em conta a importância da sensibilização do consumidor. Essa sensibilização pode ser dentro do ponto de venda no momento da compra, com ações como comprar o necessário, não manusear os produtos e comprar produtos imperfeitos que apresentem qualidade. Também ações na casa do consumidor foram listadas como o aproveitamento de produtos e armazenagem correta, para que o alimento tenha uma sobrevida maior. A pesquisa de Audet e Brisebois (2019) corrobora o resultado, evidenciando que na visão dos gerentes, o desperdício ocorre principalmente na casa do consumidor, e não dentro da loja. O Líder5B, por exemplo, diz que a avaria dos produtos pelos clientes em loja é um dos principais fatores de desperdício na loja, assim como a maturação. Em pesquisa realizada por Teller *et al.* (2018), a primeira causa do desperdício é o manuseio do cliente. O manuseio aumenta o grau de avaria e maturação dos produtos, uma vez que os clientes apertam os produtos.

Muitas vezes, os produtos estão com algum nível de maturação e, por essa razão, o consumidor não compra, como evidenciado pelo entrevistado Gerente2A: —a gente acaba tendo que jogar fora, pois o cliente da cooperativa não compra, são produtos que podem estar um pouquinho passados... só que são um produto bom... Esse gerente acredita que o varejo pode educar o consumidor nesse sentido. Os produtos mais sensíveis ao manuseio são mais facilmente perdidos no supermercado, como citado por Gustavsson e Stage (2011). Um dos entrevistados (Terceirizado1A) diz que: —o cliente chega e sai revirando para achar o que ele quer e não está nem aí com quem vai escolher depois. Já o gerente Gerente5B observou que: deu pra perceber bastante nessa pandemia [...] muitos clientes chegam, querem comprar, levar bastante coisa. Ele pega, vai jogando de qualquer jeito em cima da banca [...] joga para um lado, joga para o outro... ah aquela está mais verdinha, vai jogando; isso de jogar para o lado, tem uns produtos que são mais sensíveis. Com a pandemia a gente pode ver que o ser humano é muito egoísta. Moraes *et al.* (2020), por outro lado, relatam que o manuseio incorreto pelo próprio funcionário da loja também prejudica o alimento e contribui para a maturação dos produtos e deve ser levado em consideração. Além das questões relacionadas à manipulação do produto, a variação climática influencia o comportamento do consumidor e a sazonalidade influencia no desperdício de produtos de acordo com a época do ano (Corrado *et al.*, 2019), como citado por Líder1B. Esse líder relata que em finais de semana de calor vende-se mais FLV se comparado aos finais de semanas de frio. Dessa forma, o funcionário da loja precisa estar atento à exposição dos produtos para que não ocorra falta ou desperdício dos mesmos. A influência da sazonalidade demonstra a complexidade da operação do varejo e a necessidade de lidar com fatores muitas vezes difíceis de prever, tanto dentro como fora da loja. As mudanças de hábito do consumidor brasileiro também são evidentes nos últimos anos, como relata o entrevistado Comprador2D, que acredita que houve uma grande mudança, principalmente em relação à atitude nas compras. Na atualidade, os consumidores compram somente o necessário, devido à moeda estável no Brasil nos últimos anos. No passado, os consumidores brasileiros compravam em grande volume, dois a três carrinhos de supermercado, devido à inflação, e assim aumentava a chance de desperdício.

- **Percepção socioambiental da empresa**

Alguns entrevistados consideram que o consumidor gosta de saber que a loja na qual faz suas compras possui ações socioambientais, como doação de alimentos e destinação correta dos resíduos, por exemplo. O funcionário Terceirizado1A relata que os clientes [...] ficam muito mais contentes e conformados quando a loja faz um trabalho de doação.... De acordo com Gerente3B, o consumidor hoje está atento e quer saber se o varejo atende às questões ambientais e o que ele faz com os produtos que não vende. Nessa perspectiva, na atualidade, os consumidores se importam com as tomadas de decisões dos supermercados varejistas em relação aos impactos sociais (Gonçalves-Dias; Teodósio, 2012). Como citado por Consultor1D, se o cliente souber que a loja joga mercadoria fora e prejudica o meio ambiente, ele se afastará da loja.

Sobre o papel do varejo no desperdício de alimentos

Esse tema pode ser dividido em três subtemas: conhecimento dos processos, poder de influência do varejo e percepção de qualidade.

Quanto ao conhecimento dos processos, a loja precisa conhecer e aprimorar os processos operacionais com o objetivo de diminuir o desperdício, além de investir nos funcionários. De acordo com Santos (2021), cada loja possui um tipo de perda, devido às diferenças e peculiaridades de cada supermercado, como os formatos da loja (e-commerce, hipermercado, por exemplo) e variedade de produtos. Dois dos líderes de loja (Líder1B e o Líder6D) acreditam que o setor de FLV é responsável por 80% do desperdício da loja. Mondello *et al.* (2017) verificaram em seu estudo na Itália que as frutas e verduras corresponderam a 79% de desperdício. O entrevistado Gerente3B acredita que, na maioria das vezes, o varejo compra mais do que deveria e relata que o pedido assertivo é a medida mais importante na redução do desperdício, seguido pelo armazenamento correto. Segundo o entrevistado, o desperdício está relacionado à perda econômica do varejo: [...] quando a gente joga fora um determinado produto você está jogando praticamente dinheiro fora [...]. Quando ocorre o desperdício, o gerente acredita que [...] dói um pouco né [...] da gente ver todo o trabalho que foi feito e o produto ser desperdiçado [...] referindo-se ao trabalho do produtor, transporte e comprador.

O erro do pedido é visto como o principal fator de contribuição para o desperdício para 15 entre 21 entrevistados. O entrevistado Terceirizado1A relata que um erro de pedido de bananas ocasionou o descarte excessivo desse produto e que, no dia a dia, esse erro não fazia parte da normalidade. Já Gerente4D acredita que para a diminuição de desperdício não só se deve fazer a compra adequada com base em média de vendas, mas também conhecer o público alvo.

O entrevistado Gerente6B acredita que falta tecnologia para maior controle do estoque e agilidade na tomada de decisão dos estoques excedentes. Para contribuir com o acerto do pedido, a tecnologia pode aperfeiçoar a previsibilidade da demanda, e ajudar no melhor entendimento do supermercado (Belik, 2005). Já o Gerente5B relata que o desperdício ocorre por razões operacionais, do fornecedor e do cliente, que também tem um papel relevante. Em relação ao desperdício, o aproveitamento de produtos tanto no setor de processados como no refeitório são alternativas importantes: [...] a gente tem uma pessoa treinada e tem o acompanhamento da nutricionista. A nutricionista vai ver o que realmente vai ser reaproveitado [...] tem nosso olho clínico, mas ela tem o olhar dela especializado. Desse modo, o papel de uma pessoa especializada para distinguir e direcionar os produtos aptos (e não aptos) para o consumo garante a qualidade dos alimentos, diminuindo o desperdício dentro da loja.

Na operação da loja, os processos internos são importantes na contenção do desperdício, como o aproveitamento parcial dos produtos de FLV, que pode levar à redução importante do descarte. Além dos processos internos, o entrevistado Gerente2A refere-se especialmente à operação interna de recebimento diário de FLV e o controle de vendas, que podem contribuir com a diminuição do desperdício. De acordo com Gerente4D, em sua loja, os produtos que não apresentam condições perfeitas de vendas, mas ainda apresentam qualidade, são encaminhados para o setor de preparados ou refeitório, após a triagem feita por um funcionário (Gerente5B). Nesse procedimento, observou-se uma redução no custo operacional de gestão de resíduos, aproximadamente de 50% (R$ 20.000,00), referente à coleta e envio de caçambas de resíduos para aterro. As caçambas eram em torno de oito por mês e passaram a três ou quatro no período. Todo esse processo foi implantado rapidamente, em um mês.

Além de mudanças operacionais, o gerente Gerente3B acredita que a educação dos funcionários é fundamental para conseguir realizar os processos e ter resultados. Como relatado por Goodman-Smith, Mirosa e Skeaff (2020), entre as barreiras encontradas para a diminuição do desperdício de alimentos está o treinamento dos funcionários. Em pesquisa realizada por Matsson, Williams e Berghel (2018), foi demonstrado que o investimento em tempo de trabalho é economicamente viável para a redução do volume de desperdício e diminuição de impacto ambiental. O entrevistado Inspetor1D também acredita que o treinamento pode ajudar na diminuição do desperdício. A entrevistada Nutricionista1D acredita que a ausência de treinamento de funcionários e o prazo de validade estabelecido sem critérios levam ao descarte de produtos que estão aptos ao consumo sem qualquer alteração sensorial.

Outra questão relevante citada nas entrevistas é em relação ao tempo dos funcionários em loja e o excesso de funções. O Líder2B refere-se ao desperdício relacionado muitas vezes à ausência de tempo: [...] a gente não tem nenhum tempo de fazer uma triagem legal, fazer um aproveitamento; devido à correria. Acabam indo coisas que podem ser aproveitadas para o lixo. Em algumas lojas, o pequeno número de funcionários contribui para a ausência de tempo e aumento do desperdício nas lojas.

Outros fatores como a limpeza e organização da loja, assim como o abastecimento correto dos produtos, foram considerados também importantes para redução do desperdício. O Líder4B afirma que o desperdício está relacionado à boa operação de loja e também ao cuidado na hora de abastecer: — se você não tiver aquele cuidado (aquele carinho mesmo) na hora de abastecer, é um desperdício. Nessa perspectiva, a entrevistada Nutricionista1D diz: — pelo fato do varejo ser o último elo da cadeia, a forma em que os produtos são acondicionados é determinante no controle do desperdício. Assim, o armazenamento correto de produtos é fundamental na diminuição do desperdício. O acondicionamento correto também inclui o armazenamento na temperatura adequada (Eriksson, 2016; Porat *et al.*, 2018).

O Comprador3D acredita que ações de vendas antes que o produto amadureça são importantes, assim como enviar para instituições de caridade e compostagem. O entrevistado Comprador1E acredita que diversas medidas com o giro rápido do produto, aproveitamento e planejamento podem contribuir com a diminuição do desperdício e que as principais causas são operacionais, como reposição inadequada (PEPS e PVPS), controle de pragas, limpeza e higienização constante.

O Líder6D relata que a infraestrutura também contribui com o desperdício e que as FLV podem ser convertidas em adubos naturais e orgânicos. Além disso, relata que a qualidade evita o excesso de manuseio e hoje: —...o cliente tem uma visão ampla do negócio, muitos querem saber se existem trabalhos sociais envolvendo todo esse material..., mas por outro lado: —... o cliente quer sempre o melhor, muitos não são cuidadosos na manipulação do produto [...]. Reitera que as FLV são a maior quebra, em relação aos outros produtos da loja. A exposição com volume excessivo, manipulação e armazenamento inadequados são causas importantes do desperdício, aliado à estrutura.

O Consultor1E relata que a quebra gira em torno de 1,5 a 3%, e tem consequências financeiras, encarecendo o preço da mercadoria de 1,5 a 3%. Assim, o consultor acredita que: —[...] é importante a redução de custo pois aumenta a rentabilidade do varejista. Acredita que a compra errada, o armazenamento errado e o manuseio errado são os três principais fatores de aumento de quebra no varejo, assim como relata que o FLV é a maior quebra, de 6% a 10%, além de ser a principal causa de compra inadequada pela operação de loja.

Outro ponto importante, relatado pelo entrevistado Consultor1E, é a adequação dos produtos na loja conforme o público-alvo. Por exemplo, produtos caros em regiões mais pobres e produtos considerados de *carregação*, ou inferiores, em lojas com o público mais exigente. Caso a adequação dos tipos de produtos não seja adaptada a cada região, a venda pode ser comprometida e o descarte pode ser o destino final desse produto. Essa questão retorna ao tema *percepção de qualidade*, pois os produtos são especificados, muitas vezes, de acordo com o público-alvo. Por exemplo, o Gerente7B refere- se a alguns produtos vendidos em um supermercado de classe social alta, os funcionários não têm condições financeiras para experimentá-los, e, por isso, eles não fazem parte de hábitos de consumo. Assim, pode se tornar difícil vender algo que não se conhece.

- **Poder de influência do varejo**

O varejo tem um grande poder de influência perante consumidores e fornecedores. O entrevistado Gerente2A relata que ocorre uma troca, em que o varejo influencia o consumidor e o consumidor influencia o varejo:... a sociedade procura ir em uma empresa séria, que ela tem confiança, que os processos são corretos... a sociedade cobra muito mais o varejo do que o varejo influencia, mas é uma troca. Pelo fato do varejo ser o elo entre o consumidor e a cadeia de alimentos, ele tem um importante papel na relação de compra do consumidor, como relatado por diversos entrevistados e também por Parfitt, Barthel e Macnaughton (2010). O entrevistado Consultor1E acredita que a responsabilidade do varejo na perda é muito grande. Já o entrevistado Inspetor2D menciona que o varejo conhece o cliente e, por isso, pode ajudar a diminuir o desperdício, pode influenciar no consumo inteligente, e que a exposição agressiva de produtos sazonais não gera consumo consciente.

Corroborando essa ideia, o funcionário Comprador1E acredita que o varejo é —... um dos mais importantes setores que podem e devem contribuir para o combate do desperdício. Ainda, Swaffield, Evans e Welch (2018) ressaltaram que o varejo possuía a posição central da cadeia de abastecimentos e essa posição precisa ser compreendida para que se possa avançar nas ações de prevenção de desperdício. O entrevistado Gerente7B ressalta que: —eu acredito que o varejo é a peça fundamental para a gente conseguir mudar a questão do desperdício de alimentos.... Ele acredita que, pelo fato do varejo alimentar estar entre os consumidores e os fornecedores, pode influenciar suas atitudes, uma vez que é a ponta da cadeia de alimentos e capilariza para os consumidores tudo que se produz no país.

Ainda de acordo como o Gerente7B, em sua loja ocorre a orientação dos consumidores para não comprarem excessivamente com o objetivo de evitar o desperdício dos alimentos em casa. De acordo com ele, sua experiência e formação influenciam nas tomadas de decisões mais humanas na loja: — ... eu sou oriundo da área de recursos humanos, área de treinamento, desenvolvimento, então a forma de olhar é diferente de alguém que veio sempre da base, ou alguém que foi sempre treinado dentro do varejo para vender, vender, vender, vender.... Frente a essas questões, a autonomia e a flexibilidade do gerente são critérios importantes para a redução do desperdício em loja (Ribeiror *et al.*, 2019). O Gerente7B acredita na importância da implantação de medidas de aproveitamento interno de produtos, com o objetivo de que os funcionários conheçam produtos aos quais eventualmente não teriam acesso. O fato do funcionário conhecer o produto contribui para o aumento das vendas e, por consequência, ajuda na redução do desperdício. Além disso, de acordo com o Gerente7B, se os funcionários experimentam um alimento que não conhecem, agrega-se valor ao capital humano.

Dessa forma, o varejo alimentar tem o potencial de influenciar na prevenção do desperdício de alimentos, uma vez que estimula a demanda, ou seja, influencia o consumidor e também os fornecedores e produtores (Deyer, 2019).

Os grandes varejistas que atuam no Brasil são multinacionais e os modelos de supermercados são importados de países como os EUA e da Europa (Varotto, 2016; Belik, 2005). Parfitt, Barthel e Macnaughton (2010) também dizem que a globalização levou ao aumento do comércio de alimentos e as multinacionais lideram o crescimento dos varejos alimentares. Assim, o padrão operacional e de vendas é influenciado por essas empresas, com as devidas peculiaridades de cada localidade.

Desse modo, sob a percepção do gerente Gerente7B, uma abordagem *mais humana* em relação aos funcionários da loja pode influenciar na redução do desperdício corroborando a pesquisa realizada por Ribeiro *et al.* (2019), que ressalta que os princípios éticos da cooperativa de varejo são uma das diretrizes da loja, que apresentou um baixo valor de desperdício de alimentos, se comparada às demais pesquisadas.

Outra questão fortemente influenciada pela tomada de ação da loja é a decisão de doação de alimentos. O entrevistado Gerente1B acredita que a principal ação dos varejistas deve ser feita antes dos produtos serem encaminhados para o lixo, como reaproveitamento e doações. Assim, apesar da doação de alimentos combater a fome, é considerada uma solução emergencial e a curto prazo (Biewagen; Gonçalves-Dias, 2018).

Na atualidade, existem bancos de alimentos e instituições que dependem de doações de alimentos. Mesmo que haja um banco de alimentos receptivo, a iniciativa da gerência da loja é fundamental para que essa relação ocorra. As empresas terceirizadas também não são responsáveis pela doação no varejo, pois são fornecedoras de alimentos. Como observado por Terceirizado1A, a doação de alimentos depende da gerência da loja, e não da empresa terceirizada. No entanto, a imprevisibilidade, a falta de estrutura dos locais em que os alimentos são recebidos e a culpabilização do doador prejudicam a distribuição dos alimentos arrecadados (Bierwagen; Gonçalves-Dias, 2018).

O entrevistado Gerente1B relata que o varejo tem um grande papel em relação ao desperdício, muito devido à sua complexidade e afirma que o desperdício sempre vai existir. Acredita que o varejo de produtos industrializados, comparado aos mercados de hortifruti, possui impacto mais agressivo no meio ambiente, devido às embalagens. Outra questão citada pela Nutricionista1D foi sobre a aquisição de produtos pelos fornecedores. Ela acredita que é necessária: — ação dos varejistas e até dos consumidores em adquirir hortifruti de produtores locais..., como forma de evitar o desperdício.

Por outro lado, outros entrevistados (Comprador2D, Comprador3D e Líder4B) não acreditam na influência do varejo sobre os consumidores. O entrevistado Comprador2D acredita que o varejo tem um papel grande no desperdício porque vende um grande volume de produtos. Porém, sugere que o varejo não influencia muito o consumidor, pois o mesmo procura preço, na maioria das vezes. Essa percepção vai de encontro às pesquisas e à maioria dos entrevistados, porém, é interessante observar que compradores e lideranças do setor de FLV no varejo alimentar não compreendem na totalidade a influência do varejo, apesar de estarem inseridos nesse cenário.

Em estudo realizado no Reino Unido, observou-se que os gestores não consideravam o desperdício de alimentos como um problema crítico (Filimonau; Gherbin, 2017). Em contrapartida, o Comprador3D diz que o varejo pode propor soluções para a redução do desperdício, como o aproveitamento de produtos. Nesse sentido, o gerenciamento na cadeia de produção é fundamental para intervenções operacionais que minimizem as perdas e desperdício. Filimonau; Gherbin (2017) revelaram que existem poucos estudos sobre a importância do gerenciamento das operações no supermercado varejista para evitar o desperdício e observaram a ausência de percepção do gerente em relação à própria importância no gerenciamento de resíduos alimentares.

As entrevistas revelaram que a operação no varejo é complexa e ações podem ser muitas vezes contraditórias, como em relação às promoções efetuadas pelo varejista.

De acordo com o entrevistado Nutricionista1D, as promoções podem levar o consumidor a comprar produtos que estão com aspectos não tão perfeitos, diminuindo o desperdício no supermercado. Por outro lado, entrevistados (Gerente7B, Líder2B e Gerente4D) acreditam que as promoções podem estimular a compra excessiva de um único produto que poderá sofrer maturação na casa do consumidor. Dessa forma, ocorre apenas a transferência do desperdício de um local para o outro. Assim, como observado por Gerente7B, é mais interessante para o varejista que o cliente compre menos e volte com maior frequência na loja.

Diversos atores precisam convergir com ações para que seja possível a redução do desperdício de alimentos no varejo (Beretta et al., 2013). Além da colaboração entre fornecedores, consumidores e varejistas, o próprio varejo precisa trabalhar em conjunto para a redução do desperdício, como refere Gerente6B: —falta uma união maior da categoria para enfrentar o problema de frente, de realmente se criar uma cultura para os clientes e colaboradores, através de campanhas de marketing e endomarketing, ter isso como um dos pilares da categoria.

- **Percepção de qualidade**

Na atualidade, os consumidores tem acesso a uma ampla variedade de produtos provenientes de diversas regiões geográficas, dentro ou fora do seu país de origem. Apesar da qualidade de um produto para consumo humano ser fundamental para não ocorrer contaminação ou transmissão de doenças para o consumidor, o padrão de qualidade excessivo, principalmente relacionado à estética, pode contribuir em muito para o descarte de produtos de qualidade. Acerca do padrão de qualidade excessivo, Comprador3D diz que os clientes poderiam melhor consciência de compra e maior reaproveitamento de produtos. Esse padrão pode inclusive variar, de um bairro para o outro, dependendo da perspectiva do consumidor, como foi evidenciado nas visitas a campo e através das entrevistas.

O prazo de validade é considerado uma importante ferramenta para controlar estoques dos varejistas e também o desperdício de alimentos, além de garantir a qualidade do produto (Audet; Brisebois, 2019). Os autores consideram que o antes e o depois do prazo de validade orientam tanto os consumidores como os varejistas, delimitando a qualidade do produto. Porém, por vezes, produtos com ótima qualidade apresentam prazo de validade expirado.

Em relação aos produtos que são retirados da banca por não apresentarem a qualidade almejada pelo consumidor, o Líder4B relata que: —para nós está bom, mas, às vezes, dependendo da região ou da exigência do cliente, tem coisa que a gente já conhece, já evita e tira... Então, o FLV acaba desperdiçando muito por causa disso.... Por essa razão, é necessária a troca constante de produtos, de acordo com a Líder4B. Dessa forma, a exigência dos clientes torna-se um desafio, principalmente em relação à qualidade dos produtos vendidos em loja e também aos serviços oferecidos (Teller *et al.*, 2018).

De acordo com o entrevistado Inspetor1D: — seria ideal que os clientes soubessem que mesmo as frutas menos bonitas esteticamente podem sim ainda estar boas e talvez até melhores para o consumo. Esse entrevistado acredita que o varejo dá ao cliente a chance de escolha que quase sempre opta pelo hortifruti de melhor visual, deixando de lado produtos ideais para consumo, porém não tão agradáveis à vista. Neste sentido, Belik (2005) considera que a busca por alimentos diferenciados e de qualidade faz parte da mudança comportamental que tem sido evidenciada nos consumidores. Além disso, os alimentos contaminados ou não considerados seguros para a alimentação humana são descartados e, portanto, para manter a qualidade e diminuir o desperdício, as boas práticas de manipulação são fundamentais (Gustavsson *et al.*, 2013). Nessa lógica, levando em consideração esses fatores, o desperdício de alimentos transforma-se em uma ação socialmente produzida, tanto em relação à comestibilidade e frescor dos alimentos, mas também em relação à moralidade decorrente do descarte de alimentos comestíveis, entre outros fatores (Audet; Brisebois, 2019).

A influência do varejo na percepção de qualidade também é citada pelo Gerente1B. Ele diz que o consumidor se sente pressionado quando o varejo impõe o tipo de produtos e padrões de qualidade. Além disso, o Gerente1B observa a exigência de qualidade atrelada ao aumento de preço do FLV, ou seja, quanto mais caro, maior a exigência de qualidade. Ainda de acordo com esse entrevistado, devido ao alto grau de exigência, o consumidor força o varejo a descartar FLV devido a essa exigência de qualidade.

O poder de decisão do varejo sobre os padrões de frutas e legumes tem como consequência a rejeição na produção agrícola de produtos fora do padrão pré-estabelecido e esse padrão é parcialmente criado através da preferência do consumidor (Beretta *et al.*, 2013), criando um ciclo que se retroalimenta e, por vezes, leva ao aumento dos preços dos produtos e maior descarte de alimentos. Outra questão apresentada pelos autores foi a influência da cultura dos funcionários do varejo em relação à percepção do que é (ou não) alimento. Ou seja, o que é alimento em boas condições para consumo humano para uma pessoa, pode não ser para outra (Filimonau; Gherbin, 2017).

Sobre o impacto socioambiental

Os temas sobre o impacto socioambiental considerados mais importantes nas entrevistas foram: a fome, aumento do preço dos alimentos e a ausência de correlação entre o desperdício de FLV e os impactos ambientais. Ribeiro *et al.* (2019) acrescentam que a preocupação com o meio ambiente e ética também são fatores presentes na gestão da loja.

- **Fome relacionada ao desperdício de alimentos**

Preocupações morais relacionadas a questões socioambientais são fatores considerados pré-requisitos para que o varejo possa avançar em relação ao desperdício (Swaffield; Evans; Welch, 2018). A questão da fome foi bastante citada pela maioria dos entrevistados, inclusive demonstrando desconforto com a situação de descarte de alimentos e a situação social do país, como pode ser evidenciado por Gerente3B: —... muitas pessoas que hoje passam fome no Brasil, então dói muito quando você joga um alimento fora sabendo que muitas pessoas poderiam estar sendo alimentadas...

A Líder2B acredita que o desperdício poderia ser uma oportunidade de alimentar pessoas que estão passando fome, e também na fala de Inspetor1D: —O menor desperdício para mim está associado a um menor índice de fome na sociedade. Cabe destacar que a insegurança alimentar está relacionada não à falta de produção de alimentos e sim à ausência de acesso aos mesmos (Gustavssone Stage, 2011; Bierwagen; Gonçalves-Dias, 2018).

A fome foi relacionada ao desperdício de alimentos, demonstrando o desconforto de saber que tantos produtos são jogados no lixo, enquanto muitas pessoas não possuem acesso aos alimentos, como também evidenciado por Terceirizado1A, que relata que a doação de alimentos é mais humana e que não compensa vender os produtos de qualidade *fraca*. A doação de alimentos é uma estratégia importante, porém, de curto prazo, além de possuir resultado limitado frente à insegurança alimentar e gestão de resíduos (Bierwagen; Gonçalves-Dias, 2018).

- **Desperdício relacionado ao aumento do preço dos alimentos**

O aumento de preço dos produtos também foi citado por alguns entrevistados, relacionando o desperdício diretamente ao aumento de preço dos alimentos. Essa correlação é fortemente evidenciada como uma forma de compensar o quebra operacional, pois, se as vendas são perdidas por um lado, devem ser compensadas por outro, como relatado pelo Gerente3B: —Eu acho que o desperdício, além do fator econômico que eu acho que é o principal, custa no bolso nosso do brasileiro, de todo mundo, quando você desperdiça mais, teoricamente o custo da mercadoria se torna cada vez maior. Outros entrevistados (Comprador1E, Gerente1B e o Líder5B) também disseram que os valores são repassados para os alimentos, corroborando o que disse o entrevistado Gerente3B. Assim, essa decisão pode estar associada ao conformismo e à manutenção do *status quo*, além de desestimular o varejo na tomada de decisões acerca do desperdício, uma vez que já é embutido na perda financeira. Portanto, essa relação em que o varejo precisa compensar o que não é vendido ou desperdiçado, aumentando a margem de lucro dos produtos, diminui o acesso de pessoas aos alimentos devido ao seu alto preço.

De acordo com Buzby *et al.* (2015), os supermercados mudarão a postura e adotarão medidas preventivas de desperdício quando perceberem o valor econômico que está sendo descartado. Dessa forma, a perda econômica causada pelo desperdício já seria razão suficiente para os varejistas investirem fortemente na sua redução, sem levar em consideração as perdas socioambientais.

Apesar de o supermercado varejista movimentar um alto valor financeiro, a margem de lucro é baixa (Rojo, 1998; Belik, 2005). O alto custo operacional nas lojas e a baixa margem de lucro (Teller *et al.*, 2018) podem servir como incentivo no investimento de ações preventivas de perdas. Nesse sentido, o entrevistado Gerente2A diz que a diminuição do desperdício leva à diminuição do preço dos alimentos, como sinalizado também por Santos (2021).

- **Ausência de correlação do desperdício de FLV e impactos ambientais**

Em relação ao terceiro tema, impacto ambiental, verificou-se que a maior parte dos entrevistados considera que existe impacto ambiental no desperdício de alimentos, apesar de não relacionarem, algumas vezes, qual impacto específico. Porém, o que chamou a atenção foram os entrevistados que consideram que não há relação entre impacto ambiental e o desperdício de FLV no varejo. O Líder1B acredita que... no setor de FLV acho que não causa muito impacto no meio ambiente porque não é um lixo que impacta... só joga no lixo mesmo o que está estragado, o que não tá a gente doa... Essa ausência de relação entre o desperdício e impactos ambientais evidencia a ausência de conhecimento do funcionamento da cadeia de alimentos, e como esse processo afeta diretamente o meio ambiente, demonstrando uma desconexão com essa realidade.

Síntese das causas envolvidas no desperdício de FLV no varejo supermercadista, evidenciadas neste estudo

As entrevistas demonstraram diversos pontos críticos relacionados às principais causas do desperdício de alimentos. Uma das causas citadas pela maioria dos entrevistados foi o erro no pedido do produto e a manipulação excessiva dos alimentos pelos clientes. Os entrevistados forneceram um panorama de razões que levam ao desperdício, desde o campo e plantio, até a ausência de educação e a informação do consumidor. De acordo com Teller *et al.* (2018), o manuseio é a primeira causa de desperdício de alimentos, seguido por comportamentos inadequados dos funcionários e produtos entregues pelo centro de distribuição próximos ao vencimento.

Para compreender as causas do desperdício, é necessário levar em consideração a complexidade da cadeia de alimentos na qual se encontra o supermercado. Devido ao envolvimento de diferentes atores, desde o processo de plantio até a venda ao consumidor, puderam ser elencados pelos entrevistados problemas oriundos de frentes diversas. A sobreposição de causas, como por exemplo, a chegada de produtos sem qualidade no supermercado, o armazenamento em temperaturas elevadas e a exposição excessiva nas bancas da área de vendas, aumentam a maturação de um produto que é sensível em sua natureza. Ações relativamente simples podem ser o diferencial entre maturação e aproveitamento, como o manuseio correto pelos consumidores de FLV na área de vendas.

No Quadro 3, foram sistematizadas as causas que contribuem para o desperdício de FLV citadas nas entrevistas. As causas do desperdício foram divididas a partir do ponto da cadeia de produção - consumo em que se enquadram: plantio, fornecedor, operacional, infraestrutura, gerencial, consumidor e meio ambiente. Assim, foi possível desenhar um panorama geral que possibilitou a compreensão dos pontos falhos que levam ao desperdício devido à maturação, avaria, aos excessos, entre outros, que estão presentes na cadeia alimentar.

Quadro 3 - Síntese das causas do desperdício de FVL evidenciadas no estudo (entrevistas)

PARTE DA CADEIA	CAUSAS DO DESPERDÍCIO
PLANTIO	• armazenagem no entreposto por período prolongado
FORNECEDOR	• manuseio incorreto pós-colheita • transporte inadequado • tempo longo do transporte • acondicionamento em caixas (caixas de madeira) e embalagens inadequadas • acondicionamento com volume excessivo que comprometem os alimentos que estão embaixo,
OPERACIONAL	RECEBIMENTO • mercadoria chega com avaria e não é reportada para os compradores ESTOQUE • armazenamento inadequado: empilhamento em excesso, exposição inadequada (excesso, produto cai no chão), ausência de giro dos produtos (produtos mais velhos em cima e novos embaixo), manipulação inapropriada pelo funcionário (aperta o produto), reposição inadequada (demora) • embalagens inadequadas, ausência de conhecimento na hora de manusear (funcionário), • cuidado em todas as etapas: não bater as caixas, não jogar os produtos ÁREA DE VENDAS • excesso de exposição • proporcionar uma experiência de compra que o cliente vai levar muito mais do que ele precisa, exposição agressiva • armazenamento e/ou exposição de produtos que emitem gás etileno próximos aos que não emitem • exposição de produtos de qualidade diferentes: o cliente escolhe o melhor e deixo o pior
INFRAESTRUTURA	• ausência de climatização do setor de exposição • ausência de ar condicionado na loja • temperatura de refrigeração dos balcões inadequada

PARTE DA CADEIA	CAUSAS DO DESPERDÍCIO
COMERCIAL	• inclusão percentual do desperdício • compra (pedido) errada (maior do que a venda; quando muda o tempo o pedido deve mudar também, no sol /calor vende mais) • compra excessiva de produtos com data próximo a validade ou sem condições de serem vendidos em período curto falta de tratativas de produtos que não se encaixam no padrão (tamanho, cor e formato), ausência de incentivo em exposição e preços mais atrativos e acessíveis para produtos com validade próximos ao vencimento e exposição de frutas e legumes com a aparência não chamativa • ausência de treinamento e orientações ao grupo de colaboradores responsáveis pela manipulação de produtos de forma consciente • ausência de ação dos varejistas em adquirir hortifrúti de produtores locais • alta de conhecimento sobre reutilização, como: reaproveitamento no refeitório e processados.
CONSUMIDOR	• ausência de ação dos consumidores em adquirir hortifrúti de produtores locais • escolha errada do consumidor (pegar primeiros os perecíveis no momento da compra) • manuseio excesso dos produtos e manuseio incorreto (apertando com força), cultura do consumidor (revira os produtos na hora da compra), • compra em excesso pelo consumidor (desperdício em casa) exigência de alta qualidade pelo consumidor
MEIO AMBIENTE	• clima instável (seca e chuva): qualidade dos produtos que chegam no ponto de venda

Fonte: dados da pesquisa. Elaborado pelas autoras (2021)

Síntese das medidas preventivas do desperdício de FLV no varejo supermercadista, evidenciadas neste estudo

A prevenção do desperdício de alimentos, principalmente de FLV, pode ser considerada como ampla pelos entrevistados e, assim como nas causas do desperdício, foram divididas em categorias de prevenção tais como: plantio, fornecedor, operacional, infraestrutura, gerencial e geral (Quadro 4). Todas as referências citadas pelos entrevistados foram categorizadas e se complementam no que diz respeito à prevenção. A previsão de compra, pedido e reabastecimento, assim como a negociação de produtos perecíveis, são alguns dos desafios encontrados pelos varejistas (Teller *et al.*, 2018). Outra questão citada nas entrevistas diz respeito à infraestrutura e a temperaturas adequadas de armazenamento. A temperatura refrigerada beneficia os alimentos, proporcionando maior durabilidade (Eriksson, 2016; Porat *et al.*, 2018).

Avanços em embalagens de varejo, inovações tecnológicas, campanhas de conscientização do consumidor, instruções de armazenamento corretas e políticas e leis são medidas que podem contribuir com a diminuição do desperdício no varejo (Porat *et al.*, 2018). O investimento em treinamento de funcionários, informação sobre os benefícios da redução do desperdício, tanto financeiro como socioambientais, também são ações que podem contribuir com a redução do desperdício (Goodman-Smith; Mirosa; Skeaff, 2020). Como evidenciado por Goodman-Smith, Mirosa e Skeaff (2020), as motivações para a redução do desperdício incluem a proteção do meio ambiente, aumento da lucratividade, cuidados com a comunidade e fazer a coisa certa. Alguns desses itens foram observados nas entrevistas.

Quadro 4 - Síntese das medidas preventivas do desperdício de FLV evidenciadas no estudo (entrevistas)

PARTE DA CADEIA	MEDIDAS PREVENTIVAS
PLANTIO	• treinar produtores para melhor manuseio de FLV • melhor estudo em relação às variedades de semente/mudas para proporcionar produtos com maior resistência ao clima e maior vida útil no ponto de venda
FORNECEDOR	• transportar e armazenar adequadamente para evitar maturação: caixas adequadas, refrigeração etc. • treinar os colaboradores e produtores para melhor manuseio
OPERACIONAL	RECEBIMENTO • recebimento diário fresco • cuidado no recebimento (se o produto estiver mais maduro do que o que tem no depósito deve ir para loja primeiro)

PARTE DA CADEIA	MEDIDAS PREVENTIVAS
	ESTOQUE • estoque arrumado, para não amassar os produtos • ausência de estoque de perecíveis: quanto maior o tempo que o produto fica no estoque maior a maturação, diminuindo as vendas ÁREA DE VENDAS • venda por unidade • menor exposição: excesso de produto aumenta a maturação/danifica os produtos que estão abaixo • exposição adequada: FLV mais novo embaixo • produtos de qualidade na exposição para evitar o manuseio e escolha incorreta por parte do consumidor • acompanhamento da rotatividade do produto: limpeza constante dos produtos, arrumação da banca em que ficam os produtos, seleção diária de alimentos com avaria (muito maduro, danificados e com fungos) • venda consciente em que o cliente compra somente o necessário (sem sugestão de compra excessiva) • vigilância das datas de produção e vencimento (PEPS-primeiro que entra, primeiro que sai, PVPS-primeiro que vence, primeiro que sai): expor os produtos que estão mais próximos ao vencimento primeiro • controle de pragas (insetos, roedores) através das empresas especializadas • departamento de produção de alimentos nas lojas, reaproveitamento (sucos, saladas) novas receitas e propostas de consumo: reaproveitamento dos produtos na rotisserie, no refeitório e etc. • manuseio correto pelos funcionários: não apertar e jogar o produto • espaço de triagem (para selecionar os produtos e encaminhar para refeitório, processados etc., colocar uma pessoa para acompanhar) • oferecer caixa de papelão para o cliente levar o FLV para casa, para evitar o desperdício no transporte até a casa do cliente • embalar em bandejas frutas sensíveis (como o caqui): diminui a maturação • incentivo para a aquisição e consumo de alimentos fora do padrão estético tradicional: exposição atrativa com preços diferenciados para produtos com aparência estética não chamativa ou próximos a maturação • venda de produtos com preço acessíveis para rápido giro, não permitindo o vencimento dos mesmos

PARTE DA CADEIA	MEDIDAS PREVENTIVAS
	• borrifar água nas flv para ficar mais chamativo e vender mais LIDERANÇA • acertar o pedido • minimizar ou eliminar deficiências gerenciais e técnicas na fase de exposição • capacitação da equipe: educação dos funcionários da importância de fazer um processo correto, mostrar para o colaborador o resultado do trabalho (doações, em números, entre outros)
INFRAESTRUTURA	• câmara refrigerada para armazenar produtos do FLV: aumenta a sobrevida dos produtos • ar condicionado na loja • área climatizada no hortifrúti
GERENCIAL	• adotar como regra um sistema de aproveitamento total de itens (organização não governamental, caridade, sistema de terceirização de aproveitamento), fins dentro do próprio varejo ou doação • controlar a quebra através da mensuração da quebra • produtos adequados para o público de cada loja (diferenças nos hábitos de consumo em cada região) • melhores tecnologias para controle de estoque • maior agilidade na tomada de decisão do estoque excedente • investimento do varejo em programa ERP (Enterprise Resource Planning‖, ou sistema de gestão integrado) ou software para gestão de compra e estoque para venda mais precisa • elaborar ações educativas para o consumidor, visando o combate de desperdícios de alimentos • diminuição dos preços • estabelecer prazo de validade estabelecido com critérios: muitas vezes é necessário o descarte dos produtos aparentemente sem alterações sensoriais e/ou que possam comprometer a saúde do consumidor.
GERAL	• replantar as FLV

Fonte: dados da pesquisa. Elaborado pelas autoras (2021)

10.5 Considerações finais

O desperdício de alimentos é um problema que tem causado muitos prejuízos socioambientais. Por ser uma questão complexa e capilarizada, o desperdício de alimentos requer a mobilização de diversos setores sociais, inclusive daqueles que estão fora da cadeia de produção alimentar, como é o caso dos consumidores. A percepção dos entrevistados também corrobora essas afirmativas.

Devido às constantes mudanças de comportamento do consumidor e da distribuição de alimentos nas últimas décadas, a produção em massa objetificou o alimento, transformando-o em produto alimentício, atrelado principalmente ao lucro das empresas.

Nesse contexto, o descarte de alimentos foi deixado de lado por décadas e, nos últimos anos, tem surgido a necessidade de lidar com esse desafio, frente às inseguranças alimentares e ambientais oriundas das circunstâncias globais, como pôde ser evidenciado na literatura.

A disposição dos resíduos está atrelada a hábitos de consumo que precisam ser modificados, desde a compra, uso e descarte de alimentos, passando pela segregação dos resíduos orgânicos dos não orgânicos, aproveitamento completo dos alimentos, destinação para doação, alimentação animal, e compostagem. Iniciativas pontuais, como pôde ser demonstrado por um dos supermercados estudados, obtêm muito sucesso.

Nessa perspectiva, estudar o varejo supermercadista permite entender a destinação de resíduos, as barreiras e motivações para a diminuição do desperdício, além de poder contribuir com a gestão das redes de distribuição de alimentos, trazer benefícios financeiros e agregar valores socioambientais.

Nas entrevistas realizadas, foi possível obter informações relevantes sobre a cultura do desperdício nos supermercados, suas causas e possíveis medidas preventivas, que dialogam com os dados da literatura. A investigação da percepção dos entrevistados que estão inseridos na prática varejista é importante para que se possa atuar nas questões que influenciam diretamente no desperdício. Como pontos relevantes observados nessa pesquisa, a educação e treinamento de consumidores e funcionários, assim como a melhoria do planejamento das operações varejistas são imprescindíveis na superação dos obstáculos que levam ao desperdício nos supermercado.

As ideias sugeridas e evidenciadas por meio das entrevistas são práticas que contribuem muito para a redução do desperdício. A expertise de quem lida no dia a dia com os produtos perecíveis é rica e indispensável na tomada de ações no complexo mundo do supermercado varejista de alimento.

Com diversos pontos a favor do varejo, tais como: economia, menor preço para os consumidores e fidelização dos clientes através de marketing ambiental, não há razões que impeçam o varejo de avançar na prevenção do desperdício, uma vez que o lucro tende a aumentar com a diminuição do desperdício e as benesses socioambientais também. Ainda, longe dos benefícios dentro das lojas do varejo, o poder de influência, ao longo da cadeia de produção – desde os produtores até os consumidores finais –, é um pilar bastante importante e pode beneficiar toda a cadeia de produção em relação à diminuição do desperdício de alimentos.

Esta pesquisa apresenta limitações. O número pequeno de casos impossibilita a extração de mais informações porém é uma amostra valiosa que proporciona uma visão sobre o que ocorre dentro dos supermercados, em relação aos funcionários. A responsabilização das partes da cadeia de alimentos, como o varejo de distribuição de alimentos, é essencial para a obtenção de resultados. Mesmo sendo uma pequena parte na contribuição do desperdício, agrega altos valores socioambientais.

REFERÊNCIAS

ABRAS. ASSOCIAÇÃO BRASILEIRA DE SUPERMERCADOS. **21ª Avaliação de perdas no varejo brasileiro de supermercados.** Disponível em: https://static.abras.com.br/pdf/perdas2021.pdf. Acesso em: 5 maio 2021.

APAS. Associação Paulista de Supermercados. **Comunicação direta**, 2016.

AUDET, R.; BRISEBOIS, E. **The Social Production of Food Waste at the Retail-Consumption Interface**. Sustainability, [s. l.], v. 11, 3834, 2019.

BELIK, W. Supermercados e Produtores: Limites, Possibilidades e Desafios. *In*: **XII Congresso Brasileiro de Sociologia**. Trabalho apresentado no Grupo de Trabalho Globalização dos Sistemas Agroalimentares e Agendas Alternativas. Belo Horizonte, 2005.

BENITEZ, R. O. **Perdas e desperdícios de alimentos na América Latina e no Caribe**. Disponível em: http://www.fao.org/americas/noticias/ver/pt/c/239394/, 2016. Acesso em: 9 set. 2017.

BERETTA, C. et al. Quantifying food losses and the potential for reduction in Switzerland. **Waste Management**, [s. l.], v. 33, p. 764-773, 2013.

BIERWAGEN, M.; GONÇALVES-DIAS, S. F. L. O resgate e doação de alimentos no contexto do combate ao desperdício e à insegurança alimentar e nutricional no Brasil: notas dobre a estrutura jurídico-institucional. **ENGEMA**, 2018.

BRAUN, V., CLARKE, V. Using thematic analysis in psychology. **Qualitative Research in Psychology**, [s. l.], v. 3, n. 2, p. 77-101, 2006.

BUZBY, J. C. et al. Estimated Fresh Produce Shrink and Food Loss in U.S. Supermarkets. **Agriculture**, [s. l.], v. 5, p. 626-648, 2015.

CÉZAR A.S.; BAKER D.; ROHR S. **What a waste! Food waste in the age of plenty**. UNE- University of New England, 2018.

CICATIELLO, C. et al. The value of food waste: An exploratory study on retailing. **Journal of Retailing and Consumer Service**, [s. l.], v. 30, p. 96-104, 2016.

CICATIELLO, C.; FRANCO, S. Disclosure and assessment of unrecorded food waste at retail stores. **Journal of Retailing and Consumer Services**, [s. l.], v. 52, 101932, 2020.

CHABOUD, G. Assessing food losses and waste with a methodological framework: Insights from a case study. **Resources, Conservation and Recycling**, [s. l.], v. 125, p. 188-197, 2017.

CORRADO, S. et al. Food waste accounting methodologies: Challenges, opportunities, and further advancements. **Global Food Security**, [s. l.], v. 20, p. 93-100, 2019.

ERIKSSON, M., STRID, I. HANSSON, P.A. Food waste reduction in supermarkets – Net costs and benefits of reduced storage temperature. **Resources, Conservation and Recycling**, [s. l.], v. 107, 73-81, 2016.

ERIKSSON, M. et al. Take-back agreements in the perspective of food waste generation at the supplier-retailer interface. **Resources, Conservation and Recycling**, [s. l.], v. 122, p. 83-93, 2017.

FAO – Food and Agricultural Organization of United Nations. **O desperdício alimentar tem consequências ao nível do clima, da água, da terra e da bio-

diversidade, 2013. Disponível em: http://www.fao.org/americas/noticias/ver/pt/c/239394/. Acesso em: 3 ago. 2018.

FILIMONAU, V.; GHERBIN, A. An exploratory study of food waste management practices in the UK grocery retail sector. **Journal of Cleaner Production**, [s. l.], v. 167, p. 1184, 1194, 2017.

FUSIONS. **Definitional Framework for Food Waste, Full Report, Reducing food waste through social innovation**. July, 2014.

GONÇALVES-DIAS, S. F. L.; TEODÓSIO, A. S. S. **Controvérsia em torno do consumo e da sustentabilidade**: uma análise exploratória da literatura. AOS--Amazônia, Organizações e Sustentabilidade, [s. l.], v. 1, n. 2, p. 61-77, 2012.

GOODMAN-SMITH, F., MIROSA, M., SKEAFF, S. A mixed-methods study of retail food waste in New Zealand. **Food Policy**, [s. l.], v. 92, 2020.

GUSTAVSSON, J; STAGE, J. Retail waste of horticultural products in Sweden. **Resources, Conservation and Recycling**, [s. l.], v. 55, p. 554-556, 2011.

GUSTAVSSON, J.; CEDERBERG, C.; SONESSON, U.; EMANUELSSON, A. The methodology of the FAO study: — Global Food Losses and Food Waste - extent, causes and prevention. *In*: FAO, 2011. By SIK – **The Swedish Institute for Food and Biotechnology**, 2013.

MARCONDES, N. A. V.; BRISOLA, E. M. A. Análise por triangulação de métodos: um referencial para pesquisas qualitativas, **Revista Univap**, [s. l.], v. 20, n. 35, p. 201-208, 2014.

MATSSON, L.; WILLIAMS, H.; BERGHEL, J. Waste of fresh fruit and vegetables at retailers in Sweden – Measuring and calculation of mass, economic cost and climate impact. **Resources, Conservation & Recycling**, [s. l.], v. 130, p. 118-126, 2018.

MONDELLO, G. *et al*. Comparative LCA of Alternative Scenarios for Waste Treatment: The Case of Food Waste Production by the Mass-Retail Sector. **Sustainability**, [s. l.], v. 9, p. 827, 2017.

MORAES, C. C.; COSTA, F. H. de O.; PEREIRA, C. R.; SILVA, A. LAGO; DELAI, I. Retail food waste: mapping causes and reduction practices. **Journal of Cleaner Production**, [s. l.], v. 256, 120-124, 2020.

PARFITT, J.; BARTHEL, M.; MACNAUGHTON, S. —Food waste within food supply chains: quantification and potential for change to 2050 Philosophical transactions of the Royal Society of London. **Series B**, **Biological sciences**, [s. l.], v. 365, p. 3065-81, 2010.

PORAT, R; LICHTER, A.; TERRY, L.A.; HARKER, R.; BUZBY, J. Postharvest losses of fruit and vegetables during retail and in consumers 'homes: Quantifications, causes, and means of prevention. **Postharvest Biology and Technology**, [s. l.], v. 139, p. 135-149, 2018.

RIBEIRO, A.P.; ROK, J.; HARMSEN, R.; CARREÓN, J. R.; WORRELL, E. Food waste in an alternative food network – A case-study. **Resources, Conservation & Recycling**, [s. l.], v. 149, p. 210-219, 2019.

ROJO, F. J. G. **Supermercados no Brasil**: qualidade total, marketing de serviços, comportamento do consumidor. São Paulo: Editora Atlas, 1998.

SANTOS, E. A. **Prevenção de Perdas e a Redução de Desperdício nos Supermercados**. Bluesoft Podcast #T3E15. Disponível em: https://www.youtube.com/watch?v=MBto22nRG_o. Disponível em: jan. 2021.

SCHOLZ, K.; ERIKSSON, M.; STRID, I. Carbon footprint of supermarket food waste. **Resoueces, Conservation and Recycling**, [s. l.], v. 94, p. 56-65, 2015.

SWAFFIELD, J.; EVANS, D.; WELCHC, D. Profit, reputation and _doing the right thing': Convention theory and the problem of food waste in the UK retail sector. **Geoforum**, [s. l.], v. 89, p. 43-51, 2018.

TELLER, C. HOLWEG, C.REINER, G.KOTZAB, H. Retail store operations and food waste. **Journal of Cleaner Production**, [s. l.], n. 185, p. 981-997, 2018.

Eixo 3: Políticas ambientais e governança

Capítulo 11

A EVOLUÇÃO DO ZONEAMENTO ECOLÓGICO-ECONÔMICO COMO INSTRUMENTO DE POLÍTICA AMBIENTAL PARA PROTEÇÃO DA FAUNA SILVESTRE NO ESTADO DE SÃO PAULO

Aurélio Alexandre Teixeira.
Vitor Calandrini
Paulo Santos de Almeida

11.1 Introdução

O contexto de uma sociedade globalizada de produção levou à necessidade de um conhecimento e gestão do uso de recursos naturais diante de uma perspectiva que envolva economia e a ecologia (Vasconcelos *et al.*, 2013).

Para Kinpara (2006), a economia ecológica apresenta a economia como um subsistema dentro de um sistema maior, onde o sistema econômico está conectado aos ecossistemas (homem conectado à natureza). Cavalcanti (2010) explica que a economia ecológica surge porque cem anos de especialização da pesquisa científica deixaram o mundo incapaz de entender ou conduzir as interações entre os componentes humano e ambiental do planeta.

Diante de um cenário complexo entre perspectivas econômicas e ecológicas, a comunidade mundial passou a analisar o cenário ambiental com ponderação e regulação quanto aos usos dos recursos naturais, motivando a discussão deste tema.

No Brasil, a Lei nº 6.938/81 estabeleceu a Política Nacional do Meio Ambiente, considerada por Derani (2013) como o símbolo da proteção jurídica ambiental no Brasil, acrescentando que nasceu deste cenário político complexo, com propostas avançadas e transformadoras para a sociedade e política ambiental e econômica.

A Política Nacional do Meio Ambiente trouxe inovações como a criação do Sistema Nacional do Meio Ambiente e o estabelecimento dos Instrumentos da Política Nacional do Meio Ambiental, destacando-se o Zoneamento Ambiental.

O Zoneamento Ambiental (PNMA) buscou articular contribuições na preservação, melhoria e recuperação da qualidade ambiental com o desenvolvimento socioeconômico, na segurança nacional e na proteção à dignidade da vida humana.

Contudo, Santos e Ranieri (2013) destacam que a demora em regulamentar este instrumento deixou em aberto pontos fundamentais, considerando críticas e entendimentos apontados por atores da sociedade. Assim, o Governo Federal regulamentou o Zoneamento Ambiental da PNMA com o nome de Zoneamento Ecológico-Econômico (ZEE) por meio do Decreto no 4.297 de 10 de julho de 2002.

Para Arantes, Silva e Lourenço (2023), os parâmetros presentes em quase todos os trabalhos de zoneamento ecológico econômico estão atrelados ao solo, cobertura e uso da terra, geomorfologia, declividade, área de preservação permanente, geologia e outros, sem considerar a fauna silvestre.

Com a publicação do Decreto Estadual Nº 67.430, de 30 de dezembro de 2022, o estado de São Paulo atualiza seu Zoneamento Ecológico Econômico, e inclui a fauna como um dos 13 temas de diretrizes a serem aplicadas.

Dessa forma, considerando a incorporação da temática relação humano-fauna em nosso ordenamento jurídico, verifica-se a necessidade de analisar os instrumentos do ZEE aplicado ao estado de São Paulo e como essa gestão territorial impacta a relação humano-fauna, em especial a fauna silvestre.

11.2 Metodologia

Para essa pesquisa descritiva foi utilizado o método hipotético-dedutivo, partindo-se de uma problemática conhecida, descrita na introdução, seguindo requisitos metodológicos rígidos de critérios comprovados (Gil, 2002), e do tipo qualitativa pois busca preferencialmente, a compreensão das motivações, percepções, valores e interpretações das pessoas além de procurar extrair novos conhecimentos (Oliveira, 2011).

Para a pesquisa bibliográfica foram realizadas buscas no Banco de Dados Bibliográficos da Universidade de São Paulo pelo Portal de Busca Integrada, onde além de textos e referências associadas diretamente à temática sustentabilidade, foram utilizadas as seguintes combinações de palavras nas ferramentas de pesquisa: ZEE, Zoneamento+Ecológico-Econômico, Fauna+Silvestre, Gestão+Fauna+Silvestre, salientando que em todas as buscas de resultados foram analisadas as 5 primeiras listas contendo dez artigos cada, todos com a condicionante de terem sido avaliados por pares, organizando os resultados por relevância, totalizando um universo de 50 artigos avaliados por pares para cada palavra chave indicada. levantamento similar ao realizado por Marques (2018).

11.3 A evolução do zoneamento ecológico-econômico paulista e sua relação com a fauna

O desenvolvimento da metodologia do Zoneamento Ecológico Econômico (ZEE) foi influenciado pelos resultados da Conferência das Nações Unidas sobre Meio Ambiente Humano, ocorrida em 1972 em Estocolmo e reforçada pela Conferência das Nações Unidas sobre o Meio Ambiente e o Desenvolvimento, que ocorreu no Rio de Janeiro em 1992, conhecida como Eco 92 ou Rio 92 (Ruffato-Ferreira *et al.*, 2018).

Araújo (2006) define o ZEE como forma de compartimentação de um espaço geográfico a partir das características físicas e bióticas de seus ecossistemas e suas interações entre si e com o meio socioeconômico, em que são evidenciados e previstos os impactos sobre o sistema natural e antrópico.

Ribeiro e Ribeiro (2022) explicam que o instrumento consiste em um mecanismo de planejamento e ordenação de uso do território, com base em zonas de restrições e usos e ocupações, sendo definidas por critérios técnicos e políticos, em busca de equilibrar o desenvolvimento socioeconômico com a proteção ambiental.

Na análise de Meneguzzo e Albuquerque (2009), o ZEE faz parte de uma nova geração de políticas públicas ambientais alinhadas ao pensamento do desenvolvimento sustentável, reunindo as questões ambientais com a racionalização dos recursos e desenvolvimento econômico.

Segundo Lopes *et al.* (2019), o primeiro obstáculo na análise do ZEE está associado à trajetória deste instrumento na legislação brasileira. A aplicação do instrumento era executada sem definição específica nem normas bem definidas, configurando uma aplicação "aberta" do instrumento.

Milaré (2018) destaca também que a atenção dada pelos gestores públicos a este instrumento foi baixa, visto que os níveis políticos para a implantação das atividades específicas possuem diferentes legislações, recorrendo minimamente a esta ferramenta.

Outro apontamento sobre obstáculos quanto ao uso deste instrumento são as disparidades de nomenclatura. Previsto no inciso II do art. 9º da Política Nacional do Meio Ambiente, o nome original do ZEE é zoneamento ambiental, que na formatação do Decreto nº 4.297/02 recebeu o nome de zoneamento ecológico econômico, diferentemente da Lei nº 6.938/81 (Santos; Ranieri, 2013).

Analisando o texto legal, o artigo 2º do Decreto define que o zoneamento estabelece medidas e padrões de proteção ambiental destinados a assegurar a qualidade ambiental, dos recursos hídricos, do solo e a conservação da biodiversidade, garantindo o desenvolvimento sustentável e a melhoria das condições de vida da população.

Conforme o MMA (2011), as fases do Projeto de um ZEE, são compreendidas por Planejamento, Diagnóstico, Prognóstico e Subsídios à implementação, conforme a figura 1.

Figura 1 - Fases para implantação de um projeto de Zoneamento Ecológico-Econômico

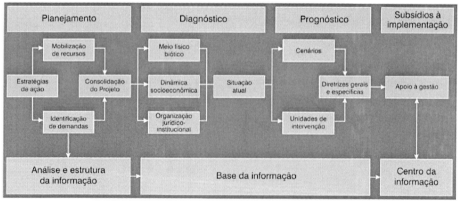

Fonte: MMA (2011)

Oliveira (2004) explica que o zoneamento ecológico econômico entende-se pelo processo de determinação de vulnerabilidades e das aptidões ambientais de um território, sem a previsão de qualquer tipo de uso para este. Em outras palavras, uma visão macro inicial do território em questão. Neste sentido, o zoneamento seria um instrumento cuja finalidade seria contribuir na formatação de políticas e estratégias de desenvolvimento, criando ou simulando cenários que possibilitam a distribuição e adequação das áreas suscetíveis a processos naturais e também das áreas com maior ou menor potencial para a implantação de atividades, de forma clara e com suporte ao meio.

Ainda segundo Paiva (2023), o objetivo do zoneamento consiste em assegurar a preservação ambiental e o desenvolvimento sustentável mediante a articulação de políticas públicas e o ordenamento territorial.

Por fim, o zoneamento ecológico-econômico tem como objetivo organizar decisões de agentes públicos e privados sobre planos, programas e projetos que utilizem recursos naturais, assegurando serviços ambientais dos ecossistemas e durante o seu processo, buscar à sustentabilidade ecológica, econômica e social com vistas a combinar o crescimento econômico e a proteção dos recursos ambientais, favorecendo as presentes e futuras gerações, reconhecendo o valor da biodiversidade, ampliando a participação da população e valorizando a produção de conhecimento científico multidisciplinar (Brasil, 2002).

Analisando o texto legal, o decreto foi dividido em capítulos que correspondem a: objetivos e princípios, elaboração, conteúdo, uso, armazenamento, custódia e publicação de dados e informações, tendo por último, as disposições finais.

Cabe ressaltar que o dispositivo legal apenas menciona dentro das obrigações necessárias às Diretrizes Gerais e Específicas do ZEE um único inciso que trata das questões faunísticas.

> Art. 14.
>
> [...]
>
> II - necessidades de proteção ambiental e conservação das águas, do solo, do subsolo, da **fauna** e flora e demais recursos naturais renováveis e não-renováveis; (Brasil, 2002, s/p, grifo nosso).

Ou seja, a menção à fauna é feita sucintamente nas disposições estipuladas pelo ente federal.

Sobre a linha temporal da legislação sobre ZEE, em primeira análise, encontramos sobre a legislação federal e estadual o seguinte:

Após 16 anos da publicação da Lei nº 6.938/81, o legislador do estado de São Paulo instituiu a Política Estadual do Meio Ambiente pela Lei nº 9.509 de 20 de março de 1997, estabelecendo na política paulista o SEAQUA (Sistema Estadual de Administração da Qualidade Ambiental, Proteção, Controle e Desenvolvimento do Meio Ambiente e Uso Adequado dos Recursos Naturais).

Em comparação ao Decreto nº 4.297/2002, após 19 anos, o legislador paulista estabeleceu por meio do Decreto nº 66.002, de 10 de setembro de 2021, o zoneamento ecológico-econômico no estado de São Paulo (Figura 2).

Figura 2 - Linha histórica de implementação de zoneamento ambiental na legislação brasileira

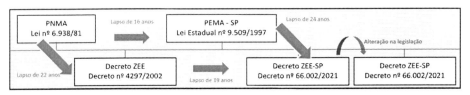

Fonte: os autores

Este decreto não compunha informações adicionais no seu texto, sendo substituída pelo Decreto nº 67.430, de 30 de dezembro de 2022, que novamente dispôs sobre o Zoneamento Ecológico-Econômico no estado de São Paulo e trouxe capítulos que definiram: as participações dos atores públicos e privados, a articulação institucional e participação pública, os suportes às políticas públicas setoriais, bem como o monitoramento e revisão deste instrumento ambiental.

Ainda nos anexos do documento, é apresentado o zoneamento como uma síntese da caracterização socioeconômica, do desempenho no resultado final das cartas-síntese e dos cenários, dos indicadores críticos e favoráveis correlatos (cartas e/ou cenários), das principais características em relação às projeções climáticas (horizonte 2050) (São Paulo, 2022).

O legislador apresentou diretrizes aplicáveis distribuídas em 13 temas, sendo:

> 1. Unidades de Conservação e áreas protegidas; **2. Fauna e flora;** 3. Fiscalização e gestão da biodiversidade; 4. Qualidade e quantidade de água; 5. Gestão e infraestrutura de saneamento; 6. Atividade agropecuária; 7. Gestão de riscos

e desastres; 8. Dinâmica socioeconômica; 9. Infraestrutura de comunicação e transporte; 10. Habitação; 11. Cobertura e uso da terra; 12. Povos e comunidades tradicionais; 13. Energia. (São Paulo, 2022, s/p, grifo nosso).

Segundo Silva *et al.* (2021), o zoneamento ecológico econômico de São Paulo agrupa o desenvolvimento e a implementação de diversas iniciativas institucionais correlatas, como a revisão das metas de emissão de dióxido de carbono, dentre outras. Ainda reforça a importância da temática na gestão territorial ao pautar a resiliência às mudanças climáticas e ainda cria a Rede ZEE, uma plataforma para a integração e compartilhamento de informações territoriais multiescalar.

Em consonância com o trabalho apresentado, é perceptível na análise do dispositivo legal que o legislador paulista passa a compor a temática fauna em diversos momentos da legislação.

Na aplicação de diretrizes, o legislador traz como exemplo:

> [...]
>
> - Apoiar a atualização de inventários de biodiversidade, envolvendo instituições de ensino locais e regionais, com capacitação de professores e estudantes da rede estadual de ensino;
>
> - Fomentar projetos e pesquisas voltados ao conhecimento e à conservação de espécies nativas de flora e fauna;
>
> - Apoiar o desenvolvimento de estudos sobre a flora e a fauna locais, promovendo a conservação e a minimização/mitigação dos impactos sobre elas;
>
> **- Implantar programas para monitoramento e manejo de fauna silvestre com fins de saúde única e de mitigação de conflitos motivados pela coexistência humano-fauna.**
>
> - Ampliar a fiscalização das rodovias, aeroportos e feiras do rolo tendo como foco o tráfico de fauna silvestre;
>
> - Implementar Pagamentos por Serviços Ambientais (PSA) para ressarcimento de perdas em produção agrícola por predação da fauna silvestre e/ou outros instrumentos para mitigação de conflitos motivados pela coexistência humano-fauna. (São Paulo, 2022, s/p, grifo nosso).

Tal dispositivo permite a ampliação de debates e estudos sobre a coexistência humano-fauna apoiada no instrumento de ZEE.

11.4 A evolução da relação humano-fauna

Muito embora tenha-se uma natural história de coevolução, com o passar dos anos, o ser humano começou a domesticar cada vez mais animais para seus diversos usos, seja para a alimentação, companhia, comércio, e demais possíveis usos, que se intensificaram há aproximadamente 11 mil anos (Zeder, 2012).

Dessa forma, embora não seja possível traçar uma linha histórica definitiva de quando se iniciou a relação humano-fauna, haja vista a própria teoria evolucionista não ter um marco inicial, é possível identificar que essa relação foi na verdade renovada por diversas vezes, uma vez que cada povoado mantinha relações simbióticas e de dominação considerando seu próprio ecossistema, sendo um marco dessa questão o início das grandes navegações, onde mesmo que precária, houve uma explosão das trocas de fauna intercontinentais e regionais, e dessa forma se intensificando o comércio e domesticação da fauna, visando a monetização desse recurso natural (Kury, 2015).

Desde que o ser humano decidiu que a fauna poderia ser dominada e comercializada, e que isso era até então socialmente aceito, as legislações e doutrinas efetivaram a vontade social da população, e as publicações seguiam essa lógica, associada a uma visão utilitarista da fauna, e que se seguiu por séculos, como a definição da natureza jurídica da fauna apresentada por Celso Antônio Pacheco Fiorillo:

> Os animais são bens sobre os quais incide a ação do homem. Com isso, deve-se frisar que animais e vegetais não são sujeitos de direitos, porquanto a proteção do meio ambiente existe para favorecer o próprio homem e somente por via reflexa para proteger as demais espécies (Fiorillo, 2009, s/p).

A visão antropocêntrica da fauna, também conhecida como utilitarista, é ainda reforçada pelo o autor quando pondera que sobre as finalidades da fauna:

> A finalidade da fauna é determinada diante do benefício que a sua utilização trará ao ser humano. Com isso, podemos destacar as principais, as funções recreativa, científica, ecológica, econômica e cultural (Fiorillo, 2009, s/p).

Nesse sentido verifica-se que a vida animal deve ser protegida, mas seguindo os critérios de importância ao ser humano, sem que pairem questões sobre bem-estar animal, por exemplo.

O pensamento utilitarista, que considerava os animais meramente como recursos, foi a abordagem dominante nas relações com a fauna até meados da década de 1970. A Conferência de Estocolmo, em 1972, ao chamar a atenção para questões ambientais globais, contribuiu para um novo olhar sobre o tema. A publicação de 'Libertação Animal', de Peter Singer, nesse contexto, foi um marco, introduzindo o biocentrismo na discussão e desafiando a visão antropocêntrica predominante, ampliando o debate para além dos limites do utilitarismo (Amado, 2012).

O biocentrismo iniciou uma série de discussões sobre a necessidade latente da evolução na relação humano-fauna, não mais havendo a única visão utilitária e de dominação, mas considerando o animal como um ser pertencente ao planeta, e um coparticipante das relações ecológicas, e devendo ser protegido não pelo que representa ao homem, mas sim por sua própria natureza (Singer, 1975).

Após esse período, discussões sobre o tema despontaram pelo mundo, motivados também pela publicação em 1978 da Declaração Universal dos Direitos dos Animais, pela ONU, sendo o Brasil um dos signatários, comprometendo-se a criar normas e políticas públicas para efetivar os princípios da declaração, e incorporá-los em nosso ordenamento jurídicos.

A evolução das discussões dessa relação trouxe outras subdivisões dentro do próprio grau de proteção da fauna, onde alguns trabalhos defendem uma separação entre animais silvestres e domésticos, dando a estes direitos similares ao humanos, como a saúde e segurança (Donalson et al., 2011). Há aqueles que defendem a intervenção zero aos animais silvestres, deixando que se autorregule na natureza (Horta, 2017), e outros estudos que contrapõem Donaldson, fortalecendo a noção de que animais domésticos não poderiam ser seres integrantes da sociedade (Cochrane, 2012).

De fato a relação humano-fauna vem se desenvolvendo e alterando legislações vigentes para recepcionar essa nova configuração, e dentre eles o próprio ZEE, que começa a visualizar a fauna não apenas como recurso, mas como algo a ser protegido e preservado.

Numa perspectiva internacional, a relação humano-fauna ainda é incipiente na construção de leis de zoneamento e uso dos espaços. Em um dos trabalhos aonde a temática fauna é abordada, Schelecht et al. (2014) verificou a criação de gados e a pecuária em análise ao zoneamento ambiental e áreas tradicionais de uso na província ao sudeste do Yemen-Omã, uma visão ainda utilitarista.

11.5 Discussão

Em que pese o ZEE tenha surgido em um momento de complexidade com uma proposta de instrumento de gestão territorial, com principal foco no desenvolvimento econômico do País, verifica-se que com a evolução dos problemas ambientais, como o próprio aquecimento global e os desastres ambientais, fez-se necessário que o instrumento se reinventa para proteger efetivamente os recursos naturais, garantindo sua disponibilidade para as gerações presentes e futuras.

A evolução do instrumento decorreu do aumento de tecnologias, estudos e pesquisas científicas que apresentaram, por exemplo, a questão das mudanças climáticas como um fator antrópico, que deve ser observado na gestão territorial. O fator crescimento econômico não é sinônimo de desenvolvimento humano, mas este deve ser associado a outros aspectos, dentre eles a questão ambiental, como fator limitante de uso e ocupação de solo, ou a realização de atividades danosas ao meio ambiente.

Surge a preocupação com os conflitos humano-fauna, ainda sem deixar claro se a ideia do legislador é mitigar o conflito por questões associadas aos Direitos dos Animais, ou ao animal não-humano como um limitador do uso e ocupação de solo, que agora deve ao menos ser considerado para o avanço das ações antrópicas.

Previsto agora no ZEE paulista, a questão da relação humano-fauna muda de patamar no tocante a gestão territorial por estar incluída na gestão territorial, mas ainda de forma superficial, onde as ações para fauna nas nove regiões do estado se limitam a ações como controle de atropelamento, monitoramento e acidentes com fauna, mas não de desenvolvimento de áreas de soltura, ampliação de habitats, que é a maior causa de perda de biodiversidade.

Dessa forma, quando se faz uma primeira análise da inclusão da fauna no ZEE, e é mencionada a relação humano-fauna, aguardava-se que fosse incluída uma discussão ou aspectos das novas tendências sobre a temática, como a visão biocêntrica, da política do bem viver, dentre outros, que não estejam associados ao utilitarismo animal, mas com uma novação jurídica que discuta uma coabitação humano-fauna, e não um reforço a visão utilitária trazida por Fiorillo (2019), em que fauna tem sua importância quando pode ou não impactar a vida humana.

É sabido que uma legislação de Zoneamento é feita por homens para gerir a vida humana pela perspectiva antropocêntrica, porém que contemple também as demais espécies de vida que serão afetados diretamente por suas deliberações, posto que é o único animal a regular as regras de convivência.

O ZEE paulista demonstra uma evolução em direção à inclusão da relação humano-fauna, porém, ainda se limita a uma abordagem utilitária e preventiva. A falta de áreas específicas para a fauna indica um potencial ainda não explorado para a promoção de um desenvolvimento urbano verdadeiramente sustentável.

11.6 Conclusão

Neste trabalho restou perceptível que o legislador foi movido pelas questões ambientais, ao implementar a Política Nacional de Meio Ambiente durante a década de 1980. Porém, este "sobressalto" na legislação brasileira com mecanismos e instrumentos permaneceu quase 22 anos sem implementações ou instrumentalizações na esfera federal (Santos; Ranieri, 2013).

Na seara estadual, especialmente no estado de São Paulo, os espaços de tempo são similares. Entre a criação da Política Estadual de Meio Ambiente e o Decreto que instrumentalizou o zoneamento ecológico econômico paulista, há um lapso de 24 anos.

Em relação a temática da fauna no ZEE paulista, conclui-se que o instrumento zoneamento ecológico-econômico paulista incorporou a questão da fauna silvestre em seu desenvolvimento, o que demonstra um avanço no direcionamento para o uso e ocupação de solo e desenvolvimento econômico do estado de São Paulo.

Por outro lado, verifica-se que a temática da fauna na ZEE embora incorporada, não mudou a forma da relação humano-fauna tradicional e arcaica, ou seja, utilitarista da fauna, uma vez que teve como foco nas ações associadas a acidentes com fauna, ou seja, na fauna como objeto a ser considerado no desenvolvimento do Estado, e não com ser senciente que deve ter seu espaço protegido e aumentado, visando um real desenvolvimento sustentável.

Contudo é oportuno analisar dentro dos parâmetros de Diretrizes Aplicáveis nas áreas do ZEE, oportunidades interessantes para o tratamento da fauna de maneira evoluída por uma perspectiva ecocêntrica e alinhado a relação humano-fauna, a exemplo, a implementação de programas para monitoramento e manejo da fauna silvestre com fins de saúde única e mitigação de conflitos de coexistência das espécies.

Tais diretrizes abrem possibilidade para estudos em sustentabilidade com caráter multidisciplinar enriquecedor ao tema e novas perspectivas de debate.

REFERÊNCIAS

AMADO, F. A. D. T. **Direito Ambiental Esquematizado**. 3. ed. São Paulo: Método, 2012.

ARANTES, L. T.; SILVA, D. C. C.; LOURENÇO, R. W. Uma revisão sistemática sobre as abordagens e métodos utilizados no zoneamento ecológico-econômico no Brasil. **Principia**, João Pessoa, v. 60, n. 3, p. 938-957, jul., 2023. ISSN 2447-9187. Disponível em: https://periodicos.ifpb.edu.br/index.php/principia/article/view/6439. Acesso em: 18 Set. 2024.

ARAÚJO, F. C. **Reforma Agrária e Gestão Ambiental: encontros e desencontros**. 242 p. Dissertação (Mestrado em Desenvolvimento Sustentável) — Centro de Desenvolvimento Sustentável, Universidade de Brasília. Brasília/DF, 2006.

BRASIL. **Lei nº 4.297, de 10 de Julho de 2002**. Regulamenta o art. 9º, inciso II, da Lei nº 6.938/81, estabelecendo critérios para o Zoneamento Ecológico-Econômico do Brasil, e dá outras providências. Disponível em: https://www.planalto.gov.br/ccivil_03/decreto/2002/D4297.htm. Acesso em: 8 set. 2024.

BRASIL. **Lei nº 6.938, de 31 de Agosto de 1981**. Dispõe sobre a Política Nacional do Meio Ambiente, seus fins e mecanismos de formulação e aplicação, e dá outras providências. Disponível em: https://www.planalto.gov.br/ccivil_03/leis/l6938.htm. Acesso em: 9 set. 2024.

CAVALCANTI, C. Concepções da economia ecológica: suas relações com a economia dominante e a economia ambiental. **Estudos Avançados**, [s. l.], v. 24, n. 68, p. 53-67, 2019. Disponível em: https://www.revistas.usp.br/eav/article/view/10466. Acesso em: 8 set. 2024.

COCHRANE, A. **Animal rights without liberation**: applied ethics and human obligations. Columbia University Press, 2012. Disponível em: https://www.jstor.org/stable/10.7312/coch15826. Acesso em: 13 set. 2024.

DERANI, C.; SOUZA, K. S. S. Instrumentos econômicos na política nacional do meio ambiente: por uma ecologia ecológica. **Veredas do Direito**, Belo Horizonte, v. 10, n. 19, p. 247-272, jan./jul. 2013.

DONALDSON, S.; KYMLICKA, W. **Zoopolis**: a political theory of animal rights. New York: Oxiford University Press, 2011.

FIORILLO, C. A. P. **Curso de direito ambiental brasileiro**. 10. ed. São Paulo: Saraiva, 2009.

GIL, A. C. **Como elaborar projetos de pesquisa**. 4. ed. São Paulo: Atlas, 2002.

HORTA, O. Animal suffering in nature: the case for intervention. **Environmental Ethics**, [s. l.], v. 1, n. 39, p. 261-279, 2017.

KINPARA, D. I. A valoração econômica de recursos minerais: o caso de rochas como fontes alternativas de nutrientes. **Espaço & Geografia**, [s. l.], v. 9, n. 1, p. 43-61, 2006. ISSN: 1516-9375. Disponível em: https://periodicos.unb.br/index.php/espacoegeografia/article/download/39769/30907/112946. Acesso em: 2 set. 2024.

KURY, L. (org.). **Representações da fauna no Brasil**: séculos XVI-XX. Rio de Janeiro: Andrea Jakobsson Estúdios, 2015. ISBN: 9788588742642

LOPES, E. R. N.; SOUZA, J. C.; FILHO, J. L. A.; LOURENÇO, R. W. Caminho e entraves do zoneamento ecológico-econômico no Brasil. **Caminhos de Geografia**, Uberlândia, v. 20, n. 69, p. 342-359, mar. 2019.

MARQUES, D. R. P. **Em pauta, o tráfico de animais silvestres**: a cobertura da Folha de S. Paulo e O Globo (2010-2014). 321 p. Dissertação (Mestrado em Ciências) — Faculdade de Filosofia, Letras e Ciências Humanas (FFLCH), Universidade de São Paulo, São Paulo/SP, 2018.

MENEGUZZO, I. S.; ALBUQUERQUE, E. S. A política ambiental para a região dos campos gerais do Paraná. **R, RA E GA**, Curitiba, v. 1, n. 18, p. 51-58, 2009.

MILARÉ, E. **Direito do ambiente**. 11. ed. São Paulo: Revista dos Tribunais, 2018.

OLIVEIRA, I. S. D. **A contribuição do zoneamento ecológico-econômico na avaliação de impacto ambiental**: bases e propostas metodológicas. 125 p. Dissertação (Mestrado em Ciências da Engenharia Ambiental) — Escola de Engenharia de São Carlos, Universidade de São Paulo, São Carlos/SP, 2004.

OLIVEIRA, M. O. **METODOLOGIA CIENTÍFICA**: um manual para a realização de pesquisas em administração. Catalão: UFG, 2011. p. 72. Disponível em: https://adm.catalao.ufg.br/up/567/o/Manual_de_metodologia_cientifica_-_Prof_Maxwell.pdf. Acesso em: 9 set. 2024.

PAIVA, G. B.; SANTOS, A. B. A. Análise da implementação do zoneamento ecológico-econômico no Tocantins a partir da visão dos atores locais. **Geosul**, Florianópolis, v. 38, n. 87, p. 480-503, maio/ago. 2023.

RIBEIRO, P. F. R. V.; RIBEIRO, J. C. J. O zoneamento ecológico econômico como instrumento de planejamento de políticas públicas municipais: um estudo sob a perspectiva do ciclo de políticas públicas. **Conpedi Law Review**. [S. l.], v. 8, n. 1, p. 169-191, jul./dez. 2022. Disponível em: https://indexlaw.org/index.php/conpedireview/article/view/9047/pdf. Acesso em: 8 set. 2024.

RUFFATO-FERREIRA, V. J., *et al*. Zoneamento ecológico econômico como ferramenta para a gestão territorial integrada e sustentável no município de Rio de Janeiro. **EURE**, [s. l.], v. 44, n. 131, p. 239-260, 2018. Disponível em: https://www.scielo.cl/pdf/eure/v44n131/0250-7161-eure-44-131-0239.pdf. Acesso em: 8 set. 2024.

SANTOS, M. R. R.; RANIERI, V. E. L. Critérios para análise do zoneamento ambiental como instrumento de planejamento e ordenamento territorial. **Ambiente & Sociedade**, São Paulo, v. 16, n. 4, p. 43-62, out./dez. 2013.

SÃO PAULO. **Decreto nº 66.002, de 10 de setembro de 2021**. Dispões sobre o Zoneamento Ecológico-Econômico no Estado de São Paulo – ZEE-SP, de que tratam a Lei nº 13.798, de 9 de novembro de 2009, e dá providências correlatas. Disponível em: https://www.al.sp.gov.br/repositorio/legislacao/decreto/2021/decreto-66002-10.09.2021.html. Acesso em: 5 set. 2024.

SÃO PAULO. **Decreto nº 67.430, de 30 de dezembro de 2022**. Dispões sobre o Zoneamento Ecológico-Econômico no Estado de São Paulo – ZEE-SP, de que tratam a Lei nº 13.798, de 9 de novembro de 2009, e o Decreto nº 66.002, de 10 de setembro de 2021, e dá providências correlatas. Disponível em: https://www.al.sp.gov.br/repositorio/legislacao/decreto/2022/decreto-67430-30.12.2022.html. Acesso em: 2 set. 2024.

SÃO PAULO. **Lei nº 9.509, de 20 de março de 1997**. Dispõe sobre a Política Estadual do Meio Ambiente, seus fins e mecanismos de formulação e aplicação. Disponível em: https://www.al.sp.gov.br/repositorio/legislacao/lei/1997/lei-9509-20.03.1997.html. Acesso em: 2 set. 2024.

SCHELECHT, E. *et al*. Tradicional land use and reconsideration of environmental zoning in the Hawf Protected Area, south-eastern Yemen. **Journal of Arid Environments**, [s. l.], v. 109, p. 92-102, out. 2014.

SILVA, L. O.; CRUZ, N. M.; LIMA, N. G. B.; SCATENA, G. A abordagem climática no âmbito do Zoneamento Ecológico-Econômico do estado de São Paulo (ZEE-SP). **Diálogos Socioambientais**, [s. l.], v. 4, n. 11, p. 9-11, 2021. Disponível em: https://periodicos.ufabc.edu.br/index.php/dialogossocioambientais/article/view/550. Acesso em: 15 set. 2024.

SINGER, P. **Libertação animal**. Porto Alegre: Lugano, 2004.

VASCONCELOS, V. V.; HADAD, R. M.; MARTINS JUNIOR, P. P. Zoneamento Ecológico-Econômico: Objetivos e Estratégias de Política Ambiental. **Gaia Scientia**, [s. l.], v. 7, n. 1, p. 119-132, 2014. Disponível em: https://periodicos.ufpb.br/ojs/index.php/gaia/article/view/18074. Acesso em: 8 set. 2024.

ZEDER, M. A. The domestication of animals. **Journal of Anthropological Research**, [s. l.], v. 68, n. 2, p. 161-190, 2012.

Capítulo 12

A AGENDA 2030 NA ESFERA LOCAL: O FOCO EM MUNICÍPIOS DA REGIÃO METROPOLITANA DA BAIXADA SANTISTA

Fernando Souza de Almeida
Sonia Regina Paulino

12.1 Introdução

A partir da década de 2000, a temática da sustentabilidade passou a representar cada vez mais uma prioridade política para os governos na esfera global, com foco na promoção do desenvolvimento no sentido de âmbitos mais amplos de gestão da sustentabilidade (Emilsson; Hjelm, 2009; Krantz; Gustafsson, 2021).

Os países-membros da Organização das Nações Unidas (ONU) pactuaram em setembro de 2015, na Cúpula das Nações Unidas sobre o Desenvolvimento Sustentável, a adoção da Agenda 2030 para o desenvolvimento sustentável, constituída por um conjunto de 17 Objetivos de Desenvolvimento Sustentável (ODS) e 169 metas indivisíveis, representando um relevante sinal de interesse na busca pela promoção e integração entre as agendas econômica, social e ambiental (Persson *et al.*, 2016; PNUD BRASIL, 2017; Chen *et al.*, 2020).

Os ODS são apresentados como modelo para alcançar um futuro melhor e mais sustentável para todos (Nações Unidas, 2024) e fornecer um quadro coerente e holístico para enfrentar os desafios globais enfrentados pela humanidade (Van Vuuren, *et al.*, 2015; LU *et al.*, 2015; Maurice; John, 2016), como a pobreza, a desigualdade, as alterações climáticas, a degradação ambiental, a paz e a justiça.

O termo "localização" é utilizado quando são considerados os contextos subnacionais na realização da Agenda 2030, desde o estabelecimento de objetivos e metas, até a determinação dos meios de implementação para avaliar e acompanhar o processo. Ou seja, localização refere-se tanto à forma como os governos locais e regionais possam apoiar a realização dos ODS por meio de ações "de baixo para cima", quanto à forma como os ODS podem fornecer um arcabouço para uma política de desenvolvimento local (PNUD BRASIL, 2017).

Ao mesmo tempo em que o nível local é cada vez mais central para a sustentabilidade (Homsy; Warner, 2015; Mancilla García *et al.* 2019), estudos sobre a localização dos ODS nos municípios ainda são pouco explorados (Krantz; Gustafsson, 2021), no qual é necessário encaminhar os principais desafios que dificultam o processo de alcance dos ODS, bem como as medidas necessárias em prol de seu progresso (Leal Filho *et al.*, 2022).

O artigo tem o objetivo de analisar oportunidades de integração da Agenda 2030 na gestão ambiental municipal visando o alcance das metas dos ODS. São considerados temas de grande relevância na agenda ambiental local: gerenciamento energético, cobertura vegetal nativa, biodiversidade, gestão das águas, qualidade das praias e águas litorâneas, arborização urbana, saneamento e esgotamento sanitário e resíduos sólidos.

O campo empírico estudado é a Região Metropolitana da Baixada Santista (RMBS), situada no litoral sul do estado de São Paulo, Brasil. Foram selecionados seis municípios: Bertioga, Cubatão, Guarujá, Itanhaém, Praia Grande e Santos. Os dados qualitativos foram coletados em documentos referentes ao Programa Município VerdeAzul (PMVA) e à Agenda 2030.

A questão abordada no artigo é a centralidade das ações no nível local (municípios) para encaminhar a Agenda 2030. A Figura 1 mostra o fluxo de iniciativas em quatro níveis (global, nacional, subnacional e municipal) de referência na localização dos ODS.

Figura 1 - Apresentação de fluxo com iniciativas de referência na localização dos ODS no município

Fonte: autoria própria

Segundo Oliveira (2018), os ODS são ferramentas de planejamento a médio e longo prazo que viabilizam alinhamentos entre políticas públicas sociais, ambientais e econômicas em âmbito global e local. A disponibilidade da informação pública, transparente, torna-se uma precondição e parte fundamental para monitorar o avanço da implementação dos ODS (Litre *et al.*, 2020). A eficiência das decisões tomadas pelos gestores públicos, iniciativa privada e terceiro setor, na direção do alcance das metas da Agenda 2030, requer base de informações abrangente, consistente, bem-organizada e de fácil acesso, favorecendo a integração e a coerência de políticas públicas principalmente no âmbito municipal (Lindoso *et al.*, 2021). Essas condições facilitam a produção de conhecimento científico capaz de apoiar tomadas de decisão (Santos *et al.*, 2019; Maduro *et al.*, 2020), sobretudo aquelas que afetam as políticas públicas.

O processo de localização dos ODS nos municípios implica na integração com eixos estratégicos definidos pelos governos locais, permitindo assim a criação de um núcleo prioritário de metas e indicadores para monitoramento e reorientação das ações governamentais que amparem tecnicamente o processo de implementação de políticas públicas de desenvolvimento voltadas a promover a contribuição do município para o cumprimento dos ODS por meio de suas ações locais (Mattioli, 2021). Em suma, a Agenda 2030, plano estratégico lançado pela Organização das Nações Unidas (ONU) em 2015, representa um quadro integrador no âmbito da gestão municipal (Poza-Vilches *et al.*, 2020). Nos níveis local e regional, a Agenda 2030 estimula estratégias territoriais por meio de vias autônomas de integração dos ODS (Annesi *et al.*, 2021).

Nesse sentido, os municípios escolhidos nesta pesquisa são participantes do Programa Município VerdeAzul (PMVA). O Programa foi lançado em 2007 pelo governo do Estado de São Paulo. Tem como objetivo apoiar a eficiência da gestão ambiental nas cidades paulistas na elaboração e execução de suas políticas públicas em prol do desenvolvimento sustentável em âmbito local, além de apoiar as prefeituras na implementação de uma agenda ambiental estratégica (São Paulo, 2023).

O PMVA é constituído por diretivas, que consideram temáticas integrantes do processo de desenvolvimento da gestão ambiental local nos municípios paulistas. As diretivas selecionadas para o presente estudo foram: Município Sustentável (MS), Biodiversidade (BIO), Gestão das Águas (GA), Arborização Urbana (AU), Esgoto Tratado (ET) e Resíduos Sólidos (RS). Cada diretiva apresenta tarefas, relacionadas a ações promovidas localmente pelos municípios integrantes do Programa, que devem apresentar documentação comprobatória.

Após esta introdução, a seção 2 descreve os procedimentos metodológicos. A seção 3 apresenta os resultados da pesquisa, organizados em quatro eixos: (a) Gerenciamento energético; (b) Preservação da biodiversidade, dos recursos hídricos, praias e oceanos; (c) Água potável e saneamento básico (esgoto coletado e tratado); e (d) Gerenciamento de resíduos sólidos. Na seção 4 é apresentada a conclusão.

12.2 Metodologia

As etapas da pesquisa são fundamentadas em diretrizes para localização dos ODS, conforme PNUD BRASIL (2017), mostradas no quadro 1:

Quadro 1 - Seleção de municípios

"Roteiro para a Localização dos Objetivos de Desenvolvimento Sustentável" (PNUD BRASIL, 2017)	Etapas da pesquisa
1. Abordagem de territorialização dos ODS	Seleção de municípios da RMBS
2. Existência de experiência subnacional na descentralização da política ambiental	Adesão do município ao PMVA em contexto de cooperação entre secretarias municipais de meio ambiente e a instância estadual responsável pelo programa
3. Implementação dos ODS no nível local: inclusão dos ODS na gestão ambiental local	Relacionar metas dos ODS às tarefas do PMVA

Fonte: os autores

A Região Metropolitana da Baixada Santista (RMBS), Figura 2, está localizada na parte centro-sul do litoral do Estado de São Paulo. Possui privilegiada cobertura vegetal nativa da Mata Atlântica e conta com o Complexo Portuário de Santos (o maior da América Latina) e o Parque Industrial de Cubatão, ambos com presença significativa no direcionamento de grande parcela de produtos industriais e agrícolas no Brasil para o suprimento de mercados nacional e internacionais (SEADE, 2022).

A RMBS, primeira região metropolitana brasileira sem status de capital estadual, e criada em 1996, é constituída por nove municípios: Bertioga, Cubatão, Guarujá, Itanhaém, Mongaguá, Peruíbe, Praia Grande, Santos e São Vicente; sendo oito deles como estâncias balneárias - apenas o município de Cubatão não é considerado (AGEM, 2016). Apresenta a porção central do litoral do Estado de São Paulo, englobando uma área territorial total de 2.428,74 km², com uma população estimada de 1.897.551 habitantes (IBGE, 2023).

Figura 2 - Região Metropolitana da Baixada Santista (RMBS) no Estado de São Paulo

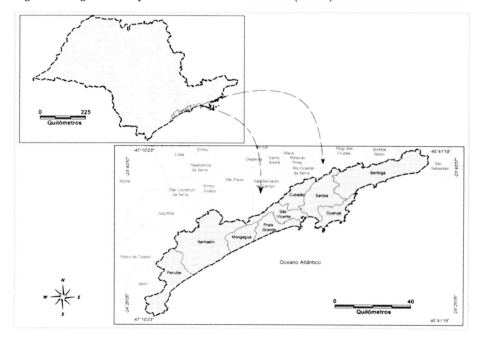

Fonte: Carvalho *et al.* (2012)

Foram selecionados seis municípios - Bertioga, Cubatão, Guarujá, Itanhaém, Praia Grande e Santos -, com base nos seguintes critérios:

1. **Localização na RMBS e pioneirismo na promoção de políticas públicas**. Estas cidades apresentam histórico positivo com protagonismo na promoção de políticas;

2. **Participação no Programa Município VerdeAzul**. Os seis municípios aderiram ao PMVA. Três deles estão entre os municípios paulistas com mais certificações neste programa:

> Bertioga (com 14), Itanhaém e Santos (com 13 cada uma). Outros dois municípios apresentaram evolução nas últimas edições do PMVA: Praia Grande, com quatro certificações, e Guarujá, com três. E Cubatão nunca conquistou certificação no PMVA, sendo um dos municípios paulistas com pior aproveitamento no Programa.

Dados

Os dados sobre o PMVA foram coletados em documentos de acesso público, cujas bases de dados para pesquisa, convergentes com diretivas do PMVA, são as seguintes:

- Anuário de Energéticos por Municípios do Estado de São Paulo 2017 (ano base 2016), 2018 (ano base 2017), 2019 (ano base 2018), 2020 (ano base 2019), 2021 (ano base 2020) e 2022 (ano base 2021);

- Cartilha "Matas Ciliares: Conhecer para Preservar" do Município de Guarujá (2014);

- Cartilhas de Arborização Urbana de Bertioga (2017), Guarujá (2021) e de Praia Grande (2018);

- Cobertura Vegetal Nativa por Município - Resultados do Mapeamento Temático da Cobertura Vegetal Nativa do Estado de São Paulo – Inventário Florestal do Estado de São Paulo 2020;

- Inventários Estaduais de Resíduos Sólidos Urbanos 2017 (Ano Base 2016), 2018 (Ano Base 2017), 2019 (Ano Base 2018), 2020 (Ano Base 2019), 2021 (Ano Base 2020) e 2022 (Ano Base 2021);

- Lei Complementar nº 161/2014 – Institui o Plano Municipal de Arborização Urbana do Guarujá;

- Lei Complementar nº 1.179/2015 – Institui o Programa de Pagamento por Serviços Ambientais, autoriza a Prefeitura Municipal de Bertioga a estabelecer convênios e executar aos provedores de serviços ambientais;

- Mapas Florestais de Bertioga, Cubatão, Guarujá, Itanhaém, Praia Grande e Santos;

- Planos Municipais de Arborização Urbana de Itanhaém (2019) e de Santos;

- Planos Municipais de Conservação e Recuperação da Mata Atlântica de Guarujá (2019), Praia Grande (2019), Itanhaém (2020) e Santos (2022);

- Planos Municipais de Gestão Integrada de Resíduos Sólidos de Bertioga, Cubatão, Guarujá, Itanhaém, Praia Grande e Santos;

- Planos Municipais de Saneamento de Bertioga, Cubatão, Guarujá, Itanhaém, Praia Grande e Santos;

- Relatórios da Qualidade das Águas Interiores no Estado de São Paulo 2017 (ano base 2016), 2018 (ano base 2017), 2019 (ano base 2018), 2020 (ano base 2019), 2021 (ano base 2020) e 2022 (ano base 2021); e

- RQA - Apêndices C 2017 (ano base 2016), 2018 (ano base 2017), 2019 (ano base 2018), 2020 (ano base 2019), 2021 (ano base 2020) e 2022 (ano base 2021) - Dados de Saneamento por Município.

Foram consideradas as seguintes diretivas: Município Sustentável, Biodiversidade, Gestão das Águas, Arborização Urbana, Esgoto Tratado e Resíduos Sólidos. Com isso, foram consideradas as tarefas mostradas no Quadro 2:

Quadro 2 - Tarefas do PMVA selecionadas, com descrição resumida

Tarefas do PMVA	Descrição de tarefas do PMVA selecionadas na pesquisa
MS1	Gerenciamento e consumo energético (energia elétrica)
BIO1	Plano Municipal de Conservação e Recuperação da Mata Atlântica
BIO2	Pagamento por Serviços Ambientais - PSA
BIO4	Cobertura vegetal nativa
BIO7	Restauração ecológica
GA1	Nascente modelo
GA8	Índice de Qualidade de Água – IQA
AU2	Cadastro e/ou inventário arbóreo
AU3	Plano Municipal de Arborização Urbana
AU8	Cobertura vegetal no perímetro urbano
ET1	Plano Municipal Integrado de Saneamento Básico
ET3	Relatório Gerencial de Desempenho da Operadora
ET6	Indicador de Coleta e Tratabilidade de Esgoto da População Urbana do Município – ICTEM
RS1	Plano Municipal de Gestão Integrada de Resíduos Sólidos
RS2	Resíduos sólidos domiciliares e volumosos

Tarefas do PMVA	Descrição de tarefas do PMVA selecionadas na pesquisa
RS4	Coleta e transporte de RSD para o aterro sanitário
RS5	Coleta seletiva
RS8	Índice de qualidade de aterro de resíduos

Fonte: elaboração própria

Com base nesse levantamento foram identificadas conexões temáticas entre diretivas/tarefas do PMVA (Quadro 2) e ODS/metas da Agenda 2030 (UNITED NATIONS, 2015).

12.3 Resultados e discussão

As principais problemáticas socioambientais existentes na Baixada Santista estão relacionadas ao desmatamento ilegal, à caça e pesca irregulares, à urbanização em áreas propícias para ocorrência de enchentes, movimentos de massas nas encostas de morros e da erosão costeira, à expansão urbana desordenada e irregular em áreas de preservação ambiental, bem como problemas relacionados ao gerenciamento costeiro, aos resíduos sólidos, em áreas próximas de rios, nascentes e corpos d'água e de poluição em suas amplas vertentes (São Paulo, 2021). As problemáticas supracitadas estão diretamente relacionadas com as temáticas da energia, arborização, saneamento e resíduos sólidos; convergindo com a disponibilidade de informações ambientais públicas nos municípios; e são diretamente relacionadas às diretivas selecionadas.

O Quadro 3 apresenta descrição resumida das metas de ODS selecionadas na presente pesquisa. Foram consideradas metas estabelecidas no ODS 6: Água potável e saneamento, no ODS 7: Energia acessível e limpa, no ODS 08: Trabalho decente e crescimento econômico, no ODS 9: Indústria, inovação e infraestrutura, no ODS 11: Cidades e comunidades sustentáveis, no ODS 12: Consumo e produção responsáveis, no ODS 13: Mudanças climáticas, no ODS 14: Vida marinha e proteção dos oceanos, no ODS 15: Vida terrestre, no ODS 16: Paz, justiça e instituições eficazes e no ODS 17: Parcerias e meios de implementação.

O Quadro 4 mostra as convergências temáticas identificadas entre tarefas e diretivas do PMVA (Quadro 2) e metas de ODS (Quadro 3). E o Quadro 5 apresenta a convergência temática entre as metas das ODS supracitadas e diretivas do PMVA.

Quadro 3 - Metas de ODS selecionadas, com descrição

Meta de ODS	Descrição resumida de metas de ODS	Meta de ODS	Descrição resumida de metas de ODS
6.1.	Acesso universal à água potável	14.2.	Gestão sustentável dos ecossistemas marinhos
6.2.	Acesso ao saneamento	14.3.	Impactos da acidificação dos oceanos
6.3.	Melhorar a qualidade da água	14.4.	Acabar com a pesca ilegal
6.4.	Uso eficiente da água	14.5.	Conservação das zonas costeiras e marinhas
6.5.	Gestão integrada dos recursos hídricos	14.7.	Benefícios econômicos para a gestão sustentável da pesca
6.6.	Proteger e restaurar ecossistemas	14.a.	Pesquisa e transferência de tecnologia marinha
6.a.	Programas de água e saneamento	14.b.	Acesso dos pescadores artesanais
6.b.	Participação das comunidades locais	14.c.	Conservação dos oceanos
7.1.	Acesso universal à serviços de energia	15.1.	Recuperação dos ecossistemas terrestres
7.2.	Participação de energias renováveis	15.2.	Gestão sustentável de florestas
7.3.	Melhoria da eficiência energética	15.3.	Restaurar solo degradado
7.a.	Cooperação internacional e pesquisa	15.4.	Conservação dos ecossistemas de montanha
7.b.	Modernização de tecnologias para energia limpa	15.5.	Redução da degradação de habitats naturais

Meta de ODS	Descrição resumida de metas de ODS	Meta de ODS	Descrição resumida de metas de ODS
9.4.	Indústrias sustentáveis	15.8.	Evitar a introdução de espécies exóticas invasoras
11.1.	Habitação e urbanização de favelas	15.9.	Integrar valores dos ecossistemas
11.6.	Reduzir o impacto ambiental per capita das cidades	15.a.	Recursos financeiros para conservar a biodiversidade
12.4.	Manejo ambiental adequado	15.a.1.	Uso sustentável da biodiversidade
12.5.	Redução na geração de resíduos	15.b.	Manejo florestal sustentável
13.2.	Mudanças climáticas	16.3.	Igualdade de acesso à justiça
14.1.	Prevenir e reduzir a poluição marinha	16.b.	Leis e políticas não discriminatórias

Fonte: elaboração própria

As convergências temáticas entre tarefas do PMVA e metas de ODS (Agenda 2030), detalhadas nos Quadros 4 e 5, podem ser organizadas em quatro eixos: (A) Gerenciamento energético, (B) Preservação da biodiversidade, dos recursos hídricos, praias e oceanos, (C) Água potável e saneamento básico (esgoto coletado e tratado), e (D) Gerenciamento de resíduos sólidos.

Quadro 4 - Convergência temática entre diretivas do Programa Município VerdeAzul (PMVA) e Objetivos de Desenvolvimento Sustentável (ODS) de acordo com a associação de tarefas do PMVA

Relação entre o PMVA e os ODS	Diretivas e tarefas do Programa Município VerdeAzul (PMVA)						
Objetivos de Desenvolvimento Sustentável (ODS)	Diretiva 01: Município Sustentável (MS)	Diretiva 04: Biodiversidade (BIO)	Diretiva 05: Gestão das Águas (GA)	Diretiva 08: Arborização Urbana (AU)	Diretiva 09: Esgoto Tratado (ET)	Diretiva 10: Resíduos Sólidos (RS)
ODS 06: Água potável e saneamento			GA1, GA8		ET1, ET3, ET6	RS1, RS2, RS4
ODS 07: Energia acessível e limpa	MS1					
ODS 08: Trabalho decente e crescimento econômico		BIO2				
ODS 09: Indústria, inovação e infraestrutura	MS1					
ODS 11: Cidades e comunidades sustentáveis						RS1, RS2, RS4, RS5, RS8
ODS 12: Consumo e produção responsáveis						
ODS 13: Ação contra a mudança global do clima	MS1					
ODS 14: Vida marinha e proteção dos oceanos	MS1	BIO1, BIO2, BIO4, BIO7	GA1, GA8	AU2, AU3, AU8	ET1, ET3, ET6	RS1, RS2, RS4, RS5, RS8
ODS 15: Vida terrestre		BIO1, BIO2, BIO4, BIO7		AU2, AU3, AU8		RS8
ODS 16: Paz, justiça e instituições eficazes						RS1, RS2, RS4, RS5, RS8
ODS 17: Parcerias e meios de implementação		BIO1, BIO2				

Fonte: elaboração própria

O *Eixo A: Gerenciamento energético*, apresenta tarefas da Diretiva 01 Município Sustentável (MS) do PMVA que convergem com metas dos ODS 7: Energia limpa e acessível, ODS 9: Indústria, inovação e infraestrutura, ODS 13: Ação contra a mudança global do clima, e ODS 14: Vida marinha e proteção dos oceanos.

O *Eixo B: Preservação da biodiversidade, dos recursos hídricos, praias e oceanos*, apresenta tarefas: a) da Diretiva 04: Biodiversidade (BIO) do PMVA, que converge metas dos ODS 8: Trabalho decente e crescimento econômico, ODS 14: Vida marinha e proteção dos oceanos, ODS 15: Vida terrestre, e ODS 17: Parcerias e meios de implementação; b) da Diretiva 05: Gestão das Águas (GA) do PMVA, que convergem com metas dos ODS 6: Água potável e saneamento, e ODS 14: Vida marinha e proteção dos oceanos; c) da Diretiva 08: Arborização Urbana (AU) do PMVA, convergentes com metas do ODS 14: Vida marinha e proteção dos oceanos, e do ODS 15: Vida terrestre.

O *Eixo C: Água potável e saneamento* (esgoto coletado e tratado) apresenta tarefas da Diretiva 09: Esgoto Tratado (ET) do PMVA, que convergem com metas dos ODS 6: Água potável e saneamento, e do ODS 14: Vida marinha e proteção dos oceanos; e, b) do ODS 14: Vida marinha e proteção dos oceanos.

E o *Eixo D: Gerenciamento de resíduos sólidos*, com tarefas da Diretiva 10: Resíduos Sólidos (RS) do PMVA, que convergem com metas dos ODS 6: Água potável e saneamento, ODS 11: Cidades e comunidades sustentáveis, ODS 12: Consumo e produção responsáveis, ODS 14: Vida marinha e proteção dos oceanos, ODS 15: Vida terrestre, e ODS 16: Paz, justiça e instituições eficazes).

Esforços para a localização dos ODS exigem que os gestores municipais busquem adaptar os ODS em âmbito local, com a criação de metas factíveis com o contexto existente nos municípios, passíveis de serem realizados. Para que isso ocorra, torna-se fundamental o alinhamento com estratégias setoriais de médio e longo prazo previamente estabelecidas no plano de desenvolvimento local, em conjunto com as diretrizes orçamentárias anuais estabelecidas pela administração municipal. Nesse sentido, o desenvolvimento de vias autônomas de integração dos ODS (Annesi *et al.*, 2021) pode ocorrer por meio das ações locais já existentes para atender diretivas e tarefas do PMVA.

Quadro 5 - Relação entre Objetivos de Desenvolvimento Sustentável (ODS) e diretivas do Programa Município VerdeAzul (PMVA) de acordo com a associação de metas de ODS

Diretivas do Programa Município VerdeAzul (PMVA)	ODS 06	ODS 07	ODS 08	ODS 09	ODS 11	ODS 12	ODS 13	ODS 14	ODS 15	ODS 16	ODS 17
Diretiva 01: Município Sustentável (MS)		7.1., 7.2., 7.3., 7.a. e 7.b.		9.4.			13.2.	14.1., 14.2., 14.3., 14.5., 14.7., 14.a. e 14.c.			
Diretiva 04: Biodiversidade (BIO)			8.3.					14.1., 14.2., 14.3., 14.4., 14.5., 14.6., 14.7., 14.a., 14.b. e 14.c.	15.1., 15.2., 15.4., 15.5., 15.8., 15.9., 15.a., 15.a.1., e 15.b.		17.7., 17.14., 17.17., e 17.18.
Diretiva 05: Gestão das Águas (GA)	6.1., 6.2., 6.3., 6.4., 6.5., 6.6., 6.a. e 6.b.							14.1., 14.2., 14.3., 14.5. 14.a. e 14.c.			
Diretiva 08: Arborização Urbana (AU)								14.1., 14.2., 14.3., 14.4., 14.5., 14.7. e 14.b.	15.1., 15.2., 15.4., 15.9., 15.a., 15.a.1., e 15.b.		
Diretiva 09: Esgoto Tratado (ET)	6.1., 6.2., 6.5., 6.6., 6.a. e 6.b.							14.1., 14.2., 14.3., 14.4., 14.5., 14.7., 14.b. e 14.c.			
Diretiva 10: Resíduos Sólidos (RS)	6.3., 6.a. e 6.b.				11.1. e 11.6.	12.4. e 12.5.		14.1., 14.2., 14.4., 14.7. e 14.c.	15.3.	16.3. e 16.b.	

Fonte: elaboração própria

Nesse sentido, os quatro eixos propostos para mostrar as convergências temáticas entre ações locais, por meio do PMVA, e ODS contemplam as agendas locais pautadas pelo poder público municipal: gerenciamento energético, preservação da cobertura vegetal nativa, arborização urbana, saneamento básico, esgotamento sanitário, descarte de resíduos sólidos recicláveis (secos) e transporte de resíduos sólidos domiciliares (úmidos). Apontam ainda a interrelação dos ODS, tendo em conta que a implementação da sustentabilidade implica desafios estruturais, sendo que as esferas governamentais locais lutam para enfrentar as interdependências de tal missão (Innes; Booher, 2018). As interdependências estão presentes na necessidade de considerar a indivisibilidade dos ODS para encaminhar os diferentes temas da agenda ambiental, bem como nas convergências temáticas identificadas (Quadros 4 e 5).

A disponibilização de um quadro integrador para a gestão municipal a partir da Agenda 2030 (Poza-Vilches *et al.*, 2020) orienta o esforço para implementação dos ODS no nível municipal promovendo adaptação dos ODS ao contexto local. Os quatro eixos supracitados estão relacionados com as seguintes temáticas ambientais: preservação da biodiversidade, restauração da biodiversidade, segurança hídrica e gestão de energia e gestão de resíduos sólidos.

A busca pelo alcance dos ODS e suas metas nas escalas local e global torna-se ainda mais desafiadora nos atuais tempos, com a tentativa de contrabalançar os efeitos da crise que o mundo atravessa nos mais diferentes níveis (Derakhshani *et al.*, 2020). Além disso, mais esforços necessitam ocorrer visando buscar o alcance dos ODS em sinergia com agendas globais em prol do desenvolvimento sustentável (Behnassi; El Haiba, 2022; Leal Filho *et al.*, 2021b; Leal Filho *et al.*, 2022). A partir do nível subnacional (estadual), o PMVA visa apoiar a eficiência da gestão ambiental local, permitindo avaliação periódica de desempenho. Com isso, pretende estimular a existência e desenvolvimento de agenda ambiental nos municípios.

Portanto, analisar a convergência temática das tarefas do PMVA e metas dos ODS contribui ao esforço para adaptação às prioridades do contexto local. Destacam-se aqui a relevância da contribuição do município para o cumprimento dos ODS por meio de suas ações locais (Mattioli, 2021), bem como da produção e disponibilização de informação e conhecimento para apoiar a tomada de decisão (Santos *et al.*, 2019; Maduro *et al.*, 2020; Litre *et al.*, 2020). No contexto da Baixada Santista, todos os municípios da região aderiram oficialmente ao PMVA. Tal fato fortalece as prefeituras no desenvolvimento da gestão ambiental nos municípios, independente da Agenda 2030 estar pactuada apenas em Santos e São Vicente.

Em contrapartida, mesmo diante de um cenário positivo na realização de ações ambientais, os municípios da RMBS apresentam desafios a serem superados em seus territórios. Três problemáticas ambientais centrais no contexto local estão associadas à: (I) prestação dos serviços de saneamento básico (fornecimento de água potável e de coleta e tratamento de esgoto), (II) a instalação de Usina de Recuperação Energética e (III) os impactos da poluição marinha nas praias e oceanos.

(I) Prestação dos serviços de saneamento básico (fornecimento de água potável e de coleta e tratamento de esgoto)

Nos últimos anos são identificadas na região controvérsias associadas à qualidade na prestação dos serviços de saneamento (fornecimento de água potável e de coleta de esgoto), pela Companhia de Saneamento Básico do Estado de São Paulo (SABESP), na Baixada Santista. Fatores como a falta de investimentos em infraestrutura na área de saneamento contribuem para a consolidação de cenário com fragilidade de governança ambiental entre o poder público municipal, a população local, o setor produtivo e a sociedade civil organizada. Por consequência, repercutem as dificuldades para avançar no cumprimento de metas previstas nos ODS 06 e 14.

Na esfera da RMBS, também merece destaque a contextualização sobre os seguintes pontos: (a) o envolvimento da SABESP e a Prefeitura do Guarujá na construção de um mega reservatório de água na Cava da Pedreira (Área Continental de Santos); e (b) a promoção de estudos por parte do governo estadual, voltados para a privatização da SABESP. A mesma fora concluída em meados de 2024.

Mesmo diante das justificativas defendidas pelo governo estadual, além de ações promovidas pelos municípios da Baixada Santista em prol da expansão das redes de coleta e tratamento de esgotos e distribuição de água potável para a população, torna-se necessário promover programas voltados para a regularização fundiária em áreas urbanas com adensamento populacional, que não contemplem redes coletoras de esgotamento sanitário e a correta distribuição de água potável.

Dentre essas áreas, cabe destaque à comunidade do Dique da Vila Gilda, situada em Santos e considerada a maior favela de palafitas no Brasil, com população estimada de seis mil famílias ou vinte e duas mil pessoas vivendo sobre a água, sem as mínimas condições estruturantes de saneamento básico. Caberia por parte das prefeituras uma necessária análise crítica frente ao número de domicílios sem ligações de água e esgoto na Baixada Santista.

Em nota oficial, a SABESP revelou que a RMBS apresenta 966 mil imóveis conectados ao sistema de abastecimento de água e 790 mil ao sistema de esgotamento sanitário. Ou seja, aproximadamente 1,73 milhão de habitantes são atendidos pelo sistema de abastecimento de água e 1,45 milhão pelo sistema de esgoto. Entretanto, a Baixada Santista também apresenta cerca de 167,5 mil pessoas sem acesso aos serviços de água potável e esgoto tratável (Diário Do Litoral, 2022). A ausência de infraestrutura adequada e a escassez de novos investimentos para a capacitação de recursos humanos contribuem para a extensão de problemas relacionados à qualidade da água na RMBS (Matos; Dias, 2013).

Levando em consideração a promoção de ações ambientais por parte dos municípios e previstas no PMVA, em prol da melhoria das políticas públicas de saneamento básico, além da convergência com o Eixo C: Água potável e saneamento básico (esgoto coletado e tratado) e metas propostas nos ODS 06, 11, 12, 14, 16 e 17, entende-se como crucial a promoção de uma governança ambiental e multinível com foco no planejamento metropolitano, por parte das autoridades municipais em conjunto com a SABESP, com foco na busca por melhorias na prestação dos serviços de saneamento básico considerando a Diretiva 09: Esgoto Tratado (ET) do PMVA (Quadro 5).

(II) A instalação de Usina de Recuperação Energética

Os resíduos sólidos urbanos (RSU) gerados pelos municípios da Baixada Santista são dispostos em aterros sanitários. Itanhaém e Praia Grande promovem o transporte dos RSU para o aterro sanitário público de Mauá, cidade situada na Região Metropolitana de São Paulo. Peruíbe apresenta aterro próprio, que está próximo do fim de sua vida útil. O mesmo cenário é visível no aterro sanitário no Sítio das Neves, Área Continental de Santos, destino final para os RSU gerados em Bertioga, Cubatão, Guarujá, Santos e São Vicente. Em todos os municípios, a coleta e o transporte de RSU são promovidos pela mesma empresa privada.

Diante do iminente final da vida útil nos aterros sanitários de Santos e Peruíbe, gestores públicos da RMBS pautam nos últimos anos potenciais alternativas para o descarte correto e transporte de RSU em todos os municípios. A única proposta apresentada oficialmente até o presente momento, é a construção de uma usina de recuperação energética, empreendimento situado nas adjacências do aterro sanitário Sítio das Neves, em Santos. O projeto, de responsabilidade da empresa privada, visa transformar o RSU em combustível, aproveitando a energia contida no lixo úmido para convertê-la na geração de 50 megawatts de energia elétrica, suficientes para abastecer um município de aproximadamente 250 mil habitantes, evitando assim o transporte diário de pelo menos 2 mil toneladas de lixo em caminhões que percorreriam trajeto de 70 quilômetros (G1.GLOBO. COM - Santos & Região, 2020; Santos (Município), 2020; Pereira, 2020).

As relações entre sistemas energéticos e de bem-estar, infraestruturas e ambiente são extremamente complexas e exigem abordagens integradoras de todos os intervenientes, principalmente no que concerne decisões políticas (Kroll *et al.*, 2019; Fuso Nerini *et al.*, 2018; Leal Filho *et al.*, 2023). No contexto estudado, o projeto de instalação da usina apresenta uma série de controvérsias e gera questionamentos por parte da sociedade civil organizada e do Ministério Público do Estado de São Paulo

(MP-SP). Por consequência, as dificuldades para avançar no cumprimento de metas previstas nos ODS 07, 09, 11, 12, 13, 14, 15, 16 e 17, evidenciam as problemáticas relacionadas com as temáticas do gerenciamento energético (Eixo A) e dos resíduos sólidos (Eixo D), e a necessidade de considerar a Diretiva 01: Município Sustentável (MS) e a Diretiva 10: Resíduos Sólidos (RS) do PMVA (Quadro 4), de modo a reduzir lacunas de convergência entre a agenda ambiental local e regional.

(III) Os impactos da poluição marinha nas praias e oceanos

Outra grande problemática existente nos municípios da Baixada Santista refere-se à poluição nas praias e oceanos. Visando quantificar os números gerados pelas cidades litorâneas, a Associação Brasileira de Empresas de Limpeza Pública e Resíduos Especiais (ABRELPE) promoveu projeto considerado como pioneiro no mundo, com foco na identificação de potenciais fontes de vazamento de resíduos, visando estabelecer a previsão e o combate à poluição marinha.

O município de Santos foi o primeiro no mundo a apresentar tal estudo, apontando que diariamente, são descartadas indevidamente nas praias santistas cerca de 60 toneladas de resíduos sólidos. E que 85% deste total referem-se a materiais plásticos. As principais fontes de vazamentos são: comunidades nas áreas de palafitas; os canais de drenagem que atravessam a malha urbana e a própria orla da praia em sua faixa de areia (Diário Do Litoral, 2019).

De acordo com a ABRELPE, o primeiro mapeamento sobre a temática fora realizado no município de Santos durante um ano e foram identificados nas praias aproximadamente 35 tipos de resíduos sólidos, como: madeira, calçados, fraldas, utensílios domésticos e brinquedos; promovendo um impacto direto para o meio ambiente e a saúde da população.

Diante do mapeamento promovido pela ABRELPE em Santos, outros municípios da Baixada Santista optaram por também promover tal estudo: Bertioga e Itanhaém. Ainda de acordo com estudo publicado pela ABRELPE em março/2022, 48,5% dos resíduos encontrados nas praias é composto por plástico e 25 milhões de toneladas de resíduos apresentam como principal destino o oceano, evidenciando a controvérsia dos impactos ambientais da poluição marinha, com extrapolação da conjectura dos resíduos sólidos promoverem apenas um problema sanitário urbano (Santa Portal, 2022).

Outra problemática também existente nas praias da Baixada Santista está associada na presença de resíduos sólidos de origem internacional (originários principalmente da Ásia, Europa, África e América Central), cujo impacto ambiental gerado propicia problemas no ecossistema marinho, onde os animais fazem confusão com o lixo plástico devido à sua coloração, considerando-o como alimento, e quando ingeridos, podem causar a morte e a contaminação de toda a cadeia alimentar marinha (Santa Portal, 2022).

A problemática da poluição nas praias e oceanos, evidencia a existência de lacunas de convergência com o Eixo B: Preservação da biodiversidade, dos recursos hídricos, praias e oceanos, e metas propostas nos ODS 06, 08, 14, 15 e 17 da Agenda 2030, bem como a necessidade de considerar a Diretiva 04: Biodiversidade (BIO), a Diretiva 05: Gestão das Águas (GA) e a Diretiva 08: Arborização Urbana (AU) do PMVA (Quadro 5).

Uma das funções cruciais da governança da água e de qualquer outro modelo de governança é a tomada de decisões equilibrada, imparcial e efetiva (Jaspers, 2012). A governança na gestão hídrica propõe caminhos teóricos e práticos alternativos que façam uma real ligação entre demandas sociais e seu diálogo em nível governamental (JACOBI, 2009). Apesar do crescente interesse na governança descentralizada, os governos locais em todo o mundo têm recebido pouca atenção sistemática (Sellers; Lidström, 2007).

Os quatro eixos supracitados apresentam conexão com as seguintes temáticas ambientais: preservação da biodiversidade, restauração da biodiversidade, segurança hídrica e gestão de energia e gestão de resíduos sólidos. Também incorporam problemáticas ambientais que geram impactos locais e regionais, além de esclarecerem carência por debates e reflexões mais amplas com a participação de atores-chave que integram o poder público (esferas municipal e estadual) e a sociedade civil organizada.

12.4 Conclusão

O capítulo aborda a questão da centralidade das ações no nível local para o alcance dos ODS, de modo a entender melhor as oportunidades de localização dos ODS nos municípios. Considerando seis municípios da RMBS, as convergências temáticas entre tarefas do Programa Município VerdeAzul (PMVA) e metas dos ODS contemplam 18 tarefas do PMVA vinculadas em seis diretivas do programa, relacionando-as com 11 ODS e 46 metas da Agenda 2030. A pesquisa focou no levantamento de dados qualitativos sobre as temáticas do gerenciamento energético, cobertura vegetal nativa, biodiversidade, gestão das águas, qualidade das praias e águas litorâneas, arborização urbana, saneamento e esgotamento sanitário, descarte de resíduos sólidos domiciliares (lixo úmido) e recicláveis (lixo seco). As convergências temáticas entre tarefas do PMVA e metas de ODS (Agenda 2030) foram organizadas em quatro eixos: Gerenciamento energético; Preservação da biodiversidade, dos recursos hídricos, praias e oceanos; Água potável e saneamento básico (esgoto coletado e tratado); e Gerenciamento de resíduos sólidos.

No contexto da Baixada Santista, todas as cidades da região aderiram oficialmente ao PMVA. Tal fato visa fortalecer as prefeituras no desenvolvimento da gestão ambiental nos municípios (âmbito local). A pesquisa traz elementos para o melhor entendimento de oportunidades para avançar rumo ao alcance dos ODS no âmbito local. No âmbito subnacional, as ações estaduais de descentralização da política ambiental e desenvolvimento da gestão ambiental, por meio do PMVA, voltadas aos municípios selecionados apoiam a identificação das temáticas prioritárias para a gestão ambiental local e das respectivas ações.

Visando promover pesquisas futuras, recomenda-se:

1. Analisar políticas públicas ambientais promovidas em outras regiões litorâneas do estado de São Paulo (Litoral Norte e Vale do Ribeira) e seu alinhamento com tarefas e diretivas do PMVA, além de metas dos ODS (Agenda 2030); e
2. Analisar os indicadores e a disponibilidade de informação para monitoramento e avaliação de desempenho da gestão ambiental municipal no escopo das temáticas prioritárias.

REFERÊNCIAS

AGEM-BS – **Agência Metropolitana da Baixada Santista**. São Paulo: IPRS - Região Metropolitana da Baixada Santista, c2023. Disponível em: https://www.agem.sp.gov.br/wp-content/uploads/2019/10/reg680.pdf. Acesso em: 1 maio 2023.

ANNESI, N.; BATTAGLIA, M.; GRAGNANI, P.; IRALDO, F. Integrating the 2030 Agenda at the municipal level: Multilevel pressures and institutional shift.

Land Use Policy, [s. l.], v. 105, 2021, 105424, ISSN 0264-8377. DOI: https://doi.org/10.1016/j.landusepol.2021.105424

BEHNASSI, M. & EL HAIBA, M. (2022). Implications of the Russia-Ukraine war for global food security. **Nat. Human Behav.**, [s. l.], v. 6, n. 6, p. 754-755. DOI: https://doi.org/10.1038/s41562-022- 01391-x

BERTIOGA (Município) - **Prefeitura Municipal de Bertioga**. Bertioga: Secretaria de Meio Ambiente, c2023. Disponível em: http://www.bertioga.sp.gov.br/prefeituradesabilitado/secretarias/meio-ambiente/. Acesso em: 30 set. 2023.

CARVALHO, G. N. D.; GIANNOTTI, M. A.; SARTOR, S.; QUINTANILHA, J. A. Modelagem para integração de dados sobre macrobentos em Infraestrutura de Dados Espaciais. **Revista Ambiente & Água**, [s. l.], v. 7, n. 2, p. 195-213, 2012. Disponível em: https://www.scielo.br/j/ambiagua/a/yjSt3gVvbQGsrKVGszpYzRF/?format=pdf&lang=pt. Acesso em: 7 maio 2023.

CBH-BS - Comitê da Bacia Hidrográfica da Baixada Santista. **Relatório de Situação dos Recursos Hídricos da Baixada Santista**. Santos: CBH-BS, 2021. 58 p. Disponível em: https://sigrh.sp.gov.br/public/uploads/deliberation//CBH-BS/21657/rs2021_formatado_rev11.pdf. Acesso em: 29 set. 2023.

CHEN, J.; PENG, S.; CHEN, H.; ZHAO, X.; GE, Y.; LI, Z. A comprehensive measurement of progress toward local SDGs with geospatial information: methodology and lessons learned. **ISPRS International Journal of Geo-Information**, [s. l.], v. 9, n. 9, p. 522, 2020.

CUBATÃO (Município) - **Prefeitura Municipal de Cubatão**. Cubatão: Secretaria de Meio Ambiente, c2024. Disponível em: https://www.cubatao.sp.gov.br/meio-ambiente/. Acesso em: 15 jun. 2024.

DERAKHSHANI, N.; DOSHMANGIR, L.; AHMADI, A.; FAKHRI, A.; SADEGHI-BAZARGANI, H.; GORDEEV, V. S. Monitoring process barriers and enablers towards universal health coverage within the sustainable development goals: a systematic review and contente analysis. **Clinicoecon Outcome**, [s. l.], v. 12, p. 459-479, 2020. DOI: https://doi.org/10.2147/ CEOR.S254946

DIÁRIO DO LITORAL (2019). **COTIDIANO**. Praias de Santos recebem 60 toneladas de lixo por dia, c2022. Disponível em: https://www.diariodolitoral.com.br/cotidiano/praias-de-santos-recebem-60-toneladas-de-lixo-por-dia/124010/. Acesso em: 20 set. 2024.

DIÁRIO DO LITORAL (2022). **Preocupação**. Baixada Santista: dados sobre esgoto e água geram dúvidas e provam falso otimismo, c2022. Disponível em: https://www.diariodolitoral.com.br/santos/baixada-santista-dados-sobre-esgoto-e--agua-geram-duvidas-e-provam/152472/. Acesso em: 19 set. 2024.

EMILSSON, S.; HJELM, O. Towards sustainability management systems in three Swedish local authorities, **Local Environment**, [s. l.], v. 14, n. 8, p. 721-732, 2009. DOI: 10.1080/13549830903096460

FUSO NERINI, F.; TOMEI, J.; TO, L. S.; BISAGA, I.; PARIKH, P.; BLACK, M. *et al*. Mapping synergies and trade-offs between energy and the sustainable development goals. **Nat. Energy**, [s. l.], v. 3, n. 1, p. 10-15, 2018. DOI: https://doi.org/10.1038/s41560-017-0036-5

G1.GLOBO.COM - SANTOS & REGIÃO (2020). **URE É SOLUÇÃO PARA O LIXO**. URE Valoriza Santos resolve o problema do lixo e gera energia elétrica, c2020. Disponível em: https://g1.globo.com/sp/santos-regiao/especial-publicitario/valoriza-energia/ure-e-solucao-para-o-lixo/noticia/2020/09/24/ure-valoriza-santos-resolve-o-problema-do-lixo-e-gera-energia-eletrica.ghtml. Acesso em: 19 set. 2024.

GUARUJÁ (Município) - **Prefeitura Municipal de Guarujá.** Guarujá: Secretaria Municipal de Meio Ambiente, c2024. Disponível em: https://www.guaruja.sp.gov.br/meio-ambiente/. Acesso em: 15 jun. 2024.

HOMSY, G. C.; M. E. WARNER. Cities and sustainability: polycentric and multi-governance level. **Urban Affairs Review**, [s. l.], v. 51, n. 1, p. 46-73, 2015. Disponível em: https://journals.sagepub.com/doi/abs/10.1177/1078087414530545. Acesso em: 13 jun. 2021.

IBGE – **Instituto Brasileiro de Geografia e Estatística**. Brasil: São Paulo (Estado). Panorama. c2023. Disponível em: https://cidades.ibge.gov.br/brasil/sp/panorama. Acesso em: 26 set. 2023.

INNES, J. E.; BOOHER, D. E. Planning with complexity: an introduction to collaborative rationality for public policy. **Routledge**. [s. l. : s. n.], 2018.

ITANHAÉM (Município) - **Prefeitura Municipal de Itanhaém**. Itanhaém: Secretaria de Planejamento e Meio Ambiente, c2023. Disponível em: http://www2.itanhaem.sp.gov.br/secretarias/planejamento-e-meio-ambiente/. Acesso em: 30 set. 2023.

JACOBI, Pedro Roberto. Governança da água no Brasil. *In:* RIBEIRO, Wagner Costa (org.). **Governança da água no Brasil:** uma visão interdisciplinar. São Paulo: Annablume; Fapesp; CNPq, 2009.

JASPERS, F. G. W. **Gestão Integrada das Bacias Hidrográficas**. UNESCO – HidroEX, 2012.

KRANTZ, V.; GUSTAFSSON, S. Localizing the Sustainable Development Goals (SDGs) through an integrated approach in municipalities: early experiences from a Swedish forerunner. **J. Environ**. Plann. Manag. [*S. l.*], 2021. DOI: https://doi.org/10.1080/09640568.2021.1877642

KROLL, C.; WARCHOLD, A.; PRADHAN, P. Sustainable Development Goals (SDGs): are we sucessful in turning trade-offs into synergies? **Palgrave Commun.**, [*s. l.*], v. 5, n. 1, p. 1-11, 2019. DOI: https://doi.org/10.1057/s41599-019-0335-5

LEAL FILHO, W. *et al*. Handling climate change education at universities: an overview. **Environ. Sci. Eur.**, [*s. l.*], v. 33, p. 1-19, 2021b. DOI: https://doi.org/10.1186/s12302-021-00552-5

LEAL FILHO, W. *et al*.; An assessment of requirements in Investments, new technologies and infrastructures to achieve the SDGs. **Environ. Sci. Eur.**, [*s. l.*], v. 34, p. 1-17, 2022f. DOI: https://enveurope.springeropen.com/articles/10.1186/s12302-022-00629-9

LINDOSO, D. P.; LITRE, G.; FERREIRA, J. L.; ÁVILA, K. Monitoramento dos objetivos do desenvolvimento sustentável no nível local: transparência da informação sobre saúde pública (ODS 3) em municipalidades brasileiras. **Sustainability in Debate**, Brasília, v. 12, n. 1, p. 44-58, abr. 2021.

LITRE, G.; SANTOS, L.; ÁVILA, K.; SOARES, D.; SÁTIRO, G.; OLIVEIRA, J. E. Transparência da informação pública no Brasil: uma análise da acessibilidade de Big Data para o estudo das interfaces entre mudanças climáticas, mudanças produtivas e saúde. **RECIIS – Revista Eletrônica de Comunicação, Informação & Inovação em Saúde**, [*s. l.*], v. 14, p. 112-125, 2020.

LU, Y.; NAKICENOVIC, N.; VISBECK, M.; STEVANCE, A. S. Policy: Five priorities for the un sustainable development goals. **Nature**, [*s. l.*], v. 520, n. 7548, p. 432-433, 2015.

MADURO-ABREU A.; SÁTIRO, G.; LITRE, G.; SANTOS, L.; OLIVEIRA, J. E.; SOARES, D.; ÁVILA, K. The interfaces Between Health, Climate Change and Land Use in

Brazil: a systematic review of internacional scientific Production between 1993 and 2019. **Saúde e Sociedade**, [s. l.], v. 29, p. 1-16, 2020.

MANCILLA GARCÍA, M.; HILEMAN, J.; BODIN, Ö.; NILSSON, A.; JACOBI, P. R. The unique role of municipalities in integrated watershed governance arrangements: A new Research frontier. **Ecology and Society**, [s. l.], v. 24, n. 1, p. 24, 2019. DOI: 10.5751/ES-10793-240128

MATOS, F.; DIAS, R. **Governança**: questões conceituais sobre processos de tomada de decisão, redes de formulação e deliberação sobre políticas de recursos hídricos. 2013. Disponível em: https://www.researchgate.net/publication/275519899_Governanca_questoes_conceituais_sobre_processos_de_tomada_de_decisao_redes_de_formulacao_e_deliberacao_sobre_politicas_de_recursos_hidricos. Acesso em: 19 set. 2024.

MATTIOLI, Luisa. Objetivos del Desarrollo Sostenible em el marco de la escala Local-Barrial. Caso del Barrio "Virgen de Lourdes" en San Juan-Argentina. **urbe — Revista Brasileira de Gestão Urbana, Pontifícia Universidade Católica do Paraná – PUC/PR**, Curitiba, v. 13, 2021. Disponível em: https://www.scielo.br/j/urbe/a/TzpVCfqdZFBChQzYRV7WwVk/?lang=es. Acesso em: 14 nov. 2021.

MAURICE & JOHN. Measuring progress towards the SDGs-a new vital science. **Lancet**, [s. l.], v. 388, n. 10053, p. 1455-1458, 2016.

NAÇÕES UNIDAS BRASIL - **Faça a sua parte**. Vamos agir em prol dos Objetivos de Desenvolvimento Sustentável. Brasil: NAÇÕES UNIDAS, c2024. Disponível em: https://brasil.un.org/pt-br/take-action. Acesso em: 16 jun. 2024.

OLIVEIRA, M. L. Desenvolvimento sustentável e os municípios: uma análise sob a perspectiva dos objetivos de desenvolvimento sustentável e da Lei nº 13.493/17 (PIV – Produto Interno Verde). **Revista de Direito e Sustentabilidade**, Salvador, v. 4, n. 1, p. 59-76, jan./jun. 2018.

PEREIRA, J. A. (2020). ((o)) eco. **Apoie o nosso jornalismo ambiental**. MP pede suspensão de licenciamento de incineradora de lixo em Santos, c2020. Disponível em: https://oeco.org.br/reportagens/mp-pede-suspensao-de-licenciamento-de-incineradora-de-lixo-em-santos/. Acesso em: 19 set. 2024.

PERSSON, Å.; WEITZ, N.; NILSSON, M. Follow-up and review of the sustainable development goals: alignment vs. Internalization. **Review of European Comparative & International Environmental Law**, [s. l.], v. 25, n. 1, p. 59-68, 2016.

PNUD BRASIL (2017). **Roteiro para a Localização dos Objetivos de Desenvolvimento Sustentável**: Implementação e Acompanhamento no nível subnacional. Disponível em: https://www.undp.org/pt/brazil/publications/roteiro-para-localiza%C3%A7%C3%A3o-dos-objetivos-de-desenvolvimento-sustent%C3%A1vel. Acesso em: 16 jun. 2024.

POZA-VILCHES, M. F.; GUTIÉRREZ-PÉREZ J.; POZO-LLORENTE M. T. (2020). Quality Criteria to Evaluate Performance and Scope of 2030 Agenda in Metropolitan Areas: Case Study on Strategic Planning of Environmental Municipality Management. **Int J. Environ Res. Public Health.** [s. l.], v. 17, n. 2, p. 419, 2020. DOI: https://doi.org/10.3390/ijerph17020419

PRAIA GRANDE (Município) - **Secretaria de Meio Ambiente de Praia Grande**. Projetos / Programas, c2023. Disponível em: https://www.praiagrande.sp.gov.br/administracao/projeto.asp?cdSecretaria=92. Acesso em: 30 set. 2023.

SANTA PORTAL (2022). **Resíduo internacional se torna cada vez mais comum em praias da Baixada Santista**, c2022. Disponível em: https://santaportal.com.br/baixada/residuo-internacional-comum-praias-baixada-santista/. Acesso em: 20 set. 2024.

SANTOS, L.; OLIVEIRA, J. E.; MADURO-ABREU A.; LITRE, G.; SÁTIRO, G.; SOARES, D. Climate change, Productivity Change and Health: complex interactions in the national literature. **Ciência & Saúde Coletiva**, [s. l.], v. 26, supl. 3, p. 5315-5328, 2019.

SANTOS (Município) – Prefeitura Municipal de Santos. **Secretaria de Meio Ambiente**. Hotsite, c2023. Disponível em: https://www.santos.sp.gov.br/portal/meio-ambiente. Acesso em: 30 set. 2023.

SANTOS (Município) – Prefeitura Municipal de Santos. Secretaria de Meio Ambiente. Hotsite. **Programa Município VerdeAzul**: Uma AÇÃO LOCAL por uma CAUSA GLOBAL, c2023. Disponível em: https://www.santos.sp.gov.br/?q=hotsite/programa-municipio-verdeazul. Acesso em: 30 set. 2023.

SÃO PAULO (Estado) – Governo do Estado de São Paulo. **Companhia Ambiental do Estado de São Paulo**, c2023. Disponível em: https://cetesb.sp.gov.br/. Acesso em: 30 set. 2023.

SÃO PAULO (Estado) – Governo do Estado de São Paulo. **Secretaria de Meio Ambiente, Infraestrutura e Logística do Estado de São Paulo**. Programa

Município VerdeAzul – PMVA, c2023. Disponível em: https://www.infraestruturameioambiente.sp.gov.br/verdeazuldigital/. Acesso em: 30 set. 2023.

SÃO PAULO (Estado) – Governo do Estado de São Paulo. Secretaria de Infraestrutura e Meio Ambiente. **Resolução SMA nº 023/2016**. Diário Oficial do Estado de São Paulo, de 17 de fevereiro de 2016. Seção I, p. 97-98, c2016. Disponível em: https://smastr16.blob.core.windows.net/legislacao/2016/12/Resolu%C3%A7%C3%A3o-SMA-023-2016-Processo-1009-2013-Estabelece-procedimentos-operacionais-e-par%C3%A2metros-de-avalia%C3%A7%C3%A3o-no-%C3%A2mbito-do-Programa-Munic%C3%ADpio-VerdeAzul-1.pdf. Acesso em: 16 jun. 2024.

SÃO PAULO (Estado) – Governo do Estado de São Paulo. Secretaria de Infraestrutura e Meio Ambiente. **Resolução SMA nº 044, de 05 de junho de 2017**. Diário Oficial do Estado de São Paulo, de 05 de junho de 2017. Seção I, p. 53/56, c2017. Disponível em: https://smastr16.blob.core.windows.net/legislacao/2017/06/resolucao-sma-044-2017-processo-1009-2013-programa-municipio-verde-azul-2017-05-6-2017.pdf. Acesso em: 16 jun. 2024.

SÃO PAULO (Estado) – Governo do Estado de São Paulo. Secretaria de Infraestrutura e Meio Ambiente. **Resolução SIMA nº 117, de 23 de dezembro de 2022**, c2022. Disponível em: https://smastr16.blob.core.windows.net/municipioverdeazul/sites/244/2023/04/643d588215168-643d58821516aresolucao-sima-n%C2%B0-117-de-23-de-dezembro-de-2022.pdf.pdf. Acesso em: 16 jun. 2024.

SÃO PAULO (Estado) – Governo do Estado de São Paulo. Secretaria de Meio Ambiente, Infraestrutura e Logística. Arquivos. **Resolução SMA nº 033/2018**. Diário Oficial do Estado de São Paulo, 29 de março de 2018, seção I, p. 68/72, c2018. Disponível em: http://arquivos.ambiente.sp.gov.br/legislacao/2018/03/resolucao-sma-033-2018-processo-1009-2013-programa-municipio-verde-azul-2018.pdf. Acesso em: 16 jun. 2024.

SÃO PAULO (Estado) – Governo do Estado de São Paulo. Secretaria de Meio Ambiente, Infraestrutura e Logística do Estado de São Paulo. **Gerenciamento Costeiro – GERCO/Baixada Santista**, c2022. Disponível em: https://www.infraestruturameioambiente.sp.gov.br/gerco/baixada-santista/. Acesso em: 1 maio 2022.

SEADE – **Fundação Sistema Estadual de Análises de Dados**. Portal de Estatísticas do Estado de São Paulo, c2022. Disponível em: www.seade.gov.br. Acesso em: 1 maio 2022.

SELLERS, J. M. & LIDSTRÖM, A. 2007. Descentralization, Local Government, and the Welfare State. **Governance** – Na International Journal of Policy, Administration and Institutions, [s. l.], v. 20, n. 4, p. 609-632, oct. 2007.

UNITED NATIONS. **Transforming Our World**: The 2030 Agenda for Sustainable Development. New York: United Nations, Department of Economic and Social Affairs, 2015.

VAN VUUREN, D. P.; KOK, M.; LUCAS, P. L.; PRINS, A. G.; ALKEMADE, R.; MAURITS, V.; BOUWRNAN, L.; STEFAN, V. D. E.; JEUKEM, M.; KRAM, T. Pathways to achieve a set of ambitious global sustainability objectives by 2050: Explorations using the image integrated assessment model. **Technological Forecasting & Social Change**, [s. l.], v. 98, p. 303-323, 2015.

Capítulo 13

JUSTIÇA CLIMÁTICA: DO QUE ESTAMOS FALANDO?

Marcela Lanza Tripoli
Sylmara Lopes Francelino Gonçalves Dias

13.1 Introdução[14]

Os impactos causados pelas mudanças climáticas estão cada vez mais recorrentes e extremos. O *Emissions Gap Report* (UNEP, 2022) demonstrou que as políticas em vigor no momento indicam um aumento de temperatura de até 2,8 °C até o final do século XXI. Caso sejam realizadas todas as promessas de redução dos gases de efeito estufa, algo que parece cada vez mais distante de ocorrer, esse valor pode diminuir para 1,8 a 2,1 °C. Porém, o relatório não aponta um caminho confiável para atingir a meta de 1,5 °C, sem que uma rápida e profunda transformação social seja implementada (UNEP, 2022). Já estamos presenciando diversos impactos alarmantes com o aumento na temperatura de um pouco mais que 1 grau Celsius, como alterações no regime de chuvas, precipitação intensa (acompanhadas de enchentes e deslizamentos de terra), ondas de calor, secas e invasão do mar em cidades costeiras (Travassos *et al.*, 2020).

As mudanças climáticas e seus impactos ressaltam e intensificam desigualdades sociais preexistentes, exacerbando problemas socioeconômicos, como insegurança alimentar, falta de acesso à água potável, habitações precárias (Taddei, 2016), e resultando em complexos problemas logísticos, sociais e políticos para países e comunidades no mundo inteiro (UNESCO, 2013). Ironicamente, diversos estudos demonstram que os países e grupos que mais sofrem com os impactos negativos das mudanças climáticas, como o enfrentamento de perdas agrícolas devido

---

[14] Este capítulo foi construído a partir do texto da dissertação intitulada "Narrativas das injustiças climáticas: Vivências de moradores em comunidades vulnerabilizadas" de autoria da primeira autora. As autoras agradecem ao Programa Adapta Keraciaba (AEX) e ao Projeto CoopClima São Vicente, auxílio Fapesp processo 2023/10280-2.

a secas prolongadas, o aumento de desastres naturais como furacões devastadores e o deslocamento forçado por elevação do nível do mar, são aqueles que menos contribuíram para o problema (IPCC, 2022). Dados ilustram essa disparidade: 20 países foram responsáveis pela emissão de aproximadamente 82% de CO_2 entre 1990 e 2019, enquanto os 50 países menos desenvolvidos contribuíram com menos de 1% nas emissões totais (Ashrafuzzaman; Gomes; Guerra, 2022). Esse cenário revela uma distribuição desigual dos ônus e bônus entre os grupos sociais, com seus maiores efeitos negativos recaindo sobre as populações mais vulnerabilizadas, apesar destas contribuírem muito menos para o problema (Klein, 2014). Essas populações, por sua vez, possuem menos capacidade de respostas aos eventos climáticos, caracterizando um contexto de *inJustiça* Climática, onde não há justiça por meio da equidade na responsabilização e consequências de seus efeitos.

Apesar do conhecimento das consequências devastadoras das mudanças climáticas serem conhecidas, pesquisadas e denunciadas há décadas, com diversos eventos internacionais tendo sido organizados para tratar da temática, é relativamente recente o destaque no discurso *mainstream* das mudanças climáticas, não obstante a insistência de alguns líderes mundiais em negar a sua existência. Essa ênfase se justifica, em parte, pelo fato de que os impactos das mudanças climáticas estão se tornando mais evidentes e, portanto, sentidos mais agudamente em todo o mundo (Agyeman *et al.*, 2016). O discurso *mainstream* vem envelopado na crença de que todos vamos sofrer igualmente os impactos das mudanças climáticas, mas a Justiça Climática vem para denunciar essa concepção: os impactos não afetam todos da mesma maneira, e, na verdade, recaem desproporcionalmente sobre grupos marginalizados. Os mais impactados possuem cor, gênero e localidades específicas (Sultana, 2021a; Louback Lima, 2022).

Estamos enfrentando um dos maiores desafios da sociedade atual e futura (Klein, 2014), mas como o impacto das mudanças climáticas é sentido em escala maior por comunidades em situação de vulnerabilidade, a resposta a esse desafio é lenta. Essas populações, frequentemente sem acesso adequado a recursos e infraestrutura, enfrentam barreiras significativas que limitam sua resiliência diante das crises ambientais. Além disso, a dificuldade dessas populações de acessar os lugares de poder e de tomada de decisão perpetua a exclusão de suas perspectivas nos processos que poderiam promover soluções mais inclusivas e justas. Assim, vidas e ecossistemas inteiros se tornam descartáveis, efeitos colaterais que governos e empresas estão dispostos a arcar, pois não os impactam de forma direta e tão intensamente (Sultana, 2021a). Um dos argumentos utilizados para justificar a demora nas ações para combater as alterações climáticas é a de que será necessária a implementação de mudanças estruturais em diversos níveis, sendo este um processo complexo que exige tempo. Porém, a pandemia causada pelo coronavírus demonstrou que, quando um assunto é entendido como urgente, é possível implementar mudanças rápidas em diversos níveis: instituições globais, nações, empresas públicas e privadas, assim como na rotina de cidadãs e cidadãos (Sultana, 2021a).

Neste capítulo, exploramos as origens do movimento de Justiça Climática, suas raízes na justiça ambiental e no combate ao racismo ambiental, e como essas influências moldaram a agenda contemporânea. Especificamente, discutimos as definições e os debates atuais sobre o que constitui Justiça Climática. Para alcançar os objetivos propostos, adotou-se uma estratégia metodológica qualitativa, fundamentada em uma abordagem teórico-conceitual e analítica. Essa escolha permite explorar e interpretar os fenômenos a partir de uma perspectiva aprofundada, priorizando a compreensão das relações e nuances teóricas envolvidas (Creswell, 2010).

13.2 Os conceitos de vulnerabilidade socioambiental, risco sócio-climático e interseccionalidade no contexto da justiça climática

As populações que se encontram em situação de vulnerabilidade frequentemente enfrentam condições de acesso precário a serviços e infraestruturas ambientais urbanas, e em muitos casos, não possuem sequer acesso a esses recursos essenciais, resultando em uma situação de vulnerabilidade ainda mais acentuada. Essas populações sofrem com diversos problemas graves, como a falta de acesso ao saneamento básico, serviços de saúde e moradias sem estrutura apropriada e tendem a estar localizadas em lugares de risco. Importante destacar que os mecanismos que criam as diversas formas de vulnerabilidades e injustiças são criados por processos políticos, econômicos e culturais (Cartier *et al.*, 2009).

A noção de vulnerabilidade, por sua natureza, não é uma questão simples, abarcando uma multiplicidade de dimensões, incluindo as políticas sociais, ambientais, econômicas e culturais. Sua investigação, presente em diversas disciplinas acadêmicas, ganha frequência e relevância crescentes no contexto das mudanças climáticas, pois a vulnerabilidade exacerba as desigualdades já existentes. Frente à emergência climática, Young (2019) ressalta que o conceito de vulnerabilidade parece estar se equilibrando em uma linha tênue, entre ser alvo de questões econômicas, sociais e políticas e, ao mesmo tempo, salientar as condições que levam a grandes perdas populacionais e à deterioração de vastas paisagens e importantes ecossistemas. Ao tratar da temática da vulnerabilidade, a maior dificuldade parece estar em compreender o conceito dentro do respectivo contexto, e, principalmente, fazer uma clara distinção entre risco e vulnerabilidade. Young (2019) questiona: existiria de fato uma diferença real entre ser vulnerável e estar sob riscos, ou simplesmente é uma questão de semântica? O conceito de vulnerabilidade, ou o termo "vulnerável" não poderia ser utilizado como um termo inespecífico? É sempre necessário que se questione: vulnerável a que?

Nesta direção, a vulnerabilidade não poderia estar dissociada das variáveis de tempo e espaço. Assim considera-se que a vulnerabilidade não se apresenta como um componente estático. Iwama *et al.* (2016) argumentam que o termo é caracterizado por múltiplas definições na literatura. Portanto, a maneira como o conceito é abordado e as soluções a serem adotadas variam conforme a interpretação do termo. Existem pelo menos duas interpretações: vulnerabilidade como "resultado ou *outcome*" e vulnerabilidade "contextual". A primeira interpretação entende a vulnerabilidade como resultado de aspectos biofísicos e, portanto, tende a "considerar que os mais vulneráveis são aqueles que vivem em ambientes físicos precários ou em ambientes que terão os efeitos físicos [...] mais dramáticos" (Iwama *et al.*, 2016, p. 98). Já a segunda leva em consideração os diversos fatores e processos culturais, ambientais, sociais, econômicos, políticos que influenciam a vulnerabilidade de indivíduos e grupos, e, portanto, a vulnerabilidade é analisada de acordo com o contexto (Iwama *et al.*, 2016). Ambas as interpretações são complementares e os autores trazem um terceiro eixo para o conceito: o protagonismo (ou a ausência do mesmo). O protagonismo aqui é compreendido como a capacidade — ou a ausência dela — de participação ativa nos espaços de tomada de decisão sobre questões climáticas, no desenvolvimento de medidas de mitigação, bem como na construção de capacidades adaptativas. Assim, o termo vulnerabilidade pode ser compreendido sob a perspectiva desses três eixos principais, conforme exposto a seguir:

> [...] o risco 'físico', ou seja, a probabilidade de um perigo acontecer de natureza geológica ou hidrológica; a vulnerabilidade social, no sentido da segregação socioespacial ... com viés daqueles marginalizados situados em áreas de alto risco de escorregamento ou inundação; e o protagonismo (ou a ausência dele), que depende de uma série de fatores (experiências vividas, a cultura...), que fornece múltiplas dimensões da vulnerabilidade (Iwama et al., 2016, p. 103).

Nesse sentido, para se discutir as noções de vulnerabilidade no contexto das mudanças climáticas é preciso compreender sua correlação com o risco sócio-climático. Os riscos climáticos podem ser caracterizados pelo potencial de consequências adversas para sistemas humanos ou ecológicos em decorrência de eventos climáticos, reconhecendo a diversidade de valores e objetivos associados a tais sistemas (Schneider et al. 2021). É importante destacar que o risco se distingue da ameaça climática, uma vez que o risco está relacionado à probabilidade de ocorrência de danos, enquanto a ameaça se refere à possibilidade de ocorrência de um evento físico que possa provocar esses danos (CETESB, 2022, p. 15).

O risco normalmente se refere aos possíveis impactos das mudanças do clima assim como às respostas humanas a essas mudanças, tendo-se como fatores de risco, a ameaça, a exposição e a vulnerabilidade (Schneider et al. 2021), conforme mostra a figura 1. Assim, para conceitualizar a vulnerabilidade social num contexto de Justiça Climática será necessário considerar que camadas pobres da população, discriminadas e/ou com alta privação, têm maior susceptibilidade em sofrer consequências causadas por algum tipo de perigo. A vulnerabilidade socioambiental faz a conexão com riscos ou degradações ambientais. Por exemplo, os impactos de fortes chuvas são sentidos por diversos setores da população, mas aqueles que se encontram em situação de vulnerabilidade socioambiental são mais fortemente impactados.

Figura 1 - Componentes do risco sócio-climático no contexto da Justiça Climática

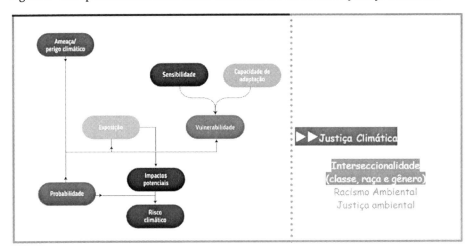

Componentes do risco climático: (a) - O risco climático representa a probabilidade de uma ameaça/ perigo e seus impactos potenciais ocorrerem; (b) - Esses possíveis impactos são determinados pelo grau de exposição e pela vulnerabilidade do sistema em questão a tal ameaça/perigo; (c) - A vulnerabilidade é dada por uma relação entre a sensibilidade do sistema (grau em que ele pode ser afetado) e a sua capacidade de adaptação.

Fonte: adaptada de Schneider *et al.* 2021, p. 52-53

Além disso, empregou-se o termo com o objetivo de elucidar que determinados problemas socioambientais emergem como consequências diretas do modelo de desenvolvimento econômico vigente, tal como conceituado por Cartier *et al.* (2009), além de serem influenciados por variáveis culturais, sociais, econômicas e políticas. Devido à sua intrínseca complexidade, frequentemente essas variáveis não são integralmente consideradas na análise de tais problemáticas.

Oliveira *et al.* (2020) destacam que para uma compreensão ampliada e contexto-específica de vulnerabilidade são necessários estudos com abordagem integrativa e interdisciplinar. Assim sendo, é importante reforçar a abordagem da prevenção centrada na participação social (UNISDR, 2009). Jacobi e Sulaiman (2017) enfatizam a necessidade de reforçar a gestão integrada das políticas públicas, visando fortalecer a médio e longo prazo o planejamento urbano e a construção de processos comunitários, participativos e insurgentes, para um planejamento e governança ambiental dos riscos de desastres naturais. Para a resolução de problemas mais complexos, um grupo sozinho e isolado não conseguirá achar os caminhos para solucioná-los. Barbi (2019) realça que, embora alguns governos locais tenham se esforçado na redução de respostas ao desafio das mudanças climáticas, trata-se de um problema complexo.

Uma opção viável é reunir diferentes atores sociais. Os processos de múltiplas partes interessadas permitem que diferentes perspectivas sejam apresentadas e debatidas, cenários e opções avaliados, decisões tomadas e ações implementadas. Tais processos envolvem trabalhar com todas as complexidades de como os humanos interagem – cultural, social, política e economicamente. No entanto, para efetivar uma ação coletiva e encarar o desafio de enfrentar e contribuir para a resolução de agravos ambientais, é imprescindível que grandes corporações (do setor de combustível fóssil, mineração, ou agrotóxicos, por exemplo) tenham regulada sua atuação de modo a inverter a lógica de prioridade na apropriação dos recursos naturais, priorizando comunidades, e não a reprodução para o lucro. Para fazer isso, diferentes grupos precisam aumentar seu conhecimento, identidade e mobilização para uma agenda de lutas sobre seu ambiente e a complexidade dos desafios contemporâneos (Jacobi; Sulaiman, 2017). Enquanto os impactos das mudanças climáticas são provocados em nível global, continental ou nacional, seus efeitos são sentidos em nível local, pelos estratos mais vulneráveis da população, majoritariamente nos territórios onde os governos não protegem os interesses de seus cidadãos de forma igualitária (Paavola; Adger, 2006). Para entender o fenômeno da vulnerabilidade é exigida uma abordagem interseccional, que enfatize estruturas interseccionais da desigualdade adicionando, multiplicando e reforçando hierarquias particulares em locais específicos (Collins; Bilge, 2020; Crenshaw, 1991). Lélia Gonzalez foi uma das pesquisadoras pioneiras em abordar de maneira interseccional os marcadores sociais da diferença, como classe, raça e gênero, em um período em que tais categorias eram frequentemente analisadas de forma separada (Oliveira, 2020). Para Crenshaw (1991), a interseccionalidade explica como os eixos de poder relacionados à raça, gênero e classe estruturam os aspectos sociais, econômicos e políticos mais amplos. A autora destaca que o racismo, o patriarcado e a opressão de classe diferem, mas geralmente se interligam em complexas intersecções que estabelecem diferentes experiências de vida, propiciando o que determina uma "sinergia de múltiplos sistemas de poder". Esses diversos eixos de opressão, denominados intersecções, somam-se e se cruzam sobre os corpos das pessoas; quanto mais uma pessoa é recortada por esses eixos de opressão, mais invisibilizada são as questões específicas desses encontros de eixos, e isso resulta numa maior marginalização da pessoa na sociedade (Crenshaw, 1991). Ao utilizar a lente da interseccionalidade no contexto das mudanças climáticas, essas opressões são destacadas.

Nessa perspectiva, é relevante entender quais categorias (gênero, raça e classe, por exemplo) são significativas para as configurações da desigualdade em um determinado contexto, já que alguns aspectos da ordem social, apesar de aparente estabilidade, podem apresentar transformações significativas. Vale destacar aqui que toda pessoa carrega diversos eixos identitários, como raça, etnia, classe, religião, origem geográfica, orientação sexual, identidade de gênero, entre muitos outros. A interseccionalidade defende que essas identidades sociais estão relacionadas a sistemas de opressão, dominação ou discriminação (Rodrigues, 2013). Assim, a intersecção é vista como um processo e não como uma localização específica ocupada por grupos e indivíduos. Ou seja, compreender uma situação num contexto específico implica analisar as configurações da desigualdade social numa perspectiva totalmente relacional entre os múltiplos modos de opressão, considerando que os efeitos negativos associados à ocorrência de eventos climáticos (deslizamentos, inundações e etc.) se relacionam a processos de vulnerabilização de grupos e indivíduos historicamente marginalizados (Cartier *et al.*, 2009; Nobre *et al.*, 2014; Travassos *et al.*, 2020).

Na próxima seção, investigamos as origens do movimento por Justiça Climática, explorando suas raízes na justiça ambiental e no combate ao racismo ambiental. Este exame histórico proporcionará uma compreensão das influências que moldaram a agenda contemporânea da Justiça Climática. Além disso, apresentamos as definições e debates contemporâneos sobre o que constitui Justiça Climática, destacando **3 aspectos essenciais** para a sua compreensão, os **aspectos distributivos, processuais e de reconhecimento**. Esta análise aprofunda as complexidades e nuances envolvidas no debate da Justiça Climática.

13.3 Justiça Climática: articulando conceitos e abordagens

O movimento por Justiça Climática foi diretamente influenciado pela justiça ambiental, que pode ser definida como "o conjunto de princípios que asseguram que nenhum grupo de pessoas, sejam grupos étnicos, raciais ou de classe, suporte uma parcela desproporcional dos impactos ambientais negativos de operações econômicas, de políticas e programas federais, estaduais e locais, bem como resultantes da ausência ou omissão de tais políticas" (Herculano, 2008, p. 2). É uma importante abordagem, já que uma variedade de estudos demonstra que grupos étnicos e a população de baixa renda sofrem desproporcionalmente com riscos ambientais (Cartier *et al.*, 2009).

A conexão entre temas ambientais e raciais é uma marca importante do movimento por justiça ambiental (que depois expandiu essa conexão com outros marcadores de diferenças, como gênero e classe). O movimento pela Justiça Ambiental busca combater o racismo ambiental, que se refere às injustiças ambientais e sociais que etnias vulnerabilizadas sofrem de forma desproporcional. Robert D. Bullard, refere-se ao termo racismo ambiental como:

> [...] qualquer política, prática ou diretiva que afete de forma diferenciada ou prejudique (intencionalmente ou não) indivíduos, grupos ou comunidades com base na raça ou cor. O racismo ambiental se combina com políticas públicas e práticas da indústria para fornecer benefícios para os brancos enquanto transfere os custos da indústria para as pessoas negras. É reforçado por instituições governamentais, jurídicas, econômicas, políticas e militares. Em certo sentido, 'cada instituição do estado é uma instituição racial'. A tomada de decisões e políticas ambientais muitas vezes refletem os arranjos de poder da sociedade dominante e suas instituições. Uma forma de "cobrança" ilegal força as pessoas de cor a pagar os custos dos benefícios ambientais para o público em geral. A questão de quem se beneficia com as políticas ambientais e industriais atuais é central para esta análise do racismo ambiental e outros sistemas de dominação e exploração (Bullard, 2000, p. 98).

De extrema relevância, a justiça ambiental é o primeiro discurso ambiental desenvolvido majoritariamente por negros, indígenas e pessoas de cor (*Black, Indigenous, People of Color*, BIPOC), relacionando explicitamente o meio ambiente com justiça social e questões sociais, como lutas por direitos das comunidades e populações marginalizadas, fazendo conexões com raça, gênero, classe e outros marcadores de diferenças (Agyeman *et al.*, 2016). O movimento apresenta abertamente questões ambientais como questões de injustiças e se baseia em conceitos que não estão presentes no discurso ambiental *mainstream*, como autonomia, autodeterminação, equidade e direitos humanos. Os primeiros ativistas pela justiça ambiental, geralmente pertencentes a minorias e de baixa renda, não faziam parte das organizações ambientais convencionais, que são predominantemente constituídas por pessoas brancas, de classe média alta (Schlosberg; Collins, 2014).

A visão tradicional que essas organizações tinham (e que muitas ainda têm) de "meio ambiente" é de uma natureza selvagem e sua luta é centrada na preservação dessa natureza, idealizada e separada da vida cotidiana, sem considerar a presença de pessoas e suas questões sociais – ou seja, entende o ser humano como separado da natureza (Schlosberg; Collins, 2014). Os humanos são vistos como sujeitos que possuem direitos, precisamente pela sua condição de humano, já os não humanos (seres e objetos naturais ou artificiais) não possuem direitos por si mesmos. Essa separação demonstra que o ser humano se sente exterior ao ambiente ao seu redor, e, portanto, se vê como superior em relação aos não-humanos (Descola, 2016). Essa visão é bem diferente do entendimento de natureza pela lente da Justiça Ambiental que, inspirada em concepções indígenas, não distingue entre seres humanos e natureza não humana, e demonstra que existem outras maneiras de entender a relação dos humanos com animais, plantas e ecossistemas.

Nesse contexto, as mudanças climáticas passaram a ser compreendidas como mais um tipo de condição ambiental que reflete a injustiça social que impacta comunidades pobres e marginalizadas, em particular negros, indígenas e pessoas de cor (Black, Indigenous, People of Color, BIPOC), estabelecendo assim a base para aprofundamento sobre a Justiça Climática (Schlosberg; Collins, 2014). O movimento por Justiça Climática denuncia o ônus desproporcional sobre comunidades e países vulneráveis em relação ao impacto das mudanças climáticas e foca na responsabilização daqueles que se beneficiaram com as emissões dos efeitos estufa ao longo da história (em sua maioria, países e empresas localizadas no Norte Global[15]). Defende que, ao pensar em mecanismos para combater as mudanças climáticas, as desigualdades de condições de países e grupos

---

[15] O termo Norte Global inclui nações economicamente desenvolvidas e industrializadas, historicamente beneficiadas por processos coloniais e de exploração, cujas políticas e economias tendem a influenciar amplamente o cenário internacional. Por sua vez, "Sul Global" é usado para se referir a países emergentes e tem como objetivo substituir expressões de "Terceiro Mundo" e "subdesenvolvidos". Por isso, o Sul corresponde a um grupo muito heterogêneo que comporta países com graus radicalmente distintos de projeção política e econômica no nível internacional, desde emergentes como Brasil e China, até periféricos como Haiti e Guiné Bissau. Caixeta (2014) ressalta que a divisão Norte-Sul não corresponde aos hemisférios geográficos.

marginalizados devem ser levadas em conta, para que possamos reparar essas injustiças de formas justas e equitativas. Desta maneira, a Justiça Climática convoca a inclusão de grupos marginalizados, tidos como vulneráveis, para participar da discussão e da busca por resoluções dos impactos causados pelas mudanças climáticas (Louback, 2020).

É necessário desinvisibilizar as pessoas das comunidades que estão sendo diretamente e mais arduamente afetadas pelas mudanças climáticas e ouvir essas vozes que foram historicamente silenciadas. Porém, escutar essas comunidades representa apenas a etapa inicial: o movimento por Justiça Climática defende que é necessário estabelecer plataformas de participação efetiva, garantindo que esses grupos marginalizados estejam no centro de qualquer tomada de decisão relacionada à questão climática. Isso implica sua ativa participação no debate, na formulação e na implementação de estratégias de mitigação e adaptação às mudanças climáticas (Kashwan, 2021).

A Justiça Climática insiste que as mudanças climáticas e seus impactos sejam combatidos com o foco na responsabilização daqueles que mais impactaram para o desequilíbrio climático, e que são os que possuem maiores condições estruturais e financeiras para enfrentá-las, em especial países e empresas dos países ditos desenvolvidos (Louback; Lima, 2022). O movimento por Justiça Climática

> [...] busca o reconhecimento das desigualdades sociais vividas em razão da dívida climática dos países do Norte Global com os países do Sul Global, as emissões históricas e atuais, as demandas e direitos das populações vulneráveis e o fim das emissões de gases de efeito estufa, de forma que isso não impeça o desenvolvimento das nações mais pobres [...] abraçam a transição para um modelo de economia que seja realmente justo e que envolva um futuro com emissão zero de carbono e cujas medidas de prevenção, mitigação e adaptação dos impactos levem em consideração as responsabilidades diferenciadas entre os países e a necessária transferência de tecnologia e financiamento dos países desenvolvidos para os países em desenvolvimento (Louback; Lima, 2022, p. 34).

Além da desigualdade na distribuição dos impactos das mudanças climáticas, que frequentemente sobrecarrega aqueles que contribuíram menos para a geração do problema, o movimento pela Justiça Climática enfatiza também uma série de desafios adicionais enfrentados pelos grupos mais afetados. Esses grupos não apenas suportam uma carga desproporcional dos impactos climáticos, mas também enfrentam barreiras significativas em sua capacidade de adaptação e resposta aos desafios impostos pelas mudanças ambientais (Schlosberg; Collins, 2014).

Uma das principais barreiras é a falta de recursos financeiros. Os grupos mais afetados muitas vezes carecem dos meios financeiros necessários para responder e se recuperar dos impactos das mudanças climáticas. Isso inclui recursos para reconstruir infraestruturas danificadas, compensar perdas econômicas e investir em medidas de adaptação eficazes, para se preparar adequadamente para futuros eventos climáticos extremos. Outro desafio crucial é a falta de poder político e influência. Muitos dos grupos mais afetados pelas mudanças climáticas são vulnerabilizados política e socialmente, o que os torna menos capazes de influenciar as decisões e políticas que afetam suas vidas (Iwama *et al.*, 2016). Isso pode resultar em uma alocação desigual de recursos e na falta de consideração adequada de suas necessidades e preocupações nas políticas de adaptação e mitigação climática. Portanto, a adaptação às mudanças climáticas não se resume apenas à implementação de medidas técnicas e infraestruturais, mas também requer um enfoque na redução das desigualdades sociais e na promoção da Justiça Climática, garantindo que todos tenham acesso aos recursos e oportunidades necessários para se adaptar e prosperar em um mundo em rápida transformação climática.

A literatura científica considera as diferenças de efeitos socioambientais e econômicos adversos como uma questão de Justiça Climática (Araújo *et al.* 2024). Nesse sentido, Torres *et al.* (2021) argumentam que a Justiça Climática é multifacetada, e engloba uma variedade de dimensões e abordagens. Por não haver uma definição única na literatura de Justiça Climática, coletivos variados (acadêmicos, político-ideológicos etc.) podem abordar diferentes entendimentos para o termo (Torres; Leonel; Araújo, 2021; Martinez-Alier *et al.*, 2018; Sultana, 2021). Diversos estudos ressaltam três pilares fundamentais que contribuem para a compreensão abrangente da justiça no contexto das mudanças climáticas: aspectos distributivos, processuais e de reconhecimento (Hughes; Hoffmann, 2020; Jenkins, 2018).

Os aspectos distributivos da Justiça Climática referem-se à necessidade de uma distribuição equitativa dos benefícios e ônus resultantes das mudanças climáticas e das políticas de mitigação e adaptação. Isso implica uma preocupação significativa com a alocação justa de recursos, riscos e responsabilidades relacionadas ao clima, visando garantir que nenhum grupo seja desproporcionalmente prejudicado ou favorecido. Por sua vez, os aspectos processuais destacam a importância de processos justos, transparentes e inclusivos no desenvolvimento e implementação de políticas climáticas. É essencial garantir a participação equitativa de todas as partes interessadas, especialmente as comunidades mais vulneráveis aos impactos das mudanças climáticas, de modo a evitar marginalização e assegurar que suas vozes sejam consideradas nas decisões que afetam suas vidas. Por fim, os aspectos de reconhecimento enfatizam a necessidade de reconhecer e valorizar a diversidade de identidades, culturas e conhecimentos das comunidades afetadas pelas mudanças climáticas (Hughes; Hoffmann, 2020). Isso implica em abordar as desigualdades estruturais e as injustiças históricas que perpetuam a vulnerabilidade de certos grupos, bem como em promover a inclusão e o respeito pela pluralidade de perspectivas e experiências.

Uma abordagem integrada, que destaca esses três aspectos, é crucial para o desenvolvimento de soluções eficazes e holísticas para os problemas climáticos. Reconhecendo que questões de equidade, distribuição de recursos e processos decisórios estão intrinsecamente interligadas, essa abordagem busca promover uma resposta abrangente e justa aos desafios climáticos, que leve em consideração a complexidade das dinâmicas sociais, econômicas e ambientais envolvidas. No entendimento aqui adotado, a Justiça Climática, então

> [...] investiga como e por que diferentes grupos de pessoas enfrentam desigualdades climáticas de maneiras diferentes, integrando *insights* de uma série de teorias acadêmicas (como feminista, antirracista, anticapitalista, pós-colonial, decolonial), bem como insights de movimentos ativistas por Justiça Climática, a fim de promover a práxis da solidariedade e da ação coletiva (Sultana, 2021, p. 119).

Desse modo, compreende-se que as comunidades vulnerabilizadas ficam mais suscetíveis às injustiças climáticas que já ocorrem torna-se um enorme desafio conceitual, teórico, metodológico, de modo a realizar "um diálogo entre as variadas áreas de especialização, processos e conhecimento em múltiplas escalas para lidar com vulnerabilidades que se intercruzam num contexto [...] de extremos climáticos" (Araújo *et al.*, 2024, p. 16). Por exemplo, Stapleton (2018) destaca que o mero conhecimento científico não é o bastante para impulsionar as mudanças sociais e políticas significativas necessárias para enfrentar a mudança climática, e defende a centralização das histórias daqueles mais afetados, para determinar respostas apropriadas e gerar conexões pessoais para motivar a ação. A consideração atenta e a participação das comunidades diretamente afetadas são elementos cruciais para a resolução efetiva das questões climáticas.

13.4 À guisa de conclusões: por uma agenda de pesquisa sobre Justiça Climática no Brasil

Enfrentar a crise climática também envolve reconstituir memórias e consciências individuais e coletivas para reconciliação e libertação, como defende Sultana (2022). Contudo, é notável a ausência de representatividade das vozes e narrativas provenientes do sul global no debate, refletindo uma desigualdade narrativa no que diz respeito a quais vozes e histórias são ouvidas – e sob quais condições – por aqueles que possuem o poder de amplificar ou censurar tais relatos (Wood; Meyer, 2022).

No Brasil, a inclusão da Justiça Climática na agenda política e de pesquisa ainda é incipiente, apesar de ser observável um movimento que se inspira nas mobilizações internacionais ou nas iniciativas de grandes organizações não governamentais. Assim, a temática vem ganhando certo destaque no país, tanto na área acadêmica como na área política, conforme evidenciado pelos eventos destacados a seguir, mas ainda de forma tímida quando comparada a outros contextos (Torres *et al.*, 2021).

- Em Maio de 2022, a Comissão Especial de Mudanças Climáticas e Desastres Ambientais do Conselho Federal da Ordem dos Advogados do Brasil (OAB) organizou o evento "Justiça Climática em Debate", com o objetivo de debater como a OAB Nacional e a comunidade jurídica em geral podem, devem e necessitam abordar a questão das mudanças climáticas (Cicci, 2023).
- Em Outubro de 2022, o Conselho Nacional de Justiça (CNJ), promovido pela Escola Superior de Magistratura do Amazonas, organizou o "Seminário Internacional Justiça Climática e Direitos Humanos – Perspectivas Global, Regional e Local" com o intuito de analisar a conformidade da legislação brasileira com os trata-

dos internacionais referentes à proteção dos direitos humanos, considerando especialmente a perspectiva da Justiça Climática (OAB Nacional, 2022).

- Em Novembro de 2023, a Defensoria Pública do Estado de São Paulo organizou um seminário de 3 dias para tratar de Justiça Climática (DPESP, 2023), além de organizar uma chamada aberta para submissão de artigos intitulada "Justiça Climática: desafios e perspectivas para a sociedade brasileira", que posteriormente compuseram os Cadernos da Defensoria Pública do Estado de São Paulo (DPESP) (ENFAM, 2023).

- Entre Novembro de 2023 e Janeiro de 2024, o Núcleo de Pesquisa em Organizações, Sociedade e Sustentabilidade (NOSS) da Escola de Artes, Ciências e Humanidades da Universidade de São Paulo (EACH/USP), organizou dois eventos intitulados "Justiça Climática: experiências de pesquisa, ensino e extensão universitária" e "InJustiça Climática no Vale do Ribeira – Iporanga e Eldorado" (NOSS, [s. d.]).

Porém, apesar desses exemplos, a inclusão da Justiça Climática na agenda pública tem sido limitada, não havendo uma ampla integração por parte do governo, dos movimentos sociais, das organizações não governamentais ou da academia (Torres *et al.*, 2021). Ainda é importante destacar que os movimentos de base e organizações sociais não adotaram efetivamente a agenda da Justiça Climática (Torres *et al.*, 2021) no Brasil, o que difere radicalmente do seu histórico e princípio nos Estados Unidos. Nesse sentido, surge a necessidade premente de reforçar a abordagem da Justiça Climática em âmbito nacional e local, pois, apesar de ser um problema global, o impacto das mudanças climáticas é sentido localmente e por isso é necessário analisar a questão através de uma lente local.

No contexto brasileiro, ainda não é óbvia a associação entre as mudanças climáticas e as tragédias ambientais, como deslizamentos, alagamentos, secas, queimadas. Muito menos que as mudanças climáticas e suas consequentes tragédias aumentam a vulnerabilidade da população que tem menos condições de lidar com essas consequências. De acordo com Torres, Jacobi e Leonel (2020), ao não associar as mudanças climáticas ao aumento da vulnerabilidade da população, perde-se uma "arena de entendimento e reflexão sobre o ocorrido". O que, "em última instância, representa a não criação identitária e sensação de pertencimento mínimo necessário ao engajamento e mobilização social" (Torres; Jacobi; Leonel, 2020, p. 33). É de extrema relevância que no contexto acadêmico e político brasileiro se avance com a construção de uma agenda de pesquisa em Justiça Climática.

Neste capítulo, mobilizamos o conceito de Justiça Climática a partir da compreensão de que as mudanças climáticas impactam as pessoas de forma diferente, desigual e desproporcional, ressaltando a importância de reparar as injustiças resultantes, de maneira justa e equitativa. Apesar das mudanças climáticas serem um problema global, os impactos são sentidos em nível local (Aslam, 2013), e, portanto, a Justiça Climática deve ser abordada na agenda local.

A partir da análise apresentada no texto, algumas limitações emergem, especialmente no que tange à diversidade de interpretações do conceito de Justiça Climática, que pode resultar em abordagens fragmentadas e, por vezes, contraditórias nas políticas e práticas propostas. Além disso, a ausência de uma representação adequada das vozes e narrativas do Sul Global no debate global limita a efetividade das soluções propostas para o sul global, uma vez que experiências locais frequentemente são negligenciadas no debate teórico metodológico.

Para futuras investigações, recomendamos promover estudos que explorem a relação entre a Justiça Climática e as múltiplas interseccionalidades de forma mais aprofundada, buscando integrar saberes locais e vozes marginalizadas nas discussões sobre políticas climáticas. Além disso, pesquisas que analisem as práticas de resistência e adaptação das comunidades afetadas podem oferecer pontos de vista valiosos para o desenvolvimento de estratégias mais inclusivas e eficazes, contribuindo para uma agenda de pesquisa que responda adequadamente aos desafios climáticos enfrentados no Brasil e em outras partes do sul global.

REFERÊNCIAS

AGYEMAN, J.;SCHLOSBERG, D.; CRAVEN, L.; MATTHEWS, C. Trends and directions in environmental justice: from inequity to everyday life, community, and just sustainabilities. **Annual Review of Environment and Resources**, [s. l.], v. 41, p. 321-340, 2016. DOI: 10.1146/annurev-environ-110615-090052

ARAUJO, Gabriel Pires De; GONÇALVES-DIAS, Sylmara L. F.; RODRIGUES, Leticia Stevanato; SILVA JUNIOR, Mário Bueno Da; SANTOS, Talita Correa. Justiça

Climática e as múltiplas dimensões de vulnerabilidades nos municípios de zona costeira: o caso de São Vicente (SP). *In:* **"Justiça Climática em regiões costeiras no Brasil"**. Jundiaí: Editora Paco, 2024 (no prelo).

ASHRAFUZZAMAN, Md; GOMES, Carla; GUERRA, João. Climate justice for the southwestern coastal region of Bangladesh. **Frontiers in Climate**, [*s. l.*], v. 4, p. 881709, 2022. DOI: 10.3389/fclim.2022.881709

BARBI, Fabiana. Adaptação, governos locais e Redes Transnacionais de Municípios. *In:* TORRES, Pedro; JACOBI, Pedro R.; BARBI, Fabiana; GONÇALVES, Leandra R. (org.). **Governança e Planejamento Ambiental**: adaptação e políticas públicas na Macrometrópole paulista. 1. ed. Rio de Janeiro: Letra Capital, 2019. p. 76-81.

BULLARD, Robert D.; WRIGHT Beverly. **Race, Place, and Environmental Justice After Hurricane Katrina**: struggles to reclaim, rebuild, and revitalize New Orleans and the Gulf Coast. Boulder, CO: Westview Press, 2009.

CETESB – COMPANHIA AMBIENTAL DO ESTADO DE SÃO PAULO. **Resultados da capacitação em adaptação às mudanças climáticas sobre os recursos hídricos na Baixada Santista**. [recurso eletrônico]. São Paulo: CETESB, 2022. Disponível em: https://cetesb.sp.gov.br/wp-content/uploads/2022/05/Resultados-da-Capacitacao-em-Adaptacao-as-Mudancas-Climaticas_web1.pdf. Acesso em: 20 dez. 2023.

CARTIER, R.; BARCELLOS, C.; HÜBNER, C.; PORTO, M. F. Vulnerabilidade social e risco ambiental: uma abordagem metodológica para avaliação de injustiça ambiental. **Cadernos de Saúde Pública**, Rio de Janeiro, v. 25, n. 12, p. 2695-2704, 2009. DOI: 10.1590/S0102-311X2009001200016

COLLINS, Patricia Hill; BILGE, Sirma. **Interseccionalidade**. Tradução de Rane Souza. 1. ed. São Paulo: Boitempo, 2020. Disponível em: http://www.ser.puc-rio.br/2_COLLINS.pdf. Acesso em: 3 jul. 2022.

CRENSHAW, Kimberle. Mapping the margins: intersectionality, identity politics, and violence against women of color. **Stanford Law Review**, [*s. l.*], v. 43, n. 6, p. 1241-1299, 1991. DOI: https://doi.org/10.2307/1229039

CRESWELL, John W. **Projeto de pesquisa**: métodos qualitativo, quantitativo e misto. 3. ed. Porto Alegre: Artmed, 2010.

DESCOLA, Philippe. **Outras Naturezas, Outras Culturas**. Tradução de Cecília Ciscato. São Paulo: Editora 34, 2016.

HERCULANO, Selene. O clamor por justiça ambiental e contra o racismo ambiental. **Revista de Gestão Integrada em Saúde do Trabalho e Meio Ambiente - INTERFACEHS**, São Paulo, v. 3, n. 1, p. 1-20, 2008.

IPCC, 2022. **Climate Change 2022**: Impacts, Adaptation, and Vulnerability. Contribution of Working Group II to the Sixth Assessment Report of the Intergovernmental Panel on Climate Change [H.-O. Pörtner, D.C. et al. (eds.)]. Cambridge University Press. Cambridge University Press, Cambridge, UK and New York, NY, USA, 3056 p. DOI: 10.1017/9781009325844

IWAMA, Allan Yu. et al. Risco, vulnerabilidade e adaptação às mudanças climáticas: uma abordagem interdisciplinar. **Ambiente & Sociedade,** São Paulo, v. 19, n. 2, p. 93-116, 2016. DOI: 10.1590/1809-4422ASOC137409V1922016

JACOBI, Pedro Roberto; SULAIMAN, Samia Nascimento. Educar para a sustentabilidade no contexto dos riscos de desastres. *In:* GÜNTHER, Wanda Maria Risso; CICCOTTI, Larissa; RODRIGUES, Angela Cassia (org.). **Desastres:** Múltiplas Abordagens e Desafios. Rio de Janeiro: Elsevier, 2017. Cap. 1, p. 3-15.

KASHWAN, Prakash. Climate Justice in the Global North: An Introduction. **Case Studies in the Environment**, [*s. l.*], v. 5, n. 1, p. 1-13, 2021. DOI: 10.1525/cse.2021.1125003

KEMP L, XU C. et al. **Climate endgame**: exploring catastrophic climate change scenarios. Proc Natl Acad Sci U S A. 2022 ago. 23.

KLEIN, Naomi. **This Changes Everything**: Capitalism vs. the Climate. 2. ed. Toronto: Penguin, 2014.

LOUBACK, Andréia Coutinho; LIMA, Letícia Maria R. T. (org.). **Quem precisa de Justiça Climática no Brasil?** São Paulo: Observatório do Clima, 2022.

LOUBACK, Andréia Coutinho. O paradoxo da Justiça Climática no Brasil: o que é e para quem? **Le Monde Diplomatique Brasil,** São Paulo, 31 jul. 2020. Disponível em: https://diplomatique.org.br/o-paradoxo-da-justica-climatica-no-brasil-o-que-e-e-para-quem/. Acesso em: 1 dez. 2022.

MARTÍNEZ-ALIER, J.; OWEN, A.; ROY, B.; DEL BENE, D.; RIVIN, D. Blockadia: movimientos de base contra los combustibles fósiles ya favor de la justicia climática. **Anuario Internacional CIDOB**, [*s. l.*], p. 41-49, 2018.

NOBRE, Carlos A. et al. **Vulnerabilidades das megacidades brasileiras às mudanças climáticas**: Região Metropolitana de São Paulo. São José dos Campos, SP: Instituto Nacional de Pesquisas Espaciais (INPE), 2010.

OLIVEIRA, S. S.; PORTELLA, S. L. D.; ANTUNES, M. N.; ZEZERE, J. L. Dimensões da vulnerabilidade de populações expostas a inundação: apontamentos da literatura. *In:* MAGNONI JÚNIOR, Lourenço *et al.* (org.). **Redução do risco de desastres e a resiliência no meio rural e urbano.** 2. ed. São Paulo: Centro Paula Souza, 2020. p. 27-44.

PAAVOLA, Jouni; ADGER, W. Neil. Fair adaptation to climate change. **Ecological economics**, [s. l.], v. 56, n. 4, p. 594-609, 2006. DOI: 10.1016/j.ecolecon.2005.03.015

RODRIGUES, Cristiano. Atualidade do conceito de interseccionalidade para a pesquisa e prática feminista no Brasil. **Seminário Internacional Fazendo Gênero**, [s. l.], v. 10, p. 1-12, 2013.

SCHLOSBERG, David; COLLINS, Lisette B. From environmental to climate justice: climate change and the discourse of environmental justice. **Wiley Interdisciplinary Reviews**: Climate Change, [s. l.], v. 5, n. 3, p. 359-374, 2014. DOI: 10.1002/wcc.275

SCHNEIDER, Thaís *et al.* **Guia de adaptação e resiliência climática para municípios e regiões.** São Paulo: Governo do Estado de São Paulo, Secretaria de Infraestrutura e Meio Ambiente, 2021. p. 106-112. Disponível em: https://bit.ly/4cX8lOK. Acesso em: 30 nov. 2023.

SHOKRY, Galia *et al.* "They didn't see it coming": green resilience planning and vulnerability to future climate gentrification. **Housing Policy Debate**, [s. l.], v. 32, n. 1, p. 211-245, 2022. DOI: 10.1080/10511482.2021.1944269

SULTANA, Farhana. Critical climate justice. **The Geographical Journal**, [s. l.], v. 188, n. 1, p. 118-124, 2021a. DOI: 10.1111/geoj.12417

SULTANA, Farhana. The unbearable heaviness of climate coloniality. **Political Geography**, [s. l.], v. 99, p. 1-14, 2022.

TADDEI, Renzo. Os desastres em uma perspectiva antropológica. **ComCiência**, Revista Eletrônica de Jornalismo Científico, Campinas, v. 176, p. 1-4, 2016.

TORRES, Pedro Henrique Campello *et al.* Justiça Climática e as estratégias de adaptação às mudanças climáticas no Brasil e em Portugal. **Estudos Avançados,** São Paulo, v. 35, n. 102, p. 159-176, 2021. DOI: 10.1590/s0103-4014.2021.35102.010

TORRES, Pedro Henrique Campello; LEONEL, Ana Lia; ARAÚJO, Gabriel Pires de. Climate Injustice in Brazil: What We Are Failing Towards a Just Transition in a Climate Emergency Scenario? *In:* TORRES, Pedro Henrique Campello; JACOBI,

Pedro Roberto (ed.). **Cap. 6.Towards a just climate change resilience**: Developing resilient, anticipatory, and inclusive community response. Switzerland: Palgrave Macmillan Cham, 2021. p. 81-107.

TRAVASSOS, Luciana *et al.* Why do extreme events still kill in the São Paulo Macro Metropolis Region? Chronicle of a death foretold in the global south. **International Journal of Urban Sustainable Development**, [s. l.], v. 13, n. 1, p. 1-16, 2020. DOI: 10.1080/19463138.2020.1762197

UNEP – UN Environment Programme. **COP27 ends with announcement of historic loss and damage fund**. 22 nov. 2022 Disponível em: https://www.unep.org/news-and-stories/story/cop27-ends-announcement-historic-loss-and-damage-fund. Acesso em: 6 dez. 2022.

UNESCO. **World Social Science Report 2013**: Changing Global Environments. Paris, França: UNESCO Publishing, 2013. ISBN 978-92-3-104254-6.

UNISDR – United Nations Office for Disaster Risk Reduction (Estratégia Internacional para Redução de Risco de Desastre das Nações Unidas). **Terminología sobre reducción del riesgo de desastres**. Genebra, Suíça: UNISDR, 2009.

YOUNG, Andrea Ferraz. A Macrometrópole Paulista e o desafio de adaptar-se à dinâmica da vulnerabilidade. *In:* TORRES, Pedro; JACOBI, Pedro R.; BARBI, Fabiana; GONÇALVES, Leandra R. (org.). **Governança e Planejamento Ambiental:** adaptação e políticas públicas na Macrometrópole paulista. 1. ed. Rio de Janeiro: Letra Capital, 2019. p. 127-137.

Capítulo 14

O ÊXITO DO REGIME DE PROTEÇÃO DA CAMADA DE OZÔNIO COMO PARÂMETRO PARA GOVERNANÇA DO CLIMA

Paulo Cezar Rotella Braga
Matheus Freitas Rocha Bastos
Wânia Duleba

14.1 Introdução

O tema central deste artigo é o êxito do regime de proteção da camada de ozônio como parâmetro para a governança do clima. A camada de ozônio desempenha um papel fundamental na absorção da radiação ultravioleta (UV) do sol, protegendo a Terra dos seus efeitos nocivos e regulando a temperatura da atmosfera (Bais *et al.* 2015; Barnes *et al.* 2022). Desde a descoberta, em 1974, da relação entre os clorofluorcarbonetos (CFCs) e a diminuição da camada de ozônio (Molina; Rowland, 1974), a comunidade internacional tem trabalhado de forma coordenada para controlar estas substâncias, culminando em tratados como a Convenção de Viena (1985) e o Protocolo de Montreal (1987).

Embora tenham sido alcançados avanços significativos na proteção da camada de ozônio (Benedick, 1998; Haas, 2019), persistem perguntas não respondidas sobre como os ensinamentos desse sucesso podem ser adequadamente aplicados à governança do clima. A lacuna de conhecimento reside principalmente em entender quais elementos específicos do regime de ozônio podem ser adaptados para enfrentar os desafios atuais da mudança do clima.

O denominado regime de ozônio é constituído pela Convenção de Viena para Proteção da Camada de Ozônio (1985), pelo seu Protocolo de Montreal sobre as Substâncias que destroem a Camada de Ozônio (1987), e pelas suas emendas subsequentes. O objetivo deste artigo é analisar o regime de ozônio com o propósito de estabelecer comparações e paralelos com a governança internacional da mudança do clima, visando a identificar oportunidades de aplicação dos aprendizados do regime de proteção da camada de ozônio no aprimoramento da governança da mudança do clima.

A estrutura deste capítulo compreende a seguinte organização: inicialmente, será apresentada uma revisão histórica e contextual do regime de proteção da camada de ozônio, destacando seus principais instrumentos e sucessos. Em seguida, serão discutidos as principais contribuições científicas e os mecanismos de governança que sustentaram este regime. Posteriormente, será realizada uma análise comparativa entre o regime de ozônio e o regime de mudança do clima, identificando semelhanças, diferenças e lições potencialmente transferíveis. Por fim, a conclusão sintetizará os principais pontos abordados e proporá recomendações para políticas climáticas baseadas nas lições do regime de ozônio.

14.2 Revisão histórica e o Regime do Ozônio

Embora o século XIX e o início do século XX tenham conhecido movimentos ambientalistas incipientes, foi no pós-Segunda Guerra que a preocupação com o meio ambiente começou a ganhar ímpeto. A preocupação com os impactos do crescimento econômico sobre o meio ambiente criou sobre a sociedade, principalmente a intelectualidade dos centros europeus, o desejo de unir esforços para lidar com os perigos mais eminentes à época, como a poluição atmosférica. O chamado internacional culminou com a Conferência das Nações Unidas sobre o Desenvolvimento e Meio Ambiente de 1972, realizada em Estocolmo. Como aponta Ribeiro (2005), as discussões preparatórias à reunião de Estocolmo dividiram-se entre aqueles que defendiam o crescimento zero, a fim de não se esgotarem mais os recursos naturais, e os que defendiam o direito à continuidade do desenvolvimento. Vale recordar que, até meados dos anos 1970, ainda vigorou a ideia de que desenvolvimento era sinônimo de progresso material (Veiga, 2005).

É nesse contexto, ainda polarizado pela dicotomia norte-sul e pelo debate sobre o direito ao desenvolvimento, que o mundo se deparou com evidências científicas de um problema ambiental global: a destruição da camada de ozônio.

O ozônio (O_3) é um dos gases que compõem a atmosfera terrestre e sua função varia conforme a altitude em que ele se encontra na Terra.

Na estratosfera, o ozônio se forma quando a radiação ultravioleta do Sol interage com moléculas de oxigênio, quebrando-as em átomos individuais. Esses átomos livres se combinam com outras moléculas de oxigênio (O_2), originando o ozônio (O_3). Nessa camada estratosférica, o ozônio desempenha um papel vital, absorvendo grande parte da radiação UV-B antes que ela alcance a superfície terrestre. Aproximadamente 90% de suas moléculas estão concentradas na estratosfera, entre 14 e 40 km de altitude do solo, na região denominada camada de ozônio. A camada de ozônio absorve a radiação ultravioleta (UV) do sol impedindo que a maior parte dela atinja a superfície da Terra e protegendo o planeta dos efeitos nocivos da radiação. O ozônio estratosférico também afeta a distribuição de temperatura da atmosfera, tendo assim um papel na regulação do clima na Terra (São Paulo, 1997).

Estudo realizado pelos cientistas Mario Molina e Frank Rowland, da Universidade da Califórnia, em 1974, evidenciaram a relação entre a utilização dos CFCs e a redução da quantidade do ozônio estratosférico, com consequências negativas para a saúde humana (Molina; Rowland 1974). As evidências científicas, ainda que baseadas em modelos, levaram uma gama de países a trabalharem pelo controle multilateral das substâncias nocivas à camada de ozônio. Os principais marcos da história do regime do ozônio, i.e., descobertas científicas importantes, a conclusão de avaliações científicas internacionais e marcos do Protocolo de Montreal estão detalhados, sob a forma de linha do tempo, em Purohit *et al.* (2022) e Ross *et al.* (2023).

Na presente seção, será dado enfoque apenas aos marcos da política internacional. Conhecido internacionalmente como o regime de ozônio, o arcabouço multilateral de proteção à camada de ozônio é formado, principalmente, pela Convenção de Viena para Proteção da Camada de Ozônio (1985) e pelo seu Protocolo de Montreal sobre as Substâncias que destroem a Camada de Ozônio (1987), além das emendas posteriormente acordadas. Ainda que não estipulasse quotas de produção e consumo de substâncias, a Convenção de Viena teve o mérito de estabelecer moldura institucional para a criação de futuro protocolo de caráter regulatório (Russo, 2009).

A Convenção de Viena para a Proteção da Camada de Ozônio foi firmada em 1985, no contexto da recém descoberta de um buraco significativo na camada de ozônio na Antártida, causado por ações antrópicas.

Concluído em um período em que ainda havia significativas incertezas científicas sobre as causas e a dimensão do problema, o tratado enuncia uma série de princípios relacionados à disposição da comunidade internacional em promover mecanismos de proteção ao ozônio estratosférico, prescrevendo obrigações genéricas que apenas instam os governos a promover pesquisa científica e adotar medidas jurídico-administrativas apropriadas para evitar o fenômeno (Ribeiro, 2005).

A Convenção de Viena entrou em vigor em 1988, após o depósito do vigésimo instrumento de ratificação. O órgão decisório da Convenção é a Conferência das Partes (*Conference Of the Parties* – COP), que ocorre a cada dois anos, e que realizou sua primeira reunião em Helsinque em 26-28/04/1989 (COP 1).

Na sequência da assinatura da Convenção de Viena, foi lançada e concluída a negociação do Protocolo de Montreal sobre as Substâncias que Destroem a Camada de Ozônio, em um contexto em que os países possuíam evidências científicas mais sólidas sobre o fenômeno. O Protocolo determinou ações mais específicas e metas claras de limitação e redução do consumo de gases que destroem a camada de ozônio, e, em alguns casos, com a adoção da sua eliminação completa.

O Protocolo de Montreal entrou em vigor em 1989, após o depósito do décimo primeiro instrumento de ratificação. Seu órgão decisório é a Reunião das Partes (*Meeting Of the Parties* - MOP), que ocorre com periodicidade anual, e que realizou sua primeira sessão em Helsinque em 26-28/04/1989 (MOP 1). Além de propor cronograma de redução das substâncias, o Protocolo reconheceu a diferenciação necessária de redução entre os países desenvolvidos e em desenvolvimento (Ribeiro, 2005). Atualmente, as MOPs do Protocolo de Montreal são a principal fonte decisória do regime de ozônio, uma vez que as COPs da Convenção de Viena têm decisões protocolares e institucionais, com menos obrigações de ações práticas por partes dos países membros.

O Protocolo de Montreal tratou de propor metas quantitativas e prazos para eliminação das substâncias que destroem a camada de ozônio, com um matiz importante: a diferenciação de metas e prazos entre países desenvolvidos e em desenvolvimento (Ribeiro, 2005).

Na MOP 28 do Protocolo de Montreal, realizada na capital de Ruanda, em outubro de 2016, foi adotada o mais recente instrumento do Regime de Ozônio, a Emenda de Kigali. O acordo estabelece metas de redução de consumo de hidrofluorcarbonos (HFCs), usados em inúmeras aplicações e com grande participação nos sistemas de refrigeração e ar-condicionado. Até 2035, os países desenvolvidos reduzirão seu consumo de HFCs em 85% relativamente à média verificada em 2011-13. A emenda de Kigali é exemplo de coordenação entre os regimes de ozônio e de mudança do clima. Os HFCs, que não destroem a camada de ozônio por não conterem cloro, foram desenvolvidos com o objetivo de substituir os CFCs e os HCFCs em cumprimento às metas do Protocolo de Montreal. No entanto, os hidrofluorcarbonos são gases de efeito estufa de alto grau de forçamento radiativo e de longa duração, e a continuidade de sua produção poderia contribuir para o aumento médio da temperatura atmosférica da superfície terrestre entre 0,35 e 0,5 °C até 2100.

14.3 O êxito do controle de substâncias nocivas à camada de ozônio

O regime internacional de proteção da camada de ozônio é reconhecido como o mais bem-sucedido entre os acordos multilaterais na área de governança ambiental internacional (Weiss; Jacobson, 2009; Mckenzie *et al.* 2019). O regime é exemplo de como as evidências científicas foram assimiladas, analisadas e transformadas em ação diplomática pelos países. Da confirmação da existência de um buraco na camada de ozônio estratosférico sobre a Antártida, causada por gases artificiais compostos de cloro, flúor, carbono e hidrogênio (CFCs e HCFCs), passou-se ao início do declínio deste fenômeno a partir de 2006 (Birmpili, 2018; Purohit *et al.* 2022; Ross *et al.* 2023). Estima-se que a camada de ozônio, que protege a Terra da incidência de raios ultravioleta causadores, entre outros, de câncer de pele – estará plenamente regenerada até meados deste século (WMO, 2018), caso não haja retrocesso nas políticas atualmente implementadas internacionalmente.

Nas palavras do Secretário-Geral das Nações Unidas, Antônio Guterres: "Os tratados internacionais para proteger a camada de ozônio fizeram uma diferença dramática e mensurável na proteção de pessoas e do planeta. Eles demonstram o poder do multilateralismo. Eles deveriam inspirar esperança de que, juntos, podemos evitar o pior das mudanças climáticas e construir um mundo sustentável e resiliente"[16].

Pode-se argumentar que grande parte dos problemas ambientais são oriundos de regimes de propriedade incompletos, inconsistentes ou que não

---

[16] Disponível em: https://press.un.org/en/2023/sgsm21927.doc.htm. Acesso em: 20 fev. 2025.

são executados adequadamente (Hanna, 1995). Dessa forma, para se evitar a tragédia dos comuns, em que os indivíduos pensando de maneira egoísta esgotem os recursos naturais comuns, tornam-se necessárias a definição clara do direito de propriedade, sua execução efetiva e a consideração aos objetivos da propriedade. (Hanna, 1995). O grande desafio ambiental, no entanto, recai justamente sobre os bens comuns que são intrinsecamente globais, como o clima e a biodiversidade (Dietz, 2003). Nesse sentido, é preciso pensar e operacionalizar mecanismos de incentivos aos donos da propriedade ou detentores de tecnologia e meios de produção para que possam continuar a prover serviços importantes para toda a coletividade global, ou e mecanismos para inibir o poluidor a continuar suas externalidades negativas. Busca-se estimular a adoção de tecnologias e produtos que minimizem ou cessem os impactos negativos ao meio ambiente sem prejuízo para o desenvolvimento econômico e social coletivo.

Para internalizar as externalidades positivas ou negativas de atividades econômicas ligadas ao meio ambiente, foram desenvolvidos diversos mecanismos e políticas, desde a regulação direta do comando e controle, até a aplicação de instrumentos econômicos como tarifas, subsídios e o estabelecimento de mercados de licença de emissão ou poluição (Almeida, 1998).

A complexidade do tema ambiental, a necessidade de adequação às diferentes realidades econômicas e sociais locais e os diferentes arcabouços políticos tornaram imperativo que fossem analisadas diferentes opções de mecanismos para internalizar às externalidades ambientais. Não havia, quando de sua negociação, uma única solução para a complexidade do tema e, no processo de decisão, foram ouvidos cientistas, sociedade civil, formuladores de políticas públicas de modo a se buscar a visão holística do tema ambiental e sua vinculação econômica. A ciência da sustentabilidade é complexa e seu progresso necessita de pesquisa interdisciplinar, fortalecimento de capacidades, monitoramento e avaliação das ações (Kates, 2001).

No caso das substâncias que destroem a camada de ozônio, o Protocolo de Montreal, ao limitar o uso doméstico e o comércio internacional das substâncias nocivas, transferiu o direito de propriedade de sua produção dos países para a comunidade internacional (Hanna, 1995). A compensação aos países menos desenvolvidos pela transferência de propriedade veio em forma de mecanismos de transferência de tecnologia e cooperação financeira (Hanna, 1995).

Outro importante mecanismo do direito ambiental internacional é o do poluidor-pagador, que atribui a responsabilidade pelos danos ambientais a quem os provoca. No contexto da camada de ozônio, o princípio do poluidor-pagador tem sido fundamental para resolver a questão de atribuição por meio das responsabilidades comuns, mas diferenciadas. Os principais causadores de danos à camada de ozônio foram os fabricantes dos produtos químicos industriais que destroem a camada e que estão localizados, em sua grande maioria, nos países desenvolvidos.

Exemplo concreto da aplicação do princípio do direito internacional ambiental de poluidor-pagador no âmbito do regime de ozônio foi o estabelecimento do Fundo Multilateral, em 1991. Abastecido com recursos oriundos dos países desenvolvidos, o Fundo financia políticas e ações de substituição de gases que destroem a camada de ozônio em países em desenvolvimento. O Protocolo de Montreal classificou os países signatários do acordo em dois grupos principais: A5 - Países em desenvolvimento e nA5 - Países Desenvolvidos. Os países do grupo nA5 são os que aportam recursos dentro das regras do regime de ozônio, recursos esses que são transferidos via Fundo Multilateral (FML) aos países do grupo A5. Com transferência de recursos daqueles que mais contribuíram para o problema, o Fundo permite que os países que menos poluíram recebam pagamento pela alteração de padrões de produção necessários para lidar com o problema ambiental criado.

Desde a criação do FML em 1991, milhares de projetos foram implementados nos países A5 sob o comando de seus governos e com a ajuda de agências implementadoras do Protocolo de Montreal: Programa das Nações Unidas para Desenvolvimento (PNUD), Organização das Nações Unidas para o Desenvolvimento Industrial (ONUDI) e Sociedade Alemã para Cooperação Internacional (GIZ). Todos os esforços em conjunto das várias entidades, mais os recursos aplicados pelos países nA5 têm contribuído para a implementação de tecnologias mais modernas, com maior eficiência energética, melhor capacitação de pessoal e com uso de substâncias amigáveis ao meio ambiente. Todos esses esforços têm permitido observar a reversão dos efeitos nocivos gerados à camada de ozônio pelos uso, no passado, de substâncias não adequadas. Os efeitos positivos à camada de ozônio já são notados e benefícios rumo a sua recuperação serão vistos mais acentuadamente nas próximas décadas.

Em um dos mais completos trabalhos sobre o regime de ozônio, o diplomata norte-americano Richard Benedick elenca as razões que, a seu ver, tornaram os tratados sobre o tema exitosos: i) forte papel da ciência na negociação; ii) conhecimento social amplo e participação da opinião pública; iii) atuação do multilateralismo; iv) liderança forte de determinados países; v) envolvimento da iniciativa privada; vi) modelo de etapas do processo negociador; vii) flexibilidade dos instrumentos adotados (Benedick, 1998).

Ainda que autores possam divergir entre um ponto e outro quando debatem as razões do êxito, é possível afirmar haver unanimidade na importância atribuída ao papel da ciência; ao papel da revisão e reconsideração dos compromissos assumidos e ao firme interesse dos países e da iniciativa privada em atacar o problema em face às pressões exercidas pela opinião pública.

O contínuo gerenciamento das substâncias, a revisão científica das necessidades de produção e consumo e o alto grau de confiabilidade no sistema pelas Partes conferiram, ainda, a necessária legitimidade ao regime. O sucesso de uma regulamentação ambiental é altamente dependente do monitoramento contínuo dos detalhes acordados (Fisher, 2017).

14.4 O regime de ozônio e o regime de mudança do clima

O estudo comparado de dois regimes ambientais distintos apresenta complexidades e desafios. Enquanto o regime de ozônio pode ser apontado como o mais exitoso entre todos os regimes ambientais, os acordos para mudança do clima, notadamente a Convenção-Quadro das Nações Unidas sobre Mudança do Clima (UNFCCC), seu Protocolo de Quioto e seu Acordo de Paris, mostraram-se aquém das necessidades para evitar o aquecimento global.

Passados mais de 30 anos da sua assinatura no Rio-92, a UNFCCC, ainda que apresente medidas exitosas, não alcançou o objetivo de reversão do problema ambiental que visava a enfrentar. A comparação com as ferramentas e políticas da Convenção de Viena e do Protocolo de Montreal pode ser útil para identificar pontos de aprimoramento para o regime do clima. Não há, no entanto, unanimidade quanto a essa proposta.

Para Grundman (2018), por serem problemas de origem tão diferentes, os especialistas deveriam abandonar qualquer tentativa de aprender com as lições do Protocolo de Montreal e focar em medidas práticas para resolver o problema do clima. O presente artigo, no entanto, baseia-se na avaliação de Hass (2019), que afirma que a governança climática pode ser aprimorada pela aplicação de lições institucionais do regime de ozônio, notadamente o financiamento da transição energética no mundo em desenvolvimento e a inclusão do setor privado nas deliberações.

Em sua análise comparativa, Grundman (2018) apresenta quatro semelhanças principais e duas diferenças entre a destruição da camada de ozônio e a mudança do clima. Entre as semelhanças, apontou: i) a permanência por longos períodos na atmosfera das substâncias que destroem a camada de ozônio e as que produzem o efeito estufa na; ii) as emissões têm produção local, mas impacto global para o meio ambiente; iii) há resistência à regulação pelas partes interessadas e iv) a ciência tem papel proeminente no tratamento dos problemas. Entre as diferenças, Grundman (2018) sublinha duas principais: i) as substâncias que destroem a camada de ozônio são produzidas industrialmente, enquanto os fatores de emissões de gases de efeito estufa são variados; ii) a produção de gases que destroem a camada de ozônio são, relativamente, parte pequena da economia global e está localizada em número reduzido de países, enquanto os gases de efeito estufa estão associados a diversas atividades, como indústria, agricultura e transportes. Para o autor, o problema da destruição da camada de ozônio pôde ser combatido com processo científico que definiu métricas para soluções tecnológicas "palatáveis" aos tomadores de decisão. Já a mudança do clima, sublinha, não foi encontrada solução científica que leve em consideração os orçamentos de carbono e a sensibilidade climática. Para Grundman (2018), a solução dos problemas enfrentados para mitigar os gases de efeito estufa deve se concentrar em passos concretos, com compromisso político e efeito prático.

Ao abordar a comparação entre os dois regimes, Haas (2019) coincide que que a diferença de escala dos gases de efeito estufa com as substâncias que destroem a camada de ozônio torna o desafio da mudança do clima muito maior do que aquele enfrentado pelo regime de ozônio. Enquanto para algumas empresas produtoras CFC a regulação significou apenas mudança de tecnologia, a regulação dos gases de efeito estufa, por sua vez, pode representar a saída do mercado de muitos empreendimentos. Haas (2019) afirma que os desafios políticos enfrentados pelo regime do clima sobressaem daqueles que do regime de ozônio e que o monitoramento e a pressão sobre atores econômicos devem ser ainda maiores. Como soluções inspiradas no regime de ozônio, cita o financiamento da transição energética nos países em desenvolvimento e a inclusão do setor privado nas deliberações do regime do clima.

Albrecht e Parker (2019) coincidem sobre o fato de que o controle das substâncias pelo regime de ozônio apresentava-se como problema de solução mais simples que o dos gases de efeito estufa. Assim como Benedick, apontam, ainda, a existência de lideranças fortes que fortaleceram globalmente a vontade política de combater o problema (Albrecht; Parker, 2019). Segundo os autores: *"O desenho flexível, o sistema de implementação e os procedimentos de cumprimento do Protocolo de Montreal criaram processo efetivo que contribuiu para seu sucesso em atrair participação universal, aumentar ambição com o tempo e atingir objetivos propostos".*

Os procedimentos sobre não cumprimento do Protocolo de Montreal, segundo os autores acima, possibilitaram a utilização tanto de incentivos positivos- como os financiamentos providos pelo Fundo Multilateral e as transferências de tecnologia-; como medidas que incluem, ainda, a possibilidade de corte nos aportes de fundos, caso a implementação do projeto tenha sido descontinuada A comercialização de substâncias no âmbito do Protocolo de Montreal segue regras temporais baseadas em cada molécula ou grupos delas (HCFC ou HFCs) ou nos grupos em que cada país-membro está inserido (nA5 ou A5) para descontinuar seus uso nos tempos pré-estabelecidos, o que permite previsibilidade da adoção de mudanças tecnológicas.

14.5 Conclusão

A comparação de regimes ambientais, embora apresente desafios intrínsecos, permite exercício de identificação de lições aprendidas e políticas exitosas. Considerado o mais bem-sucedido regime multilateral de meio ambiente, o regime de ozônio torna-se, dessa forma, fonte essencial de pesquisas para o entendimento dos desafios enfrentados pelo regime de mudança do clima.

Quando o mundo se aproxima de um aquecimento maior do que o estipulado como objetivo pelo Acordo de Paris, o exercício de entender os processos de diálogos entre ciência, governo e sociedade civil no âmbito da Convenção de Viena e de seu Protocolo de Montreal permite observar caminhos políticos e instrumentos econômicos que podem servir de inspiração para ações no âmbito do regime de clima, embora apresentem escalas distintas.

A resposta global à destruição da camada de ozônio, instrumentalizada por meio do Protocolo de Montreal, demonstra como a responsabilização dos poluidores pode conduzir a esforços bem-sucedidos de proteção e recuperação ambiental à escala mundial quando se observa a interseção entre o direito internacional ambiental e a ciência.

Conduzidas com flexibilidade, com bases cientificas e contando com aportes financeiros dos países que mais contribuíram para o fenômeno da destruição da camada de ozono, as negociações no âmbito do regime de ozônio demonstraram como entidades que produzem e utilizam substâncias nocivas ao meio ambiente podem reverter esse quadro ao se engajarem em projetos de seus países semelhantes àqueles do Protocolo de Montreal. Com políticas positivas de incentivo ao seu setor produtivo, podem receber aportes financeiro de fundos multilaterais e contar com suporte técnico por intermédio de agências implementadoras com histórico de condução de políticas bem-sucedidas em benefício do meio ambiente.

REFERÊNCIAS

ALBRECHT Frederike & PARKER, Charles. (2019). **Healing the Ozone Layer**: The Montreal Protocol and the Lessons and Limits of a Global Governance Success Story. in Paul 't Hart, and Mallory Compton (ed.), *Great Policy Successes* (Oxford, 2019; online edn, Oxford Academic, 24 Oct. 2019).

ALMEIDA, Luciana Togeiro de. **Política ambiental**: uma análise econômica. Campinas; Papirus; São Paulo: Editora UNESP, 1998.

ANDERSEN, Stephen O.; SARMA, K. Madhava. **Protecting the ozone layer**: the United Nations History. Abingdon: Routledge, 2002.

ATKINSON, Rowland; FLINT, John. Accessing hidden and hard-to-reach populations: Snowball research strategies. **Social research update**, [s. l.], v. 33, n. 1, p. 1-4, 2001.

ATTFIELD, Robin. **Environmental Ethics**: A Very Short Introduction. Oxford: Oxford University Press, 2018.

BAIS, A. F. *et al.* Ozone depletion and climate change: impacts on UV radiation. **Photochemical & Photobiological Sciences**, [s. l.], v. 14, n. 1, p. 19-52, 2015.

BARNES, Paul W. *et al.* Environmental effects of stratospheric ozone depletion, UV radiation, and interactions with climate change: UNEP Environmental Effects Assessment Panel, Update 2021. **Photochemical & Photobiological Sciences**, [s. l.], v. 21, n. 3, p. 275-301, 2022.

BENEDICK, Richard Elliot. **Ozone diplomacy**: new directions in safeguarding the planet. Massachusetts: Harvard University Press, 1998.

BIRMPILI, Tina. Montreal Protocol at 30: The governance structure, the evolution, and the Kigali Amendment. **Comptes Rendus Geoscience**, [s. l.], v. 350, n. 7, p. 425-431, 2018.

BRAGA, P. C. R.; DULEBA, W.; PINTO, N. A.; BASTOS, M. F. R.; MORIZONO, V. H. M. Importância da Ratificação da Emenda de Kigali para Manutenção dos Compromissos Brasileiros no Regime de Ozônio, p. 73 -116. *In:* **Diplomacia Ambiental**. São Paulo: Blucher, 2022.

BRUNDTLAND, Gro Harlem. **Nosso futuro comum**: comissão mundial sobre meio ambiente e desenvolvimento. 2. ed. Rio de Janeiro: Fundação Getúlio Vargas, 1991.

CERVO, Amado Luiz; BUENO, Clodoaldo. **História da Política Exterior do Brasil**. Brasília: Instituto Brasileiro de Relações Internacionais/Editora da Universidade de Brasília, 2002.

CÔRTES, Octávio Henrique Dias Garcia. **A política externa do governo Sarney**: o início da reformulação de diretrizes para a inserção internacional do Brasil sob o signo da democracia. Brasília: Fundação Alexandre de Gusmão, 2010.

DIETZ, Thomas; OSTROM, Elinor; STERN, Paul C. The struggle to govern the commons. *In:* **International Environmental Governance**. Routledge, 2017. p. 53-57.

DOBSON, Andrew. **Environmental politics**: A very short introduction. Oxford: Oxford University Press, 2016.

DULEBA, Wania; BARBOSA, Rubens (org.). **Diplomacia Ambiental.** 1. ed. São Paulo: Blucher, 2022.

FISHER, Elizabeth. **Environmental law**: a very short introduction. Oxford: Oxford University Press, 2017.

GRUNDMANN, R. Ozone and Climate. **Science, Technology & Human Values**, [s. l.], v. 31, n. 1, p. 73-101, jan. 2006.

HAAS, P. M. Robust Ozone Governance Offers Lessons for Mitigating Climate Change. **One Earth**, [s. l.], v. 1, n. 1, p. 43-45, set. 2019.

HANNA, Susan; MUNASINGHE, Mohan (ed.). **Property rights and the environment**: social and ecological issues. Washington: World Bank Publications, 1995.

KATES, Robert W. *et al*. Sustainability science. **Science**, [*s. l.*], v. 292, n. 5517, p. 641-642, 2001.

DO LAGO, André Aranha Corrêa do. **Conferências de desenvolvimento sustentável**. Brasília: Fundação Alexandre de Gusmão - FUNAG, 2013.

MCKENZIE, Richard *et al*. Success of Montreal Protocol demonstrated by comparing high-quality UV measurements with "World Avoided" calculations from two chemistry-climate models. **Scientific Reports**, [*s. l.*], v. 9, n. 1, p. 12332, 2019.

MENDES, Thiago de Araújo. **Desenvolvimento Sustentável, Política e Gestão da Mudança Global do Clima**: sinergias e contradições brasileiras. Brasília: UNB, 2014.

MMA. **Ações brasileiras para a proteção da camada de ozônio**. Brasília: MMA, 2014

MOLINA, Mario J.; ROWLAND, F. Sherwood. Stratospheric sink for chlorofluoromethanes: chlorine atom-catalysed destruction of ozone. **Nature**, [*s. l.*], v. 249, n. 5460, p. 810-812, 1974.

PUROHIT, Pallav *et al*. Achieving Paris climate goals calls for increasing ambition of the Kigali Amendment. **Nature Climate Change**, [*s. l.*], v. 12, n. 4, p. 339-342, 2022.

RIBEIRO, Wagner Costa. **A ordem ambiental internacional**. São Paulo: Contexto, 2005.

ROSS, J. *et al*. Twenty questions and answers about the ozone layer: 2022 Update. **Scientific assessment of ozone depletion**: 2022, 75 p., World Meteorological Organization, Geneva, Switzerland, 2023.

RUSSO, Ciro Marques. "**Analisando a efetividade de regimes internacionais**: os casos dos regimes internacionais de ozônio e segurança química". Brasília: Instituto Rio Branco, 2009.

SÃO PAULO (Estado). **Secretaria de Estado do Meio Ambiente**. Entendendo o Meio Ambiente/Coordenador geral [do] Secretário de Estado do Meio Ambiente de São Paulo Fábio Feldmann. São Paulo: SMA, 1997.

VEIGA, Jose Eli. **Desenvolvimento sustentável, o desafio do século XXI**. Rio de Janeiro: Editora Garamond, 2005.

WEISS, Edith Brown; JACOBSON, Harold Karan (ed.). **Engaging countries**: Strengthening compliance with international environmental accords. Cambridge: MIT press, 2000.

WMO (World Meteorological Organization), Scientific Assessment of Ozone Depletion: 2018. **Global Ozone Research and Monitoring Project–Report No**. 58, 588 p., Geneva, Switzerland, 2018.

Capítulo 15

JUSTIÇA E POBREZA ENERGÉTICA: UM PANORAMA CONCEITUAL

Samanta Souza Roberto
Alexandre Toshiro Igari

15.1 Introdução

O desenvolvimento humano está profundamente entrelaçado com a evolução da energia ao longo da história, desde os primórdios da utilização do fogo até os complexos sistemas energéticos contemporâneos (Burke III, 2009). A energia não apenas sustenta as atividades cotidianas, mas também se tornou um indicador crucial de bem-estar e qualidade de vida nas sociedades modernas (EPE, 2022).

Contudo, a distribuição desigual do acesso à energia e também dos ônus socioambientais decorrentes de sua produção revelam disparidades significativas. Indivíduos com limitações de acesso muitas vezes enfrentam barreiras educacionais, de saúde e econômicas, perpetuando ciclos de desigualdade. Essa realidade é corroborada por diversas pesquisas que apontam como a falta de acesso à eletricidade e ao gás de cozinha não apenas aumenta a pobreza, mas também expõe as pessoas a riscos ambientais e de saúde (Sovacool *et al.*, 2016).

A preocupação global com a justiça energética tem ganhado destaque, especialmente diante dos Objetivos de Desenvolvimento Sustentável das Nações Unidas, que incluem metas específicas para garantir o acesso universal a fontes de energia sustentáveis a partir do ODS 7 – "Assegurar o acesso confiável, sustentável, moderno e a preço acessível à energia para todas e todos". Globalmente, desafios persistentes como inadimplência crescente e custos elevados de energia continuam a afetar negativamente comunidades vulneráveis, exacerbando suas dificuldades econômicas (IEA, 2024).

No contexto brasileiro, apesar dos avanços na universalização do acesso à eletricidade, com 99,8% das residências conectadas à rede elétrica, segundo o Censo 2022, análises mais detalhadas revelam lacunas persistentes, como a exclusão de assentamentos informais e de comunidades fora dos centros urbanos, bem como o peso desproporcional dos custos de energia sobre famílias em situação de vulnerabilidade social (IBGE, 2022). Em 2021, segundo a Fundação Getúlio Vargas (FGV), 29,6% da população brasileira vivia com até R$ 497,00[17] mensais per capita, o que faz com esta seja uma discussão relevante no país.

Esta pesquisa teve como principal objetivo apresentar um panorama conceitual sobre a Justiça Energética (JE) e sua relação com o conceito de Pobreza Energética.

15.2 Metodologia

A revisão bibliográfica sobre os princípios e parâmetros normativos da justiça energética ocorreu a partir de pesquisa não exaustiva e não sistemática de publicações nas plataformas Scielo, Scopus, ScienceDirect e Google Scholar, além de relatórios da Organização das Nações Unidas (ONU) e da International Energy Agency (IEA), utilizando os termos "Energy Justice" e "Energy Poverty" e dando ênfase nos autores mais reconhecidos no recente campo da justiça energética.

15.3 Justiça energética

Relativamente recente, o conceito de Justiça Energética (JE) busca aplicar os princípios da justiça ao tema da energia (Jenkins *et al.*, 2016). Segundo Sovacool e Dworkin (2015), dois dos autores mais recorrentes dentro da temática, a JE representa o encontro entre a ética, a moralidade e a filosofia com o carvão, o petróleo e os elétrons que fluem pelas linhas de transmissão de eletricidade.

Importante destacar que para Jenkins *et al.* (2016), bem como para Goldthau e Sovacool (2012), a energia pode ser compreendida como um sistema sociotécnico que inclui além de suas fontes, enquanto recursos naturais, e toda a tecnologia necessária para sua conversão em serviços, as instituições e agências que o gerenciam.

Nesse sentido, na essência da justiça energética está a busca por um sistema global de energia que distribua de forma justa tanto os benefí-

---

[17] Tal valor se refere à Linha de Pobreza adotada pela FGV Social, equivalente à linha internacional de U$ 5,50 ao dia, ajustada por poder de paridade de compra para o período.

cios quanto os custos dos serviços de energia, a partir de um processo de tomada de decisão representativa e imparcial (Sovacool; Dworkin, 2015; Sovacool *et al.*, 2016; Sovacool *et al.*, 2017). A JE pode ser vista, ainda, como uma ferramenta analítica para a compreensão de como os valores são "construídos ou marginalizados" em sistemas de energia ou, alternativamente, aplicados na resolução de problemas normativos comuns na geração, distribuição e consumo de energia (Sovacool *et al.*, 2017).

Sovacool e Dworkin (2015) resgatam a teoria da justiça social de John Rawls para interpretar a justiça a partir da distribuição de "bens primários", como direitos e liberdades, poderes e oportunidades, renda e riqueza. A distribuição desses bens primários deveria ocorrer a partir da escolha e vontade de um indivíduo sem a influência direta do status social atribuído a ele, dentro de um contexto hipotético que Rawls define como "véu da ignorância" (Walker; Day, 2012). Além disso, Rawls também propôs que "desigualdade na distribuição de um bem primário pode ser aceitável, desde que beneficie aqueles que foram menos favorecidos em geral" (Walker; Day, 2012, p. 70, tradução própria).

Outra perspectiva de justiça recorrente nas publicações sobre justiça energética são as formulações de Amartya Sen sobre a capacidade de alcançar "liberdades" na vida, o que abarca tudo o que o indivíduo pode valorizar ser ou fazer, desde estar bem alimentado e livre de doenças evitáveis, até estados pessoais como fazer parte de uma comunidade. Nessa perspectiva, a justiça distributiva vai além de apenas o acesso equitativo a elementos básicos, como a renda (Walker; Day, 2012), e carrega anseios e desejos subjetivos dos indivíduos.

A ausência de justiça energética tem consequências diretas e indiretas. A menor apropriação da energia pelas famílias em maior vulnerabilidade, por exemplo, resulta na eventual ausência de eletricidade suficiente na residência, e por outro lado, pode comprometer a capacidade de pagar por outros itens essenciais a partir do orçamento doméstico disponível. Isso faz com que as famílias precisem escolher qual gasto priorizar, impactando sua capacidade de suprir uma série de necessidades e anseios valiosos da vida cotidiana e também de romper com os circuitos retroalimentadores (*feedbacks*) de pobreza, desigualdade e vulnerabilidade.

- **Amadurecimento do conceito**

Para McCauley *et al.* (2013), a JE surge como um desdobramento de discussões mais amplas sobre justiça e que, na interseção com os impactos ambientais, deu origem ao conceito de justiça ambiental – sendo este o conceito de maior influência direta no surgimento da JE enquanto campo de estudo (Ribas; Simões, 2020). Ambos os conceitos têm sua origem ligada ao ativismo socioambiental em oposição a planejamentos e políticas com prejuízos concentrados em grupos específicos com fortes marcadores sociais como renda, gênero e raça.

Porém, diferentemente da justiça ambiental, que surgiu nos anos 1970 em resposta à distribuição desigual dos prejuízos ambientais e sua alocação prioritariamente às pessoas em maior vulnerabilidade, a justiça energética, abarca também a garantia de fornecimento de energia segura e acessível a todas as pessoas, independentemente de suas particularidades socioeconômicas (McCauley *et al.*, 2013).

Segundo Gordon Walker (2012 *apud* Sovacool; Dworkin, 2015), a justiça ambiental se preocupa em como alguns consomem recursos ambientais essenciais "às custas de outros" e em como o poder de promover a mudança e influenciar a tomada de decisões é distribuído de forma desigual. Portanto, um mundo onde houvesse justiça energética promoveria a felicidade, bem-estar, liberdade, equidade e devido processo justo tanto para os produtores quanto para os consumidores de energia. A justiça energética deveria ocorrer a partir da alocação moralmente coerente dos riscos ambientais e sociais associados à produção e uso de energia, sem discriminação, garantindo o acesso equitativo aos sistemas e serviços de energia (Sovacool; Dworkin, 2015).

Outra ligação importante entre o conceito de justiça energética e justiça ambiental é que estes são conceitos que nasceram de experiências práticas para então serem absorvidos como campos de pesquisa científica. Segundo Ribas e Simões (2020, p. 55)

> A reivindicação por justiça energética surgiu antes mesmo da sistematização do significado e de ponderações sobre a abrangência do termo. Assim como na justiça ambiental, os primeiros usos da expressão 'justiça energética' ocorreram no mundo prático, em especial na militância social e ambiental.

Os autores afirmam que a primeira menção ao conceito de JE data de 1999 e é atribuída à Energy Justice Network, ONG estadunidense que promove protestos e manifestações contra o impacto desigual de usinas de geração de energia elétrica, sobretudo, devido ao recorte racial da divisão de riscos e benefícios do sistema energético (Ribas; Simões, 2020).

Do ponto de vista científico, a primeira definição rastreável do conceito, segundo Pellegrini-Masini *et al.* (2020), é atribuída a Lakshman Guruswamy em "Energy Justice and Sustainable Development", de 2010, em uma visão bastante relacionada à agenda do Desenvolvimento Sustentável. Para o autor:

> A justiça energética busca aplicar os princípios básicos da justiça, como a equidade, à evidente desigualdade entre pessoas desprovidas de energia sustentável, daqui em diante denominadas pobres oprimidos energeticamente ("EOP"). A justiça energética é uma dimensão integral e inseparável do princípio fundamental universalmente aceito, ou *grundnorm*[18], do direito e política internacional: Desenvolvimento Sustentável (DS). (Guruswamy *apud* Pellegrini-Masini *et al.*, 2010, s/p, tradução própria).

A definição de Guruswamy endossa a visão de grande parte dos autores do campo que associam o surgimento do conceito de JE às questões distributivas dos recursos energéticos, uma primeira camada de discussão que se apoia na realidade material de que os países membros da OCDE consumiram, em 2019, cerca de 38% da energia produzida no planeta (IEA, 2021), ao mesmo tempo em que representam 17% da população mundial (OECD, 2023) e no fato de haver mais 700 milhões de pessoas sem acesso à eletricidade no planeta, concentradas majoritariamente no continente africano (ONU, 2022).

- **A tríade dos princípios da Justiça Energética**

Em 2013, McCauley e colaboradores propuseram que a JE tem como principal objeto de contestação a política energética e os sistemas de energia, que precisariam corrigir a distribuição desigual dos prejuízos inerentes às decisões sobre infraestrutura de geração de energia, subsídios, preços e indicadores de consumo. A política energética deve, na visão desse conceito, incorporar princípios de justiça social nos sistemas de energia, desde a sua geração até o consumo.

Os autores apresentam, então, três princípios para a JE: a justiça distributiva, procedimental e de reconhecimento[19].

---

[18] "Grundnorm" é um conceito de Hans Kelsen e pode ser traduzido como "norma fundamental".

[19] Os três princípios de justiça distributiva, procedimental e de reconhecimento apresentados neste capítulo são os mais recorrentes na literatura sobre Justiça Energética (Uffelen et al., 2024). Entretanto, há ainda na literatura princípios como a Justiça Restaurativa e Justiça Cosmopolita, que não foram abordados neste capítulo. A Justiça Restaurativa aponta como mecanismos de reparação deveriam ser internalizados nos processos que envolvem os sistemas energéticos. Por sua vez, a Justiça Cosmopolita destaca a necessidade de reconhecer os efeitos transfronteiriços das atividades envolvidas ao suprimento energético. Para maiores detalhes sobre ambos os princípios, veja as discussões presentes nas obras do Professor Raphael J Heffron, incluindo Heffron, R. J. (2022). Applying energy justice into the energy transition. Renewable and Sustainable Energy Reviews, 156, 111936.

- **Justiça distributiva**

A JE, a partir do princípio distributivo, entende que esta é uma discussão, por essência, inerentemente socioespacial, tanto no que se refere à alocação desigual de benefícios e prejuízos ambientais, quanto na distribuição desigual de capacidade de influência e poder sobre os processos decisórios responsáveis pela perpetuação ou mudança desse contexto (McCauley *et al.*, 2013).

Esse princípio se aplica à produção de energia a partir da elucidação sobre onde surgem as injustiças energéticas, incluindo a localização das instalações de geração de energia e a relação com as comunidades próximas, bem como ao consumo de energia a partir da compreensão da pobreza energética, ao caracterizar a distribuição e impactos dos preços de energia entre os variados grupos socioeconômicos (Jenkins *et al.*, 2016).

Apesar de reconhecer que alguns recursos naturais são distribuídos de maneira inexoravelmente (e naturalmente) desiguais, a justiça energética exige evidências de que essas desigualdades sejam mitigadas por meio de um tratamento justo (Jenkins *et al.*, 2016). Esse princípio não se aplica apenas à distribuição espacial das infraestruturas necessárias para a produção e distribuição de energia, mas também à distribuição dos benefícios e custos dessas infraestruturas entre as pessoas positiva e negativamente impactadas por elas (Pellegrini-Masini *et al.*, 2020).

No Brasil, o caso do Estado do Pará pode ser bastante ilustrativo sobre essa discussão. O Pará, em 2023, correspondeu a 22% da capacidade hidrelétrica instalada no país (ANEEL, 2023), representando a principal fonte de geração de eletricidade do sistema elétrico brasileiro (53%, segundo o ONS, 2023). Porém, por outro lado, está em 8º lugar no Ranking das Tarifas da ANEEL, que conta com 99 distribuidoras de energia elétrica, com a tarifa convencional residencial em R$ 0,879/kWh, um valor quase 2 vezes maior que o último lugar com R$ 0,459/kWh, localizado em Santa Catarina (ANEEL, 2023).

Portanto, é possível evidenciar que há o descolamento entre a distribuição dos impactos socioambientais negativos inerentes à construção de grandes ativos de geração de energia hidrelétrica na Amazônia e os benefícios, como o maior volume de energia disponível a menores preços, decorrentes desses empreendimentos.

O retrato do Pará consegue ilustrar também outro eixo analítico da justiça distributiva, a investigação sobre o acesso aos serviços de energia, sobretudo, a partir dos preços cobrados por ela, e o questionamento sobre o compromisso com as liberdades humanas substantivas no que diz respeito ao planejamento energético de cada país ou região. Paradoxalmente, os grupos em maior vulnerabilidade acabam arcando com um valor relativo mais alto em comparação ao restante da população (Jenkins *et al.*, 2016).

Para Jenkins *et al.* (2016), o aspecto distributivo da justiça é importante para evidenciar a contribuição normativa da justiça energética a partir da redistribuição dos benefícios e ônus na sociedade.

- **Justiça procedimental**

O segundo princípio da JE é a justiça procedimental, que analisa as maneiras como os tomadores de decisão incorporam os valores e anseios dos grupos sociais potencialmente afetados a fim de alcançar resultados que sejam reconhecidos como justos. Seu foco está na compreensão de como são tomadas as decisões que determinam a distribuição dos benefícios e prejuízos do sistema energético, quem está envolvido e influencia essas decisões, e como esse processo está alinhado às expectativas da sociedade em relação ao tema. Seus elementos mais relevantes envolvem o acesso à informação, a participação na tomada de decisões, a ausência de vícios nesse processo e o acesso aos meios jurídicos em caso de reparação para decisões prejudiciais (McCauley *et al.*, 2013; Sovacool; Dworkin, 2015; Jenkins *et al.*, 2016).

Esse princípio pressupõe que todas as partes interessadas devem poder participar de forma equitativa e equilibrada na tomada de decisões sobre as infraestruturas energéticas (Pellegrini-Masini *et al.*, 2020), ou seja, de forma não discriminatória e que realmente incorporem seus pontos de vista. Segundo Walker e Day (2012), enquanto a justiça distributiva se preocupa com os desdobramentos materiais, a justiça procedimental se volta aos processos, incluindo aqueles através dos quais os resultados distributivos desiguais são produzidos ou perpetuados.

- **Justiça de reconhecimento**

O princípio da justiça de reconhecimento busca compreender quais setores da sociedade são ignorados ou mal representados em discussões que envolvem questões energéticas, seja enquanto consumidores ou afetados pelos empreendimentos do setor de energia. Esse princípio reitera a importância de que os indivíduos sejam representados de forma justa, livres de mecanismos de coerção e com direitos políticos completos e iguais. A sua ausência está não apenas na ausência de reconhecimento, mas também no reconhecimento equivocado e distorcido dos grupos sociais (McCauley *et al.*, 2013; Jenkins *et al.*, 2016). Segundo Fraser (1999), o não reconhecimento pode se dar a partir de uma dominação cultural, da ausência de reconhecimento deliberado ou do desrespeito. Segundo Ribas e Simões:

> A justiça de reconhecimento, por sua vez, advoga pela igualdade de direitos políticos, pela tolerância e pelo reconhecimento das diferenças ocasionadas pela discriminação; reconhecer, neste caso, é ir além de identificar culpados, mas ressarcir grupos sistematicamente prejudicados pela distribuição de recursos da sociedade e propor meios de tornar a sociedade mais equitativa. (2020, p. 56).

Para esse princípio, a ausência de reconhecimento é vista como parte fundamental das desigualdades distributivas, pois se relaciona à compreensão das diferenças e das necessidades específicas de cada indivíduo, evitando que elas sejam negligenciadas na formulação de políticas e sistemas energéticos (Walker; Day, 2012).

Em "Energy justice: A conceptual review" (Jenkins *et al.*, 2016), a justiça de reconhecimento é ilustrada a partir de casos do fortalecimento do estereótipo das pessoas em situação de vulnerabilidade como desprovidos de conhecimento e ignorantes nos temas que envolvem a energia. Esse estereótipo acaba se desdobrando em iniciativas genéricas que se limitam a prover informações de caráter educativo, subsídios econômicos e dar incentivos para aumento da eficiência de eletrodomésticos, sem que haja reflexão mais profunda sobre quais ações fariam mais sentido para cada contexto.

- **Pobreza Energética**

O conceito de pobreza energética pode ser compreendido como uma consequência das falhas na promoção da justiça energética, um resultado de processos distributivos injustos. Apesar de entender que a pobreza energética contemple apenas uma parte do arcabouço conceitual da JE, mais fortemente ligada aos aspectos de disponibilidade e acessibilidade anteriormente citados, os aspectos metodológicos da pobreza energética são essenciais para discutir a JE.

A relação entre os conceitos se dá a partir do entendimento de que a pobreza energética é uma variável de estado que busca identificar se há ou não limitações importantes no acesso à energia, enquanto a justiça energética é um parâmetro normativo sobre as variáveis de resposta em relação a essas limitações.

O conceito de pobreza energética também aparece nas publicações mais antigas sob a terminologia de "pobreza de combustível"[20], algo particularmente relevante no contexto europeu das primeiras publicações sobre o tema, e surgiu previamente ao conceito da JE. Para o contexto brasileiro e maior parte dos países do Sul Global, as discussões acabam sendo mais amplas e envolvem as restrições energéticas como um todo, considerando que o aquecimento doméstico tem um grau de relevância diferente nessas regiões (Mazzone *et al.*, 2021).

Ainda que esta seja uma questão global, a pesquisa e estudo sobre a pobreza energética avança de forma ainda bastante concentrada no Norte Global, sobretudo, no Reino Unido e Europa, que mantém iniciativas como a Energy Poverty Advisory Hub (EPAH), focadas na mitigação do problema na região (Hihetah *et al.*, 2024). Segundo levantamento feito por Guevara *et al.* (2023), de mais de 860 publicações, entre 1978 e 2020, que estudam a ocorrência da pobreza energética em regiões específicas, 49,4% se concentraram na Europa.

De maneira geral, documentos oficiais da ONU definem a pobreza energética como a falta de acesso às redes elétricas ou a dependência da queima de biomassa sólida, como madeira, palha ou esterco para suprir as necessidades domésticas de energia (UN, 2018). O combate à pobreza energética passa pela reivindicação de um sistema de energia que forneça às pessoas a chance igualitária de obter energia que necessitam (Sovacool; Dworkin, 2015).

Segundo Hihetah *et al.* (2024), as principais causas da pobreza energéticas são os baixos rendimentos familiares, os elevados preços da energia e a ineficiência energética das edificações, sendo que este fenômeno pode ser agravado por fatores contextuais, como localização geográfica e clima, fatores geopolíticos, que podem afetar os preços de energia, ou ainda fatores pessoais, como o estado de saúde a composição do agregado familiar e seus hábitos.

---

[20] Originalmente denominado "fuel poverty", o conceito foi utilizado por Boardman (1991) para discutir a escassez de energia para aquecimento residencial, problema particularmente relevante no contexto de seu surgimento, no Reino Unido.

Portanto, os aspectos da acessibilidade e disponibilidade trazido por Sovacool *et al.* (2015, 2016, 2017) se relacionam ao enfrentamento da pobreza energética e envolvem não apenas menores preços para que as pessoas possam ter acesso à energia, mas a análise do quanto as contas de energia sobrecarregam excessivamente os grupos de consumidores com menor renda. Essas situações fazem com que as famílias de menor renda comprometam parcelas maiores de seus rendimentos nos serviços de energia, onerando-os de forma desproporcionalmente maior (Sovacool; Dworkin, 2015).

- **Abordagens de mensuração da pobreza energética**

Em países em desenvolvimento, a pobreza energética é caracterizada pela falta de conexão com a rede elétrica e pelo uso frequente de biomassa para cozinhar, que são critérios importantes para sua identificação e mensuração (Bezerra *et al.*, 2022). Após a implementação do Programa Luz para Todos, o Brasil, em termos de eletricidade, passou a assemelhar-se mais às economias do Norte Global, onde a preocupação principal é com a continuidade do acesso à energia e não apenas com o acesso estrutural. Avaliar os gastos domésticos com energia pode refletir melhor os desafios brasileiros (Bezerra *et al.*, 2022).

A mensuração da pobreza energética varia significativamente devido à diversidade de contextos e barreiras no acesso à energia, sem consenso sobre uma linha específica para identificá-la (Paiva, 2019). Três principais abordagens metodológicas são usadas para medir a pobreza energética: (i) acesso, (ii) necessidades físicas e (iii) econômica (Guevara *et al.*, 2023).

A primeira abordagem, alinhada à definição de Amartya Sen sobre justiça como liberdade de escolha, mede a pobreza energética pelo nível de restrição nas opções energéticas de uma família, incluindo a posse e uso de eletrodomésticos. Indicadores comuns incluem a universalização da eletricidade, uso de Gás Liquefeito de Petróleo (GLP) e a presença de aparelhos como geladeiras e televisores nas residências (Pereira *et al.*, 2011; Bezerra *et al.*, 2022). Autores como Nussbaumer e Gianini utilizam essa abordagem, onde a pobreza energética é descrita como a incapacidade de desenvolver capacidades essenciais devido ao acesso insuficiente a serviços de energia com preços adequados, confiáveis e seguros, considerando as alternativas disponíveis (Day *et al.*, 2016 *apud* Poveda *et al.*, 2021).

A segunda abordagem mede a pobreza energética estimando a quantidade mínima de energia necessária para atender às necessidades básicas de determinados grupos sociais (Guevara *et al.*, 2023). A International Energy Agency (IEA) estimou que uma família precisa de cerca de 1250 kWh por ano para aparelhos padrão ou 420 kWh com aparelhos eficientes, considerando o uso diário de luzes, geladeira, ventilador, carregador de celular e televisão (IEA, 2020). No entanto, não há consenso sobre os valores mínimos de energia, dada a variedade de contextos sociais. Como apontado por Pereira *et al.* (2011), estabelecer um consumo energético mínimo é desafiador devido às complexidades dos hábitos de consumo e variações regionais em clima, renda e cultura.

A terceira abordagem, econômica, avalia a pobreza energética com base na relação entre gastos com energia e rendimento familiar. Esta abordagem, a mais comum, inclui o trabalho de Thomson e Boardman, que introduziram o conceito de *fuel poverty* no Reino Unido (Guevara *et al.*, 2023).

A abordagem econômica frequentemente propõe um parâmetro de comprometimento do rendimento familiar com gastos energéticos. O parâmetro inicial, conhecido como regra dos 10% - TPR (*Ten-Percent Rule*) - de Brenda Boardman, sugere que famílias gastando mais de 10% de sua renda com energia enfrentam situações de privação que afetam negativamente também a saúde e o bem-estar (Poveda *et al.*, 2021). Para países tropicais, o limite foi adaptado para 5% por publicações da ONU e IEA.

No Brasil, estudos como os de Calvo *et al.* (2021), estimam que os 20% mais pobres despenderam entre 15% e 20% de sua renda doméstica com despesas de eletricidade e gás entre 2001 e 2014.

Com o amadurecimento do campo, surgiram indicadores compostos como o MEPI (Multi-dimensional Energy Poverty Index), que avalia a pobreza energética com base em cinco dimensões: preparo de alimentos, iluminação, serviços tecnológicos, entretenimento/educação e comunicação. Os indicadores são binários e ponderados para gerar um resultado final (Nussbaumer *et al.*, 2012; Poveda *et al.*, 2021).

Embora o MEPI e outros índices compostos ofereçam uma visão mais completa da pobreza energética, eles exigem grandes volumes de dados, frequentemente difíceis de acessar. No Brasil, estudos com índices compostos são frequentemente baseados em dados primários detalhados obtidos por questionários e entrevistas no nível de bairros residenciais (Poveda *et al.*, 2021).

Em síntese, a pobreza energética é um fenômeno complexo e multidimensional de privação, potencial ou prática, que tem como causa o fornecimento e a utilização deficitárias de energia, o que afeta o bem-estar das famílias e impede ou limita o desenvolvimento de suas capacidades. Esse fenômeno está inserido em um sistema de privilégios e injustiças estruturais e, por isso, é recorrentemente abordado a partir da lente da justiça energética (Guevara *et al.*, 2023).

15.4 Considerações finais

A análise proposta neste estudo revela a importância e a complexidade dos conceitos de Justiça Energética (JE) e Pobreza Energética no contexto global e brasileiro. A JE emerge como uma abordagem crucial para a compreensão das desigualdades relacionadas ao acesso, distribuição e impacto dos recursos energéticos, e se alinha aos princípios fundamentais de justiça social. A revisão identificou que a JE abrange três princípios fundamentais — distributiva, procedimental e de reconhecimento — que, quando aplicados adequadamente, podem contribuir significativamente para a criação de um sistema energético mais equitativo e sustentável.

No que diz respeito à pobreza energética, o conceito está intrinsecamente ligado às falhas na justiça energética, sendo um reflexo das desigualdades no acesso e na disponibilidade de energia. A pobreza energética não se limita apenas à falta de acesso à energia, mas também envolve a capacidade das famílias de arcar com os custos da energia e a adequação das fontes energéticas às suas necessidades. A análise das abordagens de mensuração da pobreza energética, incluindo a econômica, física e de acesso, demonstra a necessidade de um entendimento multifacetado e contextualizado do fenômeno.

No Brasil, apesar dos avanços significativos na universalização do acesso à eletricidade, as disparidades regionais e socioeconômicas ainda persistem, revelando lacunas na justiça energética que impactam negativamente especialmente as famílias de menor renda.

As políticas públicas devem, portanto, abordar essas desigualdades de maneira mais incisiva, garantindo não apenas o acesso à rede elétrica, mas também condições de manutenção contínua do acesso à eletricidade a partir de custos compatíveis com os orçamentos domésticos. Somente através de um compromisso sério com a justiça energética será possível promover uma sociedade mais equitativa e sustentável, na qual todos tenham acesso à energia de forma justa.

REFERÊNCIAS

ANEEL – Agência Nacional de Energia Elétrica. **Ranking de Tarifas**. Disponível em: https://portalrelatorios.aneel.gov.br/luznatarifa/rankingtarifas. Acesso em: 4 jun. 2023.

BEZERRA et al. (2022). The multidimensionality of energy poverty in Brazil: A historical analysis; **Energy Policy**, 171.

BURKE III, Edmund. The Big Story - Human History, Energy Regimes, and the Environment. *In:* Burke III, Edmund. **The Environment and World History**, 2009. p. 33-53.

CALVO, R. et al. (2021). **Derarrollo de indicadores de pobreza energética en America Latina y el Caribe**. Serie Recursos Naturales y Desarrollo, n. 207 (LC/TS.2021/104), Santiago, Comisión Económica para América Latina y el Caribe (CEPAL).

EMPRESA de Pesquisa Energética (EPE). (2022). **Indicadores de bem-estar energético** (p. 41). Disponível em: https://www.epe.gov.br/sites-pt/acesso-a-informacao/participacao-social/Documents/SIEMAS%20Bem-estar_Documento%20Base.pdf. Acesso em: 20 fev. 2025.

GOLDTHAU E SOVACOOL. The uniqueness of the energy security, justice, and governance problem. **Energy Policy**, [s. l.], v. 41, p. 232-240, 2012.

GUEVARA, Z. et al. The theoretical peculiarities of energy poverty research: A systematic literature review. **Energy Research & Social Science**, [s. l.], v. 105, 2023. Disponível em: https://www.sciencedirect.com/science/article/pii/S2214629623003341. Acesso em: 17 jun. 2024.

HEFFRON, R. J. Applying energy justice into the energy transition. **Renewable and Sustainable Energy Reviews**, v. 156, p. 111936, 2022.

HIHETAH et al. (2024), A systematic review of the lived experiences of the energy vulnerable: Where are the research gaps? **Energy Research & Social Science**, [s. l.], v. 114, 2024. Disponível em: https://www.sciencedirect.com/science/article/pii/S2214629624001567. Acesso em: 17 jun. 2024.

IBGE – Instituto Brasileiro de Geografia e Estatística (2022). **Censo Demográfico 2022**. Rio de Janeiro, 2023.

IEA - International Energy Agency (2020). **Defining energy access:** 2020 methodology. Disponível em: https://www.iea.org/articles/defining-energy-access-2020-methodology. Acesso em: 29 jun. 2023.

IEA - International Energy Agency (2024). **Tracking SDG 7**: The Energy Progress Report (p. 292). Disponível em: https://www.iea.org/reports/tracking-sdg-7-the-energy-progress-report-2024. Acesso em: 29 jun. 2023.

INSTITUTO PÓLIS (2022). **Justiça energética nas cidades brasileiras, o que se reivindica?** Disponível em: https://polis.org.br/estudos/justica-energetica. Acesso em: 16 maio 2023.

JENKINS et al. Energy justice: A conceptual review. **Energy Research & Social Science**, [s. l.], v. 11, p. 174-182, 2016.

MAZZONE et al. A multidimensionalidade da pobreza no Brasil: um olhar sobre as políticas públicas e desafios da pobreza energética. **Revista Brasileira de Energia**, [s. l.], v. 27, n. 3, 3º Trimestre de 2021 - Edição Especial I.

MCCAULEY et al. Advancing Energy Justice: The triumvirate of tenets. **International Energy Law Review**. [S. l.], v. 32. 107-110, 2013.

NUSSBAUMER et al. Measuring energy poverty: Focusing on what matters. **Renewable and Sustainable Energy Reviews**, [s. l.], v. 16, Issue 1, p. 231-243, 2012.

PAIVA, J. **Pobreza Energética**: um Indicador baseado na capacidade de pagamento por serviços de energia elétrica no Brasil. Tese (Doutorado) — Universidade Estadual de Campinas, Campinas, 2019.

PELLEGRINI-MASINI et al. Energy justice revisited: A critical review on the philosophical and political origins of equality. **Energy Research & Social Science**, v. 59, 2020.

PEREIRA et al. The challenge of energy poverty: Brazilian case study. **Energy Policy**, [s. l.], v. 39, Issue 1, p. 167-175, 2011.

POVEDA et al. (2021) Medindo a pobreza energética no Brasil: uma proposta fundamentada no Índice de Pobreza Energética Multidimensional (MEPI). *In*: **49 Encontro Nacional de Economia**, 2021. Disponível em: https://www.anpec.org.br/encontro/2021/submissao/files_I/i12-c15c6e2ebe361586df6f56d963fb3f54.pdf. Acesso em: 17 jun. 2024.

RIBAS, V. E.; SIMÕES, A. F. (In)justiça energética: Definição conceitual, parâmetros e aplicabilidade no caso do Brasil. **Revista Brasileira de Energia**, [s. l.], v. 26, n. 4, 4º Trimestre de 2020. DOI: 10.47168/rbe.v26i4.580

SOVACOOL, B. K.; DWORKIN, M. H. Energy justice: Conceptual insights and practical applications. **Applied Energy**, [s. l.], v. 142, p. 435-444, 2015.

SOVACOOL et al. Energy decisions reframed as justice and ethical concerns. **Nature Energy**, [s. l.], v. 1, p. 16024, 2016.

SOVACOOL et al. New frontiers and conceptual frameworks for energy justice. **Energy Policy**, [s. l.], v .105, p. 677-691, 2017.

UFFELEN et al. (2024). Revisiting the energy justice framework: Doing justice to normative uncertainties. **Renewable and Sustainable Energy Reviews**, [s. l.], v. 189, Part A, 2024. DOI: https://doi.org/10.1016/j.rser.2023.113974

WALKER E DAY. Fuel poverty as injustice: Integrating distribution, recognition and procedure in the struggle for affordable warmth. **Energy Policy**, [s. l.], v. 49, p. 69-75, 2012.

Capítulo 16

A GERAÇÃO E O CONSUMO DE ENERGIA NO BRASIL NO CONTEXTO DA PANDEMIA DA COVID-19

Leide Laje dos Santos
Renata Colombo

16.1 Introdução

Em 11 de março de 2020, a Organização Mundial da Saúde (OMS) reconheceu oficialmente a covid-19, doença infecciosa causada pelo vírus SARS-CoV-2, como uma pandemia. O surto da covid-19 impôs diferentes níveis de isolamento social, em todo o mundo, a fim de minimizar os riscos de infecção e ajudar a conter a propagação do vírus (OMS, 2020).

O distanciamento social e as medidas restritivas, voluntárias ou impostas pelos governos, para combate à pandemia, trouxeram impactos econômicos e sociais consideráveis sobre diversos setores da economia global de produção. Dados do banco mundial revelam uma queda no PIB global, e a instituição classificou o momento como a crise econômica global mais grave desde a segunda guerra mundial (Costa *et al.*, 2021).

Todos os setores da economia e produção foram afetados e, consequentemente, o consumo de energia elétrica reduziu em muitos países, inclusive no Brasil (Costa *et al.*, 2021). De acordo com a Agência Internacional de Energia, a demanda global de energia caiu 3,8% durante o primeiro trimestre de 2020 em comparação com o mesmo período de 2019. A instituição destacou também, como os impactos causados pela pandemia evidenciou a energia elétrica como indicador das variações econômicas, e a importância da eletricidade para as sociedades, visto que possibilitou o trabalho remoto, além de novas formas de lazer e consumo (IEA, 2020).

Neste contexto, cabe frisar que os impactos da Pandemia ao redor do mundo variaram muito em função do momento em as regiões foram atingidas, bem como, das durações e intensidades das medidas de distanciamento social adotadas pelos governos. No Brasil, o Ministério da Saúde publicou a Portaria nº 454, no dia 20 de março de 2020, declarando o estado de transmissão comunitária e recomendando o isolamento social. No entanto, a implantação de medidas restritivas de combate à Pandemia ficou a cargo dos governos estaduais e municipais, o que afetou as curvas de consumo, visto que as cidades adotaram restrições em momentos e rigores distintos (MS, 2020).

Este artigo tem por objetivo analisar como a emergência da covid-19 impactou o setor elétrico brasileiro e suas consequências na geração, distribuição e consumo de energia no país, avaliando as implicações das novas dinâmicas impostas pelas medidas restritivas de enfrentamento a Pandemia sobre as instituições que compõem o sistema elétrico, e as contribuições para adaptação e mitigação das mudanças climáticas.

16.2 Metodologia

Esta pesquisa utilizou como procedimento metodológico pesquisa bibliográfica e pesquisa documental. A pesquisa bibliográfica foi realizada usando a base de dados Scopus e as seguintes palavras-chave: "Electricity"; "covid-19"; "Brazilian electric sector"; "Energy consumption" "Climate changes" e "electricity Brazil". Na pesquisa documental foram analisados relatórios técnicos e as normativas publicadas pelo Operador Nacional do Sistema (ONS), Empresa de Pesquisa Energética (EPE), International Energy Agency (IEA), Agência Nacional de Energia Elétrica (ANEEL), Organização Mundial da Saúde (OMS) e do Ministério da Saúde (MS).

16.3 Fundamentação bibliográfica

O setor elétrico brasileiro caracteriza-se por ser um sistema extenso e complexo, projetado para atender às demandas de um país com dimensões continentais. O Sistema Interligado Nacional (SIN) é composto por quatro subsistemas: Sul, Sudeste/Centro-Oeste, Nordeste e Norte. Esses subsistemas integram diversas fontes de produção de energia por meio de uma rede de transmissão, garantindo o fornecimento de energia aos consumidores e facilitando a transferência de energia entre as regiões (ANEEL, 2020).

As usinas hidrelétricas constituem a maior parte (63,2%) da capacidade instalada de geração no SIN, distribuídas em dezesseis bacias hidrográficas em todo o país. Nos últimos anos, a instalação de parques eólicos, principalmente nas regiões Nordeste e Sul, teve um crescimento significativo, aumentando a importância da energia eólica (9,1%) no atendimento às demandas do mercado. As usinas térmicas, normalmente localizadas próximas aos grandes centros de carga, contribuem com aproximadamente 24,9% do total de energia gerada. Outras fontes, como a solar (1,7%) e a nuclear (1,2%), também têm participação no atendimento às demandas dos consumidores (ANEEL, 2020).

O Governo Federal, por meio do Ministério de Minas e Energia (MME), é responsável por monitorar continuamente a continuidade e a segurança do fornecimento de energia (ANEEL, 2020).

Entidades governamentais de planejamento e regulação, juntamente com órgãos de controle setorial, supervisionam essa gestão (ANEEL, 2020).

A Agência Nacional de Energia Elétrica (ANEEL) regula e fiscaliza a geração, a transmissão, a distribuição e a comercialização de energia elétrica. A ANEEL fixa as tarifas de transporte e consumo e assegura o equilíbrio econômico-financeiro das concessões (ANEEL, 2020).

O Conselho Nacional de Política Energética (CNPE) define as políticas energéticas com o objetivo de garantir a estabilidade do suprimento de energia (ANEEL, 2020).

O Comitê de Monitoramento do Setor Elétrico (CMSE) é responsável pelo acompanhamento e avaliação da continuidade e segurança do abastecimento nacional de energia elétrica (ANEEL, 2020).

A Empresa de Pesquisa Energética (EPE) é responsável pelo planejamento da expansão da capacidade de produção e transporte, bem como pelo apoio técnico aos leilões de aquisição de energia (ANEEL, 2020).

O Operador Nacional do Sistema (ONS) é responsável pela operação do Sistema Interligado Nacional (SIN) para otimizar os recursos energéticos (ANEEL, 2020).

Por último, a Câmara de Comercialização de Energia Elétrica (CCEE) gere os contratos de compra e venda de eletricidade, a contabilização e liquidação de curto prazo e realiza os leilões oficiais (ANEEL, 2020).

Os consumidores finais da eletricidade fornecida estão divididos em dois perfis de consumo. O primeiro é o Ambiente de Contratação Regulada (ACR), composto por consumidores cativos. Estes só podem comprar energia elétrica da distribuidora responsável pela distribuição em sua região, sendo este o modelo mais comum para residências e pequenas empresas. Nesse formato, a energia é comprada pelas distribuidoras por meio de leilões, com preços determinados pela ANEEL (ANEEL, 2020).

O outro formato é o Ambiente de Contratação Livre (ACL), também conhecido como Mercado Livre de Energia, que é formado por consumidores livres e consumidores especiais. Os consumidores livres são aqueles que têm demanda mínima de 1.500 kW e possibilidade de escolha de seu fornecedor de energia elétrica por meio de livre negociação. Já os consumidores especiais têm demanda entre 500 kW e 1,5 MW, com o direito de adquirir energia de Pequenas Centrais Hidrelétricas (PCHs) ou de fontes incentivadas especiais que desejem priorizar, como eólica, biomassa ou solar (ANEEL, 2020).

Neste ambiente de contratação, os consumidores negociam as condições de compra de energia elétrica diretamente com as geradoras ou comercializadoras. Para este ambiente de contratação o consumidor deve manter um contrato com a distribuidora, pelo uso das linhas de transmissão e outro contrato com a geradora, que será responsável pelo fornecimento da energia contratada (ANEEL, 2020).

A fatura paga pelo serviço de distribuição feito pela concessionária local tem preço regulado, já as condições referentes a preço, prazo e volume de energia são livremente negociadas entre o consumidor livre e a geradora ou comercializadora. Este formato permite às empresas encontrar melhores condições e negociar valores inferiores àqueles que normalmente pagariam pela energia comprada das distribuidoras no ACR (ANEEL, 2020).

16.4 Resultados e discussão

- **Consumo de energia durante a Pandemia**

De acordo com os dados da EPE, a emergência da covid-19 gerou instabilidades na economia global e mudanças significativas nos padrões de consumo e eletricidade, o que impactou diretamente nas demandas de energia (EPE, 2021). As restrições de mobilidade impostas afetaram os níveis de consumo de eletricidade no Brasil e seus padrões semanais, com reduções estatisticamente significativas (Figura 1).

Como as regiões geográficas brasileiras apresentam perfis distintos de consumo de energia elétrica, as reduções identificadas também foram distintas. Os subsistemas Sudeste-Centro-Oeste e Sul representaram as quedas mais pronunciadas: -20% e -18%, respectivamente, ao comparar as medianas antes e depois da implementação das restrições de mobilidade. O subsistema norte apresentou queda menos acentuada (-14%), pois o setor industrial, constituído principalmente de siderurgia, foi menos afetado. O subsistema nordeste apresentou variação de -7%, pois a maior parte de seu consumo está associada ao setor residencial (Carvalho *et al.*, 2021).

De acordo com a CCEE, o consumo de energia elétrica no Brasil recuou cerca de 10% em maio, principalmente devido às restrições de mobilidade (EPE, 2021). Os dados demonstraram que, com a continuidade das medidas de controle da mobilidade ao longo de maio e junho, houve uma estabilização da queda do consumo de energia elétrica, entre 10% e 13%. Observou-se aumento no setor residencial, enquanto os setores comercial e industrial mantiveram queda, exceto os setores sanitário e alimentar (Figura 1). Os segmentos automotivo e têxtil foram os mais afetados, com reduções de 47% (Carvalho *et al.*, 2021; EPE, 2021).

Figura 1 - Reduções de consumo por classe no primeiro semestre de 2020

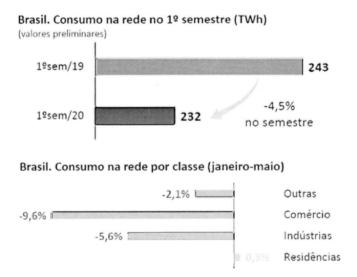

Fonte: adaptado de EPE, 2021

Nos meses de abril, maio e junho observou-se forte redução da demanda de energia elétrica, meses esses em que as medidas de isolamento social foram mais intensas e coexistiram na maioria dos estados do país. Em maio de 2020, a demanda de eletricidade ficou 10,7% abaixo do nível do mesmo mês em 2019. Em outubro, a demanda havia se recuperado para 3,5% acima dos níveis do mesmo período em 2019 (Carvalho *et al.*, 2021; EPE, 2021).

É importante observar que, diferente de outros países onde a flexibilização das medidas de isolamento e consequente retomada do consumo de energia elétrica se deu a partir de uma redução considerável do número de novos casos e mortes, no Brasil a retomada do consumo de eletricidade não esteve associada a uma redução significativa do registro de novos casos da doença. A partir do mês de agosto o consumo já se assemelhava aos níveis de 2019, quando ainda eram registrados no Brasil algo entre 150 e 200 novos casos por milhão de habitantes (Gonçalves, 2021).

- **Geração de energia durante a Pandemia**

A Pandemia da covid-19 e suas decorrentes medidas de isolamento social geraram impactos negativos na carga de energia (Figura 2), principalmente a partir do mês de abril (EPE, 2020).

Figura 2 - Mudança de consumo de energia por setor 2020 *versus* 2019

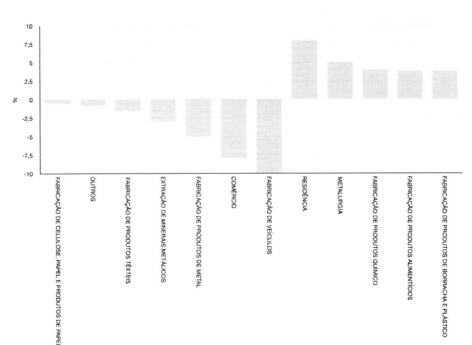

Fonte: EPE, 2021

Apesar da redução expressiva da carga, a geração por fonte é bastante influenciada pela disponibilidade de recursos, dada a matriz brasileira renovável. Hidrologia desfavorável levou a alto despacho térmico em janeiro de 2020, já nos meses seguintes houve reduções expressivas nas gerações térmica (Março e Abril) e hidroelétrica (Abril e Maio), com influência da redução da demanda (CCEE, 2020).

Este cenário resultou numa queda de 5% da energia gerada no primeiro semestre comparado ao mesmo período de 2019 (Figura 3), redução considerável levando em conta as novas fontes de geração instaladas entre um período e outro, a exemplo das usinas fotovoltaicas que ampliaram 800 MW em novas instalações.

Segundo a CCEE, em razão da redução da carga por conta da Pandemia, o sistema está sobreotimizado, operando com 70% de geração compulsória, o que faz com que o operador tenha pouca margem para efetivamente 'otimizar' a operação. Estudos evidenciaram que em comparação com o ano anterior, houve um aumento de sobras contratuais no sistema de 40%, 49%, 66% e 65%, entre os anos de 2020 e 2023. Este aumento de sobras no sistema retarda as necessidades de expansão do sistema. A EPE, o ONS e a CCEE revisitaram as projeções oficiais de carga de forma extraordinária, resultando numa redução de cerca de 5 GW médios de consumo projetado entre os anos de 2020 e 2024, com relação às projeções antes da Pandemia (CCEE, 2020; EPE, 2021).

Figura 3 - Carga de energia no primeiro semestre

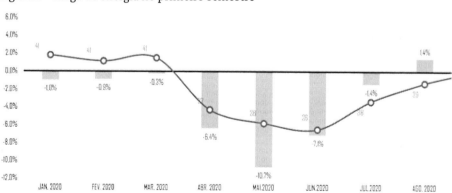

Fonte: adaptado de EPE, 2020

Carvalho (2021) destaca que, apesar da redução do consumo, percebeu-se a manutenção do respeito aos contratos no setor, evitando-se recorrer a cláusulas como, de caso fortuito ou força maior, que tem por objetivo suspender ou rescindir os contratos de compra. Percebeu-se também um importante movimento de renegociação contratual, principalmente no ACL, buscando adequar volumes contratuais às novas necessidades. Visto isso, os agentes transmissores, contratados por disponibilidade, e os agentes geradores, contratados por venda de longo-prazo, foram menos afetados, uma vez que os contratos foram mantidos.

No ACR, as concessionárias definem suas necessidades de contratação para cobertura de 100% de suas demandas e com antecedência de até seis anos. Posteriormente mantêm apenas mecanismos regulados para gestão de seus portfólios que, na atual crise, não tiveram alcance suficiente para lidar com as necessidades de redução contratual. Portanto, com a redução do consumo de energia, as distribuidoras ficam expostas à sobrecontratação de energia (Carvalho *et al.*, 2021).

Neste contexto, a ANEEL implementou mecanismos para ampliar os limites de renegociação de contratos regulados através do Mecanismo de Venda de Excedentes (MVE), com a publicação do Despacho nº 936 de 13 de abril de 2020, além disso, autorizou o processamento extraordinário de MVE e de Mecanismo de Compensação de Sobras e Déficits de Energia Nova (MCSDEN), através da publicação do Despacho nº 1.661 de 9 de junho de 2020 (Carvalho *et al.*, 2021).

Figura 4 - Geração nos primeiros semestres de 2019 e 2020 por fonte (MWmed)

Fonte: adaptado de CCEE, 2020

- **Impactos no setor elétrico brasileiro e normativas aplicadas**

Outras medidas para equilibrar o setor foram adotadas desde o início da Pandemia, através do Comitê Setorial de Crise instituído no dia 18 de março de 2020, por meio da Portaria nº 117/GM do MME. A primeira medida foi determinada na Portaria nº 134 de 28 de março de 2020, onde o MME postergou, por tempo indeterminado, a realização de leilões destinados a atender as necessidades de energia das distribuidoras (ANEEL, 2020).

O Brasil, inspirado na iniciativa de outros países e a fim de garantir as condições humanas e sanitárias nas residências durante a vigência das medidas de distanciamento social, através da Resolução Normativa nº 878 de 24 de março de 2020 optou por não permitir o corte de energia elétrica durante o estado de emergência, independente de atrasos ou de não pagamento das contas (MME, 2020a).

Em 8 de abril de 2020, o Governo Federal publicou a Medida Provisória nº 950, alterando a Lei nº 12.783, de 2013, e a Lei nº 10.438, de 2012, para, dentre outras medidas, ampliar para 100% o desconto dos consumidores de Tarifa Social com faturamento de até 220 KW/mês, destinando recursos à Conta de Desenvolvimento Energético (CDE) para essa cobertura (GOV, 2020).

O aumento da inadimplência, em decorrência da redução do poder de consumo das famílias, a vedação à suspensão do fornecimento de energia por inadimplência aos consumidores e a isenção de cobrança de cerca de 10 milhões de famílias, inseridas nos programas sociais do governo e com um consumo de até 220 kWh, culminaram num aumento na redução da arrecadação, o que complicou a situação do caixa das distribuidoras (Figura 5). Algumas medidas foram adotadas para aliviar a questão de caixa das distribuidoras, como o repasse de recursos da conta de reserva para o pagamento de Encargo de Serviço de Sistema (ESS) e o repasse direto da União à Conta de Desenvolvimento Energético (CDE) de R$900 milhões. Apesar de terem ajudado, a solução principal para a questão de caixa das distribuidoras, foi dada através da Conta-Covid (ANEEL, 2019).

Figura 5 - Painel de perda de arrecadação das distribuidoras (%)

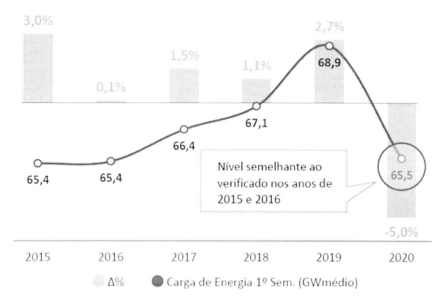

Fonte: ANEEL, 2020

A regulamentação da Conta-Covid foi aprovada na reunião da ANEEL do dia 23 de junho, através da Resolução Normativa nº 885. O valor do empréstimo máximo com o grupo de bancos provedores de crédito, liderado pelo Banco Nacional do Desenvolvimento Econômico e Social (BNDES), foi definido em R$ 16,2 bilhões. Através dela as concessionárias receberão empréstimos para absorção destes prejuízos e, estes valores, entrarão na composição das tarifas durante os próximos cinco anos. Isto significa que a tarifa de energia irá aumentar nos próximos anos para compensar estas perdas (ANEEL, 2020).

Para o consumidor, a iniciativa representa a postergação e o parcelamento de impactos tarifários que, caso contrário, teriam efeitos imediatos nas contas de energia. Os eventuais aumentos na tarifa, necessários diante da situação, agora serão diluídos em 60 meses. Por outro lado, a conta covid levanta algumas questões, uma vez que uma taxa de juros de 2,8% ao ano deve ser paga pelo consumidor sem consentimento (Costa et al., 2021).

- **Energias renováveis e emissões de GEE**

A redução no consumo e, consequentemente, na geração de energia devido a Pandemia culminou na redução de emissão de gases de efeito estufa

(Figura 6). Em seu relatório sobre os efeitos da covid-19, a EPE destacou esperar que esse efeito seja temporário e sem consequências significativas no longo prazo e salienta que o padrão de emissões de GEE do setor energético já atende aos compromissos estabelecidos no Acordo de Paris (EPE, 2020).

Figura 6 - Emissões nos primeiros semestres de 2019 e 2020 (MtCO$_2$)

Fonte: CCEE, 2020

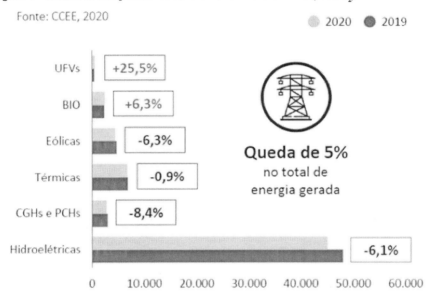

Fonte: adaptado de CCEE e ANP, 2020

Neste mesmo relatório, EPE faz um comparativo das emissões de CO_2 per capita (tCO_2/hab.) entre o Brasil com a China, Estados Unidos e União Europeia, a fim de ratificar o posicionamento como um país que já atende ao acordo de Paris antes das reduções provocadas pela emergência da Pandemia. Utilizando os dados de 2017 estas emissões foram de 14,6; 6,7; 6,3 e 2,0 tCO_2/hab para os Estados Unidos, China, União Europeia e Brasil, respectivamente (EPE, 2020).

Este comparativo tenta colocar o país numa posição de falso conforto em relação a problemática global e urgente das mudanças climáticas, visto que, apesar da matriz energética em sua maioria se basear em fontes renováveis o país enfrenta uma crise hídrica crescente com demanda ainda complementada pela geração termelétrica, até mesmo com usinas de baixa produtividade com previsão de desligamento nos próximos anos (EPE, 2020).

Este mesmo comportamento conservador para as energias renováveis de baixa emissão de carbono, eólica e solar, é reforçado através no recém-publicado PNE 2050 – Plano Nacional de Energia. O documento alega que é necessário avaliar a garantia da segurança do abastecimento em eventos extremos relacionados às mudanças climáticas, pois uma matriz elétrica cada vez menos emissora de GEE e renovável implica uma participação cada vez maior de fontes não-controláveis que, de forma geral, são mais vulneráveis às mudanças climáticas (MME, 2020b).

- **Discussões**

Os impactos da pandemia na geração e consumo de energia elétrica ainda se refletem na atualidade, com alguns padrões se mantendo e outros evoluindo. Em 2023, o consumo total de energia elétrica no Brasil aumentou 3,7% em relação a 2022, impulsionado principalmente por ondas de calor e pelo bom desempenho de setores econômicos. Setores como saneamento e comércio apresentaram um crescimento expressivo, de 23,6% e 16,8%, respectivamente, refletindo a recuperação econômica e a migração para o mercado livre de energia (CCEE, 2023.

Em relação à sobreoferta estrutural de energia contratada no SIN, esta deve perdurar até 2024, no cenário otimista de recuperação da economia.

Medidas para minimizar os custos para os setores energéticos e para os consumidores estão sendo adotadas. Uma delas é a retirada antecipada das usinas térmicas (por razões contratuais, técnicas e econômicas) para o desligamento do SIN até 2028. Esta medida abre espaço, no curto prazo, para a realização de novos leilões de expansão da oferta de energia, contribuindo para o reequilíbrio do mercado de energia elétrica e uma redução significativa das emissões de poluentes do setor. O benefício pode ser maior no caso das térmicas a carvão, por também eliminar uma parcela da CDE, que é um dos fatores de crescimento das tarifas nos últimos anos.

Para Magazzino (2021), é recomendado também aumentar o investimento em energia renovável, uma vez que essa escolha poderia acelerar o crescimento do PIB e mitigar os efeitos de uma recessão econômica. O estudo mostra que o Brasil tem um grande potencial para todas as fontes renováveis (energia solar, eólica, biomassa e oceânica), graças à sua posição geográfica. Além disso, graças ao desenvolvimento das interconexões no Brasil e nos países vizinhos, seria possível gerar um sistema capaz de responder aos desafios decorrentes das energias renováveis. Essa condição auxiliará na criação de um mercado único de eletricidade na América Latina com redes de distribuição inteligentes e plataformas digitais para a gestão dos fluxos deste novo sistema energético.

Geraldi *et al.* (2021) apresenta um importante estudo conclusivo acerca da necessidade de implementação de estratégias de eficiência energética em edifícios, uma vez que os resultados indicam que a maioria das instalações tiveram altos níveis de uso de energia durante o bloqueio. Os resultados apoiam a necessidade de tornar as políticas relacionadas à energia mais rígidas, para reduzir a intensidade do uso de energia basal. Os resultados ressaltam também como os horizontes de médio e longo prazos poderia ajudar a entender vários desafios associados à operação de edifícios, considerando todas as mudanças que o período pandêmico trouxe para a sociedade.

16.5 Considerações finais

As medidas de restrição impostas pela Pandemia da covid-19 causaram uma queda significativa no consumo de energia no Brasil, especialmente nos setores industrial e comercial. No entanto, o setor residencial viu um aumento no consumo devido ao maior tempo de permanência em casa.

A crise gerou desafios para as distribuidoras de energia, que enfrentaram inadimplência, queda na arrecadação e sobrecontratação. Para mitigar esses efeitos, o governo federal implementou incentivos e assistência. No entanto, parte desses custos será posteriormente repassada aos consumidores, resultando em aumentos tarifários nos próximos anos.

Com a retomada das atividades econômicas a partir de agosto de 2020, o consumo de energia voltou aos níveis pré-pandemia. Esse cenário ressalta a resiliência do setor elétrico brasileiro, que, apesar das dificuldades, conseguiu manter o fornecimento de energia e preservar a integridade dos contratos.

A pandemia destacou a necessidade de uma maior flexibilidade nas políticas energéticas e de um foco em eficiência energética. Estratégias de mitigação, como a renegociação de contratos e o incentivo a fontes renováveis, são essenciais para garantir a sustentabilidade do setor no longo prazo.

REFERÊNCIAS

ANEEL – **Agência Nacional de Energia Elétrica**. Brasília: ANEEL, c2020a. Disponível em: http://sicnet2.aneel.gov.br/sicnetweb/v.aspx. Acesso em: 20 set. 2024.

ANEEL – **Agência Nacional de Energia Elétrica**. Brasília: ANEEL, c2020b. Disponível em: https://www2.aneel.gov.br/cedoc/ren2020885.pdf. Acesso em: 20 set. 2024.

CARVALHO, M.; DELGADO, D. B. M.; DE LIMA, K. M. Effects of the covid-19 pandemic on the Brazilian electricity consumption patterns. **International Journal of Energy Research**, [s. l.], v. 45, n. 2, p. 3358-3364, 2021.

CCEE – **Câmara de Comercialização de Energia Elétrica**. São Paulo: CCEE, c2020. Disponível em: https://www.ccee.org.br/portal/faces/pages_publico/noticias-opiniao/noticias/noticialeitura?contentid=CCEE_654416&_afrLoop=578644119395056&_adf.ctrlico4040=bfiz%98%vcd_137! 3Fcontentid%3DCCEE_654416% 26_afrLoop% 3D578644119395056% 26_adf.ctrl - state% 3Dbfiz98vcd_141. Acesso em: 20 set. 2024.

CCEE – **Câmara de Comercialização de Energia Elétrica**. São Paulo: CCEE, c2023. Disponível em: https://www.ccee.org.br/pt/web/guest/-/brasil-fecha-primeiro-trimestre-com-maior-demanda-por-energia-eletrica-aponta-ccee. Acesso em: 20 set. 2024.

COSTA, V. B. F.; BONATTO, B. D.; PEREIRA, L. C. Analysis of the impact of covid-19 pandemic on the Brazilian distribution electricity market based on a socioeconomic regulatory model, **International Journal of Electrical Power & Energy Systems**, [s. l.], v. 132, p. 107172, 2021.

EPE - **Empresa de Pesquisa Energética**. Rio de Janeiro: EPE, c2021. Disponível em: https://www.epe.gov.br/pt/publicacoes-dados-abertos/publicacoes/atlas-da-eficiencia-energetica-brasil-2020. Acesso em: 20 set. 2024.

EPE - **Empresa de Pesquisa Energética**. Rio de Janeiro: EPE, c2020. Disponível em: https://www.epe.gov.br/pt/publicacoes-dados-abertos/publicacoes/balanco-covid-19-impactos-nos-mercados-de-energia-no-brasil-1-semestre-de-2020. Acesso em: 20 set. 2024.

GERALDI, M. S.; BAVARESCO, M. V.; TRIANA, M. A. Addressing the impact of covid-19 lockdown on energy use in municipal buildings: A case study in Florianópolis, Brazil. **Sustainable Cities and Society**, [s. l.], v. 69, p. 102823, 2021.

GONÇALVES, C. P.; RAMOS, D. S.; ROSA, P. S. The impact of covid-19 on the Brazilian Power Sector: operational, commercial and regulatory aspects. **IEEE Latin America Transactions**, [s. l.], v. 20, n. 4. p. 529-536, 2021.

GOV – **Governo Federal**. Brasília: GOV, c2020. Disponível em: https://www12.senado.leg.br/publicacoes/estudos-legislativos/tipos-de-estudos/sumarios-de-proposicoes/mpv950. Acesso em: 20 set. 2024.

IEA – **International Energy Agency**. Paris: IEA, c2020. Disponível em: https://www.iea.org/reports/energy-technology-perspectives-2020. Acesso em: 20 set. 2024.

MAGAZZINO, C.; MELE, M.; MORELLI, G. The relationship between renewable energy and economic growth in a time of Covid-19: A Machine Learning Experiment on the Brazilian Economy. **Sustainability**, [s. l.], v. 13, p. 1285, 2021.

MME – **Ministério de Minas e Energia**. Brasília: MME, c2020a. Disponível em: https://www.planalto.gov.br/ccivil_03/portaria/res/res-878-20-mme-anel.htm. Acesso em: 20 set. 2024.

MME – **Ministério de Minas e Energia**. Brasília: MME, c2020b. Disponível em: https://antigo.mme.gov.br/documents/36208/468569/Relat%C3%B3rio+Final+-do+PNE+2050/77ed8e9a-17ab-e373-41b4-b871fed588bb. Acesso em: 20 set. 2024.

MS – **Ministério da Saúde**. Brasília: MS, c2020. Disponível em: https://www.planalto.gov.br/ccivil_03/portaria/prt454-20-ms.htm. Acesso em: 20 set. 2024.

OMS – **Organização Mundial da Saúde**. Geneva: OMS, c2020. Disponível em: https://www.paho.org/pt/news/30-1-2020-who-declares-public-health-emergency-novel-coronavirus. Acesso em: 20 set. 2024.

Eixo 4: Sustentabilidade e propostas teórico-metodológicas

Capítulo 17

MIGRAÇÕES AMBIENTAIS E MUDANÇAS CLIMÁTICAS: UMA REFLEXÃO TEÓRICO-ANALÍTICA

Rodrigo Massao Kurita
André Felipe Simões

17.1 Introdução

Os fluxos migratórios transfronteiriços são considerados como fenômenos que envolvem deslocamentos individuais, grupais e até mesmo populacionais. Sendo assim, a migração humana pode ser apontada como um fenômeno multifacetado, com uma dinâmica historicamente focada na sobrevivência. De fato, uma análise migratória centrada apenas em abordagem teóricas, econômicas ou sociais pode se tornar generalista, haja vista que, os fatores socioambientais possuem grande relevância. A exploração de recursos naturais, aliada a alta industrialização capitalista, contribuíram significativamente para o aumento do processo migratório nas últimas décadas. O aumento do fluxo financeiro com o aporte tecnológico, contribuiu de forma significativa a redução de custos da mobilidade humana, nos modais transnacionais permitindo a rápida circulação deste contingente humano nas zonas transfronteiriças (Farchy, 2009).

Se até meados do século XX, os movimentos migratórios tinham como razões principais a inserção em postos laborais, a busca por prosperidade econômica e a constituição ou manutenção de laços familiares, os atuais processos de migração se constituem por suas particularidades, principalmente nos aspectos socioambientais. Neste ínterim, as mudanças climáticas seriam uma das possíveis causas para o escalonamento dos ciclos de migrações contemporâneas (Myers, 2002). O aumento gradativo dos índices de estiagem, a redução da oferta dos serviços ecossistêmicos e a elevação do nível oceânico com erosão costeira, são possíveis indícios científicos das anomalias do clima. E afetam de sobremodo o sistema terrestre, causando modificações consideráveis em todo o sistema climático.

Diante das mudanças climáticas e o fenômeno do aquecimento global, a humanidade aproxima-se do *ponto de inflexão*, conceito a qual, se traduz na aproximação dos limiares críticos planetários, nas quais, ao serem ultrapassados, incorrem em modificações irreversíveis de um determinado sistema (IPCC, 2023). As anormalidades climáticas são de ocorrência abrupta e acontecem pela decorrência do avanço nesse ponto de inflexão, desencadeando a transição para um regime climático desconhecido, sem uma linearidade próxima e que não permite analisar a coexistência entre causa e efeito (Michaelowa, 2004). A continuidade cíclica de alternâncias irregulares destes padrões climáticos são fatores que propiciam o deslocamento entre fronteiras, seja pela inconsistência nos padrões pluviométricos intermitentes ou pela atuação de estressores ambientais (McLeman, 2012; Schellnhuber, 2009).

Nas circunstâncias apresentadas, a tipologia dada pelo IDMC (2023) possibilita uma melhor observação dos eventos climáticos extremos em duas categorias: (a) desastres relacionados ao clima e (b) desastres independentes do clima ou da variabilidade climática. No entanto, com a aceleração gradativa destas ocorrências entre os anos 2009-2010, a IDMC (2023) optou por criar novas subcategorias, dividindo-as em: (a) climatológicos; (b) meteorológicos; (c) hidrológicos; (d) geofísicos e (e) biológicos. A inserção deste novo parâmetro avaliativo, visa facilitar a diferenciação entre os desastres com início rápido de incidentes com início lento. Esse condicionamento, é fundamental para obter maior acurácia na avaliação dos espaços geográficos mais vulneráveis aos riscos dos eventos climáticos extremos. Permite-se também por esse novo modelo, a avaliação inicial de quais fatores são preponderantes para a incidência cíclica desses incidentes (IDMC, 2023). A combinação dessas dinâmicas com disputas territoriais têm impactos socioambientais diretos na manutenção da subsistência humana, e vão muito além das regiões fronteiriças nacionais. Nesse âmbito, surge a necessidade premente de sobrevivência, seja para preservação da integridade física, como para a proteção a vulnerabilidade ambiental. Com base nessa nova reformulação das tendências migratórias contemporâneas, nota-se que a migração, é uma resposta imediata a deterioração do meio ambiente e a economia existente em áreas severamente impactadas por eventos climáticos extremos. Neste cenário, Mayer (2011) apresenta três dimensões importantes para o deslocamento das comunidades ou indivíduos afetados pelas externalidades ambientais das mudanças climáticas: a) impactos irreversíveis na subsistência familiar ou agrícola e b) incapacidade ou insuficiência na lida com os efeitos deletérios dos incidentes ocorridos.

A justificativa para a presente pesquisa, no campo da sustentabilidade, pauta-se na necessidade de caracterizar como são as dinâmicas associadas a migração ambiental, as quais, podem resultar das possíveis mudanças climáticas; nesse caso, como as condições sociais, econômicas e ambientais se tornam condicionantes diretos ou indiretos no processo decisório de migrar. Além disso, existem atualmente poucos estudos nacionais que versem sobre a temática desta pesquisa, especialmente no campo da sustentabilidade.

Este estudo é divido em três seções principais, sendo a primeira associada aos materiais e métodos aplicados à pesquisa. A segunda parte se destina à fundamentação teórica e conceitual acerca da terminologia migrante ambiental e das variáveis condicionantes da decisão de migração. A terceira parte, refere-se aos principais resultados obtidos ao longo da pesquisa e à discussão em relação às publicações contemporâneas sobre as migrações ambientais atreladas às mudanças climáticas. E por fim, a última parte, destina-se às conclusões e considerações finais da pesquisa.

17.2 Metodologia

Com o intuito de atingir o objetivo proposto deste estudo, realizou-se o procedimento de revisão bibliográfica sistemática pautada em artigos que tenham como escopo central a temática acerca da migração ambiental. A pesquisa foi realizada em bases científicas, tendo em vista, maior assertividade em relação ao objeto de estudo. O período de levantamento da bibliografia ocorreu entre os meses de dezembro de 2023 a maio de 2024. Os critérios adotados nessa etapa de análise bibliográfica seguiram as seguintes parametrizações adotadas, a saber: a) delineamento com o tema central da pesquisa; b) relevância do artigo ou tese nas bases consultadas, nesse caso, seu fator de impacto; c) uso de palavras chave: migrante ambiental migrante ambiental (environmental migrant), mudanças climáticas (climate change) e migração ambiental (environmental migration).

As consultas para a revisão da bibliografia no contexto apresentado foram aplicadas nas seguintes bases: Scielo, Scopus, Springer e Elsevier. Na primeira etapa da pesquisa, obteve-se o retorno de aproximadamente

120 estudos com a aplicação dos filtros de pesquisa (strings). Na segunda etapa com o refinamento da pesquisa, e adoção dos operadores lógicos "or" ou "not" esse número reduziu-se para 60. Na etapa final apenas 34 artigos foram considerados adequados com os filtros aplicados, e o restante dos resultados da pesquisa excluídos. Os critérios de inclusão e posterior exclusão no processo descrito foram delimitados com a ênfase na historicidade da publicação, contribuição à pesquisa e correlação ao objeto de estudo.

17.3 Fundamentação bibliográfica

O conceito de migrante ambiental

O migrante ambiental é uma pessoa ou indivíduo que se desloca da sua região de origem devido a mudanças ambientais adversas que afetam sua vida ou subsistência. Tais mudanças ocorrem devido a desastres naturais ou deterioração do meio ambiente (Hugo, 2008; Black, 2001). Definição análoga é estabelecida pela IOM (2011), que define o migrante ambiental como sendo o indivíduo ou um grupo de pessoas forçadas a migrarem devido a mudanças repentinas ou progressivas no meio ambiente na qual se inserem. A migração ambiental per si, pode ser temporária ou permanente e o deslocamento pode ocorrer dentro ou fora das regiões transfronteiriças de um país (IOM, 2011). Warner *et al.* (2010) consideram a definição de migrante ambiental como um migrante que consegue antecipar de maneira prévia a ocorrência de perturbações ambientais, e, portanto, decide migrar antes de acontecimentos catastróficos. Nesse contexto, considera-se que a definição de migrante ambiental possa abarcar as externalidades e degradações ambientais contínuas como motivos para a migração. Ou seja, na abordagem de Warner *et al.* (2010), os fluxos migratórios ambientais podem acontecer antes da ocorrência de perturbações do meio ambiente ou na antecipação da ocorrência dos eventos extremos. A migração, seja permanente ou temporária, nacional ou internacional, é considerada uma estratégia de sobrevivência, principalmente para as pessoas que enfrentaram mudanças drásticas ambientais (Warner *et al.*, 2010; Black, 2001), sendo a procura por regiões favoráveis e propícias ao assentamento perene, marcas da evolução humana desde a pré-história (Warner *et al.*, 2010; Warner, 2009). Adicione-se que a migração induzida ambientalmente tem um caráter potencial de se transformar em um acontecimento global, com implicações que afetariam todas as dimensões da segurança humana, e estaria aquém do controle estatal (Warner *et al.*, 2010; Black, 2001).

Independentemente da legitimidade jurídica no campo nacional e internacional, o uso da terminologia migrante ambiental é bem aceito, seja no lócus acadêmico ou político. Black (2001) reforça que o termo migrante ambiental e sua aplicabilidade são adequadas, pois, diferentemente do conceito de refugiado ambiental, a abrangência do termo não é generalista (IOM, 2011). Black (2001) e Warner (2009) reforçam que o conceito de migrante ambiental sintetiza a necessidade de reduzir a vasta tipologia classificatória de termos e significados sobre migrações de caráter ambiental, pois o uso de muitos destes termos não é consensualmente aceito no contexto político, social e acadêmico (Black, 2001).

Fatores condicionantes das migrações ambientais

Distinguir as diferentes causas para o deslocamento humano é uma tarefa difícil. A motivação pelo ato de migrar muitas vezes se torna a somatória da combinação de diversos fatores, sejam econômicos, sociais e políticos. A relação entre clima e migração são apenas duas variáveis que podem influenciar no cerne do processo migratório. Contudo, existe uma dificuldade inicial nessa análise, principalmente na interpretação das variáveis relativas ao clima, conjuntamente com outras razões desencadeadoras dos fluxos migratórios (Mcleman, 2012). Bates (2002) sugere a necessidade de uma abordagem holística para a caracterização da natureza dos fenômenos migratórios. Para tanto, Bates (2002) elaborou uma categorização na classificação dos migrantes ambientais de acordo com a natureza do evento: a) migrantes ambientais por desastres e catástrofes naturais; b) migrantes ambientais por expropriação de território e c) migrantes ambientais por deterioração/destruição do meio ambiente.

As migrações ambientais causadas por catástrofes naturais são uma das principais causas das migrações populacionais. Esses eventos, são responsáveis pelos deslocamentos humanos temporários ou permanentes e, nas últimas duas décadas, a ocorrência desses desastres aumentou gradativamente (Keane, 2004). Os desastres e catástrofes naturais se diferenciam das demais devido à natureza de sua origem, pois geralmente se materializam por ocorrências meteorológicas, hidrológicas ou geológicas e tornam a região afetada inabitável permanentemente (Bates, 2002). As zonas periféricas são as mais afetadas por esses eventos, por terem alta densidade populacional, assentamentos em áreas de risco e grupos sociais que vivem próximos à linha da miséria (Keane, 2004).

Os migrantes ambientais por expropriação do território são reconhecidos como migrantes em decorrência das suas realocações forçadas por ações coercitivas ou de natureza jurídica. O reassentamento nesses casos, geralmente é arbitrário e tem sua origem essencialmente pautada na especulação imobiliária e no desenvolvimento local (Stonajov; Kelman, 2014; Bates, 2002; Warner, 2009). A expansão territorial para aumento de áreas latifundiárias, construção de rodovias, concessões de exploração madeireira e instalação de hidrelétricas são exemplos comuns relatados na literatura científica (Stonajov; Kelman, 2014; Bates, 2002). Em raríssimos casos, são aplicadas medidas de ressarcimento pela desapropriação compulsória (Neuteleers, 2015; Gemenne, 2011).

A deterioração do meio ambiente também é considerada facilitadora para as migrações ambientais. Geralmente acontece devido a superexploração dos recursos naturais de certa localidade relacionada a processos extrativistas (Bates, 2002). As deteriorações transcorrem por meio da poluição, ações erosivas do solo, substâncias tóxicas e esgotamento dos serviços ecossistêmicos, as quais impossibilitam a subsistência nesses locais. Koubi *et al.* (2018) salienta a intensidade destas perturbações ambientais em duas categorias: a) alterações graduais de longo prazo com baixo impacto; e b) alterações graduais de longo prazo com grande impacto. As alterações de longo prazo incluem condições de escassez hídrica, processos erosivos e desertificação. São classificadas como de baixo impacto, pois as comunidades locais geralmente se adaptam a essas condicionantes e criam novas estratégias produtivas e adaptativas (Koubi *et al.*, 2018; Gemenne, 2011).

Já as alterações graduais de longo prazo com grande impacto causam insatisfações pessoais, como a disputa por determinados recursos não renováveis ou de alta demanda (Koubi *et al.*, 2018). A exposição prolongada a essas situações permite o surgimento de conflitos e disputas territoriais (Koubi *et al.*, 2018). Conflitos neste âmbito ocorrem quando existem privações, no longo prazo, de acesso aos recursos naturais (Koubi *et al.*, 2018). Perturbações ambientais que perdurem por anos ou até mesmo décadas são estímulos a comportamentos violentos e agressivos (Catani *et al.*, 2008). A Figura 1 exemplifica, na dimensão macro, determinadas circunstâncias que podem corroborar para a deflagração de conflitos.

Figura 1 - Esquematização de conflitos por perturbações ambientais

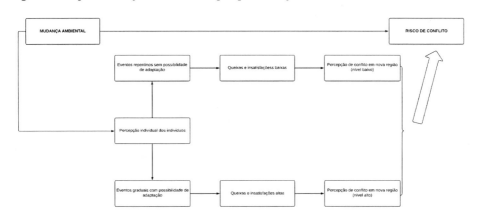

Fonte: adaptado de Koubi *et al.* (2018); Warner (2009); Gemenne (2011)

17.4 Resultados e discussão

Estudos acadêmicos sobre migrações ambientais

Estudos contribuíram de modo importante ao abordarem questões migratórias vinculadas a dilemas ambientais. O artigo publicado por El-Hinnawi no ano de 1985 foi o primeiro artigo que abordava e identificava as migrações humanas resultantes da destruição ambiental. Muitas críticas acadêmicas e políticas foram tecidas a El-Hinnawi (1985) e seu estudo, devido à criação errônea da terminologia denominada "refugiado ambiental". Black (2001) propôs então o uso do termo migrante ambiental como a designação mais adequada para enquadramento teórico de coletivos ou indivíduos que migram por problemas ambientais. Outros artigos relevantes como de Myers (2002) e Warner (2009) concentram-se no mapeamento geográfico para identificação das migrações relacionadas às mudanças climáticas. Ambos os autores utilizam de modelos matemáticos e estatísticos para a mensuração do contingente humano em movimento. De modo semelhante, Gemenne (2011) faz uma comparação entre as estimativas das migrações de origem ambiental e apresentou os desafios contemporâneos para os países receptores dessa parcela populacional.

A Figura 2, apresenta as publicações que contribuíram positivamente para a construção terminológica do conceito de migrante ambiental. São pesquisas que discorrem sobre a necessidade de uma visão integralizada dos potenciais causadores das migrações ambientais.

Figura 2 - Estudos científicos relacionados às migrações ambientais

Fonte: elaboração própria (2024)

Mudanças climáticas e problemas ambientais como facilitadores das migrações ambientais

As mudanças climáticas afetam de modo adverso toda a cadeia de existência humana, contribuindo de modo significativo na escalada das crises humanitárias[21], principalmente em regiões globais onde coexistem altos índices de vulnerabilidade socioeconômica e riscos climáticos (IPCC, 2023).

---

[21] A título de exemplo, cita-se a atual situação do Afeganistão, país que vive há quatro décadas uma crise humanitária sem precedentes em decorrência de guerras e conflitos armados. A intensificação destas condições é ainda mais exacerbada devido as mudanças climáticas que afetam seu território. Períodos extensos de seca intercalados com invernos rigorosos são catalisadores de retroalimentação desta condição (ACNUR, 2022). Outro país também afetado diretamente pelas anormalidades do clima é o Sudão do Sul, devido aos altos índices de pluviosidade que causaram inundações, e assim arruinando áreas agrícolas, pastagens e moradias (ACNUR, 2022).

A progressão das degradações ambientais vinculada às mudanças climáticas têm favorecido diretamente o aumento contingencial do deslocamento populacional. Balsari & Dresser (2020) argumentam que a migração é um mecanismo natural de sobrevivência humana, principalmente diante de eventos climáticos extremos. Determinar os causadores desse processo torna-se algo de grande complexidade. No entanto, o saber científico reconhece que as anomalias no clima são, em grande parte, os principais potenciadores dos movimentos migratórios (Balsari; Dresser, 2020). A decisão de migrar, portanto, fundamenta-se em um conjunto de respostas individuais ou coletivas que possuem variabilidades de acordo com o meio ambiente (Morrissey, 2012).

Uma grande parte dessas evidências já é notada, em regiões da América Central[22], bem como na América do Sul. Regiões nas quais as migrações ambientais são influenciadas particularmente por desastres ambientais, insegurança alimentar e mudanças nos regimes pluviométricos (Evans, 2020). A Figura 3, neste contexto, esquematiza os fatores que podem ser contribuintes para a migração ambiental.

Figura 3 - Fatores ambientais e possíveis causadores da migração ambiental

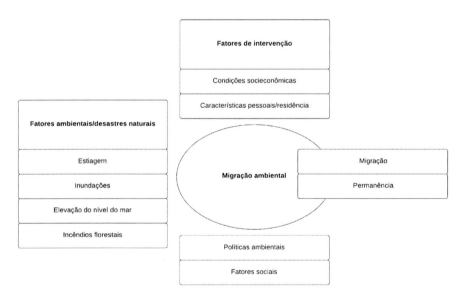

Fonte: adaptado de Bachar &Mensah (2022)

---

[22] Uma boa parcela desses imigrantes pertence ao denominado Triângulo do Norte, o qual abrange na sua totalidade países como Honduras, Guatemala e El Salvador (Evans, 2020).

Semelhantemente, na parte Sudoeste da Ásia, alguns estudos[23] sugerem que o aumento gradativo das migrações de zonas rurais para áreas urbanizadas é atribuído à seca, inundações e irregularidade da produção agrícola regional (Evans, 2020). Na Região Subsaariana há semelhanças nos aspectos migratórios, devido à destruição da cobertura vegetal e insurgência de movimentos extremistas religiosos (Bachar; Mensah, 2022). Com a necessidade de esclarecer essas interconexões, a Figura 4 relaciona a influência de determinados agentes ambientais ou climáticos que podem exercer pressão para a expansão da mobilidade humana.

Figura 4 - Modelo conceitual dos efeitos das mudanças climáticas nos fluxos de migração

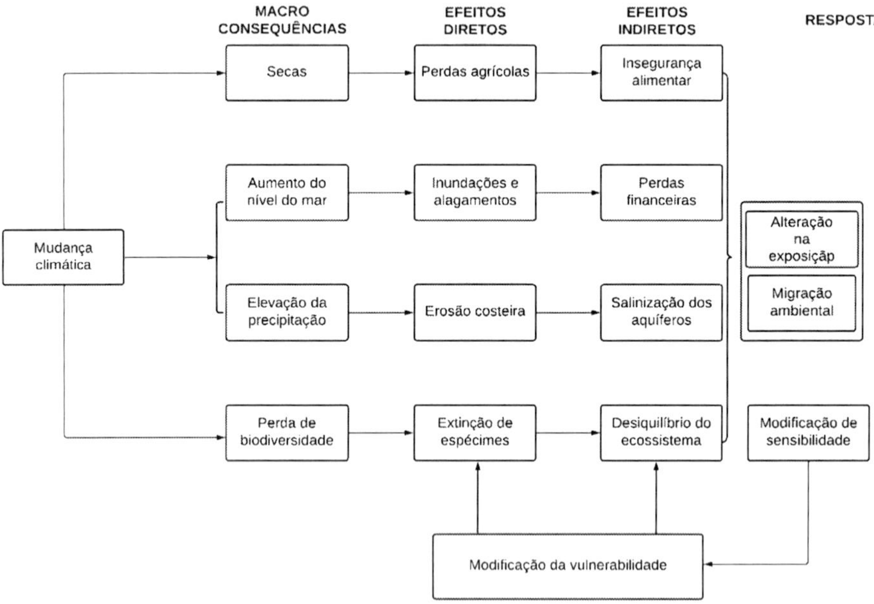

Fonte: adaptado de IPCC (2023)

O modelo conceitual apresentado na figura 3 e desenvolvido pelo Grupo de Trabalho II do 6º Relatório de Avalição do IPCC (2023) apresenta as macros consequências que se manifestam ambientalmente. O modelo conceitual apresentado torna-se relevante quando os dados extraídos

---

[23] Ver mais em: VISWANATHAN, B.; KUMAR, Kavi. Weather, agriculture and rural migration: evidence from state and district level migration in India. Environ Dev Econ., [s. l.], v. 20, p. 4694-92. DOI: https://doi.org/10.1017/S1355770X1500008X

do Relatório Internal Displacement and Food Security 2023, produzido pelo IDMC (The Internal Displacement Monitoring Centre), sugerem considerável aumento do contingente humano em deslocamento por possíveis fatores relacionados ao clima. No ano de 2022, cerca de 71,1 milhões de pessoas se deslocaram internamente, no mundo (IDMC, 2023). A intensificação do fenômeno La Niña, pelo terceiro ano consecutivo, seria responsável pelos níveis recordes de reassentamentos internos, devido, principalmente, a inundações e estiagens severas. Países do Sul Global como Quênia, Paquistão e Brasil foram os mais afetados por esse fenômeno (IDMC, 2023). Dependendo da localidade e forma de atuação, a La Niña pode atuar aumentando ou reduzindo os índices de pluviometria, e pode desencadear regimes agravados de seca como também chuvas torrenciais (IDMC, 2023).

Embora a grande maioria dos estudos científicos apresente dados e explicações para as migrações de cunho voluntário, por fatores socioeconômicos, há também, fortes evidências relativas às migrações devido ao recrudescimento dos eventos climáticos extremos (IPCC, 2023). O retorno destes indivíduos aos seus locais de origem após perdas econômicas ou materiais depende muito do nível de sucesso dos planos de recuperação e resiliência destas localidades (Warner *et al.*, 2010). De fato, a ocorrência destes desastres em sua grande maioria, está vinculada à intervenção antrópica, e os seguintes aspectos descritos a seguir realçam a vulnerabilidade socioambiental das catástrofes naturais: (a) a construção cultural da natureza e sua produção social do desastre; (b) inserção de condições denominadas de risco por atividades antrópicas na natureza e (c) a relação e a interpretação cultural perante a materialidade do risco, da ameaça e os impactos decorrentes do acontecimento (IDMC, 2024).

Segundo o IDMC (2022) houve aumento de 75% nos deslocamentos desencadeados por conflitos armados ou violentos no período de 2019-2022, com grande parcela destes ocorridos no Sul Global. Presume-se que os desastres naturais e a crescente escassez de recursos naturais com decréscimo na subsistência são condicionantes para a instabilidade política. Migrações ambientais geralmente catalisam a tensão já pré-existente entre grupos étnicos rivais (Burrows; Kinney, 2016). Isso também pode ser observado regionalmente em migrações ambientais entre o meio rural ao urbano, nas quais as disputas por recolocações em postos de trabalho agravam as fragilidades sociais (Burrows; Kinney, 2016; Warner, 2009).

Outro ponto que pode fomentar conflitos de natureza violenta é a privação do acesso aos bens comuns. Lecoutere *et al.* (2010) sintetizam essa situação em um estudo realizado em relação ao acesso à água potável na Tanzânia. Exemplo semelhante, é dado por Hidalgo *et al.* (2010 no Brasil, quando grandes latifundiários desviam os cursos naturais de corpos hídricos para irrigar suas plantações. Essa manobra, acaba por prejudicar os pequenos produtores rurais no seu entorno. Mesmo com essas situações adversas, uma pequena parcela populacional persiste na permanência em regiões com degradações ambientais severas. A utilidade do local e a vivência comunitária são situações atípicas que mantêm esses coletivos resilientes, com o estreitamento de laços afetivos e comunitários (Adams; Adger, 2013). A utilidade do local, e a vivência comunitária são situações que ainda mantém essas populações resilientes (Adams; Adger, 2013).

Ao se debater as questões motrizes dos fluxos migratórios, é necessária a compreensão de que além dos desastres naturais e eventos extremos, a impossibilidade de acesso aos recursos naturais são norteadores de conflitos violentos. A urgência do aprofundamento nessa questão é exposta por Hogan (2007), ao afirmar que uma lente teórica unilateral para tratar essa problemática pode ser tida como muito vaga e propensa a críticas. As mudanças do mundo natural, juntamente com as interações populacionais devem ser analisadas de forma endógena e exógena na determinação dos problemas ambientais (Hogan, 2007). A finitude dos recursos naturais, seu esgotamento e o cerceamento ao seu acesso são condições que podem ser impulsionadores de conflitos violentos (Hogan, 2007). Portanto, mudanças ambientais em níveis regionais ou globais são reflexos de dilemas super exploratórios, as quais resultam nas destruições ambientais, não permitindo a resiliência ecológica e favorecendo a mobilidade migratória (Hogan, 2007).

Estudos científicos quantitativos sugerem que a indisponibilidade dos recursos naturais implicaria diretamente na migração ambiental. A pesquisa de Bohra-Mishra (2017) apresentou relações importantes entre a redução da colheita de arroz e o aumento das atividades de tufões. Os dados analisados estatisticamente sugerem a existência de correlação forte entre as precipitações contínuas e padrões migratórios. O estudo de Feng & Oppenheimer (2010) realizado na região transfronteiriça entre México e EUA, confirmam a queda de 10% dos rendimentos na colheita de safra de milho até 2030. O aumento das temperaturas regionais e as parcas precipitações na localidade influenciaram nas migrações internacionais nessa área. A revisão bibliográfica produzida por Abbas Khan *et al.* (2019), entre o período de 2005-2017 na Índia, observou aumento nos eventos climáticos extremos no território indiano. O esgotamento de recursos naturais no território, nesse caso, o acesso à água potável, induziu diversos grupos étnicos para migrações transfronteiriças.

Todos esses estudos apresentados estão relacionados e evidenciam provas científicas das relações empíricas entre as mudanças climáticas com migrações ambientais. As características endógenas causadas por esses episódios propiciam circunstâncias que impedem a sobrevivência humana em determinadas regiões, acentuando a disparidade socioambiental já preexistente. As fragilidades econômicas e sociais potencializam as vulnerabilidades das comunidades atingidas por esses eventos atuando como aceleradores para as migrações ambientais.

17.5 Conclusão

Este artigo caracteriza e analisa as diversas situações que explicam as razões para os migrantes ambientais deslocarem-se. A migração pode ser considerada como uma resposta frente ao avanço das mudanças climáticas. Assim sendo, as mudanças climáticas podem ser consideradas em um futuro bem próximo, não tão distante, como um dos principais fatores para o aumento expressivos das deteriorações ambientais.

As alterações climáticas de causas centralmente antrópicas influenciam de modo direto nas decisões migratórias, sobretudo se atuarem de modo conjunto com as externalidades de natureza econômica (elevação do custo de vida ou redução de renda), exposição a desastres ambientais (em nível micro, intermediário e macro) e político (disputas territoriais e restrição de acesso a recursos naturais). E esse macroprocesso de migrar para a subsistência coletiva ou individual vem se intensificando na medida que as mudanças climáticas avançam, afetando as economias estagnadas, sistemas políticos frágeis, e a redução da oferta dos serviços ecossistêmicos. Centralmente, esses episódios tendem a se concentrar ainda mais no Sul Global, onde os fatores de riscos aos desastres naturais e as variáveis elencadas nesse estudo são mais centralizados.

Amiúde, as migrações humanas são parte da herança cultural e etnográfica da humanidade. Em sociedades pastoris, o deslocamento contínuo para obtenção de recursos vindos das pastagens é cíclico, e atende às necessidades de sazonalidade da região. Mas, para muitos dos migrantes contemporâneos, a migração é a única resposta possível às externalidades negativas das mudanças climáticas. Neste contexto, a falta de planos adaptativos e voltados a comunidades vulneráveis também pode significar uma razão chave em prol das migrações de natureza centralmente ambiental.

O problema em si, evidentemente, não são os migrantes ambientais, mas sim, a vulnerabilidade socioambiental diante das catástrofes naturais ou induzidas por atividades antrópicas. De fato, a degradação ambiental sejam graduais ou de longo prazo, são ocorrências que favorecem as migrações ambientais, mesmo que a decisão de migrar perpasse por escolhas individuais ou coletivas. Particularmente, os desastres ambientais, insegurança alimentar e disputas territoriais contribuem para que aumento o número de migrantes em deslocamento para países que, já na atualidade, de modo geral, não têm conseguido receber estes novos habitantes sob a égide de qualidade de vida digna ou mesmo em termos de preservação de direitos humanos.

Agradecimentos

O autor Rodrigo Massao Kurita agradece à Capes pelo apoio financeiro, no contexto da Bolsa de Demanda Social (Capes – DS). Já o autor André Felipe Simões agradece ao CNPq pelo apoio financeiro por meio de Bolsa de Produtividade PQ2.

REFERÊNCIAS

ABBAS, Khan; ZAMAN, K.; SHOUKRY, A. M.; SHARKAWY, A.; AHMADA, J.; KHAN, A. **Natural disasters and economic losses**: Controlling external migration, energy and environmental resources, water demand, and financial development for global prosperity. Environmental Science and Pollution Research, [s. l.], v. 14, n. 26, 2019. DOI: https://doi.org/10.1007/s11356-019-04755-5

ALTO COMISSARIADO DAS NAÇÕES UNIDAS PARA OS REFUGIADOS. O que podemos aprender com a COP 27: os efeitos das mudanças climáticas na crise de deslocamento forçado? *In*: **Acnurorg**. Disponível em: https://www.acnur.org/portugues/2022/11/04/o-que-podemos-aprender-com-a-cop-27-osefeitos-das-mudancas-climaticas-na-crise-de-deslocamento-forcado/. Acesso em: 22 ago. 2023.

ADAMS, Hellen; ADGER, NEIL, W. The contribution of ecosystem services to place utility as a determinant of migration decision-making. **Environmental Research Letters**, [s. l.], v. 1, n. 8, 2013. DOI: 10.1088/1748-9326/8/1/015006

BACHAR, Ibrahim.; MENSAH, Henry. Rethinking climate migration in sub-Saharan Africa from the perspective of tripartite drivers of climate change. **SocSci 2**, v. 87, 2022. DOI: https://doi.org/10.1007/s43545-022-00383-y

BALSARI, Satchit; DRESSER, Caleb; LEANING, Jennifer. Climate Change, Migration, and Civil Strife. *In:* **Current Environmental Health Reports**, 2020.

BATES, Diane C. Environmental Refugees? Classifying HumanMigrations Caused by Environmental Change. *In:* **Population and Environment 23**, p. 465-477, 2002. DOI: https://doi.org/10.1023/A:1015186001919

BLACK, Richard. Environmental refugees -myth or reality? New Issues in Refugee Research (Working Paper, nº. 34). Geneva: UNHCR, 2001.

BURROWS, Kate; KINNEY, Patrick. Exploring the Climate Change, Migration and Conflict Nexus. *In:* **International Journal Environmental Research and Public Health**, [s. l.], v. 13, 2016. DOI: https://doi.org/10.3390/ijerph13040443

CATANI, Claudia; NADJA Jacob; SCHAUER Elizabeth; MAHEDRAN Kohila; NEUNER, Frank. Family Violence, War, and Natural Disasters: A Study of the Effect of Extreme Stress on Children's Mental Health in Sri Lanka. **BMC Psychiatry**, [s. l.], v. 8, n. 33, p. 1-10, 2008.

EVANS, Jeffrey. Migration and Health. *In:* **Institute for Global Dialogue**, 2020.

FARCHY, E. **The impact of EU accession on human capital formation**: can migration fuel a brain gain? Washington: World Bank, (Working Paper, n. 4845), 2009. Disponível em: https://documents1.worldbank.org/curated/en/378971468336652744/pdf/WPS4845.pdf?_gl=1*1l3key5*_gcl_au*MTg0O-Tc2NzEyNC4xNzI2NjA2NTA3. Acesso em: 10 jan. 2024.

FENG, S; KRUEGER, A. B.; OPPENHEIMER, M. **Linkages among climate change, crop yields and Mexico-US cross-153 References border migration**. Proceedings of the National Academy of Sciences. 2010. DOI: https://doi.org/10.1073/pnas.1002632107

GEMENNE, François. Why the numbers don't add up: A review of estimates and predictions of people displaced by environmental changes. *In:* **Global**

Environmental Change, [s. l.], v. 21, n. 1, 2011. DOI: https://doi.org/10.1016/j.gloenvcha.2011.09.005

HIDALGO, F., NAIDU S., NICHTER S., RICHARDSON, N. Economic determinants of land invasions. **Rev Econ Stat**, [s. l.], v. 92, n. 3, p. 505-523, 2010.

HOGAN, Daniel Joseph. **Dinâmica populacional e mudança ambiental**: cenários para o desenvolvimento brasileiro. Campinas: Núcleo de Estudos de População-Nepo/Unicamp, 2007.

HUGO, Graeme. **Migration, development and environment**. IOM Imigration Research Series. n. 35. Genebra: IOM, 2008.

INTERNATIONAL DISPLACEMENT MONITORING CENTRE. **Global Report On Internal Displacement**: Grid – 2023. Disponível em: https://www.internal-displacement.org/global-report/grid2023. Acesso em: 10 jan. 2024.

INTERNATIONAL ORGANIZATION FOR MIGRATION. **World Migration Report 2018**. Disponível em: https://publications.iom.int/books/worldmigrationreport-2018. Acesso em: 7 jan. 2024.

INTERGOVERNMENTAL PANEL ON CLIMATE CHANGE. **Climate Change 2023**: Synthesis Report. Contribution of Working Groups I, II and III to the Sixth Assessment Report of the Intergovernmental Panel on Climate Change [Core Writing Team, H. Lee and J. Romero (eds.)]. IPCC, Geneva, Switzerland, p. 35-115, 2023. DOI: 10.59327/IPCC/AR6-9789291691647

KEANE, David. The Environmental Causes and Consequences of Migration: A Search for the Meaning of Environmental Refugees. *In:* **Georgetown International Environmental Law Review**, v. 16, 2004.

KOKO, Warner; EHRHART, Charles; SHERBININ, Alex de; ADAMO, Susana Beatriz. Mapping the Effects of Climate Change on Human Migration and Displacement. *In:* **UN High Commissioner for Refugees** (UNHCR), 2009. Disponível em: https://www.refworld.org/reference/themreport/unhcr/2009/en/79299. Acesso em: 14 ago. 2024.

KOUBI, Vally; BÖHMELT, Tobias; SPILKER, Gabriele; SCHAFFER, Lena. The Determinants of Environmental Migrants Conflict Perception. *In:* **International Organization**, [s. l.], v. 72, n. 4, 2018. DOI: https://doi.org/10.1017/S0020818318000231

LECOUTERE, Els; EXELLE, Ben; VAN CAMPENHOUT, Bjorn. Who Engages in Water Scarcity Conflicts? A Field Experiment with Irrigators in Semi-arid Africa. *In*: **Microcon Research Working Papers**, v. 31, 2010.

LIMA, João Brígido Bezerra; GARCIA, Ana Luiza Jardim de Carvalho Rochael. **A Midiatização do Refúgio no Brasil (2010-2018)**: Fluxos Migratórios no Brasil: Haitianos, Sírios e Venezuelanos. Brasília: IPEA, 2020.

MARENGO, José. Mudanças climáticas e eventos extremos no Brasil. *In:* **Llodys Journal**, 2020. Disponível em: http://www.fbds.org.br/cop15/FBDS_Mudancas-Climaticas.pdf. Acesso em: 20 set. 2023.

MAYER, Benoit. The International Legal Challenges of Climate-Induced Migration: Proposal for An International Legal Framework, 2011. *In:* **Colo. J. Int'l Envtl. L. & Pol'y**. Disponível em: https://www.colorado.edu/law/sites/default/files/Mayer%20(Corrected)-S.pdf. Acesso em: 14 mar. 2022.

MCLEMAN, Robert. Developments in modelling of climate change-related migration. *In:* **Climatic Change**, [s. l.], v. 117, n. 3, 2012. DOI:10.1007/s10584-012-0578-2

MICHAELOWA, Axel. National Research Council, Abrupt Climate Change: Inevitable Surprises. **Climatic Change**, [s. l.], v. 64, n. 3, p. 377-380, 2004. DOI: DOI:10.1023/B:CLIM.0000025914.28822.26

MORRISSEY, James. Rethinking the debate on environmental refugees: from maximilists and minimalists to proponents and critics. *In:* **Journal of Political Ecology**, [s. l.], v. 19, n. 1, p. 36-49, 2012. DOI: https://doi.org/10.2458/v19i1.21712

MYERS, Norman. Environmental refugees: a growing phenomenon of the 21st century. **Phil. Trans. R. Soc. Lond. B**, [s. l.], v. 357, p. 609-613, 2021. DOI: 10.1098/rstb.2001.0953

NEUTELEERS, Stijn. Environmental Refugees: A Misleading Notion for a Genuine Problem. *In:* **Ethical Perspectives**, [s. l.], v. 18, n. 2, 2011. DOI: 10.2143/EP.18.2.2116811

SCHELLNHUBER, Hans Joachim. Tipping Elements in Earth Systems. Special Feature. **Proceedings of the National Academy of Sciences**, [s. l.], v. 106, p. 20561-20621, 2009. DOI: https://doi.org/10.1073/pnas.0911106106

STOJANOV, Robert; KELMAN, Ilan. **Migration as Adaptation?** Population Dynamics in the Age of Climate Variability. Brno: Global Change Research Centre, Academy of the Sciences of the Czech Republic, 2014.

WARNER, K; HAMZA, M; OLIVER-SMITH, A; JULCA, A. Climate change, environmental degradation and migration. *In:* **Nat Hazards**, [s. l.], v .55, p. 689-715, 2010. DOI: 10.1007/s11069-009-9419-7

Capítulo 18

"DE VOLTA PARA O FUTURO" DA AVALIAÇÃO DE IMPACTO AMBIENTAL APÓS AS ENCHENTES DO ANO DE 2024 NO RIO GRANDE DO SUL: PROPOSTAS PREVENTIVAS PARA RECONSTRUÇÃO DE UM ESTADO MAIS SUSTENTÁVEL E RESILIENTE A DESASTRES CLIMÁTICOS

Ana Jane Benites
Evandro Mateus Moretto

18.1 Introdução

A sobreposição de três sistemas atmosférico-climáticos submeteram o estado brasileiro do Rio Grande do Sul (RS), particularmente nos meses de abril a maio de 2024 (EMATER/RS; ASCAR/RS, 2024, p. 3; Da Rocha; Reboita; Crespo, 2024, p. 3-7; Clarke *et al.*, 2024, p. 5-7), a chuvas contínuas e intensas, sem precedentes, que quebraram recordes em volume de precipitações acumuladas a longo e curto prazo. Algumas regiões chegaram a superar, em cerca de 280%, no intervalo de 10 dias, o índice pluviométrico esperado em todo o período (Da Rocha; Reboita; Crespo, 2024, p. 2; Clarke *et al.*, 2024, p. 5).

Tais sistemas climatológicos envolveram; (i) o El Niño, que, usualmente, ocasiona precipitações volumosas na região; (ii) duas frentes frias que se abateram sobre o território gaúcho e (iii) o padrão anômalo de alta pressão de ar quente sobre o centro-sudeste brasileiro. Este último, provocado pelas mudanças climáticas, permitiu o transporte de umidade da região amazônica para o sul do país, ao mesmo tempo em que impedia a dissipação da umidade na área (EMATER/RS; ASCAR/RS, 2024, p. 3; Melgarejo, 2024, p. 122; Da Rocha; Reboita; Crespo, 2024, p. 4-7; Clarke *et al.*, 2024, p. 6-7).

As demais propriedades geofísicas da região, como a geomorfologia constituída por serras e altas montanhas com áreas urbanizadas e rurais nas várzeas das regiões baixas, contando, ainda, com vastos recursos hidrológicos em rios e lagoas, justificaram, por si só, a velocidade e grande intensidade do escoamento superficial derivado das fortes precipitações (Melgarejo, 2024, p. 123). Por outro lado, os ventos do sul e a maré alta provenientes do oceano barraram o escoamento das águas pelo canal de comunicação dos rios e lagos com o mar, alastrando e prolongando os efeitos da enchente (Melgarejo, 2024, p. 123; Da Rocha; Reboita; Crespo, 2024, p. 2).

Não obstante, os aspectos pedológicos e biogeográficos dos solos férteis que favoreceram a agricultura e pecuária no estado, alterados por uma monocultura sazonal que, ao longo do tempo e sob o estímulo de interesses político-econômicos, suprimiram matas ciliares, pastagens nativas e a aeração do solo no uso massivo de agrotóxicos, restringiram a capacidade de absorção e retenção das águas das chuvas. Isto acentuou os acidentes geotécnicos e hidrológicos extremos que se seguiram, como os deslizamentos de terra, desabamentos, soterramentos, enxurradas e a maior enchente até então registrada na região (Melgarejo, 2024, p. 4-5; Clarke *et al.*, 2024, p. 38).

Tal processo de impermeabilização do solo, no qual figura como igualmente coadjuvante o espalhamento urbano, instalação de empreendimentos imobiliários em reservas ambientais e outros mecanismos irregulares de ocupação de espaço, por conseguinte, marca relevante participação nas forçantes que conduziram às repercussões catastróficas dessa tragédia climática (Melgarejo, 2024, p. 4-5; Clarke *et al.*, 2024, p. 38): 96% dos municípios do território acometidos (Da Rocha; Reboita; Crespo, 2024, p. 2), com 78 deles em estado de calamidade pública e 340 em situação de emergência (EMATER/RS; ASCAR/RS, 2024, p. 4). O número de pessoas afetadas chegou a 2.398.255, com 182 óbitos (Rio Grande do Sul, 2024b, p. 2) e projeções em danos de até R$ 58 bilhões para a economia gaúcha. A União registrou perdas em R$ 97 bilhões (CNC, 2024, p. 1) dentre outros múltiplos prejuízos socioeconômicos, ambientais, culturais e até psicossociais de curto, médio e longo prazo (CNC, 2004; EMATER/RS; ASCAR/RS, 2024; Melgarejo, 2024, p. 121).

Esses efeitos, todavia, poderiam ter sido ainda mais devastadores se uma ou mais barragens na região houvessem rompido completamente.

Uma delas ruiu parcialmente (Clarke *et al.*, 2024, p. 34) e outras seis estiveram em nível de emergência, isto é, risco de ruptura iminente. Ainda outra delas permaneceu em alerta, o que sinaliza risco à segurança da barragem e mais onze mantiveram-se, no decurso das enchentes, em estado de atenção, demandando monitoramento, controle e reparos para manutenção da segurança (Rio Grande Do Sul, 2024a, p. 2-3; Clarke *et al.*, 2024, p. 3).

É claro que, à época em que as Avaliações de Impacto Ambientais (AIAs) que legitimaram esses empreendimentos foram elaboradas, impactos potenciais de tamanha severidade, se cogitados, teriam recebido menores chances materialização. Mas, presentemente, já se visualiza uma duplicação na probabilidade de reincidência para tais eventos climáticos extremos na região, dada a influência crescente das mudanças climáticas globalmente (Clarke *et al.*, 2024, p. 26).

Tais desdobramentos sugerem uma revisão dessas AIAs e dos Estudos de Impacto Ambiental (EIAs) correspondentes, uma vez que, além de tudo, configurações geoambientais importantes chegaram a ser alteradas na região (Melgarejo, 2024, p. 120-121). Outrossim, muitos empreendimentos serão corporificados no estado para reconstrução de infraestruturas e até mesmo para a realocação de comunidades e atividades produtivas a zonas mais seguras (Clarke *et al.*, 2024, p. 44-45). Então o arcabouço analítico da AIA, associado e como suporte a outros instrumentos de política ambiental, poderia ser um excelente guia para a edificação de espaços mais resilientes e sustentáveis no Rio Grande do Sul frente às incertezas climáticas contemporâneas.

Entretanto, cabe o questionamento sobre a necessidade de reestruturação não somente de estudos pregressos, mas do próprio processo de AIA, pois seus 43 anos de amadurecimento no Brasil (Sánchez, 2020, cap. 2, p. 10-11) até a catástrofe gaúcha parecem não ter sido suficientes para evitar, por exemplo, as circunstâncias de impermeabilização do solo na região e outros agravantes que se sobrepuseram e intensificaram os já agudos impactos desencadeados pelos episódios climáticos extremos e incomuns deste outono no sul brasileiro (Clarke *et al.*, 2024, p. 33-43; Melgarejo, 2024, p. 122-124).

Dessa maneira, este capítulo apoia-se em pesquisa-ação para resolução de problemas (Gil, 2008, p. 30-31), sob o objetivo geral de elencar um conjunto de propostas efetivas no aprimoramento à AIA de modo a incrementar a resiliência a desastres climáticos no Rio Grande do Sul e, eventualmente, a outras regiões brasileiras. Desse objetivo genérico desdobram-se objetivos específicos de (i) analisar criticamente todo o processo da AIA, formulando sugestões de melhoria e (ii) classificar a criticidade e factibilidade de cada proposta, facilitando a elaboração de estratégias para harmonizar restrições de tempo e recursos na sua implementação.

Tal compilação de ações, organizada em políticas, projetos e outras iniciativas, propiciará maior celeridade na incorporação de melhorias para novas feições de uma AIA mais sintonizada com o futuro dos desafios climáticos e da sustentabilidade, sem prescindir das suas qualidades passadas e presentes, dentre elas, a constante preocupação em reduzir custos (Sánchez, 2020, cap. 7, p. 8-9). Estas são, inclusive, ponderações pertinentes em planos de reconstrução após catástrofes.

18.2 Metodologia

Para cumprir os objetivos mencionados na seção anterior o trabalho adotou um desenho descritivo-exploratório (Gil, 2008, p. 27-28) sob modelo de pesquisa-ação para resolução de problemas (Gil, 2008, p. 30-31), com métodos de abordagem predominantemente dialéticos (Marconi; Lakatos, 2003, p. 100-106), buscando inovações qualitativas para a AIA. O abalroamento metódico fenomenológico (Gil, 2008, p. 14-15) também foi acessado, mantendo o foco qualitativo no fenômeno das enchentes no RS e menos preocupado com a rigidez metodológica. Métodos de procedimento históricos e estruturalistas (Marconi; Lakatos, 2003, p. 106-107, 111) foram articulados ao composto dos métodos de abordagem, respectivamente, recuperando o significado estratégico atribuído à AIA em sua concepção no Brasil na década de 1980 e partindo do episódio concreto representado pelo desastre climático para elaborar um modelo abstrato de problematização, finalmente retornando ao concreto com alternativas de solução.

Técnicas de pesquisa documental (em fontes primárias) e bibliográfica (em fontes secundárias) (Marconi; Lakatos, 2003, p. 174-185) foram combinadas a análise de conteúdo (Gil, 2008, p. 152-153) para investigação do processo de AIA a partir do incidente climático extremo ocorrido no ano de 2024 no Rio Grande do Sul. As fontes primárias sobre o evento acessadas pela análise documental abarcaram boletins e relatórios oficiais da defesa civil, entidades comerciais e empresariais e governos nas instâncias municipal, estadual e federal. As fontes secundárias da pesquisa bibliográfica compreenderam notícias e publicações científicas concernentes ao desastre climatológico.

Além disso, uma pesquisa bibliográfica para captura de referências publicadas a partir do ano de 2010 foi conduzida em repositórios como Scopus, Scielo, Web of Science e Google Scholar, selecionando conteúdos alusivos à AIA e vulnerabilidades identificadas em cada uma de suas fases. Tais procedimentos também confirmaram 8 etapas fundamentais para a AIA: Triagem; Determinação do Escopo de Estudo e Formulação de Alternativas; Planejamento para a Elaboração de Estudo; Determinação de Alternativas Tecnológicas e Locacionais e Áreas de Influência; Estudos de Base e Diagnóstico Ambiental; Previsão de Impactos; Avaliação da Importância dos Impactos e Determinação de Medidas Mitigadoras e Compensatórias e Planos Ambientais (Sánchez, 2020).

Levando em conta tal disposição ontológica, cada um desses estágios da AIA e seus principais elementos epistemológicos foram revisitados, identificando possíveis fragilidades diante das adversidades reveladas nessas enchentes históricas do RS e sugerindo aprimoramentos específicos aos processos correspondentes, bem como alternativas de replicação de atributos positivos.

Esses elementos, sempre acompanhados das justificativas para a relevância de sua implementação e viabilidade, foram apresentados a especialistas (Quadro 1) por meio de questionário virtual para julgamento individual, sem acesso às respostas dos demais participantes e possibilitando revisão das opiniões para efeito comparativo entre as notas imputadas a cada item.

A escolha desses árbitros convidados à contribuição com a pesquisa derivou de um recorte em base de dados formada por pesquisadores brasileiros cadastrados no sistema Lattes como atuantes, há mais de 20 anos, nos domínios de conhecimento da AIA e que vêm publicando a respeito, pelo menos, nos últimos 10 anos, principalmente com foco no Rio Grande do Sul.

Quadro 1 - Perfis dos especialistas convidados ao julgamento de criticidade e factibilidade de propostas de melhoria à AIA

Especialista	Perfil	Experiência com AIA (em anos)
1	Professor associado e pesquisador na Escola de Engenharia de São Carlos da Universidade de São Paulo (EESC/USP) em política, avaliação e gestão ambiental.	27
2	Professor titular e pesquisador na Universidade Federal do Rio Grande do Sul (UFRGS) em análise e avaliação de impactos ambientais e geografia de recursos hídricos.	25
3	Professor colaborador e pesquisador do Grupo de Energia do Departamento de Engenharia de Energia e Automação Elétricas da Escola Politécnica da Universidade de São Paulo (GEPEA/EPUSP) em planejamento energético e meio ambiente	30
4	Professora emérita da Universidade Federal do Rio Grande do Sul (UFRGS), professora convidada na Universidade Estadual da Paraíba (UEPB) e pesquisadora em geografia da desertificação/ arenização, ambiente e cidade.	30

Fonte: elaboração própria (2024)

Uma vez engajados tais avaliadores, a partir dos níveis de criticidade e factibilidade atribuídos por eles a cada recomendação apreciada foi possível apurar a efetividade do compêndio de sugestões de melhoria por meio do arcabouço analítico quali-quantitativo delineado como parte do referencial metodológico da pesquisa (Quadro 2).

Deste modo as propostas mais efetivas, isto é, que atingem o maior grau na escala de mensuração a essas duas propriedades, podem receber prioridade destacada pelos agentes responsáveis na materialização dos programas e políticas correlatos: dadas as restrições em prazo, custos e demais recursos para a reconstrução de um estado mais resiliente, este resultado guiado por opinião especialista seria instrumental na tomada de decisão para melhores retornos de investimento.

Quadro 2 - Componentes do modelo analítico das propostas de melhoria à AIA

Item	Componente	Definição
1	Criticidade	Nível de relevância das recomendações propostas à etapa do processo de AIA atinente para prevenção a impactos das mudanças climáticas em regiões propensas a eventos meteorológicos extremos como o Rio Grande do Sul. Atribuída como conceito pelos especialistas segundo a escala qualitativa do modelo analítico (item 8).
2	Factibilidade	Nível de viabilidade em custos, prazo, administrativa, política etc. das recomendações propostas à etapa do processo de AIA correspondente. Atribuída como conceito pelos especialistas segundo a escala qualitativa do modelo analítico (item 8).
3	Indicador (ou média) de criticidade ou factibilidade (μ)	Média aritmética das notas imputadas pelos avaliadores, de acordo com valores da escala quantitativa do modelo (item 8) e sob o critério correspondente (criticidade ou factibilidade), para uma dada proposta.
4	Moda da criticidade ou factibilidade (M_o)	É o conceito que mais vezes se repetiu ao final do julgamento dos especialistas sob um determinado critério (criticidade ou factibilidade) para uma proposta em particular. Indica provável consenso entre os árbitros na sua opinião sobre o item avaliado. N/A indica que todas as notas foram distintas entre si.
5	Desvio-padrão da criticidade ou factibilidade (σ)	Aponta a dispersão sobre os conceitos assinalados a certo critério (criticidade ou factibilidade) pelos avaliadores para a recomendação inerente. Quanto maior o desvio-padrão, tanto maior terá sido a divergência de opinião entre os especialistas no quesito em particular.
6	Efetividade	Reúne as intensidades em criticidade e factibilidade atribuídas pelos árbitros a uma determinada proposta, de forma que, sob limitações em recursos, tomadores de decisão possam optar pelos aprimoramentos de efetividade mais acentuada, ou mais importantes e exequíveis. Por exemplo, ações que são pré-requisito para várias outras (alta criticidade), se incorrerem em custos e prazos reduzidos, sem barreiras tecnológicas ou políticas (alta factibilidade), demonstram efetividade elevada e, se priorizadas para execução, tenderão a melhor desempenho tático (ou retorno) do investimento.

Item	Componente	Definição
		É calculada como a média aritmética do somatório dos indicadores de criticidade e factibilidade (item 3) para uma recomendação específica e o resultado é interpretado por uma graduação descrita na escala qualitativa do modelo (item 8).
7	Conceito geral final para criticidade, factibilidade e efetividade	É a média aritmética, respectivamente, do somatório dos indicadores de criticidade, factibilidade e efetividade para todas as sugestões da carteira, refletindo a consolidação da opinião dos avaliadores sobre cada quesito (criticidade ou factibilidade) e a totalização da efetividade para o portafólio. Sua leitura também se adequa à escala qualitativa do modelo (item 8).
8	Escala qualitativa	Aplicável para medida aos níveis de criticidade e factibilidade julgados pelos árbitros ao avaliar propostas, bem como ao grau de efetividade calculado a partir da conciliação desses quesitos, seus intervalos discretos variam de conceito = 1: baixa intensidade; 2: intensidade intermediária ou razoável; 3: alta intensidade; 4: intensidade muito alta.
		Como a totalização dos indicadores de criticidade e/ou factibilidade e, particularmente, para o cálculo das efetividades parciais e totais às recomendações pode resultar em valor não inteiro, o intervalo contínuo é definido como: 1 <= nota < 2: baixa intensidade; 2 <= nota < 3: intensidade intermediária ou razoável; 3 <= nota < 4: intensidade alta; nota = 4: intensidade muito alta.

Fonte: elaboração própria (2024)

Completando os procedimentos nesse desenho da metodologia, as análises críticas e sugestões de aprimoramento a cada uma das etapas da AIA são detalhadas sequencialmente na seção 3, observando a ordem típica de sua aplicabilidade num processo de AIA. Nesse sentido, o formato de exposição segue a lógica adotada pelo método de resolução de problemas empregado, que coordena a identificação das causas-raiz com o imediato delineamento dos mecanismos de tratamento inerentes.

Por conseguinte, o contexto teórico não é desconectado de sua implicação prática: não há compartimentalização desses saberes, pois o quadro conceitual sobre a AIA, conforme até mesmo os marcos legais definem, não permanece, ao ser institucionalizado na sociedade, isolado de seus efeitos para o meio ambiente. Igualmente, as ideias para correção dos desvios aos resultados positivos esperados pela AIA não estão confinadas num recinto separado, mas surgem mescladas ao corpo de conhecimento básico e aplicado em sua integralidade e é esse sistema complexo que edifica a epistemologia do objeto de estudo.

De fato, os adeptos às abordagens dialéticas, as quais evitam abalroamentos herméticos dos fenômenos, compreendendo-os sempre articulados aos circundantes (Marconi; Lakatos, 2003, p. 100-106) e os defensores de estudos fenomenológicos, que valorizam significados atribuídos pelos sujeitos das pesquisas em detrimento à rigidez de sua estrutura (Gil, 2008, p. 14-15), preconizam a comunicação da ciência na forma em que ela acontece (Dominiczak, 2013, p. 1829).

Portanto, evita-se, neste capítulo, a reprodução literal do tradicional modelo "ILMRADC" (Introdução-Literatura-Métodos-Resultados-Análise-Discussão-Conclusão) (Gastel; Day, 2022, p. 10, 21), de manuscritos científicos. Nele, toda a revisão de literatura sobre a AIA seria condensada numa única seção do tipo "L", apartada de qualquer análise. Após, acomodar-se-ia o trecho "R" dedicado exclusivamente à apresentação dos resultados, na figura das propostas de melhoria à AIA, seguido do agregado de análises e discussões, "AD". Estas últimas, todavia, transcorreriam redigidas remotamente à circunstanciação teórica "L" relativa a cada uma das sugestões de aprimoramento compatíveis às fases da AIA. Então o leitor já teria se desligado, no texto, tanto do enquadramento conceitual aludido em tais resultados e análises afastados de seus pontos de coesão quanto da mecânica de solução de problemas empenhada.

Logo, em lugar disso, uma variação do "ILMRADC" é praticada na seção 3, com cada etapa da AIA submetida a um ciclo próprio e conveniente de "LARD", configurando uma fundamentação teórico-analítica para a AIA, enriquecida pela pertinente enunciação de possíveis aprimoramentos particulares junto a suas fases individualmente.

Em seguida, na seção 4, o compêndio desse encadeamento analítico é sumarizado, com um "RAD" voltado à avaliação e análise holística das proposições singulares, então integralizadas para completar o diagnóstico e planejamento na estratégia de solução de problemas, contemplando, respectivamente, as perspectivas *bottom-up* (seção 3) e *top-down* (seção 4).

Finalmente, após essa classificação, na seção 4, das propostas de aprimoramento à AIA pelos avaliadores e discussão quanto à sua criticidade e factibilidade, a complementação com a conclusão final, ou "C", ocorre na seção 5.

18.3 Fundamentação teórico-analítica e propostas de aprimoramento para cada etapa da AIA

A AIA teria sido concebida na legislação brasileira nos anos 1980 para harmonizar duas dimensões indissociáveis: (i) a de planejamento e gestão para analisar a viabilidade ambiental de políticas, planos e programas (PPPs) e (ii) a de instrumentalização para licenciamentos ambientais a empreendimentos passíveis de significativa degradação ao meio ambiente (Pellin *et al.*, 2011, p. 28).

No entanto, a regulamentação provida para a AIA, até hoje, apenas orientada à viabilização de licenciamentos e a prática deficiente, por questões políticas, institucionais, operacionais e econômicas, acabaram vinculando-a ao âmbito dos projetos somente. Isto formalizou uma condição de subutilização da AIA em planejamento estratégico de nível mais abrangente, sendo que este acabou atribuído à Avaliação Ambiental Estratégica (AAE) (Pellin *et al.*, 2011, p. 28-29).

Não obstante, sem contar com respaldo legislativo e materializando-se sob expressões desestruturadas e informais, geralmente pela exigência de organismos internacionais como pré-requisito para aprovação de financiamentos a megaprojetos, a AAE termina por ser participada, eventualmente, e quando muito, após a decisão pela condução dos projetos e/ou entrega dos Estudos de Impacto Ambientais (EIAs). Foi o que se verificou com o Gasoduto Bolívia-Brasil e com as centrais hidrelétricas do Complexo do rio Madeira, na Amazônia, além do que se percebe em vários outros exemplos mais recentes. Nesses cenários, a AAE deveria ter guiado o processo de decisão pelos empreendimentos em ocasião muito anterior aos EIAs, ou seja, durante a discussão sobre as políticas energéticas e de desenvolvimento regional com cooperação internacional atinentes (Pellin *et al.*, 2011, p. 29-31).

O mesmo ocorre para os empreendimentos imobiliários e outras atividades que provocam fragmentação de áreas verdes e impermeabilização do solo (Moraes, 2016, p. 216, 218), agravantes para as enchentes sem precedentes do Rio Grande do Sul no ano de 2024: AAEs deveriam alicerçar políticas e programas de uso e ocupação do solo em articulação com recursos hídricos e conservação das bacias hidrográficas na região, orientando projetos, e não o contrário (Moraes, 2016, p. 220).

Isto ganha ainda maior relevância para megaempreendimentos que geram efeitos colaterais em urbanização depredatória, como observou-se, dentre tantas instâncias do mesmo dilema, na instalação da Usina Hidrelétrica de Belo Monte. O projeto deslocou, desde seu início, no ano de 2011, cerca de 40 mil pessoas para Reassentamentos Urbanos Coletivos (RUCs) nas periferias da cidade de Altamira-PA, provocando um espraiamento urbano cujo planejamento precário continua multiplicando impactos sociais e ambientais na região (De Lima Dias, 2024; Estronioli, 2024).

Outra ilustração, porém mais corriqueira, de tais derivações de efeitos cumulativos da urbanização a partir de projetos de grande porte comumente aprovados por AIAs encontra-se na construção de rodovias. Ademais da intensificação da fragmentação territorial, elas induzem ocupação de terrenos vagos pela valorização imobiliária de áreas que recebem vantagens em acessibilidade (Turco; Gallardo, 2018, p. 47).

Por outro lado, empreendimentos de menores dimensões, expedidos à Avaliação Ambiental Simplificada (AAS) para contornar os altos custos e prazos mais dilatados das AIAs, facilmente escapam, também, das AAEs, obtendo licenciamentos indevidos. Isto se explica, inclusive, pelas lacunas impostas por interesses político-econômicos locais na sobreposição de legislações municipais a estaduais e destas às de instâncias regionais superiores, relaxando os regimentos ambientais. Com isso, em especial no caso de projetos imobiliários menores, mas em larga escala, agrava-se o alastramento urbano não planejado e a impermeabilização generalizada do solo (Moraes, 2016).

Em todos esses panoramas a tendência é de não atribuir a causa-raiz dos problemas à AIA em si, mas à informalidade da AAE ou ao atalho na exiguidade pouco imparcial da AAS.

Diferentemente do que se idealizou nos primórdios da concepção da AIA no país, é como se ela fosse sinônimo de EIA para licenciamento de megaprojetos e a AAE não devesse ser integrante da AIA, pavimentando seu caminho, mas algo independente e que flutua ao seu redor sob formatos geralmente influenciados por interesses neoliberalistas. Inserindo a AAS, outro satélite da AIA, nesse raciocínio, ainda se cristaliza a imagem de uma AIA que permanecerá imutável no futuro, mantendo feições de processo complexo, custoso, moroso, e, sobretudo, inflexível.

Sem embargo, os procedimentos e instrumentos acessados pelas diferentes fases da AIA, como as análises a seguir demonstram, manifestam um considerável potencial à adaptação, de forma que ela consiga concretizar, a custos e prazos reduzidos, e mais efetivamente, funcionalidades já presentes em seu escopo, mas ora atribuídas à AAE e/ou à AAS (Glasson; Therivel, 2013, p. 5-6).

Em vista disso, nas próximas subseções uma breve mobilização teórica é suprida sobre essas propriedades da AIA para cada uma de suas etapas, complementada por grupamentos de medidas que restrinjam sua excessiva dependência da informalidade das AAEs e AASs. Isto é, ativando seu papel integral como instrumento legalmente instituído de planejamento estratégico e operacionalizador de licenciamentos, não limitado estritamente a este último.

Fundamentação teórico-analítica e propostas de aprimoramento para a Triagem

- *Breve mobilização conceitual sobre a Triagem*

A intensidade do potencial que um projeto ou ação apresenta em causar impactos significativos é definida pela confrontação da solicitação (ou pressão) imposta sobre o meio ambiente com sua respectiva vulnerabilidade. Assim, a uma grande pressão sobre ambiente de alta vulnerabilidade (ou baixa capacidade de suporte) atribui-se alto potencial de impacto significativo. Nesse caso, o projeto ou ação deveria submeter-se a um planejamento mais cuidadoso, com a contribuição da AIA em seu formato completo. Outros tipos de projetos e atividades com menor potencial de impacto ambiental ficam sujeitos ao licenciamento ambiental convencional com o apoio de formatos simplificados de Avaliação Ambiental Simplificada (AAS).

O processo de decisão sobre qual formato aplicar (AIA completa ou simplificada) é dado a partir de procedimentos que ocorrem na Etapa de Triagem. Geralmente o porte do empreendimento e o local pretendido para a implantação são os critérios utilizados para a triagem ou seleção dos projetos que serão endereçados à AIA. Listas positivas - para portes de tipologias de projetos necessariamente sujeitos à AIA (Resolução CONAMA 01/1986) - e negativas - dispensados da AIA (em geral definidas em âmbitos estaduais e municipais) - auxiliam na escolha final. Entretanto, independentemente da ausência do projeto em listas positivas, a AIA é recomendada quando a localização do empreendimento ameaça ecossistemas sensíveis ou áreas de importância natural ou cultural. Em contrapartida, a presença de portes de tipologias de projetos em listas negativas (emergentes nas legislações estaduais nos últimos anos), acaba por dispensar o uso de AIA completa, mesmo quando há vulnerabilidades importantes nas localizações pretendidas (Sánchez, 2020, cap. 5; Glasson; Therivel, 2013, p. 83-85).

- ***Análise crítica e sugestões de melhoria à Triagem***

Considerando, porém, que uma aglutinação de ações e/ou projetos isolados comumente aludidos em listas negativas e que não ameacem áreas críticas natural ou culturalmente possam resultar em impacto significativo pelo acúmulo de efeitos, mesmo que reduzidos, uma fragilidade do processo de licenciamento ambiental está, exatamente, em impedir que tais empreendimentos prossigam para o formato completo da AIA ou que, minimamente, alguma abordagem baseada em Avaliação de Impactos Cumulativos seja recomendada (Amuah *et al.*, 2023, p. 4, 5).

É o caso, por exemplo, da urbanização gradativamente crescente, a qual, ainda, é reforçada por leis de zoneamento que estimulam o avanço sobre Áreas de Preservação Permanente, ampliando a impermeabilização do solo. Tais condições, que favorecem acidentes hidrológicos como inundações e enxurradas, figuram, inclusive, entre as causas-raiz das enchentes históricas nas terras gaúchas (Melgarejo, 2024, p. 4-5; Clarke *et al.*, 2024, p. 38).

Destarte, é crucial, aos órgãos ambientais, resistir ao *bias* em pressões de agentes econômicos por acelerar licenciamentos e/ou estendê-los a domínios protegidos. Isso inclui, no cenário do Rio Grande do Sul, em que se já se verificava uma propensão a eventos hidrológicos extremos, agora intensificados pelos efeitos das mudanças climáticas (Melgarejo, 2024, p. 122; Clarke *et al.*, 2024, p. 4-5), demandar o estudo ambiental de empreendimentos num contexto mais abrangente do que o local, mas regional, como parte do sistema complexo das diferentes cidades cercadas por montanhas, compartilhando sistemas fluviais e pluviais (Melgarejo, 2024, p. 124). Ou seja, que a vulnerabilidade ambiental seja fator preponderante na determinação da significância do impacto e, portanto, na escolha do formato da AIA a ser empregada, renunciando-se a aplicação de listas negativas de portes de tipologias, que impedem a consideração da vulnerabilidade local nesta etapa.

Fundamentação teórico-analítica e propostas de aprimoramento para a Determinação do Escopo de Estudo e Formulação de Alternativas

- *Breve mobilização conceitual sobre a Determinação do Escopo de Estudo e Formulação de Alternativas*

A fase de escopo ou determinação da abrangência da AIA concentra-se na prévia seleção, classificação e priorização de impactos ambientais potenciais do empreendimento sob análise de forma que os estudos sejam dirigidos aos impactos mais significativos.

Para isso, as perguntas e hipóteses mais importantes para o estudo devem ser formuladas a partir de requisitos legais e com a participação dos atores-chave, como autoridades, especialistas e o público afetado pelo projeto. Alternativas tecnológicas e de localização que impliquem na prevenção dos impactos significativos sobre o meio ambiente devem ser previamente identificadas para análise e decisão posterior, com observação à legislação em vigor e o conselho, consenso e comprometimento dos atores-chave. A alternativa-zero, isto é, a possibilidade de não execução do empreendimento, também deve ser cogitada.

Essas providências auxiliarão na orientação dos estudos da AIA evitando consumo de tempo e recursos em tópicos irrelevantes que acabam por prejudicar a qualidade dos produtos subsequentes do processo, como a coleta de informações nos estudos de base, o prognóstico da situação futura no ecossistema-alvo do empreendimento etc.

Além desses direcionamentos para o estudo, outras diretrizes podem ser estabelecidas pelo órgão ambiental como parte do escopo, normalmente num Termo de Referência (TR), incluindo, por exemplo, metodologia a ser adotada pelo proponente e seu consultor em investigações de campo que envolvam a população afetada, forma de apresentação de resultados, requisitos legais, normas técnicas e outras especificidades inerentes ao tipo do projeto.

Essas características conferem enorme importância à fase de escopo, já que a eficácia das etapas seguintes depende de sua qualidade, como o planejamento da AIA como um todo e, durante sua execução, particularmente, o processo de avaliação de impacto ambiental. Ademais, o envolvimento prematuro da população afetada pelo empreendimento evita a procrastinação dos debates mais polêmicos que terminam por perturbar estágios posteriores da AIA e do próprio empreendimento, eventualmente transferidos a disputas jurídicas com perdas para todos os implicados no projeto.

Tais argumentos justificam uma maior aglutinação de esforços à delimitação do escopo da AIA logo nos estágios iniciais de seu planejamento, embora essa atividade continue ao longo do ciclo de vida da AIA e do empreendimento (Sánchez, 2020, cap. 6; Glasson; Therivel, 2013, p. 85-90).

- *Análise crítica e sugestões de melhoria à Determinação do Escopo de Estudo e Formulação de Alternativas*

Dessa forma, no caso de macrorregiões singularmente propensas a desastres hidrológicos como o Rio Grande do Sul, TRs poderiam ser emitidos, nesse novo contexto de acirramento de impactos das mudanças climáticas (Melgarejo, 2024, p. 122; Clarke *et al.*, 2024, p. 4-5), exigindo a expansão de escopos de estudo dos limites locais no entorno imediato da implantação dos empreendimentos a fronteiras regionais mais amplas, como é o caso, por exemplo, de toda a bacia hidrográfica. Inclusive considerando que as enchentes em território gaúcho no ano de 2024 afetaram praticamente todo o estado (Da Rocha; Reboita; Crespo, 2024, p. 2) e, até mesmo, a economia nacional (CNC, 2024, p. 1), com possibilidades de ocorrência de outros episódios meteorológicos parecidos no futuro (Clarke *et al.*, 2024, p. 26).

Este é, a propósito, um dos quadros em que a AAE costuma ser apontada como o instrumento mais adequado a acionar, pelo abalroamento amplificado, estratégico e voltado à efetivação de políticas públicas; mas, como já mencionado, continua não regulamentada e, em vista disso, acaba desprovida de obrigatoriedade e rigor.

Por conseguinte, além da atribuição de maior relevância a esse tipo de impactos na determinação de escopos de estudo da AIA, a participação popular e de outros atores-chave prevista neste estágio poderia ser utilizada para melhorar a percepção de risco entre comunidades afetadas pelos empreendimentos e sobre a necessidade em observar alertas e recomendações da defesa civil na execução de planos de evacuação de áreas sob iminência de desastres hidrológicos e geotécnicos.

De modo a não prolongar excessivamente os trabalhos, derivar EIAs demasiadamente prolixos e/ou focados em questões menos críticas, recursos como inteligência artificial e geoprocessamento, incluindo simulação e projeção de cenários, poderiam ser utilizados de forma apropriada e cuidadosa, levando em conta todos os riscos e gerando, eventualmente, AASs e inventários introdutórios à AIA que poderiam ser reaproveitados em EIAs de empreendimentos subsequentes. Isso também supriria eventuais lacunas na participação de especialistas, algo essencial nesta fase e que nem sempre se cumpre (Amuah et al., 2023, p. 4).

Fundamentação teórico-analítica e propostas de aprimoramento para o Planejamento para a Elaboração de Estudo

- *Breve mobilização conceitual sobre o Planejamento para a Elaboração de Estudo*

Sendo o EIA o documento que representa o testemunho técnico do processo de AIA, dada sua utilização no apoio à tomada de decisão quanto à viabilidade ambiental de um projeto, é fundamental delinear ações de mitigação (prevenção, redução, recuperação e compensação) apropriadas, orientadas, de fato, pelos impactos significativos identificados, que sejam assumidas enquanto compromisso entre empreendedor, governo e demais partes interessadas.

Um planejamento cuidadosamente orientado evitará, portanto, que predomine a abordagem exaustiva, a qual torna a pesquisa de base em levantamento enciclopédico do meio, com longos e detalhados estudos de impacto ambiental, que acabam, também, tornando-se morosos e dispendiosos. Por outro lado, investigações incompletas que propõem novos estudos também são evitadas com um planejamento objetivo. Igualmente, a análise integrada é facilitada, pois garante-se que as dependências entre diferentes resultados do estudo serão tratadas a tempo para que as análises aconteçam com efetividade.

Na perspectiva dirigida, o EIA deve ser planejado seguindo uma sequência lógica de passos em que cada um é subordinado à etapa anterior. Desta feita, após as etapas inaugurais do processo, a triagem e determinação do escopo, há subsídios para a elaboração, pelo proponente e sua consultoria, do Plano de Trabalho (PT) para a construção do EIA, geralmente a partir do TR derivado da fase de determinação de escopo.

O PT deve descrever as atividades e responsáveis pela sequência dos estudos de base, identificação, previsão e avaliação dos impactos, elaboração do Plano de Gestão do projeto e, finalmente, a publicação do EIA/RIMA a todos os interessados. Restrições legais, além de outras, como de formato na apresentação de resultados dos estudos, devem ser observadas na estruturação do plano, no que o TR, se emitido pelo órgão ambiental, figura como uma fonte valiosa de consulta (Sánchez, 2020, cap. 7; Glasson; Therivel, 2013, p. 90-99).

- *Análise crítica e sugestões de melhoria ao Planejamento para a Elaboração de Estudo*

Assim, contando com lideranças experientes e metodologias baseadas em melhores práticas de gestão que favoreçam visão holística frente aos desafios glocais das mudanças climáticas e colaboração entre todos os interessados no projeto (Obradović; Todorović; Bushuyev, 2019; Mihr, 2022), PTs mais representativos poderiam ser edificados (Amuah *et al.*, 2023, p. 4) durante a reconstrução do Rio Grande do Sul. Consequentemente, artefatos de maior pertinência na AIA seriam integrados garantindo a coesão entre eles e comprometimento de seus responsáveis durante todo o ciclo de vida do empreendimento.

Fundamentação teórico-analítica e propostas de aprimoramento para a determinação de Alternativas Tecnológicas e Locacionais e Áreas de Influência

- *Breve mobilização conceitual sobre a determinação de Alternativas Tecnológicas e Locacionais e Áreas de Influência*

A análise e comparação de alternativas é um método de avaliação de impactos focado na determinação da variante de projeto que ofereça o menor impacto ambiental possível. Tal exercício analítico dá continuidade à classificação e determinação de importância de impactos iniciadas nas fases de triagem e amadurecidas ao longo da etapa de determinação de escopo, mas, geralmente, contando com resultados da conclusão do diagnóstico ambiental e da previsão de impactos. Ou seja, apoia-se, normalmente, num conjunto mais detalhado de informações sobre impactos identificados, acompanhados de sua magnitude e intensidade. Ainda, pode englobar, dentre várias configurações a um projeto básico, alternativas tecnológicas ou locacionais.

Quaisquer que sejam as naturezas das soluções variantes de um projeto básico, isto é, ligadas a tecnologia ou a lugar, uma dentre múltiplas técnicas de comparação e mensuração de impactos deve ser adotada para a seleção da alternativa ideal. Todas envolvem um certo grau de subjetividade inerente à atividade de avaliação, fundamentando-se no julgamento de valor de um grupo de pessoas, ainda que estas sejam especialistas altamente qualificados - diferentemente da previsão de impactos, a qual é respaldada sobre métodos científicos. Por isso, aliás, é essencial, para as avaliações, que sejam documentados no EIA todos os critérios e processos que levaram à construção de escalas e a cada atribuição de conceito ou nota (valoração) (Sánchez, 2020, cap. 11; Glasson; Therivel, 2013, p. 87-90).

- *Análise crítica e sugestões de melhoria à determinação de Alternativas Tecnológicas e Locacionais e Áreas de Influência*

Logo, na conjuntura de multiplicação de ameaças e incremento na magnitude de impactos devidos às mudanças climáticas, como os materializados pelas enchentes do Rio Grande do Sul (Clarke *et al.*, 2024, p. 5, 26), a participação de mais especialistas da área nos esforços de avaliação de impactos e o uso de dados históricos tende a tornar mais efetiva a determinação de alternativas tecnológicas e locacionais. A combinação do maior número possível de técnicas e ferramentas para a decisão final, inclusive recorrendo à inteligência artificial, também contribui com o aprimoramento na sua precisão e acurácia.

Fundamentação teórico-analítica e propostas de aprimoramento para os Estudos de Base e o Diagnóstico Ambiental

- *Breve mobilização conceitual sobre os Estudos de Base e o Diagnóstico Ambiental*

Os estudos de base (primários e secundários) utilizados para a elaboração do diagnóstico ambiental estabelecem uma base de dados para futura comparação com a real situação em caso de implementação do projeto. Além disso, fornecem informações para a identificação e previsão dos impactos e para sua posterior avaliação, contribuindo, adicionalmente, com a definição de programas de gestão ambiental, incluindo medidas mitigadoras, compensatórias, programas de monitoramento e demais componentes de um plano de gestão ambiental integrante do EIA.

Já o diagnóstico ambiental retrata a atual qualidade ambiental das áreas de influência definidas na etapa anterior, indicando as características dos diversos fatores que compõem o sistema ambiental vigente, bem como suas interações. Ademais, o diagnóstico dá subsídio para uma análise das variáveis suscetíveis, direta ou indiretamente, a efeitos significativos das ações referentes às fases de planejamento, implantação e operação do empreendimento (Sánchez, 2020, cap. 9; Glasson; Therivel, 2013, p. 99-103).

- *Análise crítica e sugestões de melhoria a*os *Estudos de Base e ao Diagnóstico Ambiental*

Isto posto, o desastre hidrodinâmico sem precedentes eclodido a partir de abril do ano de 2024 no Rio Grande do Sul enseja atualização de repositórios de dados para estudos de base futuros incluindo, dentre outras, variáveis climáticas novas e/ou mais acentuadas. Não obstante, convida, também, à reavaliação de simulações comparativas entre cenários de áreas afetadas antes e depois da execução de empreendimentos ponderando a nova perspectiva de conjunturas extremas (Clarke *et al.*, 2024, p. 5). Com isso, programas de gestão ambiental e monitoramento relativos a EIAs já concluídos ou vindouros, abrangendo as barragens de usinas hidrelétricas já instaladas ou planejadas, poderiam ser revisados ou elaborados recorrendo a estudos primários e secundários de base mais representativos e confiáveis.

Essa mesma lógica se estende aos diagnósticos ambientais legados e pósteros, refletindo, nas interações do sistema ambiental consonante às áreas de influência, variáveis suscetíveis que, identicamente, levem em conta panoramas climáticos mais severos.

Fundamentação teórico-analítica e propostas de aprimoramento para a Previsão de Impactos

- *Breve mobilização conceitual sobre a Previsão de Impactos*

A previsão caracteriza-se como um dos passos da análise de impactos em que se provê uma descrição fundamentada e, se possível, quantificada dos impactos identificados no diagnóstico ambiental. Seus objetivos podem ser enumerados como: (i) estimar a magnitude (intensidade) dos impactos ambientais; (ii) levantar informações para a etapa seguinte, a avaliação da importância dos impactos; (iii) prognosticar a situação futura do ambiente com o projeto em análise; (iv) comparar e selecionar alternativas e (v) fornecer subsídios para a definição de medidas mitigadoras.

Em uma situação ideal, as previsões de impacto deveriam ser verificáveis, isto é, livres de ambiguidades e apresentadas como hipóteses que pudessem ser testadas com um plano apropriado de estudo. Assim, uma análise preditiva deveria esforçar-se em incluir detalhes quantificados da magnitude dos impactos, sua duração e distribuição espacial (Sánchez, 2020, cap. 10; Glasson; Therivel, 2013, p. 103-118, 122-134).

- *Análise crítica e sugestões de melhoria à Previsão de Impactos*

As previsões, entretanto, averiguadas ao longo dos anos quanto à sua materialização em impactos reais, mostram-se, frequentemente, não passíveis de verificação por serem formuladas em termos vagos ou devido a monitoramento insuficiente. Outrossim, os projetos efetivamente implantados acabam não correspondendo exatamente àqueles descritos no EIA, de modo que muitos de seus impactos tendem a ser distintos daqueles previstos.

De fato, é inegável que conhecer a magnitude dos futuros impactos ambientais auxilia na interpretação de sua importância, finalidade da próxima fase na AIA, mas a previsão de impactos é um meio, não a finalidade do EIA, cuja intenção não é prever impactos, mas analisar a viabilidade de um empreendimento, reduzindo a magnitude e a importância dos impactos adversos. Neste ponto, deve-se relembrar que uma das tarefas da avaliação de impactos é comparar alternativas. As técnicas de previsão, se aplicadas de maneira consistente, também contribuem para tal finalidade, ao possibilitar, com base nos mesmos métodos e critérios, a visualização da situação futura sob diferentes alternativas (Sánchez, 2020, cap. 10).

Logo, pode-se interpretar que as enchentes do ano de 2024 no Rio Grande do Sul, de certa forma, amenizam essas fragilidades da etapa de previsão de impactos, pois a magnitude dos riscos negativos (ou ameaças) associados às mudanças climáticas tornaram-se mais explícitos e mensuráveis (Da Rocha; Reboita; Crespo, 2024, p. 4-7; Clarke *et al.*, 2024, p. 5-33) para serem sobrepostos aos impactos inerentes aos dos empreendimentos introduzidos à região (Amuah *et al.*, 2023, p. 4). Essa visibilidade também facilita o prognóstico ambiental futuro do empreendimento e a comparação e seleção de alternativas, tornando-se obrigatória entre as informações dirigidas ao estágio seguinte, a avaliação de importância dos impactos, subsidiando, também, os planos de mitigação a riscos.

Fundamentação teórico-analítica e propostas de aprimoramento para a Avaliação da Importância dos Impactos

- *Breve mobilização conceitual sobre a Avaliação da Importância dos Impactos*

A etapa de avaliação da importância dos impactos é uma das mais intrincadas de qualquer estudo ambiental, pois atribuir maior ou menor grau de importância a uma alteração ambiental depende não só de um trabalho técnico, mas também de um juízo de valor, o que remete à subjetividade. Ou seja, sob qualquer ângulo, técnico, conceitual ou filosófico, o foco desta avaliação de riscos converge para um julgamento da significância dos impactos previstos.

Em geral os impactos julgados como mais significativos são aqueles que: (i) abalam a saúde ou a segurança dos seres humanos; (ii) obstruem a oferta ou a disponibilidade de empregos ou recursos à comunidade local; (iii) afetam a média ou variância de determinados parâmetros ambientais (significância estatística); (iv) modificam a estrutura ou a função dos ecossistemas ou colocam em risco espécies raras ou ameaçadas (significância ecológica); (v) são considerados importantes pelo público, ainda que não o sejam pelos especialistas (Sánchez, 2020, cap. 11; Glasson; Therivel, 2013, p. 134-147).

- *Análise crítica e sugestões de melhoria à Avaliação da Importância dos Impactos*

Assim, esta lista contempla critérios de ordem científica e social (Sánchez, 2020, cap. 11) e cada um de seus tópicos abarca os riscos ligados a enchentes como as experimentadas pelas cidades gaúchas no outono e inverno do ano de 2024. Somando-se a isso, todavia, como houve a confirmação de uma probabilidade mais alta para desastres dessa natureza e em tal intensidade no Rio Grande do Sul (Clarke *et al.*, 2024, p. 26), é essencial que essa classe de impactos, herdados da etapa de previsão, agora num formato mais explícito, ganhe maior atenção. Além do incremento na sua importância em conjunção aos riscos atinentes ao empreendimento, deveria receber a corroboração de especialistas para limitar a subjetividade na sua avaliação.

Fundamentação teórico-analítica e propostas de aprimoramento para as Medidas Mitigadoras e Compensatórias e Planos Ambientais

- *Breve mobilização conceitual sobre as Medidas Mitigadoras e Compensatórias e Planos Ambientais*

Medidas mitigadoras são ações propostas com a finalidade de reduzir a magnitude ou a importância dos impactos ambientais adversos. Alguns impactos ambientais, por sua vez, não podem ser evitados e outros, mesmo que reduzidos ou mitigados, apresentam uma magnitude muito elevada. A partir daí é que surgiu o conceito de medida compensatória.

A compensação é uma substituição de um bem que será perdido, alterado ou descaracterizado por outro entendido como equivalente. Não deve ser confundida com uma mera indenização, que é o pagamento em espécie pela perda de um bem. É algo a ser explorado e cumprido como parte integrante do processo de licenciamento ambiental na forma de um mecanismo de reposição, substituição ou mesmo reparação por componentes ambientais (*habitats*, vegetação nativa, entre outros) perdidos pela implantação de um empreendimento.

O conjunto de medidas para prevenir, corrigir ou compensar os impactos negativos do empreendimento e aproveitar melhor os impactos positivos compõe planos, programas e projetos ambientais. Os planos estabelecem orientações globais para as ações e decisões de caráter mais geral. Compreendem programas e projetos que definem caminhos para alcançar os objetivos propostos e são os instrumentos que direcionam a implementação das ações necessárias de acordo com cada objetivo.

O Plano de Gestão Ambiental (PGA) é um dos planos ambientais propostos no EIA. Ele incorpora as diretrizes para a obtenção de condições ambientais favoráveis, articulando e supervisionando os diversos planos, programas e projetos propostos. É, portanto, um plano comum aos demais, voltado ao gerenciamento ambiental de toda a implantação e operação do empreendimento.

Em suma, o PGA é um conjunto de medidas de ordem técnica e gerencial voltado a assegurar que o empreendimento mantenha conformidade com a legislação ambiental e outras diretrizes relevantes durante o seu ciclo de vida, incluindo a desativação, a fim de minimizar os riscos ambientais e os impactos adversos, além de maximizar os efeitos benéficos.

A função do Plano de Gestão Ambiental é tornar-se uma ferramenta para transformar um potencial em contribuição efetiva na direção da sustentabilidade. Tal potencial deve ser realizado sob três condições: (i) cuidadosa preparação, orientada a atenuar impactos adversos e reduzir lacunas de conhecimento e incertezas sobre os impactos reais; (ii) envolvimento das partes interessadas, já que exige compromissos do empreendedor e trabalho com parceiros institucionais, como o governo e ONGs; (iii) adequada implantação dentro de prazos compatíveis, envolvendo ferramentas como supervisão ambiental, fiscalização, auditoria e monitoramento ambiental.

Aliás, deve-se atentar para o fato de que os impactos previstos num EIA serão sempre hipóteses. Consequentemente, a validade deles ou não só se verificará na medida em que o empreendimento for executado e os impactos, devidamente monitorados. Esta é a razão pela qual exige-se um Plano de Monitoramento como parte integrante de um EIA e PGA correspondente.

O monitoramento, a propósito, é indispensável na gestão ambiental pois colherá informações sobre o desempenho do empreendimento e comportamento do meio. Ademais, monitoramento não pode ser confundido com controle de qualidade do ambiente, que normalmente é conduzido por órgãos do governo. Ele relaciona-se aos impactos identificados e previstos e deve ser capaz de distinguir as mudanças induzidas no meio ambiente pelo empreendimento de outras alterações quaisquer (Sánchez, 2020, cap. 13; Glasson; Therivel, 2013, p. 147-151, 184-201).

- *Análise crítica e sugestões de melhoria às Medidas Mitigadoras e Compensatórias e Planos Ambientais*

Dadas essas observações, medidas compensatórias para regiões como o Rio Grande do Sul deveriam garantir que suas instaurações não desencadeiem e/ou agravem riscos de impactos das mudanças climáticas, em particular conexos a acidentes hidrológicos e geotécnicos mas, ao contrário, tanto quanto possível, que estes sejam mitigados ou eliminados.

Isso implica, dentre outros cuidados, em que a equipe de liderança e execução do PGA implemente melhores práticas em seus domínios de conhecimento, mantendo todos os interessados comprometidos com o empreendimento desde o projeto até a fase de operações sem que se perca a abordagem abrangente e integradora (Mihr, 2022).

Por exemplo, metodologias ágeis de trabalho vêm sendo largamente difundidas em ambientes projetizados ou operacionais sob a promessa de resultados mais rápidos e adaptáveis a objetivos e requisitos flutuantes, mas sua conciliação com outras perspectivas e técnicas pode ser decisiva para que as equipes não terminem por acondicionar-se a concentrar atenção apenas a pacotes de pequenas tarefas a serem cumpridas a curto ou médio prazo (Obradović; Todorović; Bushuyev, 2019).

Ou seja, o desafio em preservar a visão holística se prolonga para além dos jogos de poder em que interesses econômico-financeiros buscam evadir-se das AIAs por listas negativas e das AAEs, compelir à localização inadequada de empreendimentos etc., o que tende a repercutir, no longo prazo, sob escalas maiores e fronteiras espaciais mais amplas, em tragédias de enormes proporções como essa das enchentes gaúchas (Melgarejo, 2024, p. 5; Clarke *et al.*, 2024, p. 124): a provocação do olhar totalizante e de longo prazo, e não circunscrito e imediato, passa pela edificação compartilhada do PGA não como uma pilha de atividades isoladas (Obradović; Todorović; Bushuyev, 2019), mas, em sua integralidade estratégica, junto de todos os interessados no empreendimento (Mihr, 2022).

Finalmente, depende, igualmente, do cumprimento articulado do agrupamento dos demais planos associados, culminando com o plano de monitoramento operacional, em que, no contexto do Rio Grande do Sul, a criticidade recai sobre as barragens hidrelétricas (Clarke *et al.*, 2024, p. 3, 34).

Construídas sob AIAs cujos estudos de impacto não previam, à época, forçantes tão intensas devidas às mudanças climáticas, as barragens gaúchas, em geral, vêm entrando em iminência de transbordamento e, algumas, de rompimento, ampliando riscos de enxurradas e outros eventos hidrodinâmicos extremos (Rio Grande Do Sul, 2024a, p. 2-3; Clarke *et al.*, 2024, p. 3, 34). Daí a necessidade de atualização dessas AIAs, referenciando estudos de base exclusivos ou reaproveitados de empreendimentos mais recentes (Amuah *et al.*, 2023, p. 4).

18. 4 Resultados consolidados e discussões

O Quadro 3 resume as recomendações de aprimoramento a cada um dos 8 estágios do processo de AIA examinados criticamente na seção anterior e que foram julgadas por especialistas. Tanto as etapas selecionadas quanto as ações decorrentes de sua análise crítica apresentam, nesse quadro, como confirmaram esses avaliadores, propriedades significativas para a prevenção à reincidência de conjunturas geoambientais que favoreçam e/ou acentuem impactos de acidentes geotécnicos e hidrológicos semelhantes aos que acometeram o território gaúcho no ano de 2024.

Em linhas gerais, a revisão de AIAs relativas a empreendimentos em andamento e/ou já implementados e operantes é sugerida (Quadro 3, itens 5, 7 e 8), em especial na reavaliação de riscos, atribuindo maior probabilidade àqueles ligados às mudanças climáticas e reaproveitando informações sobre causas, circunstâncias e efeitos reveladas durante esse incidente inédito (Quadro 3, itens 6 e 7). Tais providências, aliás, remetem à decisiva proposta de alargar as lentes analíticas aos vastos sistemas complexos e interligados que abarcam as alternativas locacionais das AIAs (Quadro 3, itens 4 e 2), sobretudo para futuros empreendimentos de menor porte: muitos deles, ausentes em listas positivas, sequer submetem-se aos estudos ambientais mais aprofundados da AIA, recebendo um tratamento isolado, quando sua aglutinação com vários outros pode causar impactos expressivos nas enchentes e outros desastres, como enseja a impermeabilização do solo (Quadro 3, item 1; Melgarejo, 2024, p. 122-124; Clarke *et al.*, 2024, p. 33-43).

Por isso a fase de triagem é julgada, na escala comparativa do Quadro 3, como um dos quatro itens de maior criticidade (Quadro 3, itens 1, 5, 6 e 7), uma vez que bloqueia o fluxo de determinados empreendimentos em direção aos diagnósticos mais extensivos das etapas subsequentes da AIA (Quadro 3, item 1). Ainda assim, esse foi o tópico mais controverso entre os especialistas, tendo atingido o maior desvio-padrão entre os conceitos imputados ($\sigma = 1,2$). Não porque haja falta de consenso sobre as causas-raiz das catástrofes climáticas no RS como decursivas de hiatos no planejamento territorial e de estratégias locais e regionais de desenvolvimento, mas porque um dos árbitros considerou esses componentes como totalmente exógenos ao âmbito da AIA. Esse posicionamento, inclusive, influenciou, identicamente, em redução de criticidade para as recomendações de ampliação em fronteiras geográficas no escopo de estudos de empreendimentos (Quadro 3, item 2).

Por exemplo, embora não tenha mencionado a AAE como alternativa nesses casos, esse especialista atribuiu baixa criticidade à sugestão de canalizar mais projetos à AIA também porque a ela não competiria a investigação de efeitos combinados entre diferentes projetos. Em adição, as próprias listas positivas e negativas e as análises preliminares de impactos de projetos deveriam contemplar, segundo sua opinião, especificidades que poderiam justificar uma avaliação mais aprofundada de impactos significativos ao decidir por endereçar tais empreendimentos ou não às AIAs.

Já outro avaliador, ao contrário, julgou pertinente e de muito alta criticidade essa retomada da definição da AIA como instrumento de planejamento estratégico, para além das listas positivas, negativas e megaprojetos. Ainda, seu conceito para a factibilidade desta proposta foi alto, provavelmente pelas potencialidades percebidas no emprego de novas tecnologias que podem auxiliar a AIA a desempenhar funções sob sua alçada, mas delegadas às AAEs pela complexidade e restrições em prazo e custos.

De qualquer modo, as três sugestões de criticidade mais elevada no Quadro 3 também são reservadas aos itens de alcance prático direto sobre os empreendimentos em si, versando sobre o diagnóstico e impactos ambientais (Quadro 3, itens 5, 6 e 7), no que, por exemplo, não se inserem os planos de trabalho, que podem ser revisitados e atualizados ao longo do processo da AIA (Quadro 3, item 3). Daí o posicionamento das melhorias correlatas a este estágio da AIA como a menos crítica entre as quatro de menor criticidade, conforme o julgamento dos especialistas (Quadro 3, itens 2, 3, 4 e 8).

Já as factibilidades mais altas naquele quadro são assinaladas às sugestões que encontram menores restrições, destacadamente, em custos e prazos para sua viabilização (Quadro 3, itens 1, 4, 5 e 6), principalmente sob o apoio tecnológico (Quadro 3, itens 4, 5 e 6). Como se pode observar, não são muito numerosas e algumas aconselham a revisão de AIAs pregressas, alvo de forte contestação por um dos árbitros, mas defendido pelos demais.

Isto se deve, mormente, a que os esforços na reformulação de AIAs alvitrados por algumas dessas ações tendem a ser onerosos e demorados, daí as proposições suplementares em recorrer à tecnologia para garantir a viabilidade, como nos novos recursos de inteligência artificial. Outro atalho, especialmente no que diz respeito às recomendações em incorporar maior atenção às questões das mudanças climáticas na AIA (Quadro 3, itens 4, 5, 6, 7 e 8), é o apelo a metodologias já disponíveis internacionalmente, como citado por um dos avaliadores.

Essas ponderações contribuíram no incremento, ainda que moderado, da factibilidade em proposições notadamente comprometidas com a diligência climática, alavancando três delas aos maiores níveis de efetividade obtidos pelo estudo, respectivamente concernentes, em ordem decrescente, aos estágios da AIA de diagnóstico ambiental, determinação de alternativas tecnológicas e locacionais, e previsão de impactos (Quadro 3, itens 5, 4 e 6). As sugestões de melhoria apontadas para esses tópicos, juntamente das pertinentes à fase de triagem, compõem, destarte, o grupo de medidas considerado pelos especialistas consultados como mais importantes e exequíveis (Quadro 3, itens 5, 1, 4 e 6). Merecem, consequentemente, priorização dos agentes responsáveis pelos planos de recuperação e prevenção a novos desastres climáticos no RS, particularmente frente à escassez em recursos para sua execução.

Contudo, a grande adversidade para tornar factível o porta-fólio de medidas oferecido no Quadro 3 converge para os embates por poder em agendas que privilegiam interesses políticos e econômico-financeiros atrelados aos vultosos orçamentos dos projetos que as AIAs focalizam, interpondo *bias* ao longo de seus trâmites (Sánchez, 2020, cap. 7, p. 8-9). Daí um grau de factibilidade geral (2.47) inferior ao grau de criticidade consolidado (2,5) para a carteira de ações como um todo (Quadro 3).

Quadro 3 - Síntese das propostas para melhoria do processo de AIA e avaliação de criticalidades e factibilidades correspondentes

Item	Processo analisado	Criticidade			Factibilidade			Efetividade
		μ	M_o	σ	μ	M_o	σ	
Recomendações propostas: principais considerações para justificativa aos conceitos									
1	Triagem	2,6	N/A	1,2	2,9	3	0,2	**2,75**
Evitar acúmulo de impactos reduzidos, como urbanização gradativa conduzindo à impermeabilização do solo, aplicando AIA também a certos empreendimentos não presentes em listas positivas: Importante para ativar análises mais abrangentes sob a AIA, mas eleva custos e ganha enorme pressão de agentes econômico-financeiros interessados em agilizar empreendimentos, também em áreas protegidas.								
2	Análise de Determinação do Escopo de Estudo e Formulação de Alternativas	2	2	0,8	2,2	2	0,5	**2,1**

colspan="8"	Ampliar, de locais a regionais, as demarcações de estudo aos empreendimentos: Relevante para análises compatíveis com efeitos transfronteiriços glocais das mudanças climáticas, mas multiplica custos e prazo para AIAs. Porém ferramentas de AI poderiam agilizar os trabalhos, incrementando sua qualidade. Adicionalmente, resultados de EIAs mais recentes poderiam ser reaproveitados por outros empreendimentos.
3	Planejamento para a Elaboração de Estudo	2	2	0,8	**1,7**	2	0,5	**1,85**
	Engajar lideranças experientes na elaboração de Planos de Trabalho fundamentados em visão holística e garantindo participação e comprometimento de todos os interessados no empreendimento: Apesar da sequencialidade nas etapas da AIA, é possível retomar estágios anteriores. Assim, o PT pode ser revisitado em fases posteriores, dispensando uma extrema exatidão na sua primeira versão, que, então, pode ser considerada menos crítica. Além disso, melhores práticas de gestão e ferramentas inteligentes auxiliam na colaboração entre todos os interessados no empreendimento para edificação do PT. Contudo, manter o compromisso de todos desde este planejamento inicial até a operação do projeto é missão complexa diante de embates por poder.
4	Análise da determinação de Alternativas Tecnológicas e Locacionais e Áreas de Influência	**2,5**	3	1	**3**	3	0	**2,75**
	Envolver mais especialistas em mudanças climáticas e conciliar várias técnicas e ferramentas para obter decisões tecnológicas e locacionais mais precisas e acuradas: Recursos de inteligência artificial em simulação de cenários também auxiliam nesses propósitos, mas perfis profissionais especialistas tão completos são raros, desafiando custos e prazos. Ademais, interesses econômico-financeiros impõem *bias* às escolhas.
5	Estudos de Base e Diagnóstico Ambiental	3	3	0,8	**2,6**	3	0,5	**2,8**
	Atualizar repositórios de dados incluindo novas variáveis e variações climáticas extremas, reavaliando, também, simulações de cenários e diagnósticos ambientais pregressos, ensejando a revisão de EIAs já concluídos para readequação dos empreendimentos correspondentes: A despeito da importância e factibilidade altas para EIAs em andamento e futuros, no caso daqueles legados há implicações em elevação de custos e conflitos de interesse, pois certos diagnósticos mais precisos podem apontar para a desmobilização de empreendimentos já existentes ou planejados.
6	Previsão de Impactos	**2,7**	3	0,5	**2,7**	3	0,5	**2,7**

	Explicitar e detalhar, para análise preditiva e prognóstico, impactos referentes às mudanças climáticas em sobreposição aos dos empreendimentos: Embora a cumulatividade e sinergia entre impactos, por exemplo, não sejam tão evidentes em muitos casos, o auxílio de modelos computacionais, inclusive de inteligência artificial, facilitam identificação e análise deles, que pode ser reforçada pela atual disponibilidade de dados reais colhidos do próprio evento extremo das enchentes gaúchas do ano de 2024 e das predecessoras, também consideráveis, porém menos agudas, no ano de 2023.							
7	Avaliação da Importância de Impactos	**2,7**	2	0,9	**2,2**	2	0,5	**2,45**
	Atribuir maior atenção e importância aos impactos das mudanças climáticas em composição com aqueles inerentes aos empreendimentos: Dadas as maiores chances de ocorrências hidrológicas acentuadas para o Rio Grande do Sul como as observadas no ano de 2024, é imprescindível abordar tais efeitos nos planos de riscos, inclusive em revisões de EIAs já concluídos para readequação dos empreendimentos já implantados e em andamento: O envolvimento de especialistas nos julgamentos de valor moderam o teor subjetivo nas avaliações, todavia agregando custos maiores à atividade, notadamente se amplificada para ocupar-se de AIAs antigos.							
8	Análise das Medidas Mitigadoras e Compensatórias e Planos Ambientais	**2,5**	2	0,6	**2,5**	2	0,6	**2,5**
	Estruturar medidas mitigadoras e compensatórias que não propaguem e/ou amplifiquem riscos climáticos, em especial atinentes a desastres hidrológicos e/ou geotécnicos, mas, ao contrário, empregando melhores práticas de gestão e de conhecimento em cada área de trabalho e, inclusive, nas atividades de monitoramento operacional após a conclusão dos projetos, em particular para os de barragens hidrelétricas já instaladas, com revisão de seus planos de monitoramento e funcionamento: Não obstante a relevância destas asserções, os altos custos agregados obstaculizam suas materializações, sobretudo no tocante a empreendimentos já em estágio operativo, que poderiam requerer transformações mais profundas.							
Conceito geral final para o *porta-fólio* de ações:		2,5	(criticidade intermediária para alta)		2,47	(factibilidade intermediária para alta)		2,49 (efetividade intermediária para alta)

Fonte: elaboração própria (2024)
Nota: O detalhamento dos elementos do quadro encontra-se no Quadro 2.

Entretanto o parecer final para a factibilidade no Quadro 3 (intermediária para alta) manifesta uma mudança de expectativa em relação àquele que figuraria no contexto prévio à catástrofe gaúcha do ano de 2024 (baixa), visto que agentes econômicos mais poderosos, e não somente as populações vulneráveis socioeconomicamente, igualmente lograram perdas consideráveis nesse episódio (CNC, 2004; EMATER/RS; ASCAR/RS, 2024).

É claro que muitos desses agentes terão acesso a lucros até maiores do que os prejuízos infligidos pelas enchentes durante as forças-tarefa de reconstrução do estado, mas certamente a percepção de risco ganhou incremento nessa nova conjuntura das mudanças climáticas em que o negacionismo ameaça os negócios e a manutenção de poder (Melgarejo, 2024, p. 126).

Assim, o corpo de conhecimento robusto oferecido pela AIA, mobilizado sucintamente na seção 3, provavelmente contará com um ambiente futuro menos avesso aos seus objetivos de preservação ambiental e prevenção a incidentes, que, percebemos claramente no ano de 2024, não puderam ser plenamente atingidos desde sua institucionalização no Brasil em 1981 (Sánchez, 2020, cap. 2, p. 10-11).

18.5 Considerações finais

Este capítulo mobilizou o corpo de conhecimento sobre a AIA agregado em suas principais fases e componentes, sugerindo aprimoramentos, avaliados em criticidade e factibilidade por especialistas, para uma calibragem dos processos. Isso tende a fortalecê-los como ações preventivas à reiteração de condições amplificadoras de impactos dos acidentes geotécnicos e hidrológicos extremos que se abateram sobre o Rio Grande do Sul no outono do ano de 2024, como a impermeabilização do solo e a vulnerabilidade das barragens instaladas no estado.

As análises aprofundadas dos estágios da AIA confirmaram sua robustez na configuração de empreendimentos mais resilientes para o enfrentamento aos desafios das mudanças climáticas, desde que prevaleça uma abordagem mais holística e estratégica, o que, comumente, é confiado à AAE. Esta permanece, por conseguinte, suposta a subsidiar, dentre outros expedientes, planejamentos territoriais e de conservação de bacias hidrográficas em harmonia com o desenvolvimento setorial regional, agendas de extrema relevância contra os desastres climáticos no RS. Contudo, segue ainda carente de respaldo legislativo e metodológico, numa informalidade que, por vezes, esvazia seu significado, emergindo, até mesmo, após os licenciamentos de projetos das AIAs ou sendo útil apenas para a aprovação do financiamento deles por organismos internacionais.

Dentre outros agravantes nesse círculo vicioso, empreendimentos menores e/ou isolados, geralmente não submetidos, devido a altos custos e prazos, à AIA, mas às AASs, podem, em seu conjunto, sob as lacunas da AAE e do relaxamento de regramentos locais e regionais ao espraiamento urbano, acrescentar riscos adicionais aos sistemas complexos, biofísicos e sociais que articulam espaços urbanos e rurais.

Portanto, sob o apoio de novas tecnologias, como a IA, as propostas compiladas no trabalho procuraram recuperar a compreensão abrangente da AIA como idealizada em suas origens nos anos 1980, removendo-a da atual situação de subutilização ao seu vasto repertório em funcionalidades, a qual lhe relega, meramente, à instrumentalização do licenciamento a grandes projetos.

Em termos de salto qualitativo para a inovação, que a dialética, uma das abordagens da pesquisa-ação adotada neste trabalho, busca estimular, a edificação deste constructo integralizante e tático para a AIA já seria, em si, uma importante transformação em direção à resiliência e sustentabilidade no RS e em outros estados brasileiros.

Sem embargo, apesar dessas sugestões terem sido cotadas pelos avaliadores como, em geral, de alta criticidade e factibilidade, ou seja, elevada efetividade, um dos votos contestou a incorporação, sob o âmbito da AIA, da análise de efeitos cruzados e acumulados entre diferentes projetos. Outrossim, houve a argumentação suplementar, pelo mesmo árbitro, de que maiores detalhes sobre empreendimentos nas próprias listas positivas e negativas deveriam bastar para garantia de melhor qualidade na tomada de decisão em submetê-los ou não à completude da AIA.

Isso indica que não há, entre todos os especialistas, confiança quanto à capacidade da IA em absorver tarefas intricadas da AIA e flexibilizá-la. De fato, se não ocorrer compartilhamento das bases de dados pertinentes, quaisquer soluções tecnológicas enfrentariam desafios em produzir resultados confiáveis; mas, então, identicamente a AAE encontraria tais obstáculos, a despeito do seu desempenho superior também em outras agendas, como a participação popular em tomadas de decisão.

Analogamente, uma divergência sobre recomendações de revisão a AIAs em andamento ou já concluídas, especialmente no tocante a riscos, sobressaiu-se a partir da opinião de um dos especialistas, que, ao contrário dos demais, julgou as iniciativas atinentes como de muito baixa exequibilidade.

Essa moderação nos níveis de consenso entre os avaliadores contribuiu para atenuar as graduações consolidadas de criticidade e factibilidade na carteira de propostas de aprimoramento, individualmente e como um todo, tendo a efetividade geral convergido para o intervalo entre as graduações intermediária e alta.

Consequentemente, concentraram-se nessa faixa as quatro propostas eleitas pelos especialistas como de maior efetividade, isto é, aquelas que, num cenário de recursos limitados, deveriam ser priorizadas nos planos de reconstrução do RS por contemplarem os itens mais críticos e de maior factibilidade, referentes, em ordem decrescente, a: (i) atualização e revisão de estudos de base e diagnóstico ambiental sob novos modelos climáticos; (ii) ampliação das fronteiras de atuação da AIA englobando empreendimentos não circunscritos aos megaprojetos apenas; (iii) enriquecimento da determinação de alternativas tecnológicas e locacionais com recursos de IA para simulação avançada de influências climáticas e (iv) emprego de recursos computacionais de alta performance em previsão de impactos, inclusive da cumulatividade e sinergia entre eles, reaproveitando dados dos eventos extremos recentes no RS e em outras localidades mundialmente.

Embora essas propostas sejam fortemente respaldadas pelo progresso técnico, possibilitando, de fato, à AIA, a dispêndios e cronogramas mais eficientes e com maior flexibilidade, resgatar o papel estratégico de que foi destituída ao longo da história, a dependência de mudanças em atitude prossegue como fator decisivo neste ciclo evolutivo da AIA.

Em outros termos, a transformação qualitativa que a dialética preconiza só pode ser alcançada se vencidas fragilidades inobstantes à inovação exclusivamente tecnológica, como o *bias* privilegiando interesses político-econômicos na determinação de escopo, alternativas tecnológicas e locacionais, identificação e avaliação de impactos e outros processos da AIA, independentemente do emprego de novas tecnologias.

Ou seja, as batalhas por poder e o negacionismo quanto às mudanças climáticas não podem persistir nessa AIA mais sintonizada com um futuro sustentável para que os erros do passado sejam corrigidos na reconstrução do Rio Grande do Sul. Esta continuará sendo uma tarefa árdua, mas o testemunho da tragédia climática gaúcha do ano de 2024 a torna ainda mais presente e imprescindível.

REFERÊNCIAS

AMUAH, E. E. Y. *et al*. Environmental impact assessment practices of the federative republic of Brazil: A comprehensive review. **Environmental Challenges**, [s. l.], v. 13, n. 100746, p. 100746, 2023.

CLARKE, Ben *et al*. **Climate change, El Niño and infrastructure failures behind massive floods in southern Brazil.** Imperial College London: Spiral. 2024. Disponível em: https://spiral.imperial.ac.uk/bitstream/10044/1/111882/2/Scientific%20report%20-%20Brazil%20RS%20floods.pdf. Acesso em: 28 jul. 2024.

CNC. **Análise Dos Impactos Econômicos Da Catástrofe No Rio Grande Do Sul (Rs) E Do Plano De Reconstrução.** Rio de Janeiro: Divisão de Economia e Inovação (DEIN), 2024. Disponível em: https://portal-bucket.azureedge.net/wp-content/2024/07/Analise-Tragedia-RS.pdf. Acesso em: 28 jul. 2024.

DA ROCHA, R. P.; REBOITA, M. S.; CRESPO, N. M. Análise do evento extremo de precipitação ocorrido no Rio Grande do Sul entre abril e maio de 2024. **Journal Health NPEPS**, [s. l.], v. 9, n. 1, 2024.

DE LIMA DIAS *et al*. Análise da atuação dos agentes produtores do espaço urbano em Altamira-PA. **Boletim de Geografia**, [s. l.], v. 42, n. 66944, 2024.

DOMINICZAK, M. H. *Scientific writing as an art: an overview*. **Clinical Chemistry**, [s. l.], v. 59, n. 12, p. 1829-1831, 2013.

EMATER/RS; ASCAR/RS. Impactos Das Chuvas E Cheias Extremas No Rio Grande Do Sul Em Maio De 2024. Rio Grande do Sul. **Boletim Evento Adverso n. 1 de maio de 2024.** Estado do Rio Grande do Sul: Secretaria de Desenvolvimento Rural (SDR), 2024. Disponível em: https://www.estado.rs.gov.br/upload/arquivos/202406/relatorio-sisperdas-evento-enchentes-em-maio-2024.pdf. Acesso em: 28 jul. 2024.

ESTRONIOLI, E. Belo Monte: ferida aberta no Xingu. **Movimento dos Atingidos por Barragens**, 2024. Disponível em: https://mab.org.br/2021/11/27/belo-monte-ferida-aberta-no-xingu/. Acesso em: 28 jul. 2024.

GASTEL, B.; DAY, R. A. **How to write and publish a Scientific Paper**. London: Bloomsbury Publishing, 2022.

GIL, A. C. **Métodos e técnicas de pesquisa social**. São Paulo: Atlas, 2008.

GLASSON, J.; THERIVEL, R. **Introduction to environmental impact assessment.** [s. l.]: Routledge, 2013.

MARCONI, M. A.; LAKATOS, E. M. **Fundamentos de metodologia científica.** 5. ed. São Paulo: Atlas, 2003.

MELGAREJO, L. Editorial - Rio Grande do Sul: capitalismo do desastre ou Agroecologia? **Revista Brasileira de Agroecologia**, [s. l.], v. 19, n. 2, p. 120-130, 2024.

MIHR, A. **Glocal Governance**: How to Govern in the Anthropocene? [s. l.]: Springer Nature, 2022.

MORAES, L. C. Licenciamento Ambiental: Do Programático Ao Pragmático. **Sociedade & natureza**, [s. l.], v. 28, n. 2, p. 215-226, 2016.

OBRADOVIĆ, V.; TODOROVIĆ, M.; BUSHUYEV, S. Sustainability and agility in project management: contradictory or complementary? **Advances in Intelligent Systems and Computing III**: Lviv, Ukraine, Springer International Publishing, 2019. p. 522-532.

PELLIN, A. et al. Avaliação ambiental estratégica no Brasil: considerações a respeito do papel das agências multilaterais de desenvolvimento. **Engenharia sanitaria e ambiental**, [s. l.], v. 16, n. 1, p. 27-36, 2011.

RIO GRANDE DO SUL, GOVERNO DO ESTADO DO. **Governo atualiza situação das barragens no RS – 9/5.** 2024. Portal do Estado do Rio Grande do Sul. Disponível em: https://estado.rs.gov.br/governo-atualiza-situacao-das-barragens-no-rs-9-5. Acesso em: 28 jul. 2024.

RIO GRANDE DO SUL, GOVERNO DO ESTADO DO. **Defesa Civil atualiza balanço das enchentes no RS – 10/7, 11h.** 2024. Portal do Estado do Rio Grande do Sul. Disponível em: https://www.estado.rs.gov.br/defesa-civil-atualiza-balanco-das-enchentes-no-rs-10-7-11h. Acesso em: 28 jul. 2024.

SÁNCHEZ, L. E. **Avaliação de impacto ambiental**: conceitos e métodos. 2. ed. São Paulo: Oficina de textos, 2020.

TURCO, L. E. G.; GALLARDO, A. L. C. F. Avaliação de Impacto Ambiental e Avaliação Ambiental Estratégica: Há Evidências de Tiering no Planejamento de Transportes Paulista? **Gestão & Regionalidade**, [s. l.], v. 34, n. 101, 2018.

Capítulo 19

UMA PROPOSTA DE SELEÇÃO DE FERRAMENTAS PARA A AVALIAÇÃO DA SUSTENTABILIDADE NO MEIO RURAL

Pedro Guedes Ribeiro
Thaylana Pires do Nascimento
Henry Junji Motizuki Hiraide
Rafael Honda
Homero Fonseca Filho

19.1 Introdução

O desenvolvimento rural sustentável traz discussões para o campo da agricultura visando a melhoria da qualidade ambiental dos sistemas, além de incentivar o aumento da produção e consequentemente a renda do agricultor, o que pode resultar em melhorias nas condições de vida e trabalho no meio rural, ao passo que favorece as condições ambientais locais (Rodrigues; Campanhola; Kitamura, 2003).

Desde os anos 80 a ciência busca definir parâmetros para a avaliação e a valoração da sustentabilidade nos mais diversos sistemas produtivos, com intuito de mensurar e monitorar sua relação com o meio. Nesta busca surgiu a necessidade de se desenvolverem "indicadores[1]", que pudessem fornecer informações estratégicas para a gestão dos sistemas e da paisagem (Verona, 2008).

A sustentabilidade é transdisciplinar, logo, a seleção dos indicadores que serão utilizados para sua análise deve seguir o mesmo princípio. Frequentemente essas análises ocorrem com base no princípio *"triple bottom line"*, ou seja, dos três pilares clássicos da sustentabilidade. Dessa forma, as análises devem compreender as dimensões: ambiental, social e econômica, oferecendo uma visão holística do estado do sistema em questão. No entanto, indicadores possuem unidades de medida específicas que devem ser padronizadas para se viabilizar a análise (Sarandón; Flores, 2009).

A pluralidade da linguagem e outros aspectos culturais, fazem com que diversos termos sejam empregados ao se descrever ou apontar os conjuntos de indicadores[24] utilizados na valoração da sustentabilidade, como: metodologias, aproximações, frameworks e principalmente, ferramentas (Marchand *et al.*, 2014; Schader *et al.*, 2014; Schindler; Graef; König, 2015; De Olde *et al.*, 2016). Devido às peculiaridades de cada local, para os sistemas agrícolas, existem diversos modelos de avaliação, que possuem como foco a avaliação local "a nível de Fazenda" ou mais amplas a nível de comunidade, ou até mesmo global, por isso a escala de avaliação influencia diretamente na escolha da ferramenta que se pretende utilizar.

Uma grande variedade de ferramentas, que têm como base indicadores chave para a avaliação da sustentabilidade foi desenvolvida ao longo dos anos, buscando diferentes perspectivas de avaliação, uma grande quantidade tem foco em apenas um ou dois pilares da sustentabilidade, poucas são as ferramentas capazes de abarcar suas três dimensões (Asma; Perna, 2021).

A interpretação das características relevantes na ferramenta é fundamental para sua seleção. Para isso é necessário que se tenha em mente que cada uma possui diferentes objetivos e formas de definir o que é importante ser avaliado, como avaliar e qual perspectiva de sustentabilidade deve ser levada em conta na avaliação, por isso, a seleção da ferramenta influenciará diretamente no resultado obtido (Gasparatos, 2010). A construção do conjunto de indicadores está sempre associada à percepção dos autores que a desenvolveram em relação à sociedade, à natureza e ao mercado. Portanto, é importante que a seleção da ferramenta atenda a padrões internacionais e as perspectivas das minorias.

Panoramas para a melhor seleção das ferramentas, baseado na interpretação dos indicadores que as compõem, foram propostos e discutidos por diferentes autores. Binder, Feola, Steinberger (2010) e Marchand *et al.* (2014), desenvolveram uma espécie de *framework* de avaliação, baseando-se na relevância de cada indicador para o tema da produção rural. O enfoque foi compreender e apontar as características desejáveis dos indicadores que compõem as ferramentas de avaliação. Essas interpretações são baseadas em características como: a facilidade de uso pelo avaliador, a disponibilidade de dados e a efetividade da análise.

---

[24] Indicadores são informações que devem resumir e simplificar elementos importantes para a sustentabilidade, evidenciando a ocorrência de determinados fenômenos, sejam positivos ou negativos. (Gliessman, 2009).

Ao aplicar o referido *framework*, De Olde *et al.* (2016) afirma que o principal ponto a ser avaliado quando se compara diferentes ferramentas, a fim de selecionar uma delas, é sua habilidade em traduzir a complexidade dos sistemas agrícolas. Os principais aspectos a serem compreendidos, em sua percepção, são: (1) Compreensão da ferramenta, (2) Trabalho com a ferramenta, (3) Usabilidade da ferramenta pelo agricultor e (4) Tempo requerido para aplicação.

Ao explorar um determinado tópico através de análises computacionais baseadas em literaturas de alto nível, os pesquisadores podem nortear melhor sua tomada de decisão com base em um método matemático-estatístico chamado de bibliometria, que é distinta de revisões sistemáticas ou de escopo. Esse método bibliométrico é usado para sintetizar atividades científicas em determinadas arenas de pesquisa onde se possa identificar: limites de pesquisa, assuntos críticos, características metodológicas e principais padrões a partir de banco de dados de literatura. Além disso, essa metodologia também é capaz de analisar e comparar as principais contribuições entre instituições de diferentes países, além de autores e periódicos (Sweileh, 2020).

Análises bibliométricas como de Asma e Perna, (2021) são comuns para a seleção de ferramentas de avaliação de sustentabilidade em sistemas agrícolas. Os mapas bibliométricos, produzidos para a análise, permitem que os pesquisadores obtenham uma visão geral da produção científica ao redor de um tema, evidenciando os principais autores e periódicos que publicam sobre este (Van Raan, 2014; Waltman; Van Eck; Noyons, 2010).

Com base no que foi exposto, o objetivo deste capítulo é estipular uma metodologia confiável para a seleção de ferramentas de avaliação de sustentabilidade, utilizando a temática da produção agrícola como exemplo. Para isso propõe-se a conciliação entre uma análise bibliométrica e o *Framework* apresentado por De Olde *et al.* (2016), originalmente adaptado de Binder, Feola, Steinberger (2010) por Marchand *et al.* (2014), a fim de identificar uma ferramenta de avaliação de sustentabilidade para sistemas agrícolas relevante para o contexto acadêmico internacional.

19.2 Metodologia

ANÁLISE BIBLIOMÉTRICA

Para as diversas áreas do conhecimento a metodologia de trabalho para estudos bibliométricos segue o seguinte roteiro: 1) seleção das bases de dados bibliográficos; 2) seleção das "palavras-chave" mais importantes para o tema que se quer analisar; 3) escolha do software para a elaboração dos mapas bibliométricos, 4) análise dos resultados obtidos (Waltman; Van Eck; Noyons, 2010).

A busca por ferramentas que pudessem avaliar a sustentabilidade em agroecossistemas foi realizada em 12 de fevereiro de 2021. As bases de dados bibliográficas escolhidas foram a SCOPUS e a *Web Of Science*. A *string* escolhida foi: "*Sustainability AND Assessment AND Tools AND Agriculture*". Foram filtrados apenas artigos e revisões publicados entre o período de 2015 a 2022, a fim de se considerar apenas trabalhos que trouxessem uma perspectiva mais atual sobre a sustentabilidade. Com isso, constatou-se que havia 353 trabalhos indexados na SCOPUS e 280 na *Web of Science* que atendiam a essas características. Foi feito o *download* do registro completo de ambas as pesquisas para os computadores dos autores, a fim de se realizar uma análise bibliométrica, utilizando o programa VOSViewer. O objetivo era gerar mapas que permitissem analisar os principais autores relacionados ao tema e consequentemente compreender quais ferramentas a comunidade científica tem utilizado e aperfeiçoado.

O programa VOSViewer foi elaborado pelo Centro de Estudos em Ciência e Tecnologia da Universidade de Leiden, Países Baixos e está disponível gratuitamente para *download* em seu *site* oficial (Vosviewer, 2022). Trata-se de um programa capaz de analisar dados obtidos em bases bibliográficas digitais utilizando a metodologia de Visualização de Similaridades (VOS). Ele gera produtos visuais baseados em *clusters*, nos quais a distância entre qualquer par de objetos representa sua similaridade, assim, itens divergentes encontram-se mais distantes que itens semelhantes (Noyons, 2001; Van Eck; Waltman, 2007; Waltman; Van Eck; Noyons, 2010).

Para a confecção dos mapas é necessário que seja selecionado no programa a opção "*create map based on bibliographic data*", e em seguida deve-se selecionar a opção "*Read data from bibliographic database files*" que permite utilizar os dados extraídos de bases de dados bibliográficos específicas, como a *Web of Science* e a SCOPUS, ambas de renome internacional. Após a seleção dos tipos de arquivos, vem a escolha das metodologias disponíveis para a elaboração dos mapas bibliométricos, que são: 1) coautoria; 2) coocorrência; 3) citação direta; 4) acoplamento bibliográfico; 5) cocitação.

Para esse estudo foram escolhidas as análises para mapas de coautoria e acoplamento bibliográfico entre autores. O programa solicita que sejam definidos "limites", a fim de diminuir o número de itens que aparecerão no mapa, assim, optou-se por limitar a ocorrência no mapa de autores que possuíssem pelo menos 3 artigos publicados dentro do recorte da pesquisa, a fim de reduzir o número de autores, antes na casa dos milhares, para algumas dezenas, viabilizando a leitura dos mapas, uma vez que com muitos itens a visualização fica comprometida.

SELEÇÃO DA BIBLIOGRAFIA

As ferramentas para avaliação da sustentabilidade foram selecionadas por meio da leitura dos principais trabalhos relacionados aos autores presentes nos *clusters* presentes nos mapas de coautoria gerados nas análises bibliométricas, uma vez que demonstravam os autores mais relevantes relacionadas ao tema pesquisado, assim, os nomes dos autores pertencentes a cada cluster, foram utilizados como filtro em uma nova pesquisa, feita com os mesmos parâmetros utilizados anteriormente, aplicando a *string* de pesquisa "*Sustainability AND Assessment AND Tools AND Agriculture*" e filtrando apenas artigos e revisões, publicados entre o período de 2015 a 2022 nas bases de dados SCOPUS e *Web Of Science*. Dessa forma foram selecionados apenas os trabalhos publicados pelos autores que constavam em cada um dos *clusters* obtidos nos mapas bibliométricos de coautoria. Já os mapas de acoplamento bibliográfico prestaram auxílio na seleção dos trabalhos mais relevantes redigidos em coautoria, já que apresentam visualmente distinção entre os autores que cooperam entre si com maior frequência pela espessura da linha, quanto mais larga, maior é essa conexão entre os autores, ou seja, publicaram mais trabalhos juntos.

A partir da leitura dos títulos e abstracts dos trabalhos obtidos foram selecionados apenas artigos e revisões que propusessem a criação, descrição ou aplicação em algum estudo de caso, de ferramentas de avaliação de sustentabilidade, esses trabalhos foram baixados, estudados e organizados de acordo com o cluster que pertenciam.

SELEÇÃO DAS FERRAMENTAS

Foi definido que a escala de avaliação seria no nível de propriedade agrícola. Então para que os artigos fossem incluídos no trabalho, as ferramentas propostas por eles deveriam ter como foco a avaliação de sustentabilidade por meio de indicadores e ter sua escala de avaliação limitada à propriedade agrícola que avalia, devendo abarcar as três dimensões fundamentais da sustentabilidade: Econômica, Social e Ambiental. Além disso, essas ferramentas deveriam ser capazes de avaliar diferentes nichos produtivos das propriedades agrícolas como o animal, o vegetal ou o agroindustrial, por exemplo.

A avaliação das ferramentas foi feita por meio de um *framework* de avaliação composto por quatro pilares já validados pelo método científico: (1) Compreensão da ferramenta, (2) Trabalho com a ferramenta, (3) Usabilidade da ferramenta pelo agricultor e (4) Tempo requerido para aplicação (De Olde *et al.*, 2016). Além desses, propusemos um quinto ponto, (5) Facilidade de aquisição da ferramenta, uma vez que a utilização de algumas é paga ou necessita de treinamento.

19.3 Resultados e discussão

ANÁLISE BIBLIOMÉTRICA

Os mapas de coautoria (Figuras 1 e 2) são frequentemente utilizados para avaliar a cooperação entre autores ao redor de um tema (Van Eck; Waltman, 2014). As relações de coautoria são baseadas no número de artigos que determinados autores publicaram juntos, assim os mapas bibliométricos de coautoria têm como finalidade definir os documentos de autoria compartilhada, evidenciando as redes sociais existentes entre as distintas colaborações científicas.

Figura 1 - Mapa de coautoria, obtido com os dados da SCOPUS em fevereiro de 2021

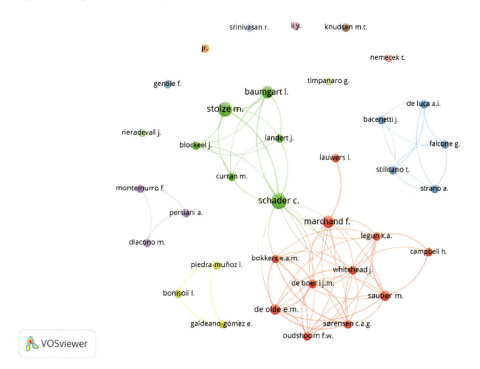

Fonte: os autores

As figuras produzidas (Figs. 1 a 4) representam os autores restantes após a aplicação do limite de no mínimo de três artigos publicados dentro do recorte da pesquisa, com base nas informações das bases de dados bibliográficos. Dentre os 1.569 autores relacionados aos trabalhos publicados na SCOPUS, foram selecionados apenas 36 principais (Figura 1) que atendiam a esse requisito mínimo. Já, para a base *Web of Science,* o número de autores reduziu de 1364 para 20 (Figura 2).

O mapa de coautoria construído com os dados obtidos através da SCOPUS (Figura 1) conta com 36 principais autores distribuídos entre 13 *clusters*, dos quais foram extraídos 34 artigos. Destes, apenas 32 trabalhos científicos tratavam sobre ferramentas, com destaque para as ferramentas SAFA (Fao, 2014) e SMART *Farm Tool* (Schader *et al.*, 2016) com maior número de ocorrências (Tabela 1).

Figura 2 - Mapa de coautoria, obtido com os dados da *Web of Science* em fevereiro de 2021

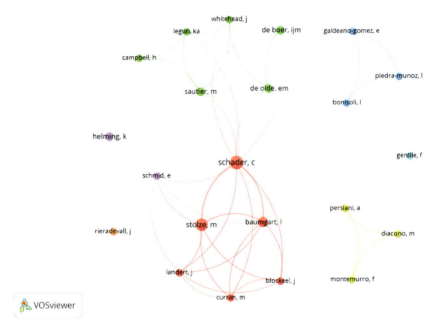

Fonte: os autores

Figura 3 - Mapa de acoplamento bibliográfico, obtido com os dados da SCOPUS em fevereiro de 2021

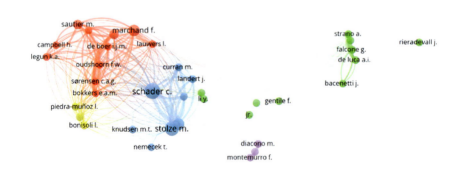

Fonte: os autores

O mapa de coautoria construído com os dados obtidos através da *Web of Science* (Figura 2) conta com 22 principais autores distribuídos entre 7 *clusters*, dos quais foram extraídos 25 artigos, destes, 18 trabalhos científicos tratavam sobre ferramentas, com destaque para a SAFA e a SMART com maior número de ocorrências (Tabela 1).

Figura 4 - Mapa de acoplamento bibliográfico, obtido com os dados da Web of Science em fevereiro de 2021

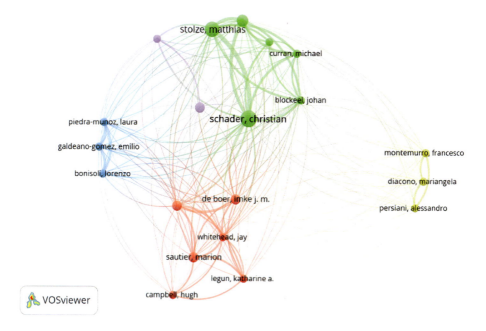

Fonte: os autores

Tabela 1 - Ferramentas com maior ocorrência nas pesquisas bibliométricas realizadas com base na SCOPUS e na *Web of Science*

FERRAMENTAS	OCORRÊNCIAS	REFERÊNCIAS
Sustainability Assessment for Food and Agriculture (SAFA)	12	(FAO, 2014)
Sustainability Monitoring and Assessment Routine (SMART)	12	(SCHADER et al., 2016)
Response-Inducing Sustainability Evaluation (RISE)	6	(HANI et al., 2003)

FERRAMENTAS	OCORRÊNCIAS	REFERÊNCIAS
Indicateurs de Durabilité des Exploitations Agricoles (IDEA)	5	(ZAHM *et al.*, 2008)
Public Goods Tool (PG)	4	(GERRARD *et al.*, 2012)

Fonte: os autores

O cruzamento entre os dados obtidos na análise mostra que a as ferramentas "*Sustainability Assessment for Food and Agriculture*" (SAFA) e "*Sustainability Monitoring and Assessment Routine*" (SMART-*Farm Tool*), ocorreram o mesmo número de vezes (doze) nas publicações estudadas (Tabela 1), o que demonstra o interesse da comunidade científica internacional em estudar essas duas ferramentas e discutir sobre sua utilidade para a as comunidades rurais ao redor do globo e por isso foram as selecionadas para serem submetidas ao *Framework* proposto por Binder; Feola; Steinberger, (2010); Marchand *et al.* (2014); De Olde *et al.* (2016).

A ferramenta "*Sustainability Assessment for Food and Agriculture*" (SAFA) foi criada em 2014 com o intuito de evidenciar as carências estruturais dos sistemas alimentares sob a ótica da sustentabilidade, empregando uma visão holística sobre as cadeias de valor dos sistemas de produção de alimentos. Baseia-se em referências internacionais e nas dimensões fundamentais que compõem a sustentabilidade. O sistema foi criado com foco em empreendimentos agrícolas de várias escalas, desde pequenos produtores até grandes empresas, desde que, envolvidos com a produção, distribuição e comercialização de alimentos; que tenham o entendimento claro dos fatores que compõem a sustentabilidade do setor e apontando os pontos que precisam ser melhorados (Fao, 2014).

A ferramenta "*Sustainability Monitoring and Assessment Routine*" (SMART-*Farm Tool*) é uma metodologia para avaliar a sustentabilidade no nível de propriedade agrícola, apresentando resultados em relação às comunidades locais explicando como se comportam em relação aos objetivos formulados. A ferramenta adota a mesma estrutura da SAFA, mas com um conjunto adaptado de indicadores, conduzindo uma avaliação sistemática de *trade-offs* (compensações) e relações entre diferentes dimensões, temas e subtemas. A ferramenta é proposta como uma abordagem complementar a outros métodos já estabelecidos que possam medir a eficiência de recursos quantitativamente, ou para aconselhar os agricultores de forma didática (Schader *et al.*, 2016).

APLICAÇÃO DO *FRAMEWORK* AVALIATIVO

A seguir é apresentada a aplicação do *framework* adaptado do trabalho de De Olde (2016), pelo qual serão avaliadas as ferramentas "SAFA" e "SMART - *Farm Tool*", as mais frequentes entre os trabalhos avaliados no período da pesquisa. Esse Framework é composto por 5 pilares avaliativos que foram analisados por meio da comparação entre as características apresentadas pelas duas ferramentas selecionadas.

Pilar 01 - Compreensão da Ferramenta. O destaque é dado para a SAFA, já que possui diversos materiais de apoio, sem a necessidade de um treinamento formal para sua utilização, mas é importante que sejam feitas as leituras dos materiais dispostos no *site* da FAO, onde estão disponíveis o software para a aplicação e os trabalhos relacionados à ferramenta, a fim de que se possa avaliar com precisão o objeto de estudo.

Pilar 02 - Trabalho com a Ferramenta. Para ambas as ferramentas o trabalho com elas é baseado no preenchimento dos indicadores por meio de um programa de computador, o que facilita os cálculos e a validação dos *scores* obtidos para cada dimensão da sustentabilidade. No entanto, alguns aspectos podem ser complexos para o contexto dos países subdesenvolvidos, já que conta com manuais e materiais teóricos extensos escritos em inglês e requer que o avaliador tenha o conhecimento do idioma, além de acesso a um computador e o conhecimento de conceitos e termos específicos das ciências agrárias, humanas e da natureza, relacionando-se com o próximo pilar da avaliação proposta.

Pilar 03 - Usabilidade da Ferramenta pelo Agricultor. Ambas são destinadas ao uso por técnicos qualificados para tal. Esse aspecto torna as ferramentas menos acessíveis e com menor facilidade de uso pelo público geral. No entanto, a SAFA se destaca nesse ponto, por ser de livre acesso. Já, para se utilizar a ferramenta SMART *Farm Tools* é necessário que seja feito um treinamento presencial com a equipe da ferramenta, tornando a utilização da SMART *Farm Tool* mais restrita a um público específico, que consegue viajar para realizá-lo e que domine o idioma inglês.

Pilar 04 - Tempo requerido para a aplicação da ferramenta. Esse quesito é melhor desempenhado pela SAFA do que pela SMART, pois mesmo que a SAFA comporte um número maior de indicadores e dados que devem ser avaliados (Schader *et al.*, 2016), aumentando o tempo após aplicação para a compilação dos dados, a SMART precisa de treinamento presencial. Segundo De Olde, Bokkers e De Boer (2015) a Ferramenta SAFA precisa de no mínimo 125 a 185 minutos para ser aplicada e a SMART, além desse tempo necessita de um treinamento presencial, que demanda mais de um dia.

Pilar 05 - Facilidade de Aquisição da Ferramenta. Nesse critério a SAFA possui vantagem considerável, já que está disponível online gratuitamente e fornece todo o material teórico e prático para sua aplicação, estando à disposição de todos para ser utilizada sem a necessidade de um treinamento pago.

Assim, pela análise realizada, a ferramenta escolhida foi a SAFA, por suas características serem mais acessíveis ao público internacional; pelo volume de publicações associados a ela; por ser dela que se originou a SMART; pela característica de flexibilidade na escolha de indicadores, que podem ser alterados e aprimorados para as realidades locais.

DESCRIÇÃO DA FERRAMENTA ESCOLHIDA

SAFA é a abreviação de *"Sustainability Assessment For Food And Agriculture"* uma ferramenta criada pela FAO-UN (*Food and Agriculture Organization of the United Nations*). O projeto foi desenvolvido entre 2011 e 2013 com o envolvimento de mais de 250 especialistas de 61 países, tendo como objetivo avaliar a sustentabilidade ao longo da cadeia produtiva agrícola de forma holística e contextualizada para o local e para a escala da instituição analisada. Para isso, baseia sua análise em 4 dimensões da sustentabilidade: Boa Governança; Integridade Ambiental; Resiliência Econômica e Bem-Estar Social, distribuídos em 21 temas, 58 subtemas e 116 indicadores (FAO, 2014). Devido às principais características associadas a ferramenta (Tabela 2) e por ter sua origem na Organização das Nações Unidas, a credibilidade associada a ela também é muito grande, uma vez que o objetivo dessa organização é subsidiar o direcionamento da sociedade para a sustentabilidade e a resolução de conflitos.

Tabela 2 - Principais características associadas a ferramenta SAFA

CARACTERÍSTICA	DESCRIÇÃO
Conceito de sustentabilidade	O desenvolvimento sustentável na agricultura é ambientalmente não degradante, economicamente viável e socialmente aceitável (FAO, 1989).
Abordagem	"*Top-down approach*" (BONISOLI; GALDEANO-GÓMEZ; PIEDRA-MUÑOZ, 2018), uma estratégia que começa no nível organizacional mais alto e depois desce até os outros elementos da estrutura.
Pontuação e método de agregação	A SAFA tem 21 temas e 58 subtemas, abordados por 116 indicadores. O score de cada indicador é avaliado em uma escala de 1 a 5, distinguindo-os entre: indicadores de desempenho, prática e planejamento, refletindo diferentes pesos no score final (FAO, 2014).
Função da ferramenta	Fornece uma avaliação holística dos sistemas alimentares e agrícolas em quatro dimensões da sustentabilidade: integridade ambiental, resiliência econômica, boa governança e bem-estar social (FAO, 2014).

Fonte: os autores

Nota-se que a SAFA vem recebendo ampla aceitação entre pesquisadores e usuários, aumentando frequentemente o número de publicações associadas à ferramenta. Diversos estudos buscaram analisar a capacidade da SAFA ser aplicada em países em desenvolvimento, como: Gayatri; Gasso-Tortajada; Vaarst, (2016) que aplicaram a ferramenta à pecuária de corte da Indonésia; Sebunya *et al.* (2017, 2019) que a aplicaram em pequenos produtores de café orgânico e convencional em Uganda e Al Shamsi *et al.* (2019) que aplicam a SAFA para avaliar a soberania alimentar em agroecossistemas na Itália e nos Emirados Árabes.

19.5 Considerações finais

Na busca para encontrar uma ferramenta de avaliação de sustentabilidade em sistemas agrícolas, a SAFA se mostrou a mais relevante para o contexto acadêmico internacional, com base na metodologia aplicada.

O processo de avaliação da sustentabilidade no meio rural é importante para a conservação do capital natural e humano das comunidades agrícolas, ficando evidente que o uso de uma ferramenta como a SAFA pode ajudar o produtor rural na tomada de decisões no presente e no futuro em seus estabelecimentos. As perspectivas avaliadas pela ferramenta englobam diversas esferas que podem, muitas vezes, passar despercebidas no dia a dia do manejo de uma propriedade rural. Com o material resultante e produzido pela avaliação o produtor pode traçar um plano de trabalho com enfoque na adequação dos pontos nos quais ele obteve menor desempenho podendo, assim, melhorar sua produtividade, sua gestão de recursos e a sustentabilidade de seu sistema produtivo.

Foi Identificado um amplo uso internacional da ferramenta SAFA em trabalhos científicos. Sua abordagem holística e sistêmica garante que ela possa avaliar diversas escalas produtivas com foco na produção de alimentos, abrangendo desde pequenos produtores "*Smallholders*" ou pequenos estabelecimentos de beneficiamento agroindustrial, até cooperativas e grandes produtores e indústrias do ramo alimentício. Os materiais produzidos são de fácil compreensão e estabelecem metas a serem alcançadas. A avaliação contínua de uma propriedade com a SAFA pode potencialmente aumentar a autonomia, a resiliência e a sustentabilidade de estabelecimentos agrícolas.

REFERÊNCIAS

AL SHAMSI, K. B.; GUARNACCIA, P.; COSENTINO, S. L.; LEONARDI, C.; CARUSO, P.; STELLA, G.; TIMPANARO, G. Analysis of relationships and sustainability performance in organic agriculture in the United Arab Emirates and Sicily (Italy). **Resources**, [s. l.], v. 8, n. 1, p. 39, 2019.

ASMA, A. L. I.; PERNA, S. Sustainability indicators in Agriculture: A Review and Bibliometric analysis using Scopus database. **Journal of Agriculture and Environment for International Development**, [s. l.], v. 115, n. 2, p. 5-21, 2021.

BINDER, C. R.; FEOLA, G.; STEINBERGER, J. K. Considering the normative, sistemic and procedural dimensions in indicator-based sustainability assessments in agriculture. **Environmental impact assessment review**, [s. l.], v. 30, n. 2, p. 71-81, 2010.

BONISOLI, L.; GALDEANO-GÓMEZ, E.; PIEDRA-MUÑOZ, L. Deconstructing criteria and assessment tools to build agri-sustainability indicators and support farmers' decision-making process. **Journal of Cleaner Production**, [s. l.], v. 182, p. 1080-1094, 2018.

DE OLDE, E. M.; BOKKERS, E. A. M.; DE BOER, I. J. M. The choice of the sustainability assessment tool matters: differences in thematic scope and assessment results. **Ecological economics**, [s. l.], v. 136, p. 77-85, 2015.

DE OLDE, E. M.; OUDSHOORN, F. W.; SØRENSEN, C. A.; BOKKERS, E. A.; BOER, I. J. Assessing sustainability at farm-level: Lessons learned from a comparison of tools in practice. **Ecological Indicators**, [s. l.], v. 66, p. 391-404, 2016.

FAO. Food and Agriculture Organization. Sustainable Development and Natural Resources Management. Conference for food and agriculture of the United Nations. **Anais**. Rome, Italy: United Nations, nov. 1989. Disponível em: https://www.fao.org/3/z4961en/z4961en.pdf. Acesso em: 10 maio 2022.

GASPARATOS, A. Embedded value systems in sustainability assessment tools and their implications. **Journal of environmental management**, [s. l.], v. 91, n. 8, p. 1613-1622, 2010.

GAYATRI, S.; GASSO-TORTAJADA, V.; VAARST, M. Assessing sustainability of smallholder beef cattle farming in Indonesia: A case study using the FAO SAFA framework. **Journal of Sustainable Development**, [s. l.], v. 9, n. 3, p. 236-247, 2016.

GERRARD, C. L.; SMITH, L.; PEARCE, B.; PADEL, S.; HITCHINGS, R.; COOPER, N. Public Goods and Farming. Em: **Farming for Food and Water Security**. [s. l.]: Springer, Dordrecht, 2012. p. 1-22.

GLIESSMAN, S. R. **Agroecologia**: processos ecológicos em agricultura sustentável. 4. ed. Porto Alegre: Ed. da UFRGS, 2009.

HANI, F.; BRAGA, F. S.; STAMPFLI, A.; KELLER, T.; FISCHER, M.; PORSCHE, H. RISE, a Tool for Holistic Sustainability Assessment at the Farm Level. **International Food and Agribusiness Management Review**, [s. l.], v. 6, n. 4, p. 78-90, 2003.

MARCHAND, F.; DEBRUYNE, L.; TRISTE, L.; GERRARD, C.; PADEL, S.; LAUWERS, L. Key characteristics for tool choice in indicator-based sustainability assessment at farm level. **Ecology and Society**, [s. l.], v. 19, n. 3, 2014.

NOYONS, E. D. Bibliometric mapping of science in a policy context. **Scientometrics**, [s. l.], v. 50, p. 83-98, 2010.

RODRIGUES, G. S.; CAMPANHOLA, C.; KITAMURA, P. C. Avaliação de impacto ambiental da inovação tecnológica agropecuária: AMBITEC-AGRO. **Documentos (Embrapa Meio Ambiente)**, [s. l.], v. 34, p. 0-95, 2003.

SARANDÓN, S. J.; FLORES, C. C. Evaluación de la sustentabilidad en agroecosistemas: una propuesta metodológica. **Agroecología**, [s. l.], v. 4, p. 19-28, 2009.

SCHADER, C.; BAUMGART, L.; LANDERT, J.; MULLER, A.; SSEBUNYA, B.; BLOCKEEL, J.; WEISSHAIDINGER, R.; PETRASEK, R.; MÉSZÁROS, D.; PADEL, S.; GERRARD, C.; SMITH, L.; LINDENTHAL, T.; NIGGLI, U.; STOLZE, M. Using the Sustainability Monitoring and Assessment Routine (SMART) for the systematic analysis of trade-offs and synergies between sustainability dimensions and themes at farm level. **Sustainability**, [s. l.], v. 8, n. 3, p. 274, 2016.

SCHADER, C.; GRENZ, J.; MEIER, M. S.; STOLZE, M. Scope and precision of sustainability assessment approaches to food systems. **Ecology and Society**, [s. l.], v. 19, n. 3, 2014.

SCHINDLER, J.; GRAEF, F.; KÖNIG, H. Methods to assess farming sustainability in developing countries. A review. **Agronomy for sustainable development**, [s. l.], v. 35, p. 1043-1057, 2015.

SSEBUNYA, B. R.; SCHADER, C.; BAUMGART, L.; LANDERT, J.; ALTENBUCHNER, C.; SCHMID, E.; STOLZE, M. Sustainability Performance of Certified and Non-certified Smallholder Coffee Farms in Uganda. **Ecological Economics**, [s. l.], v. 156, p. 35-47, 1 fev. 2019.

SSEBUNYA, B. R.; SCHMID, E.; VAN ASTEN, P.; SCHADER, C.; ALTENBUCHNER, C.; STOLZE, M. Stakeholder engagement in prioritizing sustainability assessment themes for smallholder coffee production in Uganda. **Renewable Agriculture and Food Systems**, [s. l.], v. 32, n. 5, p. 428-445, 2017.

SWEILEH, W. M. Bibliometric analysis of peer-reviewed literature on food security in the context of climate change from 1980 to 2019. **Agriculture & Food Security**, [s. l.], v. 9, p. 1-15, 2020.

VAN ECK, N. J.; WALTMAN, L. VOS: A new method for visualizing similarities between objects. *In:* **Advances in Data Analysis**: Proceedings of the 30th Annual Conference of the Gesellschaft für Klassifikation eV, Freie Universität Berlin, March 8-10, 2006. Berlin, Heidelberg: Springer Berlin Heidelberg, 2007. p. 299-306.

VERONA, L. A. F. **Avaliação de sustentabilidade em agroecossistemas de base familiar e em transição agroecológica na região sul do Rio Grande do Sul**. 2008. 193 f. Tese (Doutorado em Ciências: Produção Vegetal) — Universidade Federal de Pelotas, Pelotas, 2008.

VOSVIEWER. **VOSviewer - Visualizing scientific landscapes. VOSviewer - Visualizing scientific landscapes Netherlands**. Centre for Science and Technology Studies, Leiden University, 2022. Disponível em: https://www.vosviewer.com/. Acesso em: 10 maio 2022

WALTMAN, L.; VAN ECK, N. J.; NOYONS, E. C. M. A unified approach to mapping and clustering of bibliometric networks. **Journal of Informetrics**, [s. l.], v. 4, n. 4, p. 629-635, 2010.

ZAHM, F. *et al.* Assessing farm sustainability with the IDEA method–from the concept of agriculture sustainability to case. **Sustainable Development**, [s. l.], v. 16, n. 4, p. 271-281, jul. 2008.

Capítulo 20

A SUSTENTABILIDADE NO ENSINO FORMAL: UM OLHAR SOBRE OS MATERIAIS DIDÁTICOS E PERCEPÇÕES DE PROFESSORES DE ENSINO MÉDIO

Giulliana Aparecida Lopes de Melo Rocha
Helene Mariko Ueno

20.1 Introdução

A crescente necessidade de prevenir ou mitigar as consequências de desastres ambientais relacionados às mudanças climáticas inseriu a sustentabilidade na agenda global como prioridade neste século. Para Freitas e Segatto (2014), o modelo de desenvolvimento tecnológico precisa ser repensado, assumindo o compromisso ético de resgatar os valores de igualdade, equidade e solidariedade nas questões econômicas, promovendo a sustentabilidade.

Nesse contexto, o Brasil tem relevância internacional por sua grande extensão territorial, biomas de alta biodiversidade, potencial de desenvolver matriz energética mais limpa, situação socioeconômica bastante dependente dos recursos naturais, entre outras características (Confalonieri *et al.*, 2002). Ao mesmo tempo, está entre os países com maiores emissões de gases do efeito estufa do mundo (Climate Watch, 2021), principalmente devido ao desmatamento. Entre 1988 e 2020, o país perdeu cerca de 457.237 km² de suas florestas e os sumidouros de carbono das florestas maduras enfraqueceram cerca de 60% nas últimas três décadas (Nobre *et al.*, 2021).

Incluir questões sobre mudanças ambientais globais na agenda científica é fundamental para o alcance da sustentabilidade no Brasil e no mundo. Temas como pobreza, saúde, educação, desigualdades sociais, recursos naturais, biodiversidade, entre outros, indicam a urgência na necessidade de enfrentar os desafios ambientais, sociais e econômicos para as pessoas e o planeta (Unesco, 2021).

Para a efetiva educação rumo à sustentabilidade, é preciso apoiar os docentes em processos de construção de valores e conhecimentos, por meio do diálogo e reflexão crítica sobre suas práticas em aula, para que ultrapassem as barreiras conteudistas e disciplinares. Apesar de se tratar de um conteúdo transversal, a falta de espaço nas estruturas curriculares e de atividades pedagógicas sobre a temática acentuam a não inserção da sustentabilidade no ensino formal (Rocha; Ferreira; Ueno, 2021). Além disso, capacitar professores que ajudem os estudantes a compreenderem que a educação para a sustentabilidade envolve um processo de investigação crítica para encorajar as pessoas a explorar a complexidade; e as implicações desta abordagem frente às forças econômicas, políticas, sociais, culturais, tecnológicas e ambientais (Godoy; Brunstein; Fischer, 2013) abriria espaços no cotidiano escolar, promovendo vivências mais autênticas.

Desta forma, este estudo se propõe a caracterizar as atividades pedagógicas e os conteúdos sobre sustentabilidade abordados em materiais didáticos e sob a ótica de professores do Ensino Médio, relacionados à educação para a sustentabilidade no ensino formal. A pesquisa visa fomentar diretrizes para a educação ambiental e sustentável, assumindo a escolarização básica como espaço para a mudança de pensamento e atitude a partir da compreensão crítica do desenvolvimento sustentável.

20.2 Procedimentos metodológicos

A fundamentação teórica baseou-se em pesquisas bibliográficas nas bases de dados Web of Science, Scopus e Biblioteca Digital Brasileira de Teses e Dissertações, com a utilização dos termos "educação", "sustentabilidade" e "educação para a sustentabilidade", combinados com "ensino" ou "escola" (e derivados). O material foi selecionado com base na leitura dos títulos e dos resumos que contivessem dados e estudos sobre a educação para a sustentabilidade no ensino formal. Sites institucionais pertinentes ao tema e legislação educacional brasileira, como as bibliotecas digitais do Ministério da Educação e a Base Nacional Comum Curricular, também foram consultados entre 2021 e 2022.

Os resultados foram obtidos por meio da análise documental de materiais didáticos de dois sistemas de ensino, de ampla distribuição nacional e alinhados às diretrizes educacionais da BNCC (Brasil, 2018), e por meio de entrevistas virtuais com professores do Ensino Médio (EM) de duas instituições escolares privadas que permitiram as entrevistas e estudo dos materiais analisados, entre os anos de 2022 e 2023.

Para tratar os dados extraídos dos materiais didáticos selecionados e os dados das entrevistas com os professores foi utilizada a análise de conteúdo (Bardin, 1977). A inserção (ou não) do termo ou tema sustentabilidade de forma direta (conteúdo específico) e indireta (conteúdos que se relacionam com suas três vertentes: ambiental, social e econômica) foi analisada a partir do conteúdo programático anual das apostilas e os conteúdos curriculares foram cotejados quanto a sua proximidade aos 17 Objetivos para um Desenvolvimento Sustentável (ODS) propostos pela ONU, considerando também os objetivos de aprendizagem a esses ODS, propostos pela UNESCO, adotados como categorias analíticas.

Nove de treze professores convidados, participaram de entrevistas individuais e virtuais para obtenção de dados sobre sua relação e dificuldades enfrentadas para abordar a educação para a sustentabilidade, a partir de um roteiro de perguntas de elaboração própria dividido em: apresentação e perfil profissional; percepções e comentários sobre conteúdos e atividades pedagógicas desenvolvidas no Ensino Médio e trajetória profissional e conexão com a sustentabilidade.

Esta pesquisa foi aprovada pelo Comitê de Ética em Pesquisa sob o n. CAAEE 56009622.9.0000.5390 e parecer de aprovação n. 5.477.504.

20.3 Fundamentação bibliográfica

Em 1992, durante a segunda Conferência das Nações Unidas para o Meio Ambiente, no Rio de Janeiro, firmou-se o Tratado da Educação Ambiental para Sociedades Sustentáveis e Responsabilidade Global, que reconheceu a educação ambiental como direito dos cidadãos e estabeleceu diretrizes para uma educação mais transformadora (Tozoni-Reis, 2006).

A Rio-92 promoveu a conscientização sobre a importância da sustentabilidade global (Heinrichs *et al.*, 2016), abriu espaço para a educação ambiental nas agendas escolares e foi marcada pelo reconhecimento do conceito de desenvolvimento sustentável (WCED, 1987) cujo principal objetivo seria o de satisfazer as necessidades e as aspirações humanas, atendendo também a todas as necessidades básicas que alguns países em desenvolvimento ainda possuíssem.

Sem conceito único, a sustentabilidade denota aquilo que se sustenta, que é duradouro e resiliente. Traduz a necessidade humana básica de sobrevivência e segurança, impedindo o colapso ecológico, econômico ou social. A origem do termo remete ao ano de 1713, quando o diretor de mineração Carl Von Carlowitz escreveu um tratado sobre silvicultura pedindo um "uso contínuo, estável e sustentado" da floresta (Heinrichs *et al.*, 2016).

Uma educação voltada para a sustentabilidade teria o potencial de auxiliar nossa sociedade em formar adultos mais conscientes e responsáveis diante das transformações tecnológicas da sociedade, além de também permitir o avanço do desenvolvimento econômico e tecnológico, sem comprometer os recursos ambientais. Assim, a reflexão crítica nas práticas educativas e nos espaços formativos de educadores e educandos seria fundamental. Essa tendência crítica da educação ambiental ainda precisa ser construída de maneira transdisciplinar por professores e alunos e estar alinhada aos aspectos sociais, econômicos e ambientais buscados na ciência da sustentabilidade (Rocha; Ferreira; Ueno, 2021).

Em 2015, com a promoção dos 17 Objetivos para um Desenvolvimento Sustentável - ODS, propostos pela Agenda 2030 (ONU, 2015), firmou-se o objetivo de número 4 "Educação de Qualidade", que em sua meta 4.7 manifesta a importância de uma educação para a sustentabilidade, que atenda as questões sociais, econômicas e de qualidade de vida, além das questões ecológicas (Plataforma Agenda 2030, 2021).

Assim, a inserção da sustentabilidade na educação formal já ocorre em alguns países. Na Alemanha, o Ministério Federal da Educação fundou o "Comitê de Educação para o Desenvolvimento Sustentável para a década da ONU" e um número considerável de projetos sobre educação para sustentabilidade vem sendo realizado por escolas, ONGs e outras instituições e iniciativas (Muller *et al.*, 2021).

Em escolas da Finlândia, os gestores estão mudando seus programas e práticas para contribuir com os Objetivos de Sustentabilidade, propostos pela Agenda 2030. As atividades locais são fortemente apoiadas por políticas nacionais, principalmente pelos currículos escolares e estratégias de ensino superior na qual a sustentabilidade, em conexão com outros temas ambientais, é enfatizada nas últimas reformas educacionais (Kallio *et al.*, 2021).

A atualização da abordagem política de educação ambiental para uma educação mais voltada à sustentabilidade também foi adotada na

Costa Rica, com a aprovação do "Compromisso Nacional com a Década da Educação para o Desenvolvimento Sustentável", segundo o qual as escolas passaram a promover a integração da educação ambiental em matérias transdisciplinares, considerando a educação como aspecto indispensável para as mudanças culturais rumo ao desenvolvimento sustentável (Unesco, 2017).

Porém, outros países enfrentam obstáculos para promover a inserção da sustentabilidade como proposta curricular na educação básica. Niens *et al.* (2021), analisando o sistema educacional formal de Madagascar, evidenciaram que a educação para a sustentabilidade é marginalmente integrada nos currículos escolares e treinamentos dos professores, embora reconheçam que a conexão da temática ao conteúdo curricular das escolas é importante para aumentar a relevância de seu ensino.

Na Malásia, Ho, Kamaruddin e Ismail (2016) identificaram dificuldades como o currículo muito pesado e a falta de conteúdo nos materiais didáticos, enquanto Nicholls e Thorne (2018), na Austrália, mostraram que os professores nem sempre conseguem ver a sustentabilidade como parte de seu currículo, uma vez que é abordada como tema transversal.

No Brasil, o mais novo documento normativo com diretrizes educacionais para todos os níveis de ensino da educação básica: a Base Nacional Comum Curricular - BNCC (Brasil, 2022), apresenta a educação para a sustentabilidade como 'tema contemporâneo', sujeito à autonomia das escolas a incorporarem (ou não) em suas práticas educativas (Brasil, 2018), apesar de ter sido aprovada após a Agenda 2030.

Para Silva e Loureiro (2019), a BNCC tenta uma aproximação com a Agenda 2030, mas sem convergir com o tema transversal de educação ambiental proposto pelas diretrizes políticas brasileiras. Os autores mostram que apesar de apresentar interfaces relacionadas aos ODS, a BNCC deixa a desejar no que tange a inter-relação entre as problemáticas histórica, social, econômica e cultural que materializam os problemas ambientais.

Contudo, é possível e desejável que existam práticas educativas relacionadas à sustentabilidade nas salas de aula escolares por parte dos docentes, além de materiais didáticos estruturados e norteados para os temas contemporâneos que afetam a vida humana, assim como os próprios ODS.

20.4 Resultados e discussão

Com poucas diferenças nos eixos disciplinares de cada método de ensino, ambos se alinharam às premissas da BNCC. Por exemplo, o eixo "Linguagens e suas Tecnologias" equivale ao eixo "Linguagens, códigos e suas tecnologias", assim como o eixo "Ciências Humanas e sociais aplicadas" corresponde ao eixo "Ciências Humanas e suas tecnologias".

Para as três séries do Ensino Médio, o termo "sustentabilidade" não apareceu como conteúdo programático específico em nenhuma das disciplinas curriculares, em ambos os materiais didáticos. Entretanto, alguns conteúdos se articulam ao tema sustentabilidade.

No Brasil, um conjunto de documentos denominado Parâmetros Curriculares Nacionais (PCN) inclui a sustentabilidade no eixo curricular "Ciências da Natureza, Matemática e suas Tecnologias" como parte integradora do conteúdo de Biologia, durante o Ensino Médio (Brasil, 2000). Contudo, a aprovação da BNCC alterou este cenário, afastando a sustentabilidade de conteúdo obrigatório à temática opcional nas escolas. Apesar de ainda relevantes à educação formal brasileira, os PCN perderam a oportunidade de assumir formalmente a agenda político-ambiental atual, que carece de abordagens mais amplas e atualizadas, que não estão completamente contempladas nesses documentos.

Apesar da BNCC apresentar propostas inovadoras que norteiam as habilidades de cada disciplina curricular do ensino básico, verificadas em ambos os materiais de ensino, não menciona a educação para a sustentabilidade em seu documento, limitando-se à autonomia dos gestores e sistemas de ensino para uma possível inserção de "temas contemporâneos" em seus currículos disciplinares.

Nesse sentido, Braga *et al.* (2021) consideram que a BNCC se afasta da concepção crítica da educação ambiental e a sustentabilidade se articula apenas a práticas reducionistas e fragmentadas, o que evidencia uma educação ambiental mais conservadora e naturalista. A estrutura fragmentada e centrada em conteúdos padronizados, propostos pela BNCC, não permite o debate socioambiental e a apropriação de conhecimentos para os alunos realizarem sua leitura crítica do mundo natural e social em que vivem (Andrade; Piccinini, 2017).

O currículo de educação para a sustentabilidade devidamente planejado e implementado incentiva a aprendizagem transcurricular e interdisciplinar e oferece possibilidades mais promissoras ao desenvolvimento de valores e habilidades de padrões de vida mais sustentáveis pelos estudantes (Dyment; Hill; Emery, 2015).

Além do mais, os textos teóricos dos materiais apostilados analisados são resumidos e alguns deles são apresentados na forma de esquemas e mapas mentais, a fim de facilitar a assimilação de determinados conceitos. Essa forma resumida de apresentação conteudista reforça a preocupação dos sistemas de ensino em preparar o estudante para os vestibulares, distanciando-o ainda mais de uma educação holística.

O cotejamento dos conteúdos didáticos frente aos 17 ODS estabelecidos pela Agenda 2030 evidenciou pontos de aproximação com a educação para a sustentabilidade. A disciplina de maior alcance dentre os objetivos foi Geografia para ambos os sistemas de ensino (Quadro 1).

No sistema de ensino I, 11 dos 17 objetivos foram contemplados na disciplina de Geografia durante todo o Ensino Médio, sendo a disciplina de maior alcance neste material, seguida por Biologia com 4 e Química com 3 ODS abordados. As disciplinas História e Física apresentaram apenas 1 objetivo abordado cada, enquanto Português e Matemática não apresentaram relações com nenhum deles (Quadro 1).

No sistema de ensino II, a disciplina de Geografia também foi a que mais abordou ODS, com 9 dos 17 objetivos. A disciplina de Biologia apresentou dois objetivos a mais em relação ao outro material, totalizando 6 ODS abordados, e em Química apenas 1 objetivo foi abordado, assim como em História. Para este material, as disciplinas de Português, Matemática e Física não apresentaram relações com nenhum dos objetivos (Quadro 1).

Quadro 1 - Abordagem dos 17 ODS no Ensino Médio formal de acordo com os conteúdos das disciplinas de Português (P), Matemática (M), História (H), Geografia (G), Biologia (B), Química (Q) e Física (F), nos dois materiais didáticos (I e II)

DISCIPLINAS	P		M		H		G		B		Q		F	
ODS	I	II	I	II	I	II	I	II	I	II	I	II	I	II
1 Erradicação da pobreza														
2 Fome zero														
3 Boa saúde e bem-estar														
4 Educação de Qualidade														
5 Igualdade de gênero														
6 Água limpa e saneamento														
7 Energia acessível e limpa														
8 Emprego digno e crescimento econômico														
9 Indústria, inovação e infraestrutura														
10 Redução das desigualdades														
11 Cidades e comunidades sustentáveis														
12 Consumo e produção responsáveis														
13 Combate às alterações climáticas														
14 Vida debaixo d'água														
15 Vida sobre à terra														
16 Paz, justiça e instituições fortes														
17 Parcerias em prol das metas														

Fonte: elaborado pelas autoras

A ausência dos ODS em algumas disciplinas evidencia o potencial desperdiçado de inserir o tema sustentabilidade nos currículos escolares. Além da Agenda 2030 estabelecer um marco importante para a visibilidade e amplitude dos 17 ODS, os temas relacionados a esses objetivos são abrangentes e relacionáveis aos problemas socioambientais vivenciados atualmente. Assim, é necessário que as escolas ocupem seus respectivos lugares na educação e se empenhem na inserção do conhecimento sobre sustentabilidade em suas aulas.

Bittencourt (1993) destaca que nem todos os educadores utilizam o material didático como ferramenta fundamental em suas aulas. Assim, é possível que os ODS sejam discutidos nas práticas pedagógicas dos docentes, mesmo sem a inserção de um conteúdo específico (ou 'novo') no material didático adotado. Borges (2000) corrobora Bittencourt (1993) ao constatar que o material didático é pouco avaliado em relação ao papel que exerce na formação do próprio professor, e a maioria das pesquisas relativas ao material didático enfatiza mais o papel do mesmo na aprendizagem dos alunos do que seu uso em sala pelo docente.

Nos dois sistemas, os principais conteúdos analisados apresentaram semelhanças consideráveis. Com algumas diferenças nominais das aulas, os objetivos de aprendizagem de cada conteúdo foram quase que totalmente equivalentes, inclusive na correspondência com os ODS, evidenciando o alinhamento entre as propostas pedagógicas dos materiais.

A importância da Geografia no presente estudo reforça a verificada por Soares (2019) e Hawa *et al.* (2021), em que a disciplina também refletiu o alinhamento entre as metas de desenvolvimento sustentável e a educação. Contudo, a inclusão de temas de educação para o desenvolvimento sustentável no currículo escolar diz pouco sobre a eficácia das práticas de ensino em sala de aula (Ho; Kamaruddin; Ismail, 2016).

Destaca-se que os conteúdos relacionados aos ODS encontravam-se em seções à parte do texto do conteúdo principal, como caixas de leituras complementares "prepare-se" e/ou "saiba mais". Esse caráter "complementar" assume que nem sempre esses textos serão lidos, trabalhados em sala ou cobrados dos estudantes nas avaliações. Isso foi observado nos dois materiais de ensino. Com isso, perde-se oportunidade importante de inserir a Agenda 2030 nas discussões em sala de aula, de estabelecer conexões com conteúdos curriculares que permeiam o cotidiano dos estudantes, dentro e fora da escola, em nível local e global.

Outro fato a considerar é que os conteúdos destinados ao Ensino Médio, principalmente dos sistemas de ensino apostilados, prezam por preparar os estudantes aos principais concursos de vestibulares do país, podendo desconectá-los de uma visão global, integrada e mais crítica dos problemas.

A preocupação com os concursos vestibulares foi apontada como dificuldade para a inserção da sustentabilidade no ensino formal (e nos materiais didáticos) por dois dos docentes entrevistados:

> [...] *Maior preocupação com o vestibular; caso o vestibular mude, talvez apareça; mudar o sistema dos vestibulares para inserir a sustentabilidade em sala de aula* (Docente de Química, Sistema de Ensino II).
>
> *Pouca cobrança no vestibular. Se fosse mais cobrado, entraria mais nas salas de aula* (Docente de Física, Sistema de Ensino I).

As escolas e os professores devem promover diálogos e reflexões acerca do mundo além dos materiais didáticos, permitindo que os jovens tenham noção do que ainda pode ser feito. Mais do que prepará-los para um concurso, deve-se dar condições para que eles desenvolvam sua inteligência crítica diante dos conflitos sociais, políticos, éticos, ambientais e econômicos de toda sociedade, contribuindo para a formação de cidadãos responsáveis.

Quando nove professores atuantes no Ensino Médio foram questionados sobre as atividades pedagógicas sobre sustentabilidade potencialmente promissoras em suas aulas, houve quase unanimidade para as atividades práticas, principalmente as realizadas fora do ambiente da sala de aula (Quadro 2).

Quadro 2 - Atividades didáticas potencialmente promotoras de discussões sobre sustentabilidade em sala de aula, de acordo com professores dos sistemas de ensino I e II das disciplinas (D): Português (P), Matemática (M), História (H), Geografia (G), Biologia (B), Química (Q) e Física (F)

D	Atividades que mais engajam os alunos nas aulas	Atividades potenciais para promover a sustentabilidade nas aulas
P	"Atividades desafiantes, que os coloquem para pensar em formas diferentes de escrita como debates, filmes e projetos como feira cultural" (Sistema II).	"Algo prático, além da escrita" (Sistema II).
M	"Aulas interativas e atividades em grupos" (Sistemas I e II).	"Cálculos que possam envolver o cotidiano, como gasto de água e energia e projetos relacionados a área, plantação e desmatamento" (Sistemas I e II).
H	"Atividades que os coloquem em evidência, como debates, análises de fontes históricas, o sair da rotina" (Sistema II).	"Trabalhos manuais para trabalhar a questão dos materiais a serem utilizados" (Sistema II).
G	"Aquilo que faz eles participarem; têm que colocar a mão na massa. Quando você coloca eles para fazerem, vejo que o aprendizado é mais efetivo" (Sistema II).	"Colocar em prática, fazer os alunos desenvolverem projetos. Pensar em alguma forma dos alunos estarem inseridos em projetos sociais, ou criarem ou começarem a participar de ONGs e cooperativas de catadores de resíduo, por exemplo. Fazer com que coloquem a mão na massa para eles entenderem o quão importante é isso" (Sistema II).

B	"Atividades que fogem do padrão de provas e apostila: maquetes, laboratório, jogos" (Sistema I).	"Aulas em conjunto com outros professores, como o de geografia" (Sistema I).
Q	"Atividades práticas como laboratório e cozinha" (Sistema II).	"Atividade prática" (Sistema II).
F	"Atividades competitivas como quizzes e gamificação e atividades interativas como clube de astronomia, lançamento de foguete e laboratórios virtuais" (Sistemas I e II).	"Atividades que envolvam o consumo de água e energia (prática do cotidiano para melhorar a vida no planeta) e feira de produtos orgânicos que ensine como produzir, descartar e gerar renda" (Sistemas I e II).

Fonte: elaborado pelas autoras

Para Andrade e Massabni (2011), as atividades práticas permitem aprendizagens diferenciadas das aulas teóricas desenvolvidas em sala e podem envolver os alunos desde o planejamento e incentivo à elaboração de hipóteses científicas, até a adoção de estratégias e de soluções para os problemas levantados. Abordagem que desafia a adoção de práticas desvinculadas do contexto ambiental, transformando-as em oportunidades de aprendizado enriquecidas com pensamento crítico e expressão criativa.

Apesar de demonstrarem interesse na temática, a demora em responder e a falta de ideias apresentadas pelos professores sobre atividades que poderiam ser utilizadas para engajar estudantes na aprendizagem sobre a sustentabilidade evidencia o quanto o tema ainda está distanciado da formação profissional docente e dos currículos escolares. Dois deles mencionaram que precisariam de formação específica para saber propor tais atividades.

Dados semelhantes foram verificados em entrevistas realizadas por Poza-Vilches, López-Alcarria e Mazuecos-Ciarra (2019), quando a maioria dos professores entrevistados constataram que suas disciplinas não se enquadravam no ensino para o desenvolvimento sustentável, apesar de concordarem sobre a importância desse aprendizado.

Ademais, todas as disciplinas escolares podem incorporar aspectos da educação para a sustentabilidade em suas atividades através das práticas docentes, que devem incentivar os alunos a atuarem como agentes transformadores, através de conhecimentos acerca do contexto ambiental vivido atualmente (McNaughton, 2012; Arruda; Farias; Garbouj, 2018). Palma, Alves e Silva (2013) também constataram que em praticamente todas as disciplinas seria possível abordar assuntos relacionados à sustentabilidade e que o educador deveria inserir discussões relativas ao tema de alguma maneira.

Embora os ODS sejam frequentemente discutidos em um contexto mais amplo, eles podem ser incorporados nas disciplinas escolares para sensibilizar os alunos sobre questões globais e um futuro mais sustentável. Caberia aos docentes o papel de promover essas inserções e conexões de seus conteúdos específicos com as metas da ONU globais e assim abordar os desafios urgentes enfrentados no contexto mundial também no ensino formal.

De maneira geral, poucas foram as críticas levantadas pelos docentes acerca do material didático que utilizam. As críticas apontadas envolveram, predominantemente, a vasta quantidade de conteúdos a serem trabalhados em tempo pequeno, o que os impede de aprofundar ou inserir aulas e atividades complementares, apontadas por educadores de ambos os sistemas de ensino. Dado semelhante ao verificado por Nicholls e Thorne (2018), em que professores do ensino formal australiano reconhecem a importância de integrar a sustentabilidade em sua práxis, porém não conseguem vê-la como parte integrante de seu currículo já sobrecarregado. Essa realidade se choca com o interesse em ampliar a abordagem dada aos conteúdos ou inserir novos temas, como a sustentabilidade, em suas disciplinas.

A falta de tempo nas aulas foi identificada como dificuldade para a inserção da temática no ensino formal por quatro dos docentes entrevistados neste estudo. Assim como dito pelos dois professores de matemática entrevistados:

> *Conteúdo bem fechado, não dá para sair fora do que está no material didático. Não sobra tempo para trazer coisa de fora. Ficamos presos ao que o material traz* (Docente de Matemática, Sistema de Ensino I)
>
> *[...] Teríamos que ter mais projetos na prática, um espaço maior nas escolas ou tempo de aulas, começando pela conscientização dos alunos* (Docente de Matemática, Sistema de Ensino II).

Além disso, por se tratar de escolas privadas, os pais exercem forte influência na utilização dos materiais fornecidos pelos sistemas de ensino.

Reclamações sobre a não utilização do material, ou não realização de todas as atividades encontradas nele, podem limitar o docente a desenvolver aulas apenas baseadas nesta ferramenta de ensino, sem abrir espaços e dedicar tempo para discutir problemáticas ambientais vividas atualmente.

A dificuldade em relacionar a sustentabilidade com os conteúdos trabalhados nas disciplinas escolares também pode ser justificada pela falta da temática na formação desses docentes. Somente um professor entrevistado manifestou conhecer os ODS e utilizá-los em seu planejamento docente, porém realiza apenas na escola municipal em que também trabalha, no Ensino Fundamental II.

Dois docentes apresentaram a falta de informações e formação sobre sustentabilidade como dificuldades emergentes em suas aulas, para a inserção da temática. Entre eles, o da disciplina de geografia deixa evidente que, apesar de conhecer o tema e ter formação em sua trajetória profissional durante a graduação, carece de informações acerca dos 17 ODS:

> *Os ODS e temas ligados à sustentabilidade precisam ser divulgados. Eu acho que a divulgação do governo é importante para atingir as pessoas da nossa geração que comece a trabalhar nisso. Além disso, acho que o governo poderia incentivar e fazer a população ir atrás do sustentável ou, melhor dizendo, fazer com que ela ganhasse alguma coisa. Porque para eu fazer alguma coisa, eu tenho que ganhar, infelizmente, nós, os brasileiros, temos essa cultura* (Docente de Geografia, Sistema de Ensino II).

Embora a maioria tenha relatado não ter contato com a temática em sua trajetória profissional, os docentes apresentaram noções alinhadas aos conceitos de sustentabilidade e/ou desenvolvimento sustentável, quando questionados diretamente sobre eles. Entretanto, reconheceram a sustentabilidade como tema integrado aos conteúdos sobre "meio ambiente", como preservação e uso dos recursos naturais. Apesar de existirem conteúdos ligados ao triple bottom line da sustentabilidade, e da conexão das disciplinas escolares com outros ODS, como os sociais e os econômicos, nem todos souberam relacionar suas disciplinas a eles.

Cabe aos educadores, portanto, superar os conceitos pré-estabelecidos e a visão fragmentada da educação, atuando criticamente no envolvimento dos sujeitos no processo educativo e na compreensão da problemática ambiental em toda sua complexidade (Loreiro; Cunha, 2008).

Além da falta de tempo e da sobrecarga de conteúdo, os professores exprimiram outras dificuldades para abordar a sustentabilidade em suas aulas, como a falta de informação acerca da temática, sobretudo pela ausência de conteúdos nos materiais didáticos:

> *Ao mesmo tempo que a apostila facilita ela encarcera os alunos aos seus conteúdos. Não pegaria o material didático para trabalhar a sustentabilidade caso fosse necessária a inserção, ele é o maior desafio para a inserção* (Docente de Biologia, Sistema de Ensino I).

Essas dificuldades refletem necessidades e demandas que devem ser consideradas na formação continuada de professores, no planejamento de atividades das escolas e em políticas públicas educacionais.

20.5 Considerações finais

A ausência de diretrizes claras para a integração da sustentabilidade na educação e a estrutura fragmentada e centrada em conteúdos padronizados, como os propostos pela BNCC, dificultam a compreensão dos alunos acerca das questões globais e locais relacionadas à sustentabilidade.

Este estudo evidenciou a falta de tempo na aula, especialmente devido à um currículo já previamente definido, a falta de formação e/ou de conhecimentos sobre a temática na trajetória profissional docente e a ênfase para vestibulares que materiais e sistemas de ensino do Ensino Médio oferecem como as principais categorias emergentes para explicar a dificuldade de inserção da ciência da sustentabilidade no ambiente escolar.

Embora a simples adição de um conteúdo sobre sustentabilidade nos conteúdos formais já existentes seja insuficiente para gerar as mudanças preconizadas e desejadas para formação crítica de cidadãos, as mudanças pedagógicas e curriculares precisam ser contínuas e dinâmicas, com avaliação de conteúdos, formatos e resultados das práticas pedagógicas que considerem a complexidade das crises ambientais contemporâneas, os espaços de fala cidadã e de atuação profissional.

Por fim, a sustentabilidade pode ser trabalhada através de debates em sala sobre notícias do cotidiano, observação do entorno, propostas para redação, *quizzes*, gamificação, maquetes e outros trabalhos escolares, além de experimentos e/ou discussões contextualizadas pelos docentes, e não adicionada como conteúdo à parte de um currículo já existente. Contudo, é fundamental que a gestão escolar reconheça e apoie os docentes nas dificuldades que enfrentam, como a falta de tempo em um currículo muitas vezes sobrecarregado e a ausência de inclusão de conteúdos sobre a temática nos materiais didáticos.

O debate está e deve estar em constante evolução. Mais do que cristalizar um conceito, é importante que as escolas se dediquem a ocupar seus respectivos lugares na educação e capacitem seus estudantes a se tornarem agentes da mudança informados, engajados e conscientes das escolhas que fazem. As instituições devem estimular e capacitar seus docentes a promover diálogos e reflexões acerca do mundo além dos materiais didáticos, se tornando espaços para a aprendizagem e promoção do desenvolvimento sustentável.

REFERÊNCIAS

ANDRADE, M. L. F.; MASSABNI, V. G. O desenvolvimento de atividades práticas na escola: um desafio para os professores de ciências. **Ciência e Educação**, [s. l.], v. 17, n. 4, p. 835-854, 2011.

ANDRADE, M. C. P.; PICCININI, C. L. Educação Ambiental na Base Nacional Comum Curricular: retrocessos e contradições e o apagamento do debate socioambiental. *In:* **IX Encontro de Pesquisa em Educação Ambiental**, Minas Gerais, p. 1-13, 2017.

ARRUDA, A. F. S. FARIAS, M. E.; GARBO J, M. Weaving Teaching Situations in Environmental Education Seeking Sustainability in the Cerrado. **Acta Scientiae**, [s. l.], v. 10, n. 6, p. 1027-1042, 2018.

BARDIN, L. **Análise de conteúdo.** Tradução de Luís Antero Reta e Augusto Pinheiro. Lisboa: Edições 70, 1977.

BITTENCOURT, C. **Livro Didático e Conhecimento Histórico**: uma história do saber escolar. Tese (Doutorado em Educação) — Universidade de São Paulo, São Paulo, 1993.

BORGES, G. L. A. **Formação de Professores de Biologia, Material Didático e Conhecimento Escolar**. Tese (Doutorado em Educação) — Universidade Estadual de Campinas, Campinas, 2000.

BRAGA, J. C. P. *et al.* A base nacional comum curricular – bncc: uma discussão sobre educação ambiental e sustentabilidade. **Brazilian Journal of Development**, [s. l.], v. 7, n. 3, p. 31242-31251, 2021.

BRASIL, Ministério da Educação. **Base Nacional Comum Curricular**: Educação é a Base - Ensino Médio, 2018.

BRASIL. **Parâmetros Curriculares Nacionais para o Ensino Médio** - Ciências da Natureza, Matemática e suas Tecnologias. Orientações Educacionais Complementares aos Parâmetros Curriculares Nacionais, 2000.

BRASIL, Ministério da Educação. **Base Nacional Comum Curricular** - A Base, 2022.

CLIMATE WATCH. **Historical GHG Emissions**. Disponível em: https://www.climatewatchdata.org/ghg-emissions?end_year=2021&start_year=1990. Acesso em: jul. 2024.

CONFALONIERI, U. E. C.; CHAME M.; NAJAR, A.; CHAVES, S. A. M.; KRUG, T.; NOBRE, C.; MIGUEZ, J. D. G.; CORTESÃO, J.; HACON, S. Mudanças Globais e Desenvolvimento: Importância para a Saúde. **Informe Epidemiológico do SUS**, [s. l.], v. 11, n. 3, p. 139-154, 2002.

DYMENT, J. E.; HILL, A.; EMERY, S. Sustainability as a cross-curricular priority in the Australian Curriculum: a Tasmanian investigation. **Environmental Education Research**, [s. l.], v. 21, n. 8, p. 1105-1126, 2015.

FREITAS, C. C. G.; SEGATTO, A. P. Ciência, tecnologia e sociedade pelo olhar da Tecnologia Social: um estudo a partir da Teoria Crítica da Tecnologia. **Cadernos EBAPE**, [s. l.], v. 12, n. 2, p. 302-320, 2014.

GODOY, A. S.; BRUNSTEIN, J.; FISCHER, T. M. D. Introdução ao Fórum Temático Sustentabilidade nas Escolas de Administração: tensões e desafios. **Revista Administração Mackenzie**, [s. l.], v. 14, n. 3, p. 14-25, 2013.

HAWA, N. N; ZAKARIA, S. Z. S.; RAZMAN, M. R.; MAJID, N. A. Geography Education for Promoting Sustainability in Indonesia. **Sustainability**, [s. l.], v. 13, n. 4340, p. 1-15, 2021.

HEINRICHS, H.; WIEK, A.; MARTENS, P.; MICHELSEN, G. **Sustainability Science**: An Introduction, Springer, cap. 1, p. 1-4, 2016.

HO, Y. M.; KAMARUDDIN, M. K. I.; ISMAIL, A. Integration of sustainable consumption education in the Malaysian School Curriculum: Opportunities and barriers. **SHS Web of Conferences**, [s. l.], v. 26, n. 01061, p. 1-6, 2016.

KALLIO, K. P.; JOKELA, S.; KYRONVIITA, M.; LAINE,M.; TAYLOR, J. Skatescape in the Making: Developing Sustainable Urban Pedagogies through Transdisciplinary Education. **Sustainability**, [s. l.], v. 13, n. 9561, p. 1-16, 2021.

LOUREIRO, C. F. B.; CUNHA, C. C. Educação Ambiental e Gestão Participativa de Unidades de Conservação: Elementos para se Pensar a Sustentabilidade Democrática. **Ambiente & Sociedade**, [s. l.], v. 11, n. 2, p. 237-253, 2008.

MCNAUGHTON, M. J. Implementing Education for Sustainable Development in schools: learning from teachers' reflections. **Environmental Education Research**, [s. l.], v. 18, n. 6, p. 765-782, 2012.

MULLER, U.; HANCOCK, D. R.; STRICKER, T. WANG, C. Implementing ESD in Schools: Perspectives of Principals in Germany, Macau, and the USA. **Sustainability**, [s. l.], v. 13. n. 9823, p. 1-16, 2021.

NICHOLLS, J.; THORNE, M. Queensland Teachers' Relationship With the Sustainability Cross-Curriculum Priority. **Australian Journal of Environmental Education**, [s. l.], v. 33, n. 3, p. 189-200, 2018.

NIENS, J.; RICHTER-BEUSCHEL, L.; STUBBE, T. C.; BOGEHOLZ, S. Procedural Knowledge of Primary School Teachers in Madagascar for Teaching and Learning towards Land-Use- and Health-Related Sustainable Development Goals. **Sustainability**, [s. l.], v. 13, n. 9036, p. 1-36, 2021.

NOBRE, C.; ENCALADA, A.; ANDERSON, E. *et al.* **Science Panel for the Amazon.** Executive Summary of the Amazon Assessment Report. p. 1-48, 2021.

PALMA, L. C.; ALVES, N. B.; SILVA, T. N. Educação para a Sustentabilidade: A Construção de Caminhos no Instituto Federal de Educação, Ciência e Tecnologia do Rio Grande do Sul (IFRS). **Revista de Administração Mackenzie**, [s. l.], v. 14, n. 3, p. 83-118, 2013.

PLATAFORMA AGENDA 2030. **Plataforma Agenda 2030.** Disponível em: http://www.agenda2030.org.br/. Acesso em: set. 2021.

POZA-VILCHES, F.; LÓPEZ-ALCARRIA, A.; MAZUECOS-CIARRA, N. A Professional Competences' Diagnosis in Education for Sustainability: A Case Study from the Standpoint of the Education Guidance Service (EGS) in the Spanish Context. **Sustainability**, [s. l.], v. 11, n. 1568, p. 1-25, 2019.

ROCHA, G. A. L. M.; FERREIRA, M. A.; UENO, H. M. A Educação Ambiental e as Estratégias para a Sustentabilidade no Ensino Formal. *In:* **XXIII ENGEMA**, p. 1-14, 2021.

SILVA, S.N.; LOUREIRO, C. F. B. O sequestro da Educação Ambiental na BNCC (Educação Infantil - Ensino Fundamental): os temas Sustentabilidade/Sustentável a partir da Agenda 2030. *In:* **XII Encontro Nacional de Pesquisa em Educação em Ciências**. Universidade Federal do Rio Grande do Norte, Natal, RN, p. 1-7, 2019.

SOARES, F. P. Objetivos de Desenvolvimento Sustentável e Geografia Escolar: exemplos de aplicação. **Revista Terrae Didática,** Campinas, São Paulo, v. 15, p. 1-7, 2019.

TOZONI-REIS, M. F. C. Temas ambientais como "temas geradores": contribuições para uma metodologia educativa ambiental crítica, transformadora e emancipatória. **Revista Educar**, [s. l.], n. 27, p. 93-110, 2006.

UNESCO. **Education for Sustainable Development Goals**: learning objectives. UNESDOC, p. 1-66, 2017.

UNESCO. Draft text of the UNESCO Recommendation on Open Science. *In:* **Intergovernmental Meeting of Experts (Category II)**, p. 1-17, 2021.

WCED. Towards Sustainable Development: The Concept of Sustainable Development. *In:* **Report of the World Commission on Environment and Development**: Our Common Future, 1987.

Capítulo 21

DEMARCAÇÃO DE TERRAS INDÍGENAS EM DEFESA DA SAÚDE PÚBLICA E PREVENÇÃO DE DOENÇAS ZOONÓTICAS: UMA ANÁLISE BIBLIOMÉTRICA

Luana Beatriz Martins Valero Viana
Helene Mariko Ueno

21.1 Introdução

As terras indígenas representam não apenas espaços geográficos, mas também o cerne da herança cultural e ancestral de povos originários em todo o mundo. São áreas onde comunidades indígenas tradicionais habitam, mantendo uma profunda conexão com a terra, suas tradições e modos de vida. A demarcação adequada das terras indígenas é um imperativo moral e legal, uma vez que reconhece e protege os direitos originários dessas comunidades, que foram historicamente marginalizadas e prejudicadas por invasões e desapropriações (Mondardo, 2022). No entanto, a importância da demarcação vai além das questões de justiça social, desempenhando papel crucial na conservação da natureza e na preservação da biodiversidade.

Estudos recentes destacam o papel dos territórios indígenas na proteção da biodiversidade e na preservação das florestas tropicais e dos serviços ecossistêmicos que elas fornecem. Quase metade (45%) das florestas intactas da Bacia Amazônica estão em territórios indígenas (Fao, 2021). Os territórios dos povos indígenas abrigam uma enorme diversidade de flora e fauna, com mais espécies de mamíferos, aves, répteis e anfíbios nas terras indígenas do Brasil do que em todas as áreas protegidas não indígenas do país (Schuster *et al.*, 2019). Além disso, as populações indígenas contribuem para o manejo e a conservação de pelo menos 25% da superfície terrestre, onde se encontram 35% dos ecossistemas mais protegidos do planeta, e também 35% das áreas protegidas (Cunha; Magalhães; Adams, 2022; Lawler *et al.*, 2021).

Ding *et al.* (2016) avaliaram os efeitos da titulação de terras indígenas na Amazônia da Bolívia, Brasil e Colômbia, comparando taxas de desmatamento em terras indígenas tituladas (2000-2012) e em outras florestas amazônicas com características semelhantes. Os autores concluíram que o desmatamento nas terras indígenas era de um terço a metade do que aquele registrado nas outras áreas, proporcionando benefícios locais, regionais e globais. Na América do Norte, 42,1% das tribos não têm uma base de terras indígenas reconhecida pelo governo federal ou estadual, para além, a redução quase total da terra e a migração forçada dos povos indígenas para abrir espaço para empreendimentos lucrativos como a mineração, levam a maior exposição aos riscos e perigos das mudanças climáticas (Farrell *et al.*, 2021).

Os territórios tradicionalmente ocupados por povos indígenas têm sido historicamente ameaçados pelas mudanças no uso e cobertura da terra. Essas mudanças apresentam recortes geográficos e temporais específicos, influenciados pelo contexto político-econômico: nas últimas décadas caracterizam-se pelo desmatamento de extensas áreas de floresta para avanço da fronteira agropecuária (Pacheco; Meyer, 2022; Da Silva; Lopes; Santos, 2023). Essa mudança do uso e cobertura da terra está entre as alterações humanas mais importantes na superfície terrestre.

As principais consequências do desmatamento e das queimadas são a perda de biodiversidade, a degradação do solo, as emissões de CO_2 e as mudanças no regime hidrológico (Bowman *et al.*, 2022). É necessário estimar se as florestas tropicais serão resilientes perante essas perturbações, especialmente quando interagem com as mudanças no uso da terra. A exemplo, pesquisas recentes apontam que a Bacia Amazônica pode estar próxima de um "ponto de não retorno": atingidos entre 20% e 25% de desmatamento, a floresta passaria por mudanças irreversíveis, tornando-se uma espécie de savana, como o Cerrado, com menor biodiversidade e vegetação mais rala (Cunha; Magalhães; Adams, 2022; Nobre *et al.*, 2021). As consequências da transformação deste ecossistema em savana seriam de longo alcance, multifacetadas e provavelmente irreversíveis. Na medida em que o desmatamento libera gases de efeito estufa e diminui a capacidade de sequestro de carbono; o aquecimento do clima exerce pressões sobre a floresta, tornando-a mais vulnerável a eventos climáticos extremos; a incidência de secas severas e inundações indica que o bioma Amazônia já possa estar nesse ponto de inflexão (Bowman *et al.*, 2022).

As mudanças ambientais, principalmente mudanças no clima, nos microclimas e no uso da terra também têm sido associadas ao aumento e incidência de doenças zoonóticas (Patz *et al.*, 2000; Gottdenker *et al.*, 2014; Tazerji *et al.*, 2022). Entende-se como zoonoses, infecções ou doenças zoonóticas, aquelas causadas por agentes infecciosos que normalmente circulam entre outros animais vertebrados e que passam a ocorrer em humanos. Mais de 60% das doenças infecciosas humanas conhecidas têm sua origem em animais (PNUMA, 2020). Entre as doenças emergentes, que são aquelas registradas pela primeira vez numa população, ou doenças previamente conhecidas, mas cuja incidência aumenta e se dispersa geograficamente (WHO, 2014), 75% são zoonoses (Lawler *et al.*, 2021; PNUMA, 2020). Em nível mundial, doenças emergentes que causaram epidemias nas últimas décadas são de origem zoonótica, muitas delas relacionadas ao desmatamento e à degradação florestal (Lawler *et al.*, 2021; Nobre *et al.*, 2021).

Um estudo recente pesquisou aproximadamente 6.800 comunidades ecológicas em seis continentes e evidenciou que as mudanças no uso da terra contribuem sistematicamente para interfaces prejudiciais entre humanos, vida selvagem e patógenos (Gibb *et al.*, 2020). O desmatamento de florestas no Sudeste Asiático impacta consideravelmente a incidência de malária (Walsh; Molyneux; Birley, 1993; Karuppusamy *et al.*, 2021). A literatura sobre zoonoses concentra-se cada vez mais na floresta Amazônica como um local de potencial repercussão zoonótica futura (Bowman *et al.*, 2022; Bernstein *et al.*, 2022; Laporta *et al.*, 2021). Espera-se que as doenças na Amazônia aumentem com o incremento do desmatamento e as mudanças climáticas antrópicas; a mineração e a exploração madeireira degradam o ambiente, facilitando a transmissão de doenças transmitidas por vetores como a malária por exemplo (Nobre *et al.*, 2021; Laporta *et al.*, 2021). Além disso, o desmatamento é considerado um dos mais importantes impulsionadores do aumento de doenças transmitidas por vetores na região da América Central (Ortiz *et al.*, 2022). Além dos riscos da interação direta entre os seres humanos e a vida selvagem, o desmatamento promove repercussões indiretas sobre as indiretas sobre as doenças zoonóticas. O "efeito de diluição" sugere que áreas de alta biodiversidade reduzem as chances de patógenos atingirem humanos, enquanto áreas de baixa biodiversidade favorecem as espécies mais resistentes, como os roedores e os morcegos, ambos hospedeiros conhecidos de várias dessas doenças (Bowman *et al.*, 2022). Outro efeito do desmatamento é a coevolução, onde o padrão fragmentado do desmatamento cria ilhas de floresta tropical cercadas por terras desmatadas e desconectadas de outras áreas. Essas ilhas enfrentam pressões evolutivas intensas podendo levar à rápida diversificação das espécies e aumentar o risco de adaptação de patógenos para a transmissão em novos hospedeiros, incluindo os humanos (PNUMA, 2020).

Segundo Terraube, Fernández-Llamazeres e Cabeza (2017) há poucas evidências sobre como as políticas de conservação de ecossistemas afetam a saúde humana. Para Vittor *et al.* (2021), a aplicação dos direitos territoriais indígenas pode ser a chave para a conservação florestal e redução do risco de emergência zoonótica. Dada a aparente ligação entre desmatamento e repercussões zoonóticas, a conservação florestal representa uma importante intervenção com efeitos positivos à saúde pública. No entanto, poucos estudos analisam a relação entre áreas indígenas demarcadas e sua relação com a incidência de doenças zoonóticas e preservação de biodiversidade. A falta de estudos que integrem esses fatores limita a compreensão dos impactos desses fenômenos e estabelece uma lacuna científica.

Deste modo, este artigo tem como objetivo analisar a relação entre a demarcação de terras indígenas do ponto de vista da prevenção e controle das principais doenças zoonóticas, visando fornecer uma base teórica sólida para integrar os fatores anteriormente apresentados.

21.2 Materiais e métodos

A metodologia bibliométrica engloba a aplicação de técnicas quantitativas sobre dados bibliométricos (Donthu *et al.*, 2021), permitindo análises objetivas e confiáveis baseadas em um grande volume de informações para identificar tendências ao longo do tempo, temas pesquisados, instituições e autores mais prolíficos, e apresentar o panorama geral da pesquisa existente (Aria; Cuccurullo, 2017). Assim, esta pesquisa foi realizada com foco na avaliação quantitativa da literatura publicada sobre a relação entre a demarcação de terras indígenas do ponto de vista da prevenção e controle das principais doenças zoonóticas, bem como o papel do desmatamento e uso de terras na incidência dessas doenças.

Para isso, utilizou-se as bases de dados Web of Science Core Collection (WoS) e Scopus como fonte primária de dados, devido à sua abrangência e qualidade, sendo as bases de dados mais utilizadas para pesquisas acadêmicas (Zhu; Liu, 2020). A cadeia de busca utilizada foi TITLE-ABS-KEY: [indigenous] and [land* or territory or land demarcation]; [indigenous] and [emerging diseases or tropical diseases or zoonotic diseases or zoonotic or zoonosis or neglected diseases] e [indigenous] and [land use or deforestation or mining or fire or biodiversity loss].

A busca foi realizada em 15 de abril de 2024, sem restrição de tempo ou idioma, com a finalidade de garantir maior abrangência de estudos na área.

No total, foram encontrados 1.152 artigos na categoria de busca. Posteriormente, os dados foram exportados em formato CSV para o Microsoft Excel para a seleção dos estudos com base no título e resumo com a finalidade de incluir apenas artigos que tratassem diretamente do recorte deste estudo; após a exclusão de artigos duplicados ou não aderentes ao tema, 172 artigos foram selecionados para a análise bibliométrica. Destaca-se que muitos dos artigos excluídos abordavam aspectos centrados exclusivamente em saúde, em seus diversos aspectos, como saúde mental indígena, doenças não infecciosas ou infecciosas, mas não zoonóticas (e.g. sexualmente transmissíveis), doenças zoonóticas em animais da pecuária, doenças de plantas e plantas medicinais. Embora esses tópicos sejam importantes, eles não se alinham diretamente com os objetivos da pesquisa, que visam compreender as inter-relações entre a demarcação de terras indígenas, doenças zoonóticas e impactos ambientais. A Figura 1 ilustra os procedimentos metodológicos desta pesquisa segundo o Protocolo Prisma (Page *et al.*, 2022).

Figura 1 - Protocolo PRISMA para a seleção de artigos

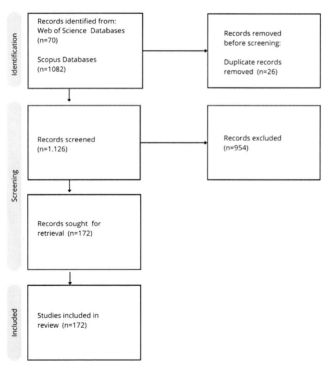

Fonte: elaborada pelas autoras (2024)

A análise foi feita com o pacote 'bibliometrix' para o software R que fornece um conjunto de ferramentas para pesquisa quantitativa em bibliometria e cienciometria, é escrito na linguagem R, que é um ambiente e ecossistema de código aberto (Aria, Cuccurullo, 2017). Assim, o pacote cria um banco de dados com todas as informações extraídas como título, autores e palavras-chave para análise.

21.3 Resultados

Os 172 artigos selecionados para a análise foram publicados entre 1989 e 2023 (Figura 2). Nos anos 1990 e início dos anos 2000, a produção científica oscilou, podendo indicar que o tema não recebia tanta atenção acadêmica ou que as relações entre saúde indígena, saúde pública e questões ambientais como o desmatamento ainda não estavam sendo analisadas de forma integrada. Outra possibilidade é que as publicações sobre a temática ainda não tivessem alcançado publicações internacionais indexadas nas bases de dados bibliográficos. Os picos correspondentes aos anos 2018 e 2021 coincidem com o período da pandemia da covid-19 que afetou com maior intensidade a população indígena, e está relacionada às iniquidades sociais e de saúde decorrentes do processo histórico de invasão e colonização dos territórios (Power *et al.*, 2020). O período também coincide com o aumento de perda florestal em terras indígenas da região da Amazônia Brasileira devido ao desmatamento ilegal (Qin *et al.*, 2023; Silva-Junior *et al.*, 2023).

Figura 2 - Produção científica anual de 172 artigos nas bases WoS e Scopus

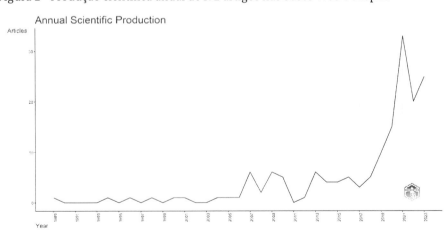

Fonte: elaborada pelas autoras (2024)

As crises sanitárias globais e a crescente preocupação com os impactos ambientais antropogênicos agem como catalisadores para a pesquisa e ressaltam a necessidade de abordagens integradas e interdisciplinares para compreender esses impactos sobre a saúde pública e o meio ambiente. Assim, este padrão de crescimento das publicações acadêmicas reforça a relevância de estudos que abordem interconexões como as que o presente estudo propõe, entre o desmatamento, a demarcação de terras indígenas e as doenças zoonóticas.

A Figura 3 mostra informações sobre a colaboração entre países e a produção científica nesse campo. O Brasil e os Estados Unidos possuem o maior número de colaborações com outros países, destacando-se como hubs de cooperação internacional. O Brasil tem 14 colaborações com os Estados Unidos. Austrália e Reino Unido também aparecem como hubs importantes, com colaborações internacionais.

Figura 3 - Mapa de colaboração entre países de origem de 172 artigos nas bases WoS e Scopus

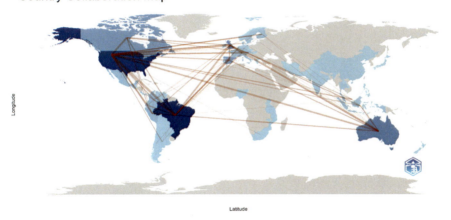

Fonte: elaborada pelas autoras (2024)

O Brasil possui colaborações com países latino-americanos, como Argentina, Colômbia, Equador, México, Panamá, Peru e Venezuela, e pode refletir uma tendência regional de cooperação devido a proximidades geográficas, contextos e interesses comuns.

Países como Alemanha, França, e Reino Unido têm colaborações entre si e com países em outros continentes, indicando redes de cooperação internacionais. As colaborações ultrapassam barreiras continentais, como a Austrália com a Europa e Estados Unidos com a Ásia. Por exemplo, a Austrália tem 4 colaborações com a Indonésia e os Estados Unidos têm colaborações com China, Índia e Malásia.

Os países mais citados em publicações científicas (Figura 4) são os Estados Unidos, totalizando 1180 citações. O Brasil aparece em segundo lugar, em função da extensão das terras indígenas e a intervenção que elas estão sofrendo, bem como a importância da região amazônica em termos globais e em saúde pública em relação a doenças infecciosas, como as zoonoses (Ellwanger *et al.*, 2020). Austrália e Canadá se destacam também, com 601 e 283 citações, respectivamente.

Figura 4 - Países mais citados de 172 artigos nas bases WoS e Scopus

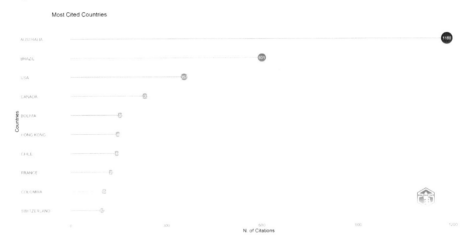

Fonte: elaborada pelas autoras (2024)

A alta quantidade de citações de países como Brasil, Estados Unidos e Austrália sugere maior relevância das publicações com foco na demarcação de terras indígenas e sua relação com a saúde pública e doenças zoonóticas. Isso pode estar relacionado à presença significativa de populações indígenas e ao impacto das zoonoses nesses contextos.

A Figura 5 apresenta informações sobre a distribuição geográfica do país de origem dos autores, diferenciando entre publicações cujos autores são de um único país (SCP) ou de múltiplos países (MCP). O Brasil é o país com o maior número de documentos (39), tanto em publicações de um único país (SCP) quanto em colaborações internacionais (MCP). Isso sugere uma forte produção de pesquisa nacional, assim como uma significativa colaboração internacional.

A Austrália se destaca pela quantidade de publicações (27), com nove colaborações nacionais e dezoito colaborações internacionais, seguida pelos Estados Unidos, majoritariamente de colaborações nacionais (13). O Canadá também apresenta um equilíbrio entre publicações locais (7) e internacionais (5). Países como Colômbia, Finlândia, Reino Unido, China, México, e outros têm quantidades variáveis de colaborações locais e internacionais indicando que, embora a produção de pesquisa seja menor, há um esforço em alcançar visibilidade internacional, incluindo colaborações internacionais.

Figura 5 - Países do autor para correspondência e coautores do mesmo país (SCP) e múltiplos países (MCP) de 172 artigos nas bases WoS e Scopus

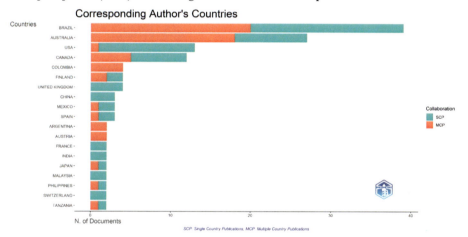

Fonte: elaborada pelas autoras (2024)

A Figura 6 apresenta a distribuição dos artigos selecionados por periódicos. A Biological Conservation foi a mais relevante, com 7 documentos publicados. Essa revista aborda assuntos de diversas áreas que contribuem para as dimensões biológica, sociológica, ética e econômica da conservação. A revista Land Use Policy, publicou 5 artigos no escopo políticas de uso da terra, fundamentais para estudos de demarcação de terras indígenas. As revistas Environmental Research Letters e Frontiers in Public Health têm 4 documentos publicados cada e pode indicar que as publicações sobre o tema podem estar tanto na área ambiental quanto na saúde pública. Já as revistas Epidemiology and Infection, Global Environmental Change, PLOS ONE, e Science of the Total Environment, publicaram 3 artigos cada. Esses periódicos abordam tópicos diversos, incluindo epidemiologia, mudanças ambientais globais, ciência multidisciplinar e estudos abrangentes do meio ambiente, com alto nível de exigência em relação à novidade e rigor científico. Por fim, Austral Ecology e Biodiversity and Conservation, cada um desses periódicos publicaram 2 artigos e são revistas especializadas em ecologia e conservação da biodiversidade. A presença de periódicos focados tanto em saúde pública quanto em questões ambientais destaca a lacuna a ser preenchida com estudos de abordagem holística que ampliem a compreensão dos impactos da demarcação de terras indígenas e sua relação com impactos ambientais e doenças zoonóticas.

Figura 6 - Revistas mais relevantes de 172 artigos nas bases WoS e Scopus

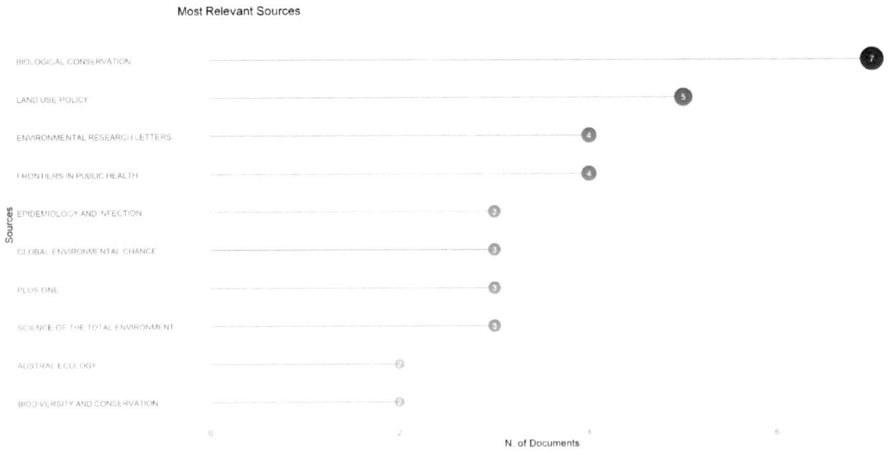

Fonte: elaborada pelas autoras (2024)

A Figura 7 apresenta a nuvem de palavras-chave que pode trazer alguns indicativos em relação ao foco e tendências de pesquisa sobre o tema. As palavras mais frequentes foram "deforestation" e "conservation" (24 e 14 ocorrências, respectivamente), indicando que desmatamento e conservação são temas centrais, frequentemente relacionados aos esforços para mitigar os impactos ambientais como o desmatamento e preservar ecossistemas e biodiversidade.

Figura 7 - Nuvem de palavras-chave de 172 artigos nas bases WoS e Scopus

Fonte: elaborada pelas autoras (2024)

A palavra "amazon" aparece 12 vezes, destacando a importância da região amazônica no contexto das discussões sobre desmatamento e conservação, a Amazônia é frequentemente mencionada devido à sua importância ecológica e à ameaça de desmatamento. Os termos "Indigenous peoples" e "indigenous lands" aparecem 12 e 8 vezes, respectivamente. A palavra "protected areas" aparece 12 vezes, sugerindo que a criação e manutenção de áreas protegidas são estratégias discutidas para conservar a biodiversidade e mitigar o desmatamento, frequentemente em áreas indígenas. A palavra "biodiversity" aparece 9 vezes, o que evidencia a preocupação com a conservação da biodiversidade em face do desmatamento e outras ameaças. O termo "Climate change" aparece 6 vezes, indicando que o desmatamento e a conservação também são discutidos no contexto das mudanças climáticas, possivelmente devido ao papel das florestas no sequestro de carbono e as mudanças no uso da terra, que possuem um papel relevante no contexto das alterações climáticas antropogênicas.

Com 6 e 4 ocorrências respectivamente, a saúde pública e a pandemia da covid-19 estão sendo discutidas, em relação ao impacto das atividades humanas no meio ambiente e na saúde das populações. Enquanto a mineração aparece 5 vezes, sugerindo que esta atividade também vem sendo objeto de pesquisa, devido ao seu impacto ambiental e social na Amazônia e em outras regiões. A presença desses termos, ainda que em menor quantidade, sugere que o desmatamento e a destruição de habitats naturais não só impactam diretamente a biodiversidade e o clima, mas também têm repercussões significativas para a saúde humana. A alteração dos ecossistemas pode facilitar a transmissão de patógenos de animais para humanos, levando ao surgimento de novas doenças infecciosas. Por fim, o termo "Brazil" aparece 4 vezes, o que é esperado, dado o foco nas questões ambientais e sociais principalmente no contexto amazônico.

Em suma, esses resultados indicam publicações que relacionam desmatamento, conservação, direitos indígenas, biodiversidade e mudanças climáticas. Apesar de sua relevância, as questões de saúde pública são marginalmente abordadas nesse contexto integrado, ou estão presentes em contextos específicos relacionados à epidemiologia das doenças.

21.4 Considerações finais

Este estudo bibliométrico revelou uma crescente atenção acadêmica para a relação entre a demarcação de terras indígenas e a prevenção e controle das principais doenças zoonóticas. A análise destacou um aumento significativo no número de publicações durante os períodos de crises sanitárias, como a pandemia da Covid-19. Esse crescimento das publicações indica um reconhecimento da importância da conservação da biodiversidade e do uso sustentável da terra para a saúde pública. No entanto, a análise da nuvem de palavras mostrou que a relação entre a demarcação de terras indígenas e a saúde pública ainda é insuficientemente explorada, com termos como zoonoses e doenças infecciosas aparecendo com pouca frequência.

Estudos que analisem como a demarcação de terras indígenas podem contribuir para fomentar políticas de saúde, conservação e de direito à terra pelos povos originários, reduzindo a incidência de doenças zoonóticas. Além disso, pesquisas que examinem os impactos diretos e indiretos do desmatamento sobre a saúde pública, considerando tanto a perspectiva das comunidades indígenas quanto a população em geral, contribuem para o entendimento dos impactos da degradação ambiental sobre a saúde em escala local. Para além disso, investigar casos específicos de demarcação de terras indígenas e suas consequências para a saúde pública em diferentes regiões pode fornecer uma compreensão mais detalhada e contextualizada do problema.

REFERÊNCIAS

BERNSTEIN, Aaron S. *et al.* **The costs and benefits of primary prevention of zoonotic pandemics.** Science Advances, [*s. l.*], v. 8, n. 5, p. eabl4183, 2022.

BOWMAN, Kerry W. *et al.* The degradation of the Amazon rainforest: Regional and global climate implications. *In:* **Climate Impacts on Extreme Weather.** Elsevier, 2022. p. 217-234.

CARNEIRO DA CUNHA, Manuela; MAGALHÃES, Sônia Barbosa; ADAMS, Cristina. **Povos Tradicionais e Biodiversidade no Brasil - Contribuições dos povos indígenas, quilombolas e comunidades tradicionais para a biodiversidade, políticas públicas e ameaças.** Sociedade Brasileira para o Progresso da Ciência, 2022.

DA SILVA, Richarde Marques; LOPES, Aricson Garcia; SANTOS, Celso Augusto Guimarães. Deforestation and fires in the Brazilian Amazon from 2001 to 2020: Impacts on rainfall variability and land surface temperature. **Journal of Environmental Management**, [*s. l.*], v. 326, p. 116664, 2023.

DING, Helen *et al.* Climate Benefits, Tenure Costs. **The Economic Case for Securing Indigenous Land Rights in the Amazon.** Washington D. C., World Resources Institute (WRI). 2016.

ELLWANGER, Joel Henrique *et al.* Beyond diversity loss and climate change: Impacts of Amazon deforestation on infectious diseases and public health. **Anais da Academia Brasileira de Ciências**, v. 92, p. e20191375, 2020.

FARRELL, Justin *et al.* Effects of land dispossession and forced migration on Indigenous peoples in North America. **Science**, [*s. l.*], v. 374, n. 6567, p. eabe4943, 2021.

GOTTDENKER, Nicole L. *et al.* Anthropogenic land use change and infectious diseases: a review of the evidence. **EcoHealth**, [*s. l.*], v. 11, p. 619-632, 2014.

KARUPPUSAMY, Balasubramani *et al.* Effect of climate change and deforestation on vector borne diseases in the North-Eastern Indian state of Mizoram bordering Myanmar. **The Journal of Climate Change and Health**, [*s. l.*], v. 2, p. 100015, 2021.

LAMBIN, Eric F. *et al*. The causes of land-use and land-cover change: moving beyond the myths. **Global environmental change**, [s. l.], v. 11, n. 4, p. 261-269, 2001.

LAPORTA, Gabriel Z. *et al*. Malaria transmission in landscapes with varying deforestation levels and timelines in the Amazon: a longitudinal spatiotemporal study. **Scientific Reports**, [s. l.], v. 11, n. 1, p. 6477, 2021.

LAWLER, Odette K. *et al*. The covid-19 pandemic is intricately linked to biodiversity loss and ecosystem health. **The Lancet Planetary Health**, [s. l.], v. 5, n. 11, p. e840-e850 2021.

MONDARDO, Marcos. Em defesa dos territórios indígenas no Brasil: direitos, demarcações e retomadas. **GEOUSP**, [s. l.], v. 26, p. e176224, 2022.

NOBRE, C. *et al*. **Science panel for the Amazon**: Amazon Assessment Report 2021: executive summary, 2021.

ORTIZ, Diana I. *et al*. The impact of deforestation, urbanization, and changing land use patterns on the ecology of mosquito and tick-borne diseases in Central America. **Insects**, [s. l.], v. 13, n. 1, p. 20, 2021.

PACHECO, Andrea; MEYER, Carsten. Land tenure drives Brazil's deforestation rates across socio-environmental contexts. **Nature communications**, [s. l.], v. 13, n. 1, p. 5759, 2022.

PAGE, Matthew J. *et al*. **The PRISMA 2020 statement**: an updated guideline for reporting systematic reviews. bmj, v. 372, 2021.

PATZ, Jonathan A. *et al*. Effects of environmental change on emerging parasitic diseases. **International journal for parasitology**, [s. l.], v. 30, n. 12-13, p. 1395-1405, 2000.

POWER, T. *et al*. Covid-19 and Indigenous Peoples: An imperative for action. **J Clin Nurs**, [s. l.], v. 29, n. 15-16, p. 2737-2741, Aug. 2020. DOI: 10.1111/jocn.15320. Epub 2020 May 29. PMID: 32412150; PMCID: PMC7272911.

QIN, Y.; XIAO, X.; LIU, F. *et al*. Forest conservation in Indigenous territories and protected areas in the Brazilian Amazon. **Nat Sustain**, [s. l.], v. 6, p. 295-305, 2023. DOI: https://doi.org/10.1038/s41893-022-01018-z

SCHUSTER *et al*. A biodiversidade de vertebrados em terras geridas por indígenas na Austrália, no Brasil e no Canadá é igual à das áreas protegidas. **Ciência e Política Ambiental**, [s. l.], v. 101, p. 1-6. 2019. DOI: https://doi.org/10.1016/j.envsci.2019.07.002

SILVA-JUNIOR, C. H. L.; SILVA, F. B.; ARISI, B. M. *et al.* Territórios indígenas da Amazônia brasileira sob pressão do desmatamento. **Rep Sci**, [s. l.], v. 13, n. 5851, 2023. DOI: https://doi.org/10.1038/s41598-023-32746-7

TAZERJI, Sina Salajegheh *et al.* **An overview of anthropogenic actions as drivers for emerging and re-emerging zoonotic diseases.** Pathogens, [s. l.], v. 11, n. 11, p. 1376, 2022.

TERRAUBE, Julien; FERNÁNDEZ-LLAMAZARES, Álvaro; CABEZA, Mar. The role of protected areas in supporting human health: a call to broaden the assessment of conservation outcomes. **Current Opinion in Environmental Sustainability**, [s. l.], v. 25, p. 50-58, 2017.

UNEP; ILRI. **Preventing the Next Pandemic**: Zoonotic Diseases and How to Break the Chain of Transmission. 2020.

VITTOR, Amy Y. *et al.* The covid-19 crisis and Amazonia's indigenous people: Implications for conservation and global health. **World Development**, [s. l.], v. 145, p. 105533, 2021.

WALSH, J. F.; MOLYNEUX, D. H.; BIRLEY, M. H. Deforestation: effects on vector-borne disease. **Parasitology**, [s. l.], v. 106, n. S1, p. S55-S75, 1993.

WHO. **A brief guide to emerging infectious diseases and zoonoses.** WHO Regional Office for South-East Asia, 2014.

ZHU, J.; LIU, W. A tale of two databases: the use of Web of Science and Scopus in academic papers. **Scientometrics**, [s. l.], v. 123, p. 321-335, 2020. DOI: https://doi.org/10.1007/s11192-020-03387-8

SOBRE OS AUTORES E OS ORGANIZADORES

DOCENTES

Alexandre Toshiro Igari

Doutor em Ecologia pela Universidade de São Paulo (USP) e professor doutor da Escola de Artes, Ciências e Humanidades da Universidade de São Paulo (EACH-USP).

Orcid: 0000-0002-1382-5031

André Felipe Simões

Doutor em Planejamento Energético pela Universidade Federal do Rio de Janeiro (UFRJ) e professor associado da EACH-USP.

Orcid: 0000-0003-4887-309X

Ângela Lúcia Bagnatori Sartori

Doutora em Biologia Vegetal pela Universidade Estadual de Campinas (UNICAMP) e professora titular da Universidade Federal de Mato Grosso do Sul (UFMS).

Orcid: 0000-0002-5911-8797

Evandro Mateus Moretto

Doutor em Ecologia e Recursos Naturais pela UFSCar e professor associado da EACH-USP.

Orcid: 0000-0002-8082-387X

Flávia Noronha Dutra Ribeiro

Doutora em Ciências Atmosféricas pela USP e professora doutora da EACH-USP.

Orcid: 0000-0001-9589-7911

Helene Mariko Ueno

Doutora em Saúde Pública pela USP e professora doutora da EACH-USP.

Orcid: 0000-0003-2133-9145

Homero Fonseca Filho

Doutor em Geociências e Meio Ambiente pela Universidade Estadual Paulista Júlio de Mesquita Filho (UNESP) e professor doutor da EACH-USP.

Orcid: 0000-0003-4737-9938

Marcelo Antunes Nolasco

Doutor em Engenharia Hidráulica e Saneamento pela USP e professor titular da EACH-USP.

Orcid: 0000-0002-1408-2954

Marcelo Marini Pereira de Souza

Doutor em Saúde Pública pela USP e professor titular da Faculdade de Filosofia, Ciências e Letras de Ribeirão Preto da Universidade de São Paulo (FFCLRP-USP).

Orcid: 0000-0002-5682-2973

Miriam Sannomiya

Doutora em Química pela UNICAMP e professora associada da EACH-USP.

Orcid: 0000-0003-3306-9170

Paulo Santos de Almeida

Doutor em direito pela Pontifícia Universidade Católica de São Paulo (PUC-SP) e professor doutor da EACH-USP.

Orcid: 0000-0003-3240-4037

Renan Canute Kamikawachi

Doutor em Bioquímica pela UNESP.

Orcid: 0000-0002-3977-2011

Renata Colombo

Doutora em Química pela USP e professora associada da EACH-USP.

Orcid: 0000-0002-1952-3536

Sérgio Almeida Pacca

Doutor em Energy and Resources pela University of California, Berkeley e professor titular da EACH-USP.

Orcid: 0000-0001-7609-5139

Sonia Regina Paulino

Doutora em Economia pela Université Toulouse 1 e professora associada da EACH-USP.

Orcid: 0000-0002-2997-4082

Sylmara L. F. Gonçalves-Dias

Doutora em Ciência Ambiental pela USP, doutora em Administração pela Fundação Getúlio Vargas (FGV) e professora associada da EACH-USP.

Orcid: 0000-0001-6326-2129

Tania Pereira Christopoulos

Doutora em Administração pela FGV, professora associada da EACH-USP e coordenadora do Programa de Pós-graduação em Sustentabilidade da EACH-USP.

Orcid: 0000-0001-6310-3216

Wânia Duleba

Doutora em Oceanografia pela USP, doutora em Environnements et Paléoenvironnements Océaniques pela Université d'Angers e professora doutora EACH-USP.

Orcid: 0000-0002-6590-2801

DISCENTES

Andres Felipe Rodriguez Torres

Engenheiro mecânico na Universidade Nacional da Colômbia (UNAL), mestre em engenharia mecânica pela UNICAMP, doutor em ciências ambientais e prevenção de resíduos e pós-doutorando em Sustentabilidade pela USP.

Orcid: 0000-0002-3157-5486

Ana Jane Benites

Graduada em Engenharia de Computação, mestra em Política Científica e Tecnológica pela UNICAMP, doutora em Sustentabilidade pela USP e MBA em Gestão de Projetos pela FGV e Ohio University.

Orcid: 0000-0001-6854-3851

Aurélio Alexandre Teixeira

Bacharel em Direito pela Universidade Cruzeiro do Sul e em Ciências Policiais de Segurança e Ordem Pública pela Academia de Polícia Militar do Barro Branco, especialista em Direito Ambiental e Urbanístico pela Faculdade IBMEC e mestrando em Sustentabilidade pela USP.

Orcid: 0009-0003-9669-5811

Camila Pinto Dourado

Licenciada em Ciências da Natureza e mestra em Sustentabilidade pela USP.

Orcid: 0000-0002-9379-5644

Charlyana de Carvalho Bento

Graduada em Licenciatura em Ciências da Natureza, mestra e doutoranda em Sustentabilidade pela USP.

Orcid: 0000-0002-7946-4734

Emanuel Galdino

Mestre em Ciências Humanas e Sociais pela Universidade Federal do ABC (UFABC) e doutorando em Sustentabilidade pela USP.

Orcid: 0000-0002-2922-3940

Erick Mauricio Corimanya Yucra

Graduado em Engenharia Química pela Universidade Nacional de San Antonio Abad de Cusco-Peru, mestre em Engenharia da Água, Saneamento e Saúde pela Universidade de Leeds no Reino Unido, mestrando em Sustentabilidade pela USP.

Orcid: 0000-0003-0193-9514

Fernanda de Marco de Souza

Graduada em Gestão Ambiental, mestra e doutoranda em Sustentabilidade pela USP.

Orcid: 0000-0002-9263-8735

Fernando Souza de Almeida

Graduado em Engenharia Mecânica, especialista LS em Engenharia de Segurança do Trabalho, MBA Ambiental em Sistemas de Gestão Integrada, mestre em Engenharia Mecânica pela Universidade Santa Cecília (UNISANTA) e doutor em Sustentabilidade USP.

Orcid: 0009-0008-5341-0747

Gabriel Sardinho Greggio

Graduando em biotecnologia pela USP.

Orcid: 0009-0004-1780-2867

Giulliana Aparecida Lopes de Melo Rocha

Mestra em Sustentabilidade pela USP.

Orcid: 0009-0008-8578-3660

Henry Junji Motizuki Hiraide

Bacharel em Gestão Ambiental pela USP.

Orcid: 0009-0007-5291-2190

Leide Laje dos Santos

Graduada em Arquitetura e Urbanismo pela Universidade Salvador e mestra em Sustentabilidade pela USP.

Orcid: 0009-0006-0524-9886

Luana Beatriz Martins Valero Viana

Bacharel em Gestão Ambiental pela Universidade de São Paulo (USP) e mestranda em Sustentabilidade pela USP.

Orcid: 0009-0003-5742-3901

Marcela Lanza Tripoli

Bacharel em Antropologia pela Universidade de Utrecht, mestra em Sustentabilidade pela USP.

Orcid: 0000-0003-2878-0515

Matheus Freitas Rocha Bastos

Graduado em Relações Internacionais pela Universidade de Brasília (UnB) e doutorando em Sustentabilidade pela USP.

Orcid: 0009-0009-7393-2101

Milla Araújo de Almeida

Licenciada em Biologia pela Universidade Católica do Salvador (UCSAL), mestra e doutora em Sustentabilidade pela USP.

Orcid: 0000-0003-4205-0252

Mônica Yoshizato Bierwagen

Advogada graduada pela Faculdade de Direito da USP, especialista em Direito Ambiental pela PUCMinas, mestre em Ciências pelo Programa de Pós-Graduação em Ciência Ambiental da USP e doutora em Sustentabilidade pela USP.

Orcid: 0000-0002-2750-8352

Paulo Cezar Rotella Braga

Graduado em História pela USP e doutorando em Sustentabilidade pela USP.

Orcid: 0009-0008-6085-9470

Pedro Guedes Ribeiro

Bacharel e licenciado em Ciências Biológicas pelo Instituto Federal do Espírito Santo (IFES) e mestre em Sustentabilidade pela USP.

Orcid: 0000-0003-2987-5954

Rafael Honda

Bacharel em Gestão Ambiental pela USP.

Orcid: 0009-0005-0139-9628

Regiane de Fatima Bigaran Malta

Bacharel em Administração de empresas e tecnóloga em Logística e Transportes pela Faculdade de Tecnologia do Estado de São Paulo e mestra em Sustentabilidade pela USP.

Orcid: 0009-0007-8475-2830

Rodrigo Massao Kurita

Bacharel em Administração de Empresas pelo Centro Universitário Sumaré e mestrando em Sustentabilidade pela USP.

Orcid: 0000-0002-6228-6441

Samanta Souza Roberto

Graduada em Gestão Ambiental e mestranda em Sustentabilidade pela USP.

Orcid: 0009-0002-8758-3140

Stella Domingos

Mestre em Ciências pelo Programa de Pós-graduação em Sustentabilidade pela USP.

Orcid: 0000-0002-4918-3800

Thaylana Pires do Nascimento

Mestre em Ciências Ambientais pela Universidade Federal do Pará (UFPA) e doutoranda em Sustentabilidade pela USP.

Orcid: 0000-0003-2242-9062

Vitor Calandrini

Graduado em Gestão Ambiental, mestre em Ciências e doutorando em Sustentabilidade USP.

Orcid: 0000-0003-2178-760X

ÍNDICE REMISSIVO

A

Acesso à energia 285, 293, 294, 296, 297

Agenda 11, 14, 16, 65, 67, 68, 117, 118, 122, 132, 135, 136, 141, 223, 224, 225, 226, 231, 233, 236, 237, 240, 241, 242, 247, 249, 253, 257, 258, 264, 265, 266, 289, 389, 392, 393, 394, 395, 396, 397, 405, 406

Agricultura 15, 31, 83, 121, 124, 126, 127, 129, 131, 153, 155, 156, 157, 160, 161, 162, 163, 164, 165, 166, 279, 338, 371, 385

Análise Bibliométrica 12, 373, 374, 376, 407, 411

Avaliação de Impacto Ambiental 11, 17, 219, 337, 350, 370, 385, 431

Avaliação de Sustentabilidade 17, 373, 375, 376, 383, 386

B

Barreiras 53, 54, 116, 153, 154, 155, 157, 160, 161, 163, 164, 165, 166, 167, 184, 200, 252, 262, 285, 294, 390, 414

C

Cadeia de alimentos 173, 174, 178, 186, 187, 193, 194, 201

Camada de ozônio 11, 83, 271, 272, 273, 274, 275, 276, 277, 279, 280, 283

Clima 11, 16, 162, 202, 234, 255, 263, 268, 271, 272, 273, 275, 276, 278, 279, 280, 283, 293, 295, 319, 320, 323, 326, 327, 329, 408, 418

Combustíveis alternativos 66, 71, 72, 73, 76

Conhecimento tradicional 39

Conservação da biodiversidade 210, 416, 417, 418

Consumo de energia 11, 16, 105, 106, 107, 287, 290, 301, 302, 304, 305, 306, 308, 312, 313

Corantes 99, 100, 101, 103, 105, 106, 108

Cromatografia Gasosa 24

D

Desastres climáticos 11, 337, 340, 363, 367

Desnitrificação 79, 81, 87, 88, 89, 90, 91

Desperdício de alimentos 7, 10, 15, 137, 173, 174, 175, 176, 178, 180, 183, 187, 188, 189, 190, 191, 192, 193, 194, 196, 200, 201

Diplomacia 282

Diversidade química 26, 27, 39

Doenças zoonóticas 12, 18, 407, 408, 408, 409, 410, 411, 413, 414, 416, 418

E

Educação ambiental 8, 17, 58, 154, 1564, 390, 391, 392, 393, 394, 403, 405, 406

Educação para a sustentabilidade 7, 2390, 391, 392, 393, 394, 395, 399, 405

Eficiência energética 277, 313

Enchentes do Rio Grande do Sul 354

Eugenia uniflora 9, 14, 21, 27, 28, 29, 30

F

Fauna Silvestre 10, 207, 208, 213, 217

Fitoquímica 7, 14

Fluxos Migratórios Transfronteiriços 319

Frutas, legumes e verduras 173, 175

Funcionários
15, 173, 174, 176, 180, 181, 183, 184, 185, 186, 187, 188, 191, 194, 197, 200, 201

G

Gestão territorial 208, 213, 216, 220

Governança
7, 10, 11, 13, 15, 16, 134, 154, 155, 157, 158, 159, 164, 165, 166, 205, 237, 239, 241, 245, 246, 256, 267, 270, 271, 272, 275, 278, 382

H

Hederagenina 14, 34, 35, 36, 38, 39
Hélice Tríplice 118

I

Indicadores
120, 212, 225, 242, 289, 294, 295, 297, 371, 372, 376, 380, 381, 382
Índigo *Blue* 14, 100, 101, 102, 103, 104, 105, 106, 107, 108
Indústria têxtil 10, 14, 52, 99, 100, 101, 103, 108
Infraestrutura
64, 71, 72, 73, 75, 76, 119, 124, 154, 155, 160, 161, 164 165, 166, 185, 194, 197, 212, 213, 231, 234, 237, 238, 243, 247, 248, 252, 269, 289
Intermodalidade 64, 66, 71, 72, 75, 76
Interseccionalidade 16, 253, 257, 258, 267, 269

J

Justiça Climática
7, 11, 15, 16, 251, 252, 253, 255, 256, 258, 260, 261, 262, 263, 264, 265, 266, 267, 268, 269
Justiça social 66, 259, 287, 289, 296, 407

L

Lei de Inovação 119, 120
Localização dos ODS 224, 225, 226, 235, 241
Lodos Ativados 80, 84, 85, 86, 87, 88, 93, 97

M

Machaerium acutifolium 14, 31, 32, 33, 39
Metabólitos secundários 21, 22, 26, 31, 34
Metabolômica de plantas 41

Migrações ambientais
7, 11, 17, 319, 321, 323, 324, 325, 326, 327, 329, 331, 332

Mudanças Climáticas
11, 17, 52, 65, 79, 82, 83, 94, 117, 163, 213, 216, 231, 245, 251, 252, 254, 255, 257, 258, 260, 261, 262, 263, 264, 265, 266, 267, 268, 269, 275, 302, 311, 312, 319, 320, 321, 325, 326, 327, 328, 331, 332, 335, 337, 339, 349, 351, 353, 354, 356, 359, 360, 361, 362, 366, 368, 389, 408, 409, 417, 418

Multilateralismo 275, 278

N

Nitrificação 79, 81, 87, 88, 89, 90, 91, 92

Nitrito 81, 89, 90, 91, 92, 93, 94

O

Objetivos de Desenvolvimento Sustentável
7, 10, 16, 40, 115, 117, 223, 234, 236, 246, 247, 285, 406

Óxido nitroso 9, 14, 66, 79, 80, 81, 82, 83, 84, 85, 90, 91, 92, 93

Ozônio 11, 16, 83, 107, 271, 272, 273, 274, 275, 276, 277, 278, 279, 280, 281, 282, 283

P

Patente Verde 121

Planejamento Estratégico 346, 348, 362

Pobreza Energética
11, 16, 285, 286, 290, 292, 293, 294, 295, 296, 297, 298

Políticas Públicas
13, 14, 44, 59, 137, 141, 154, 159, 209, 211, 212, 215, 220, 225, 226, 228, 238, 242, 256, 259, 267, 270, 276, 296, 298, 351, 402, 419

Práticas educativas 392, 393

Práticas pedagógicas 396, 402

Prevenção de resíduos 59, 425

Programa Município VerdeAzul 16, 224, 226, 228, 234, 236, 241, 247

R

Região Metropolitana da Baixada Santista 11, 16, 223, 224, 227, 228, 242

Relação Humano-Fauna 16, 208, 214, 215, 216, 217

Resíduos sólidos
45, 61, 146, 224, 226, 229, 230, 231, 233, 235, 236, 239, 240, 241, 242

Reuso de águas residuárias
10, 15, 153, 154, 155, 156, 157, 160, 163, 165, 166

Risco sócio-climático 253, 255, 256

S

SAFA 17, 377, 379, 380, 381, 382, 383, 384, 385

Saponinas triterpênicas 35, 39

Saúde pública 108, 118, 156, 157, 165, 245, 267, 407, 410, 412, 413, 414, 416, 417, 418, 419, 423, 424

Setor elétrico 7, 16, 302, 303, 309, 313

Sistema energético 288, 291, 296, 313

SMART 17, 77, 377, 379, 381, 382, 386

Soyasapogenol 14, 35, 36, 38, 41, 42

Supermercados 15, 173, 175, 176, 183, 188, 193, 200, 201, 204

Sustentabilidade
6, 7, 8, 9, 10, 11, 12, 13, 14, 15, 16, 17, 41, 46, 47, 48, 50, 55, 59, 61, 63, 64, 65, 68, 69, 70, 71, 72, 73, 74, 75, 76, 115, 146, 150, 153, 156, 157, 160, 162, 165, 203, 209, 211, 218, 223, 224, 236, 246, 265, 268, 276, 313, 317, 321, 340, 359, 367, 371, 372, 373, 374, 375, 376, 380, 381, 382, 383, 384, 386, 389, 390, 391, 392, 393, 394, 395, 396, 397, 398, 399, 400, 401, 402, 403, 404, 405, 406, 425, 426, 427, 428, 429

T

Transporte Rodoviário de Cargas 63, 64, 68, 69, 71, 76

Tratamento de efluentes 7, 83, 103, 105, 107

U

Upcycling individual 46, 47, 48, 50, 51, 57, 58
Upcycling industrial 45, 46, 57
Upcycling popular 47, 48, 59

V

Vulnerabilidade socioambiental 253, 255, 329, 332

Z

Zoneamento Ecológico-Econômico
7, 10, 207, 208, 209, 210, 211, 212, 217, 218, 219, 220, 221